Springer-Lehrbuch

H 21.9.
38,-

D1724579

Balke

Hermann Schulz

Physik mit Bleistift

Einführung in die Rechenmethoden der Naturwissenschaften

Zweite, verbesserte Auflage
Mit 129 Abbildungen und 79 Übungsaufgaben

Springer-Verlag
Berlin Heidelberg New York
London Paris Tokyo
Hong Kong Barcelona
Budapest

Dr. Hermann Schulz, Privatdozent
Institut für Theoretische Physik
Universität Hannover
Appelstraße 2
D-30167 Hannover

ISBN 3-540-56143-9 2. Auflage Springer-Verlag Berlin Heidelberg New York

ISBN 3-540-52574-2 1. Auflage Springer-Verlag Berlin Heidelberg New York

Die Deutsche Bibliothek – CIP-Einheitsaufnahme
Schulz, Hermann:
Physik mit Bleistift: Einführung in die Rechenmethoden
der Naturwissenschaften / Hermann Schulz. – 2., verb. Aufl. –
Berlin; Heidelberg; New York; London; Paris; Tokyo; Hong Kong; Barcelona; Budapest:
Springer, 1993
(Springer-Lehrbuch)
ISBN 3-540-56143-9

Dieses Werk ist urheberrechtlich geschützt. Die dadurch begründeten Rechte, insbesondere die der Übersetzung, des Nachdrucks, des Vortrags, der Entnahme von Abbildungen und Tabellen, der Funksendung, der Mikroverfilmung oder der Vervielfältigung auf anderen Wegen und der Speicherung in Datenverarbeitungsanlagen, bleiben, auch bei nur auszugsweiser Verwertung, vorbehalten. Eine Vervielfältigung dieses Werkes oder von Teilen dieses Werkes ist auch im Einzelfall nur in den Grenzen der gesetzlichen Bestimmungen des Urheberrechtsgesetzes der Bundesrepublik Deutschland vom 9. September 1965 in der jeweils geltenden Fassung zulässig. Sie ist grundsätzlich vergütungspflichtig. Zuwiderhandlungen unterliegen den Strafbestimmungen des Urheberrechtsgesetzes.

© Springer-Verlag Berlin Heidelberg 1991, 1993
Printed in Germany

Die Wiedergabe von Gebrauchsnamen, Handelsnamen, Warenbezeichnungen usw. in diesem Werk berechtigt auch ohne besondere Kennzeichnung nicht zu der Annahme, daß solche Namen im Sinne der Warenzeichen- und Markenschutz-Gesetzgebung als frei zu betrachten wären und daher von jedermann benutzt werden dürften.

Satz: Springer-T$_E$X-Haussystem
56/3140 – 5 4 3 2 1 0 – Gedruckt auf säurefreiem Papier

Vorwort

Jene mutigen Leute, die ein Studium der Physik beginnen, und ein Lehrbuch für Anfangssemester haben etwas gemeinsam. Sie stehen (wenn auch auf verschiedenen Seiten) vor dem gleichen Problem: der noch nicht getroffenen Übereinkunft, wie man sich verständigen könne. Die Umgangssprache ist ungenau. Vorkenntnisse aus der Schule sind sehr verschieden. Und es gibt unglaublich falsche Vorstellungen davon, worauf es bei diesem Studium ankommt. Aber wir sind allesamt Menschen, sind einmal im Wald spazieren gegangen, haben einen Nachthimmel betrachtet, können manche Vorgänge bei geschlossenen Augen „sehen", haben die Fähigkeit zu staunen und kennen die Frage „Warum?". Nie aufzuhören mit dieser Frage, das ist Physik.

Das Verstehen der Vorgänge der Natur findet am Schreibtisch statt. Verstehen ist Rückführen auf bereits Bekanntes. Es geschieht mit Gleichungen, Bildern und Rechnungen. Alle jene Zeichen, die auf dem Papier erscheinen, haben Bedeutung. So, wie aus Noten, die Töne bedeuten, Musik werden kann, erwächst aus Formelbuchstaben die Kunst des Verstehens. Kunst ist Handwerk. Ihr Handwerkszeug sind die Kalküle beim „Rechnen mit Bedeutung". Vielleicht hätte dies auf dem Einband stehen sollen. Diese Kalküle zu erklären und ihren Sinn sichtbar zu machen, das ist jedenfalls das Anliegen dieses Buches. Es kann den Leser nur ein Stück weit begleiten, denn erst dadurch, daß er sie selbst ausprobiert und übt und übt und übt, wird der „Noten"-Leser zum „Pianisten".

Es werden keine höheren Schulkenntnisse vorausgesetzt. Was zum Beispiel ein Winkel ist oder warum der Pythagoras gilt, wird erklärt. Vielleicht – das wäre schön – entwickeln Teile aus den ersten Kapiteln einen Nutzen für Lehrer und Schüler der höheren Klassen am Gymnasium. Beim Fortgang des Stoffes gewinnen dann mehr und mehr andere Aspekte die Oberhand: Rentabilität (schön ist, was kurz ist; Anschauung spart Zeit), Eleganz (hoffentlich; ggf. besser machen!) und Unterscheidungsfähigkeit in Grundsätzliches, Herleitbares und spezialisiert Angewandtes (nur so läßt sich das inzwischen riesige Gebiet der Physik bewältigen). An den „Leser ohne Vorkenntnisse" werden nun hohe Anforderungen gestellt: die Fähigkeit nachzudenken, Vorstellungsvermögen, Ehrlichkeit vor sich selbst und ein unbändiges Bedürfnis, alle der Formelsprache zugänglichen Gedanken *selber* aufzuschreiben, auszuprobieren und zu verbessern – bis sich das Gefühl einstellt, man habe sie selbst erfunden.

Die Vorlesung, die hier aufgezeichnet wurde, wird in Hannover (im ersten Studienjahr und wöchentlich zweistündig) als *Rechenmethoden der Physik* angeboten. Die Bezeichnung greift zu hoch. Früher hieß sie *Mathematische Ergänzungs-Vorlesung*. Nichts stimmte so recht an diesem Titel. Aber man verstand ihn. Beim Titel dieses Buches verhält es sich umgekehrt. Er stimmt. Aber man versteht ihn nicht so recht. Schuld daran ist, daß er ein Fremdwort enthält. Wir wollen versuchen, es zu übersetzen. Das Erstaunliche an der

Physik

ist, daß es sie gibt. Und es gibt sie eigentlich erst seit etwa 300 Jahren. Schon lange, seit die Menschen ihre Beobachtungen aufzeichnen und mitteilen können, wissen wir von Regelmäßigkeiten der Vorgänge in der Natur. Unter gleichen Umständen wiederholt sie das gleiche, und zwar quantitativ präzise. Sie verhält sich mathematisch. Das eigentlich Aufregende war nun die Erkenntnis, daß es *Einheit* gibt in diesen Verhaltens-Mathematiken. Es ist stets nur *eine* Mathematik am Werke. Dies mag unglaublich klingen. Zweifel sind erlaubt (das Studium wird sie ausräumen). Aber falls zutreffend, dann sind an dieser Stelle Gefühle der Ehrfurcht angezeigt. Daß es *die* Natur-Mathematik gibt, ist das Naturwunder Nummer eins. Eine Mathematik beruht auf Axiomen (wenigen Startvorgaben, die alles weitere festlegen). Die Axiome der Natur-Mathematik werden in der Sprache der Physiker – Englisch und weltweit – *First Principles* genannt. Kennen wir die First Principles der Welt, dann können wir – im Prinzip – alle ihre Erscheinungen verstehen. Verstehen heißt nun Rückführen auf diese obersten Prinzipien. Das erste First Principle (es war unzureichend und nicht ganz richtig, aber eben das erste) wurde um 1700 von Newton formuliert. Wir versuchen nun eine Definition des Wortes *Physik*. Sie steht in keinem Lexikon:

> Physik ist die (eine) grundlegende Naturwissenschaft, die einerseits nach den (wenigen, richtigen und ausreichenden) First Principles der Natur-Mathematik sucht und die andererseits die Naturerscheinungen dadurch verstehen will, daß sie sie als notwendige Konsequenz solcher Prinzipien (sofern bereits bekannt) nachweist.

Die Kehrseite dieses Satzes ist ein wenig boshaft. Genau dann, wenn man den Zusammenhang mit First Principles nicht mehr im Sinn hat, hört man auf, Physik zu betreiben. Der Leser möge darüber nachdenken, wie gut unsere Definition die Physik gegenüber anderen Naturwissenschaften abgrenzt. „Überheblich" ist sie nicht, wohl aber sehr anspruchsvoll. Biologen und Chemiker dürfen zu Recht erwidern, daß wir noch nicht einmal den Grashalm verstehen oder das Wasser. Das ist zur Zeit noch zu schwer.

So sind denn Physik und Rechnen untrennbar miteinander verbunden. Mathematiker machen Mathematik, Physiker machen Natur-Mathematik. Die erstere kann schlimmstenfalls einen logischen Fehler enthalten. Die letztere hingegen kann auch dadurch falsch sein, daß sie mit dem wirklichen Verhalten der Natur nicht übereinstimmt. Physik hat also zwei oberste Richter, die Logik *und* die Wirklichkeit. Vielleicht darum gilt sie landläufig als „schwer". Wird man doch so leicht ausgelacht ob der (fast) völlig logischen und dennoch falschen Lösung einer Übungsaufgabe. Wie kann das sein? Das Problem hatte zum Beispiel zwei Lösungen, aber nur eine gab Sinn.

Man *macht* Physik. Ich sitze am Schreibtisch und habe einen bestimmten Naturvorgang vor Augen, den ich begreifen will. Also beginne ich zu *malen*. Das ist gut. Wir haben das Malen nicht unmittelbar per Darwinscher Auslese erworben. Es ist also etwas Anstrengung nötig, das Angemessene auch wirklich zu tun. Skizzen sind hilfreich. Sie sind fast immer verbesserungsbedürftig. Also nehme ich nicht den Füllfederhalter (habe auch gar keinen), sondern mache es

mit Bleistift.

Ich will radieren können. Grautöne sind möglich. Am nächsten Tag verrät die Zartheit der Buchstaben meine Unsicherheit. Die Laune ist mit dokumentiert, und das hilft mir: *ich* habe hier gearbeitet, und zwar kreativ! Der Bleistift kommt der typisch physikalischen Arbeitsweise und Denkweise sehr entgegen: Aufschreiben – Nachdenken – Korrigieren. „Das Resultat dürfte einen Bruchstrich benötigen. In den Zähler dürften die und die Größen gehören. Nun muß aus Dimensionsgründen eine Masse in den Nenner. Vielleicht wird der Bruchstrich kürzer". Ich muß radieren können! Ich muß mich frei fühlen, wenn ich male und *damit* ich male; – wenn ich rechne und *damit* der nächste Rechenschritt leichter fällt.

Ein Bleistift läßt sich spitzen (man nehme einen Fallstift mit jenen ca. 2 mm dicken Minen Härte F; der zugehörige Minenspitzer leistet das Genannte). Mit einem so behandelten Schreibzeug lassen sich anstandslos vier Größenklassen von Buchstaben unterscheiden (Index an Index an Index an Buchstabe – das kommt vor!). Schließlich reagieren die gängigen Kopier-Geräte auf Bleistift besonders gut (und auf blauen Kugelschreiber besonders schlecht). Wichtige Vorlesungen muß man neu schreiben (eigenes Script). Ihr Kommilitone, der krank war, bedankt sich für den gestochen scharf kopierten Teil Ihrer Ausarbeitung. Das Papier, auf das Sie schreiben, ist *unliniert*. Der Leser kann sich (und seinem alten Schullehrer) leicht klar machen, wie sehr Kästchenpapier unserer Arbeitsweise widerspricht. Die Welt ist nicht kariert, Schablonen aller Art schaden uns.

An einer hochehrwürdigen Universität werden Ratschläge obiger Art meist unterlassen oder nur mit schamhafter Zurückhaltung gegeben. Jene persönliche Sphäre (in der die Genialität aufwächst) steht unter besonderem Schutz. Der Empfänger eines guten Rates hingegen wird diesen unbedingt ausprobieren, um eine eigene echte Entscheidung treffen zu können. Denk- und Verhaltensweisen variieren zu können, ist beim Physikstudium in besonderem Maße erforderlich. Vieles kann man nicht (noch nicht). Wer aber nicht tut, obwohl er kann, der lege dieses Buch zur Seite (da wächst nichts mehr) und beende das Studium mit Anstand. Der Buchtitel ist nun erklärt.

Alle Kalküle, die in den folgenden 14 Kapiteln behandelt werden, werden im Verlaufe des Studiums tatsächlich (und immerzu) benötigt. Und der Großteil (99 % ?) dessen, was in den Naturwissenschaften gerechnet wird, beruht auf ihnen. Am Ende eines jeden Kapitels ist Gelegenheit für Besinnung und „Weltbild" (erst die Arbeit, dann das Vergnügen). Der Charakter eines Trainings-Programms (Vorlesung *und* Übungen) wurde nach Möglichkeit aufrechterhalten. So finden sich – scheinbar unmotiviert – mitten im Text Hinweise auf die Haus-Übungen in Teil III, die nun bewältigt werden können und müssen. Durch diese Unterbrechungen wird ein Wochen-Pensum abgegrenzt. Ist es unverhältnismäßig groß, dann geht das Buch über den Vorlesungsstoff hinaus.

Haus-Übungen sind kleine Forschungsaufträge. Sie sind allein und selbständig zu lösen. Die Stunde der Wahrheit schlägt im Teil III. Bitte klagen Sie nie über „15 Stunden", die ein Übungsblatt verschlungen habe. Die Antwort würde ein mildes Lächeln sein: „War das Radio an?", oder: „Ja, Ja, mein letztes Problem brauchte 157 Stunden und eine schlaflose Nacht", oder: „Dann hatten Sie eben (zunächst noch) 15 Stunden nötig". Und ohne Anführungsstriche: bei Übungen ist es um keinen Zeitaufwand zu schade, sie *sind* das Studium.

Viel Glück!

Es ist nicht möglich, all jene aufzuzählen, denen an dieser Stelle Dank zu sagen ist. Zum einen sind sie zu viele an der Zahl, und zum anderen: wer weiß schon noch genau, was er einmal von wem gelernt hat. Aber Anfang und Ende lassen sich benennen. Damals, irgendwo tief in den fünfziger Jahren an der Humboldt-Universität in Ost-Berlin, war es Dr. W. Tausendfreund und Prof. W. Klose gelungen, mir die Physik als etwas Erstaunliches nahezubringen. Und die letzte Etappe ist nicht denkbar ohne den guten Rat und die Ermutigungen seitens Dr. E. F. Hefter oder ohne die gewissenhafte Detailpflege seitens G. Stjepanović und C.-D. Bachem beim Springer-Verlag.

Hannover, im September 1990   *Hermann Schulz*

Zur zweiten Auflage

Die Resonanz, welche die erste Auflage bei der Leserschaft gefunden hat, war sehr erfreulich und legt wohl auch nahe, bei Änderungen zu zögern. So ist denn die neue „Physik mit Bleistift" im wesentlichen die gleiche wie die alte. Allerdings wird sie durch den veränderten Einband nun etwas mehr „erwachsen", nämlich zum Bestandteil der Reihe Springer-Lehrbuch.

Im Kapitel 4 ist ein direkter Weg zur Ermittlung der Drehmatrix aus Achse und Winkel hinzugekommen. In Kapitel 7 wurde der Abschnitt ‚Variation der Konstanten' neu geschrieben. Er enthält nun das, was man in praxi tatsächlich benötigt. Am Ende von Teil III gibt es eine letzte Übungsaufgabe über perspektivische Darstellungen, sowie als Anhang zum Sachwortverzeichnis einen „Hohlspiegel" für gewisse Leser, welche es sich nicht nehmen lassen, stets vergnüglich mit der letzten Seite zu beginnen.

Besonderen Dank verdient die kritische Aufmerksamkeit der hiesigen Studenten des ersten Studienjahres 1991/92. Sie hatten eine größere Anzahl von Druckfehlern zusammengetragen (darunter auch ein Dutzend schlimmer Fehler, welche den Sinn von Formeln entstellten).

Hannover, im Juni 1993   *H. Schulz*

Inhaltsverzeichnis

Teil III

Teil I

Wintersemester

1. Vektoren

Aller Anfang ist leicht. Wenn man den einen oder anderen Vorgang in der Natur beschreiben will (nur beschreiben: noch keine Physik), wird man sehr bald genötigt sein, Richtungen anzugeben. Richtungs-Angaben, das sind Wegweiser: wir brauchen **Pfeile**. Wie nötig wir sie brauchen, zeigt ein Stück Alltag:

Wir stehen an der Ecke eines Fußballfeldes. Ich zeige in eine bestimmte Richtung auf den Fußball (genauer: auf seinen Mittelpunkt). Der Kamerad neben mir sieht ihn auch, aber er starrt dabei in eine etwas andere Richtung. In eine weitere Richtung fliegt gerade der Ball. Er dreht sich dabei; seine momentane Drehachse hat eine Richtung. Ferner wird er von der Erde angezogen; er spürt eine Kraft nach unten, d.h. in Richtung auf die Erdmitte. Der Wind weht aus Richtung . . . . . . Regentropfen fallen in Richtung . . . . . . Die gekrümmte Bahn des Fußballmittelpunktes liegt in jedem Moment gerade in einer Ebene, und diese kann man (u.a.) durch eine Richtung (senkrecht zu ihr) charakterisieren. Eine Flutlichtlampe (wir sehen sie in Richtung . . .) sendet ihre Strahlen in Richtung . . . auf den Ball. Er glänzt. Von einem Fleck auf dem Ball fallen also Lichtstrahlen aus einer bestimmten Richtung in mein Auge. Ein Elektron in einem Gasatom auf einem solchen Strahl spürt eine (ständig das Vorzeichen wechselnde) Kraft senkrecht zum Lichtstrahl, nämlich in „Polarisationsrichtung" der Lichtwelle. Und so weiter.

Vielleicht ist Ihnen hierbei eine kleine menschliche Unzulänglichkeit aufgefallen. Mein Nachbar begreift nämlich nicht recht, wohin genau ich denn nun zeige. „Eine Krähe", sagt er. Auf der Geraden durch meinen Fingernagel und seine Nase war tatsächlich ein Vogel. Ja, wenn wir doch punktförmige Wesen wären und wenn wir doch unsere Zeigefinger beliebig verlängern könnten! Immerhin, in Gedanken läßt sich dies machen. Es läßt sich auch *malen* auf einem großen Reißbrett.

1.1 Richtung und Betrag

Einen Pfeil, der von einem vereinbarten Bezugspunkt (**Ursprung**) bis zu einem gerade interessanten Punkt eines physikalischen Vorgangs führt, nennen wir **Ortsvektor**. Als seine Abkürzung schreiben wir den Buchstaben r auf und setzen einen Pfeil darüber. Bild 1-1 zeigt, wie man ihn als Halbpfeil stilisieren kann. Das ist so üblich, rentabel und völlig ausreichend. Ein Gewohnheitstier mit Ver-

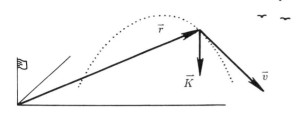

Bild 1-1. Drei alltägliche Pfeile:
Ort, Geschwindigkeit und Kraft

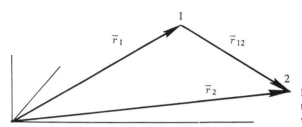

Bild 1-2. Ein Verschiebungsvektor und die zugehörigen zwei Ortsvektoren

stand, sobald es eine winzige Verbesserung (beim Schreiben, Denken, Sprechen, Rechnen) als solche erkannt hat, übernimmt diese und behält sie zeitlebens bei.

Ein Pfeil, der einen Punkt mit einem anderen verbindet, heißt **Verschiebungsvektor** ($\vec{r}_{12}$ in Bild 1-2). Der Ortsvektor ist also ein ganz besonderer Verschiebungsvektor, weil man ihn stets am Ursprung starten läßt. Wenn man (wie im Bild 1-1) auch für die Geschwindigkeit einen Pfeil malt, dann muß natürlich vereinbart sein, wievielen Metern pro Sekunde ein Zentimeter auf dem Papier (des Reißbrettes) entsprechen soll. Die Länge eines Pfeiles, gegebenenfalls übersetzt in z.B. Geschwindigkeits-Einheiten, nennt man **Betrag** und schreibt

$$|\vec{r}| = r\,, \quad |\vec{v}| = v\,, \quad |\vec{K}| = K\,.$$

Es ist übrigens nicht notwendig, jetzt schon über die Maßeinheiten nachzudenken, mit denen man eine Kraft angeben will.

Ein Pfeil hat also eine Richtung, einen Betrag und einen Anfangspunkt. Es ist nun sehr praktisch, den Anfangspunkt dadurch festzulegen, daß man dessen Ortsvektor angibt. Wir sagen dann: „Bei $\vec{r}$ hat der Ball die Geschwindigkeit $\vec{v}$" oder „bei $\vec{r}$ wird er von der Kraft $\vec{K}$ beschleunigt". Wir begreifen, daß sich alles, was *ein* Pfeil *mit* Anfangspunkt zum Ausdruck bringt, ebensogut auch mit *zwei* Pfeilen aussagen läßt. Beide stellen uns schon ohne Anfangspunkt-Aussage zufrieden, denn es ist ja von vornherein vereinbart, wo sie beginnen. Ab sofort wollen wir uns nur noch mit diesen liebenswert bescheidenen Pfeilen befassen: nur noch Betrag und Richtung sind anzugeben. Der Sinn dieses Tricks wird noch klarer, wenn wir uns eine Meeresströmung vorstellen (Bild 1-3). An *jedem* Ort $\vec{r}$ (in einem sinnvollen Raumbereich) kann man nun die Geschwindigkeit eines Einzellers angeben (wenn er dort wäre). Wir schreiben $\vec{v}(\vec{r})$ und sagen „vau von er" sowie „$\vec{r}$ ist die Ortsvariable". In einer solchen Situation spricht man von

3

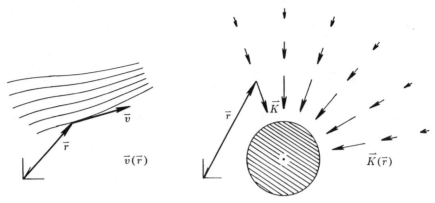

Bild 1-3. Geschwindigkeitsfeld und Kraftfeld

einem **Feld**, vom Geschwindigkeitsfeld der Strömung oder auch vom Kraftfeld der Erde.

Es ist wohl an der Zeit, endlich zu erklären, was ein **Vektor** nun eigentlich sein soll.

Vorläufige Definition

Vektoren sind Pfeile bezüglich Betrag und Richtung,
die mit einer Zahl zu multiplizieren und $\left.\vphantom{\begin{array}{c}a\\b\\c\end{array}}\right\}$ (1.1)
die zu addieren physikalisch sinnvoll ist.

Dieser Satz klingt eigenartig und allzu (?) anschaulich. Vermutlich ist er nicht präzise. Besser können wir es noch nicht! Die saubere Definition wird im Kapitel 4 (gegen Ende von §4.1) gegeben. Aber eines sei schon jetzt betont: Der Vektor-Begriff der Physiker ist ein anderer als jener der Mathematiker. Wir legen nämlich großen Wert darauf, Realität zu beschreiben. Ein Pfeil läßt sich aus Holz oder Draht nachbauen und mittels Gerüst an der richtigen Stelle anbringen. Er ist übrigens auch dann noch da, wenn ihn kein Mensch ansieht. Ameisen laufen auf ihm herum und Regentropfen rinnen an ihm herunter. Weil Pfeile real sind (und Vektoren Pfeile sein sollen), verlangen die Physiker etwas *mehr*: nämlich daß sich die Komponenten eines Vektors in bestimmter Weise verändern, wenn man zu einem gedrehten Koordinatensystem übergeht.

Vorerst verstehen wir von (1.1) nur die erste Zeile. Alle Pfeile, die gleichen Betrag und gleiche Richtung haben (Bild 1-4) sind ein einziger Vektor. Oder: ein Vektor ist die Gesamtheit aller unendlich vielen Pfeile mit gleichem Betrag und gleicher Richtung. Man kann also einen Pfeil ruhig parallel verschieben. Er bleibt dabei Repräsentant desselben Vektors! Insbesondere kann man stets jenen Repräsentaten herausgreifen, der am Ursprung beginnt, etwa um die Komponenten des Vektors abzumessen.

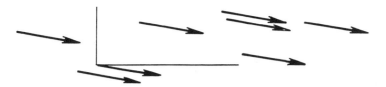

Bild 1-4. Einige Repräsentanten ein und desselben Vektors

$$2 \bullet \nearrow = \nearrow \qquad -1 \bullet \nearrow = \swarrow$$

Bild 1-5. Multiplikation eines Vektors mit einer Zahl

Multiplikation mit einer Zahl

Wie dies gemeint ist, zeigt Bild 1-5. Minus 2,7 mal ein Vektor ist also wieder ein Vektor, in entgegengesetzte Richtung zeigend und 2,7 mal so lang wie der ursprüngliche. Wenn wir einen Verschiebungsvektor (1 Meter lang) mit 1/(1 Sekunde) multiplizieren, entsteht ein Geschwindigkeits-Vektor mit Betrag 1 m/s. Wenn wir irgendeinen Vektor mit 1/(sein Betrag) multiplizieren, dann entsteht ein **Einheitsvektor**:

$$\frac{1}{a}\,\vec{a} = \vec{e}\ , \quad |\vec{e}| = 1 \quad \text{oder:} \quad \vec{a} = a\,\vec{e}\ .$$

Der Spruch „Vektor = (sein) Betrag mal (sein) Einheitsvektor" ist also generell richtig. Manche (allzusehr an Komponenten gewöhnte) Leute muß man gelegentlich darin erinnern (etwa bei Übungs-Aufgaben), daß man stets auch *so* denken kann.

Wenn man Physik macht und eine Zahl „ohne was dahinter" (z.B. 1) hinschreibt, dann ist das meistens falsch. „Eins was?? – ein Apfel?, ein Meter?, eine Sekunde?". Die meisten Größen haben eine **Dimension**, d.h. sie sind „eine Länge" oder „eine Zeit" usw. Jedoch hat ein Einheitsvektor tatsächlich den Betrag 1 (ohne was dahinter) und 1,7 mal $\vec{e}$ hat Betrag 1,7. Die bei Mathematikern verbreitete Vereinbarung, Meter in dimensionslose Zahlen zu übersetzen, die gibt es also auch. Übrigens ist der Autor unfähig, einen Einheitskreis zu malen (können Sie das etwa?). Stets entsteht dabei ein Kreis mit einem Radius in Zentimetern. Aber eine Übersetzungsregel dazu angeben – das geht.

Addition zweier Vektoren

Dies erklären wir an Bild 1-2. $\vec{r}_1$ „plus" $\vec{r}_{12}$, das soll wieder ein Vektor sein, nämlich $\vec{r}_2$. Jeder Verschiebungsvektor läßt sich also in der Form $\vec{r}_{12} = \vec{r}_2 - \vec{r}_1$ durch die Ortsvektoren von Anfangs- und Endpunkt ausdrücken. Diese Definition kann man sofort auf beliebige zwei Vektoren erweitern, nur müssen beide die gleiche Dimension haben (d.h. auf dem gleichen Reißbrett mit bestimmter

5

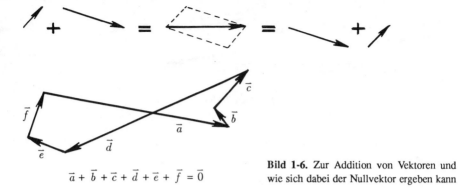

$$\vec{a} + \vec{b} + \vec{c} + \vec{d} + \vec{e} + \vec{f} = \vec{0}$$

Bild 1-6. Zur Addition von Vektoren und wie sich dabei der Nullvektor ergeben kann

Übersetzungsregel liegen): bringe $\vec{b}$ am $\vec{a}$-Endpunkt an, dann ist $\vec{a} + \vec{b}$ der Vektor vom $\vec{a}$-Anfang zum $\vec{b}$-Ende. Bild 1-6 macht klar, daß es hierbei auf die Reihenfolge der beiden Vektoren nicht ankommt: $\vec{a} + \vec{b} = \vec{b} + \vec{a}$. Führt das Addieren einiger Vektoren an den Anfangspunkt zurück, dann hat das Resultat den Betrag Null: es ist der **Nullvektor** herausgekommen.

Wir wollen vereinbaren, daß man beim Nullvektor den Pfeil über der Null auch weglassen darf. Es ist stets klar, um „was für eine Null" es sich handelt. Auch eine Null „ohne was dahinter" sei künftig erlaubt (selbst wenn es sich um null Bock handelt).

Wir haben nun (1.1) vollständig begriffen, wenn es sich um Verschiebungsvektoren handelt. Lediglich der Terminus „physikalisch sinnvoll" erscheint noch ein wenig aufgeblasen. Ganz anders, wenn wir nun fragen, ob denn auch Geschwindigkeiten oder Kräfte Vektoren im Sinne von (1.1) sind.

Sind Geschwindigkeiten Vektoren?

Es macht Sinn, sie mit einer Zahl zu multiplizieren. Bild 1-7 zeigt, was Addieren einer Geschwindigkeit $\vec{v}$ (Ameise relativ zu Band) zu einer anderen Geschwindigkeit $\vec{u}$ (Förderband) heißt. Kommt nun wirklich die Gesamtgeschwindigkeit $\vec{w}$ dadurch richtig heraus, daß wir (wie oben geometrisch erklärt) $\vec{u} + \vec{v}$ bilden? Die Antwort ist *Ja*. Dazu denken wir uns ein bestimmtes Zeitintervall Δt. $\vec{r}_1$ und $\vec{r}_2$ seien die Orte der Ameise am Beginn und am Ende dieses Zeitabschnittes. Es ist uns anschaulich klar, daß $\vec{r}_2$ auch dann erreicht wird, wenn die Ameise

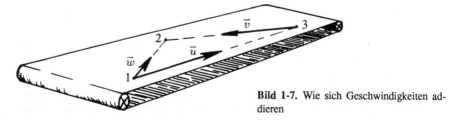

Bild 1-7. Wie sich Geschwindigkeiten addieren

zunächst während Δt stillsitzt und dabei bis $\vec{r}_3$ vorankommt und sodann bei ruhendem Förderband während Δt läuft: $\vec{r}_{12} = \vec{r}_{13} + \vec{r}_{32}$. Wir teilen diese Gleichung durch Δt und erhalten $\vec{w} = \vec{u} + \vec{v}$. Es ist also tatsächlich physikalisch sinnvoll, Geschwindigkeiten geometrisch zu addieren. Sie *sind* Vektoren.

Sind Kräfte Vektoren?

Wir binden an eine Federwaage zwei Fäden (Bild 1-8) und ziehen mit $\vec{K}$ an einem und mit $\vec{F}$ an dem anderen. Wenn wir statt dessen an nur einem Faden mit $\vec{K} + \vec{F}$ ziehen, dann wird die Federwaage genauso stark ausgelenkt und in die gleiche Richtung. Wir sollten diesen Sachverhalt lieber nicht als eine Selbstverständlichkeit ansehen. Er ist eine Aussage über die Natur. Experimenteller Befund: Kräfte sind Vektoren.

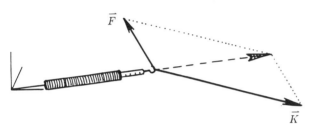

Bild 1-8. Wie sich Kräfte addieren

Sind Drehungen Vektoren?

Nehmen Sie dieses (vor Ihnen liegende) Buch und drehen Sie es in Querlage. Sie haben es um eine Achse senkrecht auf der Tischplatte gedreht, und zwar um einen rechten Winkel. Halten Sie den Daumen der rechten Hand nach oben. Die anderen Finger (schön schlapp machen!) zeigen dann automatisch den Drehsinn an. Eine Drehung (Betrag = Winkel) läßt sich also durch einen Pfeil charakterisieren. Führen Sie nun zwei Drehungen hintereinander aus, einmal entsprechend der linken Hälfte von Bild 1-9, dann entsprechend der rechten. Die beiden Endpositionen des Buches sind verschieden. Die Betrachtung sollte eigentlich mit *dem* Buch ausgeführt werden, dessen Kapitel 1 sie entstammt, nämlich mit *Berkeley 1*. Es ist im Literaturverzeichnis angegeben. Endliche Drehungen sind somit *keine* Vektoren. Die Definition (1.1), was sie enthält und was sie ausschließt, ist nun verstanden.

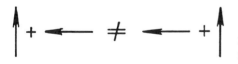

Bild 1-9. Endliche Drehungen sind keine Vektoren

Komponenten

Die bisherigen Zusammenhänge konnten wir begreifen und formulieren, ohne dabei auf Koordinatenachsen (die Ränder des Fußballfeldes und die Fahnenstange) zu verweisen. Dies erfüllt uns mit Stolz, denn auch die Zusammenhänge in der Realität hängen ja nicht davon ab, ob der Beobachter gerade oder schief steht oder ein Marsmensch ist, der das irdische Fußballfeld genau über sich sieht. Dieser „Drehinvarianz" sind wir also gerecht geworden.

Jedoch, um z.B. zwei Vektoren tatsächlich zu addieren, sind wir im Moment noch auf Reißbretter (oder Gerüste) angewiesen. Da der Mensch in einem natürlichen und guten Sinne faul ist, denkt er sich etwas aus, wie er die gewünschten Operationen im Lehnstuhl, d.h. per Rechnung, ausführen kann.

Gegeben sei irgendein Vektor $\vec{a}$. Seinen im Ursprung beginnenden Repräsentanten bauen wir aus Draht auf. Die Höhe seiner Spitze über xy-Ebene (Bild 1-10) nennen wir „dritte Komponente von $\vec{a}$" oder kurz a_3. Entsprechend projizieren wir auf die yz- und die zx-Ebene. Durch die drei Koordinatenachsen und die Pfeilspitze ist offenbar eindeutig ein Quader festgelegt, und dessen drei Kantenlängen heißen **Komponenten** des Vektors. Wir schreiben allgemein

$$\vec{a} = \left(a_1 , a_2 , a_3 \right)$$

und im besonderen

$$\vec{v} = \left(v_1 , v_2 , v_3 \right), \quad \vec{K} = \left(K_1 , K_2 , K_3 \right) .$$

Beim Ortsvektor machen wir eine Ausnahme bei der Bezeichnung seiner Komponenten:

$$\vec{r} = (x , y , z) .$$

Es versteht sich, daß alle drei Komponenten eines Vektors die gleiche Dimension haben müssen (wie sein Betrag):

$$\left[a_1 \right] = \left[a_2 \right] = \left[a_3 \right] = \left[a \right] =: \left[\vec{a} \right] .$$

Die eckige Klammer bedeutet, daß nur noch von der Dimension der darin stehenden Größe die Rede ist. Wir wollen offen lassen, ob nun dabei gleich (wie kopflastig!) die Maßeinheit gemeint ist

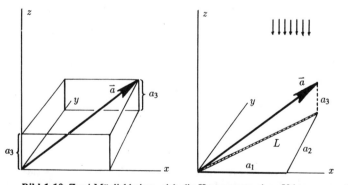

Bild 1-10. Zwei Möglichkeiten, sich die Komponente eines Vektors vorzustellen

$$[v_3] = \text{m/s} , \quad [y] = \text{m}$$

oder eine rein sprachliche Angabe

$$[v_3] = \text{Länge/Zeit} , \quad [y] = \text{Länge} , \quad [K_1] = \text{Kraft} .$$

Die zweite Version ist meist die bessere. Man kann damit die Dimensionsprobe einer Gleichung (die z.B. ein Magnetfeld enthält) bereits durchführen, ohne eine Ahnung von Maßsystemen zu haben („wer kennt sich schon in elektromagnetischen Maßeinheiten aus"). Wir wollen noch vereinbaren, daß bei Vektoren die Maßeinheit auch rechts hinter der Klammer angegeben werden darf:

$$\vec{v} = (\, 10\,\text{m/s} , 0 , 3\,\text{m/s} \,) = (\, 10 , 0 , 3 \,)\,\text{m/s} .$$

Drei Fragen: Komponenten eines Vektors bekannt, wie erhält man seinen Betrag? Wie erhält man die Komponenten eines mit einer Zahl multiplizierten Vektors? Welche Komponenten hat das Resultat einer Addition von Vektoren, zu denen man die Komponenten kannte?
Die Antwort:

$$|\vec{a}| = a = \sqrt{a_1^2 + a_2^2 + a_3^2} \tag{1.2}$$

$$\lambda\vec{a} = (\, \lambda a_1 , \lambda a_2 , \lambda a_3 \,) \tag{1.3}$$

$$\vec{a} + \vec{b} = (\, a_1 + b_1 , a_2 + b_2 , a_3 + b_3 \,) . \tag{1.4}$$

Um (1.2) herzuleiten, mache man sich klar, daß auch die rechte Hälfte von Bild 1-10 die Vektor-Komponenten liefert: Sonne senkrecht von oben, Schatten durch Holzstange ersetzen (Betrag L), nun Licht in negativer y-Richtung einstrahlen; der jetzt auf der x-Achse entstehende Schatten ist a_1. Der Herr Pythagoras erzählt uns nun, daß einerseits $a^2 = a_3^2 + L^2$ und andererseits $L^2 = a_1^2 + a_2^2$ ist. Dies gibt (1.2).
Gleichung (1.3) ist direkt anschaulich klar: bei Verdopplung des Vektors verdoppeln sich alle Schatten[1]. Anschauung spart Zeit.
Gleichung (1.4) ist „schwer". Denken Sie sich zwei zur xy-Ebene parallele Ebenen (Bild 1-11), eine durch die Spitze von $\vec{a}$ und eine durch die Spitze von $\vec{a} + \vec{b}$. Der Abstand dieser beiden Ebenen voneinander ist b_3. Sehen Sie es?! Also ist $(\vec{a} + \vec{b})_3 = a_3 + b_3$. Verfahren Sie analog mit den zwei anderen Komponenten. Gleichung (1.4) stimmt.

---

[1] Das griechische Alphabet. Die in eckigen Klammern stehenden Buchstaben werden aus einleuchtenden Gründen in der Physik *nicht* (als griechische Buchstaben) verwendet.

$[A]$	α	Alpha	$[H]$	η	Eta	$[N]$	ν	Ny	$[T]$	τ	Tau
$[B]$	β	Beta	Θ	ϑ	Theta	Ξ	ξ	Xi	$[Y]$	$[\upsilon]$	Ypsilon
Γ	γ	Gamma	$[I]$	$[\iota]$	Iota	$[O]$	$[o]$	Omikron	Φ	φ	Phi
Δ	δ	Delta	$[K]$	κ	Kappa	Π	π	Pi	$[X]$	χ	Chi
$[E]$	ε	Epsilon	Λ	λ	Lambda	$[P]$	ϱ	Rho	Ψ	ψ	Psi
$[Z]$	ζ	Zeta	$[M]$	μ	My	Σ	σ	Sigma	Ω	ω	Omega

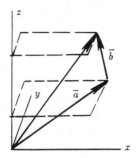

Sie haben alles verstanden? Könnten Sie es Ihrem kleinen Bruder erklären? Oder ist irgendwo ein unangenehmes Gefühl entstanden? Genau wo? Beim Pythagoras! Grob geschätzt schreiben etwa 90% der Abiturienten sofort $c^2 = a^2 + b^2$ hin („lächerlich einfach"), aber nur 10% geben auf die Zusatzfrage, warum er denn gelte, eine vernünftige Antwort („ja, das ist eben so"). Oh Heimatland, deine Lehrer! Die Moral aus dieser Geschichte ist einfach. Man lasse nie jemals etwas in sein Gehirn hinein, was man nicht *verstanden* hat. Anschauung ja, aber bitte keine Autoritätsgläubigkeit! Im vorliegenden Fall hilft Bild 1-12 auf den Pfad der Tugend zurück. Es ist ein so schöner Beweis. Vielleicht hat es der alte Pythagoras damals tatsächlich so gemacht.

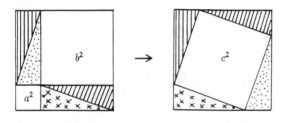

Bild 1-12. Pythagoras: ein geometrischer Beweis

Übungs-Blatt 1

1.2 Skalarprodukt

Wir kennen erst eine (die Addition), aber es gibt mehrere Möglichkeiten, zwei Vektoren miteinander zu verknüpfen:

$\vec{a} + \vec{b}$	$\vec{a} \cdot \vec{b}$	$\vec{a} \times \vec{b}$	$\vec{a} \circ \vec{b}$	$a_\mu b^\mu$
Summe	Skalar-produkt	Kreuz-produkt	dyadisches Produkt	Vierer-Skalarprodukt

Nur Skalar- und Kreuzprodukt sollen uns (vorerst) interessieren. Mit Definitionen muß man sparsam umgehen. Sie sollen nützlich sein und einen (möglichst physikalischen) Sinn haben. Es gibt stets einen Weg, auf dem sich solch ein Sinn ergibt. Um diesen Gedanken zu unterstützen, werden wir ausnahmsweise ausführlich und gelangen zur Skalarprodukt-Erfindung auf drei verschiedenen Wegen.

A Wenn zwei Vektoren $\vec{a}$ und $\vec{b}$ einen rechten Winkel miteinander bilden und addiert werden, dann kann man mit ihnen den Pythagoras folgendermaßen aufschreiben:

$$|\vec{a} + \vec{b}|^2 - a^2 - b^2 = 0 .$$

Verändert man nun den Winkel, dann entsteht auf der rechten Seite eine Korrektur:

$$|\vec{a} + \vec{b}|^2 - a^2 - b^2 = 2 * \text{Rest} .$$

Für den Rest erfinden wir die Abkürzung „$\vec{a} \cdot \vec{b}$". Wir können ihn sofort genauer untersuchen (Bild 1-13), indem wir den Vektor $\vec{b}$ additiv zusammensetzen aus einem zu $\vec{a}$ senkrechten Vektor $\vec{b}_\perp$ und einem zu $\vec{a}$ parallelen Vektor $\vec{b}_\parallel$. Die Komponente, welche der Vektor $\vec{b}$ in bezug auf eine Achse durch $\vec{a}$ hat, nennen wir $b_\parallel$. Man sagt zu $b_\parallel$ auch „Projektion von $\vec{b}$ auf $\vec{a}$". In Bild 1–13 ist $b_\parallel$ positiv (und stimmt mit $|b_\parallel|$ überein). Dreht man aber $\vec{b}$ nach links bis $\vec{b}$ und $\vec{a}$ miteinander einen stumpfen Winkel bilden, dann ist $b_\parallel$ negativ geworden.

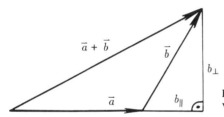

Bild 1-13. Zur Erfindung des Skalarproduktes beim Verallgemeinern des Pythagoras (Kosinussatz)

Bild 1-13 zeigt, wie sich nun mittels Pythagoras unsere $\vec{a} \cdot \vec{b}$-Definition umformen läßt:

$$\text{Rest} = \vec{a} \cdot \vec{b} = \tfrac{1}{2}\left[\left(a + b_\parallel\right)^2 + b_\perp^2 - a^2 - b_\parallel^2 - b_\perp^2 \right] = ab_\parallel .$$

Das Skalarprodukt ist also das Produkt aus dem Betrag des einen Vektors ($\vec{a}$) mit der Projektion ($b_\parallel$) des anderen (auf die $\vec{a}$-Achse).

B Ein geladenes Teilchen (Ladung q) fliegt in einem elektrischen Feld $\vec{E}$ (Bild 1-14; $\vec{K} = q\vec{E}$). In dem skizzierten Moment krümmt nur der zur Geschwindigkeit $\vec{v}$ senkrechte Anteil die Bahn, und der parallele Anteil erhöht den Betrag der Geschwindigkeit. Auf solcherlei Physik kommen wir natürlich später noch genauer zu sprechen. Hier ist nur wesentlich, daß (schon wieder) eine $\parallel$-$\perp$-

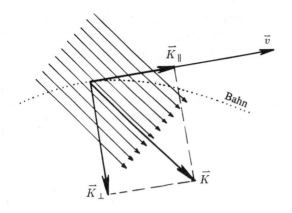

Bild 1-14. Geladenes Teilchen im elektrischen Feld

Zerlegung Sinn macht: $\vec{K} = \vec{K}_\parallel + \vec{K}_\perp$. Die Projektion $K_\parallel$ verknüpft offenbar den Vektor $\vec{K}$ mit dem Einheitsvektor von $\vec{v}$. Also definieren wir den Malpunkt zwischen Vektoren durch $K_\parallel =: (\vec{v}/v) \cdot \vec{K}$ und lösen auf:

$$\vec{v} \cdot \vec{K} := vK_\parallel .$$

C Auf dem in Bild 1-15 skizzierten Eisberg gleitet reibungsfrei ein Stück Holz. Auf das Stück Holz wirken zwei Kräfte. Zum einen die Erdanziehungskraft. Zum anderen ist das Eis unter dem Holz ein ganz klein wenig eingedellt und schiebt zurück. Die Summe beider Kräfte gibt $\vec{K}_\parallel$. Darum gehts ja auch mit zunehmender Geschwindigkeit abwärts. Der Klotz möge sich um $\vec{r}_{12}$ bewegt haben. Es gibt nun einen nützlichen Begriff, welcher Anfangs- und Endposition verbindet, die **Arbeit**. „Arbeit ist Kraft mal Weg". Dieser Satz ist zwar eingängig, aber derart verkürzt, daß man ihn eigentlich schon als falsch bezeichnen möchte. Kraft *in Richtung* des Weges! Arbeit, die *am* Klotz *verrichtet* wird. Zu Bild 1-15 ist also die am Klotz verrichtete (und in „kinetische Energie" umgewandelte) Arbeit

$$K_\parallel r_{12} =: \vec{K} \cdot \vec{r}_{12}$$

und somit per Malpunkt-Definition direkt das Skalarprodukt aus Kraftvektor und Verschiebungsvektor. Auch auf diese Physik kommen wir noch zurück (nämlich in §§ 6.2 und 6.4). Mit „Kraft mal Weg" ist noch eine andere Gefahr verbunden.

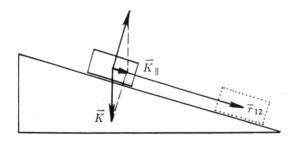

Bild 1-15. Arbeit gleich Weg mal Kraft in Richtung des Weges

Man denke sich (anders als in Bild 1-15) das Eis ein wenig gewölbt. Dann ändert die Projektion $K_\|$ ständig ihren Wert. Es bleibt uns nun nichts anderes übrig, als den Weg aus sehr vielen sehr kleinen Stücken zusammenzusetzen und die entsprechenden kleinen Arbeits-Portionen zu addieren. Für jedes Stück gilt

$$d \text{ (Arbeit)} = K_\| \cdot d \text{ (Verschiebungsvektor)} .$$

Erst dies ist allgemein richtig.

Sie sind nun stark motiviert, nämlich dreifach. Das Skalarprodukt für irgendwelche zwei Vektoren $\vec{a}$ und $\vec{b}$ definieren wir (mit dem ersten Gleichheitszeichen) wie folgt.

$$\vec{a} \cdot \vec{b} := ab_\| = a_\|b =: ab\cos(\varphi) . \tag{1.5}$$

Das mittlere Gleichheitszeichen ist bereits eine erste Folgerung. Sie ergibt sich aus Bild 1-16. Ausnahmsweise sei es ganz dem Leser zum Selber-Nachdenken überlassen. Beide Vektoren im Skalarprodukt sind also völlig gleichberechtigt: $\vec{a} \cdot \vec{b} = \vec{b} \cdot \vec{a}$. Das dritte Gleichheitszeichen in (1.5) legt fest, was „cos" bedeuten soll.

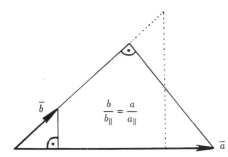

$$\frac{b}{b_\|} = \frac{a}{a_\|}$$

$\vec{a}$ **Bild 1-16.** Das Skalarprodukt ist kommutativ

Exkurs über Winkel

Gerade die einfachsten Zusammenhänge wollen, weil häufig benötigt, besonders gut durchdacht sein. Ein Winkel soll ein Maß sein für die „Öffnung" zweier von einem Punkt ausgehenden Geraden (Bild 1-17). Der Radius R eines Kreises hat stets Länge. Aber auch das skizzierte Stück Kreisumfang s hat Länge. Bei Verdopplung von R verdoppelt sich s. 1,7-facher Radius hat 1,7-fachen Bogen.

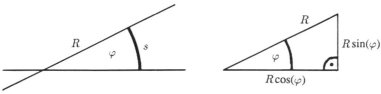

Bild 1-17. Winkel, Kosinus und Sinus

Man sagt dann, s ist **proportional** zu R. Das Verhältnis beider ist ein gesundes Maß für die „Öffnung". Definition:

Winkel $\varphi := s/R$ (eine dimensionslose Zahl) .

Das haben wir gut gemacht. Was soll jene willkürliche Einteilung des rechten Winkels in 90 Grad? Wieso 90? Ein Gewohnheitstier mit Verstand, sobald es eine winzige Verbesserung als solche erkannt hat, übernimmt diese. Inzwischen wollen ja auch Computer einen Winkel als Zahl mitgeteilt bekommen. Wenn Sie mit Schneiders Metermaß den halben Umfang eines Kreises ausmessen und durch seinen Radius teilen, dann erhalten Sie 3.14159... . Man muß das einmal wirklich gemacht haben. Da dieses Verhältnis von halbem Umfang zu Radius erstaunlich oft vorkommt, kürzt man es mit π ab. $\pi/2$ ist ein rechter Winkel.

Ein **Raumwinkel** ist ein Maß für die „Öffnung" eines Kegels mit einem Stück Kugelfläche S als Abschluß. Bei Verdopplung des Kugelradius R vervierfacht sich die Kugelfläche. Also definieren wir

Raumwinkel $\Omega := S/R^2$ (ebenfalls dimensionslos) .

Hierbei war es gar nicht nötig, die Form der Randkurve von S irgendwie festzulegen. Sehr verschiedene „Taschenlampen" können also durchaus den gleichen Raumwinkel ausleuchten.

Ein Winkel φ und ein Radius R legen ein rechtwinkliges Dreieck fest: rechte Hälfte von Bild 1-17. Bei Verdopplung von R verdoppeln sich dessen Kantenlängen. Also lassen sich „Winkel-spezifische Einheits-Kantenlängen" (**Kosinus** und **Sinus**) definieren,

$\cos(\varphi) :=$ Kantenlänge am Winkel $/R$,

$\sin(\varphi) :=$ entfernte andere Kantenlänge $/R$

und der Pythagoras nimmt die Gestalt $\cos^2(\varphi) + \sin^2(\varphi) = 1$ an. Legen wir einen Vektor $\vec{b}$ auf die Diagonale, dann ist offenbar $b_{\parallel} = b\cos(\varphi)$. Bei dem dritten Gleichheitszeichen in (5) handelt es sich also tatsächlich nur um die Kosinus-Definition und nichts weiter. – Exkurs beendet.

Die nachfolgend aufgelisteten Zusammenhänge sind allesamt entweder anschaulich direkt verständlich oder sie wollen eine Bezeichnungsweise festlegen. Das Zeichen $\longleftrightarrow$ bedeutet zum Beispiel „Genau dann, wenn" (die linke Seite gilt, dann auch die rechte und umgekehrt).

$$\vec{a}^2 := \vec{a} \cdot \vec{a} = a^2 , \quad |\vec{a}| = a = \sqrt{\vec{a}^2} , \quad \vec{a} \perp \vec{b} \longleftrightarrow \vec{a} \cdot \vec{b} = 0$$

$$\vec{a} \| \vec{b} \longleftrightarrow \vec{a} \cdot \vec{b} = ab , \quad |\vec{a} + \vec{b}| \leqslant a + b$$

$$|\vec{a} \cdot \vec{b}| \leqslant ab \quad \text{(Schwarzsche Ungleichung)}$$

$$(\lambda\vec{a}) \cdot \vec{b} = \lambda(\vec{a} \cdot \vec{b}) = \vec{a} \cdot (\lambda\vec{b})$$

$$\vec{a} \cdot (\vec{b} + \vec{c}) = \vec{a} \cdot \vec{b} + \vec{a} \cdot \vec{c}$$

$$r_{12} = r_{21} = |\vec{r}_1 - \vec{r}_2| = \sqrt{(\vec{r}_1 - \vec{r}_2)^2} = \sqrt{r_1^2 + r_2^2 - 2\vec{r}_1 \cdot \vec{r}_2} \ .$$

Zur vorletzten Zeile lassen Sie (in Gedanken oder auf einem Schmierzettel) $\vec{c}$ am $\vec{b}$-Ende und $\vec{a}$ am $\vec{b}$-Anfang starten und legen sich dann Ebenen senkrecht zu $\vec{a}$ durch die Spitzen von $\vec{b}$ und $\vec{c}$. Auf der $\vec{a}$-Achse sehen Sie nun, daß $(\vec{b} + \vec{c})_\| = b_\| + c_\|$. Zu Bild 1-11 hatten wir ebenso gedacht. Multiplikation mit a gibt die gewünschte Gleichung.

Statt $\vec{a} \cdot \vec{b}$ kann man auch einfach $\vec{a}\,\vec{b}$ schreiben. Nun ist man frei, gelegentlich den Malpunkt doch wieder zu verwenden, nämlich wenn man sich besonders daran erinnern will, daß es sich um ein Skalarprodukt handelt. Beispiel: $\vec{a} \cdot (7(\vec{b}\,\vec{c})\,\vec{b} + 3\,\vec{c})$. Klammern sind manchmal erforderlich: $\vec{a}(\vec{b}\,\vec{c}) \neq (\vec{a}\,\vec{b})\vec{c}$. Durch einen Vektor teilen kann man nicht. Es gibt ein Schulbuch, in dem dies passiert. Werfen Sie es weg. Und wenn jemand „$1/\vec{a}$" aufschreiben sollte, dann fragen Sie ihn betont blauäugig, durch welche der drei Zahlen a_1 oder a_2 oder a_3 denn da geteilt wird. Schreiben Sie bitte auch niemals auf einer Seite einer Gleichung einen Vektor hin und auf der anderen eine Zahl. Das könnte zu einer ähnlich blauäugigen Frage Anlaß geben. Abgesehen von solchen Peinlichkeiten: jede Gleichung, die man (z.B. inmitten einer längeren Rechnung) zu Papier gebracht hat, die sieht man sich noch einmal kurz an, ob sie denn auch *Sinn* hat. Neben der Dimensions-Probe ist die Frage „Vektor = Vektor?!!" eine der ganz wichtigen Kontroll-Möglichkeiten.

Wir sind wieder einmal sehr damit zufrieden, daß das Skalarprodukt eine Koordinaten-unabhängige Bildung ist. Wie man auch den Kopf dreht, stets kommt die gleiche Zahl heraus. Um es auszurechnen, benötigen wir jedoch

$\vec{a} \cdot \vec{b}$ in Komponenten

Hierzu ist es nützlich, eine Bezeichnung für die drei Einheitsvektoren in Richtung der Koordinatenachsen einzuführen und die Gleichung $\vec{a} = (a_1, a_2, a_3)$ vektoriell zu schreiben:

$$
\begin{aligned}
\vec{e}_1 &= (1, 0, 0) \\
\vec{e}_2 &= (0, 1, 0), \quad \vec{a} = a_1 \vec{e}_1 + a_2 \vec{e}_2 + a_3 \vec{e}_3 \\
\vec{e}_3 &= (0, 0, 1)
\end{aligned}
\tag{1.6}
$$

Mittels (1.6) wird die folgende Rechnung möglich:

$$
\begin{aligned}
\vec{a} \cdot \vec{b} =\ & (a_1 \vec{e}_1 + a_2 \vec{e}_2 + a_3 \vec{e}_3) \cdot (b_1 \vec{e}_1 + b_2 \vec{e}_2 + b_3 \vec{e}_3) \\
=\ & a_1 b_1 \vec{e}_1 \cdot \vec{e}_1 + a_2 b_1 \vec{e}_2 \cdot \vec{e}_1 + a_3 b_1 \vec{e}_3 \cdot \vec{e}_1 \\
& + a_1 b_2 \vec{e}_1 \cdot \vec{e}_2 + a_2 b_2 \vec{e}_2 \cdot \vec{e}_2 + a_3 b_2 \vec{e}_3 \cdot \vec{e}_2 \\
& + a_1 b_3 \vec{e}_1 \cdot \vec{e}_3 + a_2 b_3 \vec{e}_2 \cdot \vec{e}_3 + a_3 b_3 \vec{e}_3 \cdot \vec{e}_3
\end{aligned}
$$

mit Resultat

$$\vec{a} \cdot \vec{b} = a_1 b_1 + a_2 b_2 + a_3 b_3 \ . \tag{1.7}$$

Das gefällt. Man sollte wohl verallgemeinerter Pythagoras zu (1.7) sagen, denn wenn man $\vec{b} = \vec{a}$ wählt, kommt (1.2) wieder heraus.

Summenkonvention

Zwischen (1.6) und (1.7) gab es einige Schreiberei. Ausdrücke, die ganz ähnlich aussahen und nur in den Indizes verschieden waren, mußten wiederholt aufgeschrieben werden. „Mußten ??" – das hat sich Einstein auch gefragt und sich entschlossen, das Summenzeichen wegzulassen:

$$\vec{a} \cdot \vec{b} = \sum_{j=1}^{3} a_j b_j =: a_j b_j \ .$$

Wenn also in irgendeinem Ausdruck zwei gleiche Indizes vorkommen, dann ergeht automatisch die Aufforderung, über diese zu summieren. Wenn der Ausdruck aus mehreren durch + oder − getrennten Teilen (**Termen**) besteht, dann gilt die Konvention nur innerhalb eines Terms. Wie weit der Index läuft (hier von 1 bis 3), das weiß man stets schon vorher. Es handelt sich um eine sehr elegante Vereinbarung. Die rechte Hälfte von (1.6) wird jetzt so kurz:

$$\vec{a} = a_j \vec{e}_j \ .$$

Und die gesamte zu (1.7) führende Herleitung geht auf eine halbe Zeile:

$$\vec{a} \cdot \vec{b} = a_j \vec{e}_j \cdot b_k \vec{e}_k = a_j b_k \delta_{jk} = a_j b_j \ .$$

Dabei haben wir im vorletzten Schritt noch das sogenannte **Kronecker-Symbol** eingeführt:

$$\delta_{jk} := \vec{e}_j \cdot \vec{e}_k = \begin{cases} 1 & \text{für } j = k \\ 0 & \text{sonst} \ . \end{cases}$$

Hierin sind j und k sogenannte **freie Indizes**, d.h. man darf j irgendeinen Wert geben (1 oder 2 oder 3) und ganz unabhängig davon auch k (zwei dreizählige Würfel). Stets hat dabei die Gleichung zu stimmen. Vielleicht sollten wir die Summenkonvention noch ein wenig üben:

$$a_j a_j = a^2 \ , \quad c_k a_j a_l b_k \delta_{jl} = a^2 (\vec{c} \ \vec{b}) \ , \quad \delta_{jl} \delta_{lk} = \delta_{jk} \ ,$$
$$\delta_{jj} = 3 \ , \quad \delta_{jl} \delta_{lm} \delta_{mn} \delta_{nk} = \delta_{jk} \ , \quad \delta_{jl} \delta_{lj} \delta_{mn} \delta_{nm} = 9 \ .$$

Solange diese zwei Zeilen nicht ganz klar sind, ist weitere Lektüre untersagt. In diesem Unterabschnitt gab es keine neue Erkenntnis, keinen neuen Inhalt – nur Stenografie.

1.3 Kreuzprodukt

Wir beginnen wieder rein geometrisch (natürlich!) und treten in alte Fußstapfen: Motivation, Definition, Formeln, Komponenten.

Zwischen Nordpol und Südpol eines Magneten *ist* etwas. Es läßt eine Kompaßnadel pendeln. Was da ist, hat Richtung und Stärke und wird nach außen hin schwächer: ein Feld! $\vec{B}(\vec{r})$, **Magnetfeld.** Wieso Stärke? (dumme Fragen sind nützlich) – Antwort: Wenn man die Polschuhe vertikal in viele dünne Scheiben schneidet und jede zweite Scheibe herausnimmt, dann liege (per definitionem) die halbe Magnetfeld-Stärke vor. Wer hier etwa (schon wieder?) Sehnsucht nach einer Maßeinheit für $\vec{B}$ bekommt, wohlan, der deponiere einen Magneten in Paris und erkläre die $\vec{B}$-Stärke in der Mitte zwischen den Polen zur Maßeinheit. Er muß lediglich der erste sein.

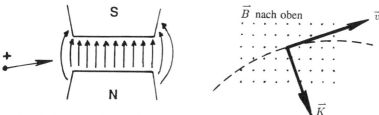

Bild 1-18. Geladenes Teilchen im Magnetfeld

Ein geladenes Teilchen durchfliege mit $\vec{v}$ die Mitte zwischen den Polen (Bild 1-18). Die Bahn ist krumm. Die Kraft, die das Teilchen erfährt, steht – experimenteller Befund – senkrecht auf $\vec{v}$ und senkrecht auf $\vec{B}$. Ihr Betrag ist proportional zur Ladung q und zu $vB_\perp = v_\perp B$. Dabei bezieht sich das Senkrecht-Zeichen $\perp$ links auf die Richtung von $\vec{v}$ und rechts auf jene von $\vec{B}$. Wir verlangen nun, daß das Kreuzprodukt all die genannten Eigenschaften habe und schreiben folglich für die Kraft auf das Teilchen

$$\vec{K} = \alpha q (\vec{v} \times \vec{B}) \,.$$

α ist eine Konstante mit offenbar der Dimension $[\alpha] = \text{Kraft}/(\text{Ladung} \cdot (\text{Weg}/\text{Zeit}) \cdot \text{Magnetfeld})$ und hat einen Zahlenwert, der experimentell zu ermitteln ist. Schlimm. Das haben wir nicht gut gemacht. Es läßt sich nämlich für $\alpha = 1$ sorgen, indem wir ein klein wenig anders erklären, was *Magnetfeld* sein soll:

$$\vec{K} =: q (\vec{v} \times \vec{B}) \,. \tag{1.8}$$

Durch (1.8) wird jetzt die Maßeinheit für $\vec{B}$ gleich *mit* festgelegt (das spart Fahrgeld nach Paris). Aha, *so* muß man es halten mit Maßeinheiten: Physik abwarten und dann dafür sorgen, daß grundlegende Gleichungen einfach bleiben!

Bild 1-18 mag an Teilchenbeschleuniger erinnern. So werden in der Tat bei DESY/Hamburg geladene Teilchen auf ringförmiger Bahn gehalten. Mit (1.8) versteht man aber auch den Dynamo am Fahrrad. Dazu ersetzen wir in Bild 1-18, linke Hälfte, die Ladung durch einen Draht, der senkrecht auf der Papierebene steht und mit $\vec{v}$ nach rechts oben bewegt wird. Rechts in Bild 1-18 zeigt er in $\vec{K}$-Richtung: die positiven Atomkerne werden also nach unten rechts gezogen (können sich aber nicht bewegen) und die negativen Elektronen nach oben links. Sie sind das „Wasser im Gartenschlauch", dessen „positiver" Teil festgehalten wird. Leiten wir das „Wasser" durch den dünnen Draht der Glühbirne (viel Reibung), dann macht es ihn heiß, bis er leuchtet wie eine vergessene Herdplatte. Die scheinbar vielen Erscheinungen des Alltags hängen allesamt in einfacher Weise miteinander zusammen.

Für irgendwelche zwei Vektoren $\vec{a}$ und $\vec{b}$ definieren wir das Kreuzprodukt wie folgt.

$$\vec{a} \times \vec{b} := \left(\begin{array}{c} \text{Fläche des von} \\ \vec{a}, \vec{b} \text{ aufgespannten} \\ \text{Parallelogramms} \end{array} \right) \cdot \vec{e} = - \vec{b} \times \vec{a} = \vec{e} \, ab \sin(\varphi) \, . \qquad (1.9)$$

In (1.9) soll $\vec{e}$ der Einheitsvektor sein, der senkrecht auf $\vec{a}$ und $\vec{b}$ steht und zusammen mit $\vec{a}$, $\vec{b}$ ein **Rechtssystem** bildet (Bild 1-19). Drehen Sie in Gedanken den Vektor $\vec{a}$ zum Vektor $\vec{b}$. Zeigen Sie mit den schlappen Fingern der rechten Hand (es ist immer die schlappe rechte Hand!) diesen Drehsinn an. Der Daumen derselben sagt nun, wo „oben" ist. Nach oben zeigt nämlich der dritte Vektor eines Rechtssystems. Nun versteht man das zweite Gleichheitszeichen in (1.9), bereits eine Folgerung also. Das dritte erklärt, was „sin" ist (aber das wissen wir ja längst).

Die folgenden Zusammenhänge sind alle direkt anschaulich verständlich,

$$\vec{a} \times \vec{b} = \vec{a} \times \vec{b}_\perp = \vec{a}_\perp \times \vec{b} \, , \quad \vec{a} \times \vec{a} = 0 \, , \quad |\vec{a} \times \vec{b}| = ab_\perp = a_\perp b \, ,$$

$$(\lambda \vec{a}) \times \vec{b} = \lambda(\vec{a} \times \vec{b}) = \vec{a} \times (\lambda \vec{b}) \, , \quad \vec{a} \| \vec{b} \hookrightarrow \vec{a} \times \vec{b} = 0 \, ,$$

$$\vec{a} \perp \vec{b} \hookrightarrow |\vec{a} \times \vec{b}| = ab \, , \quad \vec{a} \times (\vec{b} \times \vec{c}) \neq (\vec{a} \times \vec{b}) \times \vec{c} \, , \quad \vec{a} \cdot (\vec{a} \times \vec{b}) = 0$$

$$\vec{a} \times (\vec{b} + \vec{c}) = \vec{a} \times \vec{b} + \vec{a} \times \vec{c} \, ,$$

nur der letzte wehrt sich erheblich. Wir formulieren die Frage erst einmal um:

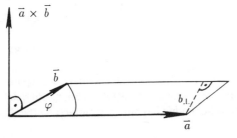

Bild 1-19. Zur geometrischen Definition des Kreuzproduktes

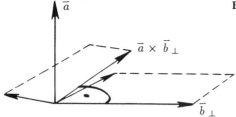

$$\vec{a} \times (\vec{b} + \vec{c})_\perp \overset{?}{=} \vec{a} \times \vec{b}_\perp + \vec{a} \times \vec{c}_\perp \, .$$

Bild 1-20 zeigt nun, wie beim Kreuzprodukt-Bilden mit $\vec{a}$ alle in der zu $\vec{a}$ senkrechten Ebene liegenden Partner der Vektor-Addition nur um $\pi/2$ gedreht werden. Also ist *Ja* die Antwort auf die umformulierte Frage. Also stimmt die bösartige letzte Gleichung. Daß man sie geometrisch verstehen kann (und können „mußte"), entstammt dem Teubner-Studienbuch von *Großmann*. Inhalt und Intention dieses Buches stehen jenen des vorliegenden sehr nahe.

Ein doppeltes Kreuzprodukt, $\vec{a} \times (\vec{b} \times \vec{c})$, läßt sich vereinfachen. Wir schreiben es zuerst in der Form $\vec{a}_\perp \times (\vec{b} \times \vec{c})$ auf und begreifen, daß der Resultat-Vektor in der $\vec{b}$-$\vec{c}$-Ebene liegt. Wir können also $\vec{a} \times (\vec{b} \times \vec{c}) = A \vec{b} + B \vec{c}$ schreiben und versuchen, die beiden Konstanten A und B zu bestimmen. Wenn wir von beiden Seiten das Skalarprodukt mit $\vec{a}$ nehmen, dann entsteht der Zusammenhang $0 = A \vec{a} \vec{b} + B \vec{a} \vec{c}$. Kennt man A, so kennt man B. Oder: setzt man $A = C \vec{a} \vec{c}$ (C ist unbekannt), so ist $B = -C \vec{a} \vec{b}$. Bis jetzt wissen wir, daß $\vec{a} \times (\vec{b} \times \vec{c}) = C \cdot [\, \vec{b} (\vec{a} \vec{c}) - \vec{c} (\vec{a} \vec{b}) \,]$, und es bleibt noch C zu bestimmen. Wir sehen direkt, daß C eine dimensionslose Zahl ist. Sie kann nichts mehr mit den Richtungen der drei Eingabe-Vektoren zu tun haben (und auch nichts mit deren Beträgen). Kurzum, C ist eine mathematische Konstante (wie 1 oder $1/\pi$), eine Skalen-Invariante des Problems (sehr vornehm). Um sie zu bestimmen, genügt Betrachtung eines Spezialfalls. Wir setzen $\vec{a} = \vec{e}_1$, $\vec{b} = \vec{e}_1$ und $\vec{c} = \vec{e}_2$ und rechnen (im Kopf!) beide Seiten aus: $-\vec{e}_2 = C [-\vec{e}_2]$. Also ist $C = 1$, und wir kommen an bei

$$\vec{a} \times (\vec{b} \times \vec{c}) = \vec{b} (\vec{a} \vec{c}) - \vec{c} (\vec{a} \vec{b}) \, . \tag{1.10}$$

Man benötigt (1.10) erstaunlich häufig (merken!). Manche Leute mögen Namen und nennen (1.10) den Entwicklungssatz.

$\|$-$\perp$-Zerlegung

Wir wissen schon, daß die Aufspaltung $\vec{a} = \vec{a}_\| + \vec{a}_\perp$ zu jedem Vektor $\vec{a}$ möglich (und mitunter nötig) ist. Dazu muß das Problem natürlich noch eine andere Richtung auszeichnen, auf die sich die Zerlegung beziehen soll. Neben $\vec{a}$ ist also noch ein Einheitsvektor $\vec{e}$ bekannt (sicherlich skizzieren Sie sich diese zwei Vektoren gleich einmal auf einem Schmierzettel). Durch diese zwei können wir natürlich sofort $\vec{a}_{\parallel}$ ausdrücken: $\vec{a}_{\parallel} = (\vec{a}\,\vec{e})\vec{e}$. Für $\vec{a}_{\perp}$ finden wir zwei verschiedene Wege – beide richtig, beide schön:

A $\vec{a}_{\perp} = \vec{a} - \vec{a}_{\parallel} = \vec{a}(\vec{e}\,\vec{e}) - \vec{e}(\vec{a}\,\vec{e}) = \vec{e} \times (\vec{a} \times \vec{e})$, wobei im letzten Schritt (1.10) benutzt wurde.

B Der Vektor $\vec{e} \times \vec{a}$ steht senkrecht auf dem Papier, auf das $\vec{e}$ und $\vec{a}$ skizziert wurden. Sein Kreuzprodukt mit $\vec{e}$ weist in $\vec{a}_{\perp}$-Richtung. Also ist $\vec{a}_{\perp} = C(\vec{e} \times \vec{a}) \times \vec{e} = C\vec{e} \times (\vec{a} \times \vec{e})$. Nehmen wir nun den Betrag beider Seiten, dann folgt $C = 1$.

$\vec{a} \times \vec{b}$ in Komponenten

Sowohl $\vec{a}$ als auch $\vec{b}$ mögen in (, ,)-Form auf dem Papier stehen. Aus irgendwelchen physikalischen Gründen soll auch $\vec{a} \times \vec{b}$ in dieser Form aufgeschrieben werden. Wie dies zu geschehen hat, läßt sich überraschenderweise durch reines Nachdenken ergründen. Sowohl $\vec{a}$ als auch $\vec{b}$ denken wir uns additiv aus gewichteten Einheitsvektoren zusammengesetzt, nämlich wie in (1.6). Das Kreuzprodukt aus zwei verschiedenen Einheitsvektoren ist (plus oder minus) der dritte. Gleiche geben Null. Ein $\vec{e}_1$-Anteil von $\vec{a} \times \vec{b}$ kann also nur auf zwei Weisen zustande kommen: aus $\vec{e}_2$-Anteil von $\vec{a}$ mit $\vec{e}_3$-Anteil von $\vec{b}$ oder (nun negativ) aus $\vec{e}_3$-Anteil von $\vec{a}$ und $\vec{e}_2$-Anteil von $\vec{b}$. Somit ist $a_2b_3 - a_3b_2$ die erste Komponente von $\vec{a} \times \vec{b}$. Das ist es, und wir sind (so scheint es) schon fertig:

$$\vec{a} \times \vec{b} = (a_2b_3 - a_3b_2 , a_3b_1 - a_1b_3 , a_1b_2 - a_2b_1) . \tag{1.11}$$

Man ist nie fertig, wenn man ein Resultat (z.B. das einer Übungsaufgabe) soeben zu Papier gebracht hat. Nun ist es zu testen und/oder genauer zu verstehen und/oder seine Tragweite zu begreifen. Als erstes versuchen wir (sicherheitshalber), die obigen zu (1.11) führenden Gedanken in Formelsprache zu fassen. Wir haben Mut und betrachten gleich allgemein die j-te Komponente von $\vec{a} \times \vec{b} = a_k b_l(\vec{e}_k \times \vec{e}_l)$. Sie ergibt sich, wenn wir auf beiden Seiten das Skalarprodukt mit $\vec{e}_j$ bilden,

$$(\vec{a} \times \vec{b})_j = a_k b_l \, \vec{e}_j \cdot (\vec{e}_k \times \vec{e}_l) = \varepsilon_{jkl} a_k b_l ,$$

wobei

$$\varepsilon_{jkl} := \vec{e}_j \cdot (\vec{e}_k \times \vec{e}_l) = \begin{cases} 0 & \text{wenn zwei Indizes gleich sind} \\ 1 & \text{wenn } j, k, l \text{ zyklisch} \\ -1 & \text{wenn } j, k, l \text{ antizyklisch} \end{cases}$$

$$= \begin{cases} 1 & \text{für } j = 1, \, k = 2 \text{ und } l = 3 \\ \text{total antisymmetrisch sonst} . \end{cases}$$

Zyklisch heißt, daß die drei Zahlen (verschieden müssen sie ja sein) die „natürliche Reihenfolge" haben: 1,2,3 oder 2,3,1 oder 3,1,2 (im Uhrzeigersinn an einer Drei-Stunden-Uhr). ε wechselt das Vorzeichen, wenn man zwei Indizes vertauscht. Somit hat es den Wert -1 bei „falscher" antizyklischer Reihenfolge. ε_{jkl} heißt „total antisymmetrischer Tensor dritter Stufe". Und **antisymmetrisch** heißt Vorzeichen-umkehrend bei Indexvertauschung. Wenn wir in $\varepsilon_{jkl}a_k b_l$ z.B. $j = 2$ wählen, dann ergibt sich zwingend die zweite Komponente von (1.11). Nun „steht" die Behauptung (1.11). Aber wir müssen unbedingt auch ein wenig mit ihr spielen: „wenn z.B. $\vec{a}, \vec{b}$ beide in der xy-Ebene liegen, dann zeigt $\vec{a} \times \vec{b}$ nach oben, dürfte also keine erste und keine zweite Komponente haben" – ?? – „es ist dann $a_3 = 0$ und $b_3 = 0$, und (1.11) verhält sich tatsächlich richtig!". So gehe man künftig an jede neuartige Formel heran (und an jedes Resultat einer Übungsaufgabe): man rekapituliere, wie sie herauskam, und teste sie anhand einfacher Spezial- und Grenzfälle. Wenn man schwer an ihr gerüttelt hat, und sie lebt noch, dann mag sie wohl eine Daseinsberechtigung haben. Spielen-Können ist wertvoll.

Das Aufschreiben der $\vec{a} \times \vec{b}$-Komponenten mittels (1.11) geschieht im konkreten Falle dadurch, daß man *spricht*: „Ich bin jetzt bei der zweiten Komponente. Dort hinein gehört die dritte mal die erste minus (umgekehrt) erste mal dritte". So rechne man ein Kreuzprodukt aus. Es treten nämlich immer wieder Leute auf den Plan, welche offenbar mit einem anderen Merkvers getrimmt worden sind (wer tut so etwas?). Er steht unter Gleichung (1.13), kostet vertikalen Platz und ist mit unnötiger Schreiberei verbunden. Kurz, er ist unrentabel. Ein Gewohnheitstier mit Verstand ...

Vektorrechnung geht über Trigonometrie

Die Weisheiten, die die Trigonometrie zu bieten hat (Sinussatz, Kosinussatz, ...), sind einfache Folgerungen aus der Vektorrechnung. Der Kosinussatz ($c^2 = a^2 + b^2 - 2ab\cos(\gamma)$, γ = der der Dreiecksseite c gegenüber liegende Winkel) beispielsweise stand bereits da auf einer der bisherigen Seiten – es ist nur noch Gleichung (1.5) dort einzusetzen. Sie werden ihn finden. Mit sphärischer Trigonometrie verhält es sich ebenso.

Wir begnügen uns hier mit einem (hoffentlich eindrucksvollen) Beispiel. An Bild 1-21 kann man *sehen*, daß die Beziehung $\sin(\alpha + \beta) = \sin(\alpha)\cos(\beta) + \cos(\alpha)\sin(\beta)$ gilt. Die Gesamtfläche (großes Rechteck) ist einerseits gleich

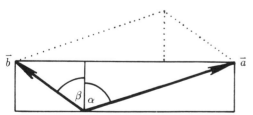

Bild 1-21. Wie man das Additionstheorem der Trigonometrie „sehen" kann

$|\vec{a} \times \vec{b}|$ und setzt sich andererseits aus den zwei kleineren Rechtecken zusammen. Das rechte hat Grundlinie $a\sin(\alpha)$ und Höhe $b\cos(\beta)$. Das linke hat die Fläche $ab\cos(\alpha)\sin(\beta)$. Teilen durch ab gibt die gewünschte Gleichung. Wenn wir in dieser $\alpha = \pi/2 - \gamma$ setzen und $\sin(\pi/2 - \gamma) = \cos(\gamma)$, $\cos(\pi/2 - \gamma) = \sin(\gamma)$ ausnutzen, dann bekommen wir auch noch das zweite Additionstheorem $\cos(\gamma - \beta) = \cos(\gamma)\cos(\beta) + \sin(\gamma)\sin(\beta)$ frei Haus geliefert. Kurzum, wilde trigonometrische Rechnerei löst sich meist vektoriell in Wohlgefallen auf. Trigonometrie kommt von Vektorrechnung, diese kommt vom Pythagoras, der aus dem Sandkasten (Bild 1-12) – und dort hat alles angefangen.

Übungs-Blatt 2

Spatprodukt

Neben dem doppelten Kreuzprodukt gibt es noch ein anderes doppeltes Produkt, nämlich $\vec{a} \cdot (\vec{b} \times \vec{c})$. Dieses sogenannte Spatprodukt hat eigentümliche Eigenschaften:

$$
\begin{aligned}
\vec{a} \cdot (\vec{b} \times \vec{c}) &= a_\| \, |\vec{b} \times \vec{c}| \\
&= \left(\begin{array}{c} \text{Volumen des Parallelepipeds} \\ \text{mit } a, b, c \text{ als Kanten} \end{array} \right) \cdot \frac{a_\|}{|a_\||} \\
&= (\vec{a} \times \vec{b}) \cdot \vec{c} = (\vec{c} \times \vec{a}) \cdot \vec{b} \ .
\end{aligned}
\tag{1.12}
$$

Das erste Gleichheitszeichen ist (1.5). Was ein „Parallelepiped" ist, zeigt Bild 1-22. Es hat $|a_\||$ als Höhe (als Projektion kann $a_\|$ beide Vorzeichen haben). Das zweite Gleichheitszeichen versteht sich als Grundfläche mal Höhe. Das dritte und vierte gilt, weil die Kanten des Parallelepipeds gleichberechtigt sind. Beim Spatprodukt darf man also den Vektor, der nicht in der Klammer steht, in die Klammer hinein schieben und dabei den entferntesten Vektor hinausdrängen.

Das Spatprodukt läßt sich mittels (1.11) leicht durch die Komponenten der drei Vektoren ausdrücken:

$$
a_1 b_2 c_3 + a_2 b_3 c_1 + a_3 b_1 c_2 - a_3 b_2 c_1 - a_1 b_3 c_2 - a_2 b_1 c_3 \ .
$$

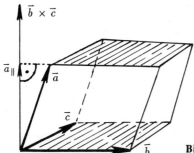

Bild 1-22. Spatprodukt als Volumen eines Parallelepipeds

Es zeigt eine eigenartige Systematik in den 6 zusammen-addierten Produkten. Aus gegebenen $3 * 3 = 9$ Zahlen wurde eine Zahl errechnet. Natürlich gibt es viele Möglichkeiten, 9 Zahlen eine einzige Zahl zuzuordnen. Obige spezielle Zuordnung nennt man **Determinante** und schreibt

$$\vec{a} \cdot (\vec{b} \times \vec{c}) = \begin{vmatrix} a_1 & a_2 & a_3 \\ b_1 & b_2 & b_3 \\ c_1 & c_2 & c_3 \end{vmatrix} \begin{matrix} a_1 & a_2 \\ b_1 & b_2 \\ c_1 & c_2 \end{matrix}$$

$$= \begin{vmatrix} a_1 & a_2 & a_3 \\ b_1 & b_2 & b_3 \\ c_1 & c_2 & c_3 \end{vmatrix} = \det \begin{pmatrix} a_1 & a_2 & a_3 \\ b_1 & b_2 & b_3 \\ c_1 & c_2 & c_3 \end{pmatrix} . \tag{1.13}$$

Die schrägen Linien zeigen, welche Produkte zu bilden sind und welche positiv (nach rechts unten) und welche negativ (nach links unten) zu nehmen sind. Dieses Schema zur Berechnung einer Determinante nennt man Sarrus'sche Regel. Sie läßt sich nur bei „Schachbrettern" mit drei Zeilen und drei Spalten benutzen (oder $2 * 2$-Brettern). Wer gern spielt, der kann sich nun (mit Sarrus' Regel im Hinterkopf) das Kreuzprodukt formal als Determinante schreiben:

$$\vec{a} \times \vec{b} = \begin{vmatrix} a_1 & a_2 & a_3 \\ b_1 & b_2 & b_3 \\ \vec{e}_1 & \vec{e}_2 & \vec{e}_3 \end{vmatrix} .$$

Etwaiger Gebrauch dieser Version in praxi wurde ja weiter oben bereits vernichtend kommentiert. Wenn an einem Neun-Zahlen-Schema senkrechte Striche stehen, dann ist die Determinante gemeint. Wenn es jedoch von runden Klammern eingerahmt wird, wie in (1.13) ganz rechts, dann nennt man es **Matrix** (schade um das schöne Wort Schachbrett – aber eine Matrix ist ja weiterhin eins). Es gibt natürlich auch z.B. $8 * 8$-Schachbr..., sorry, $8 * 8$-Matrizen. Die 64 Zahlen darin nennt man **Elemente** der Matrix. Man kann sie mit A_{jk} bezeichnen und numerieren, wobei sich der **Zeilenindex** j von oben nach unten verändert und der **Spaltenindex** k nach rechts:

$$A = \left(A_{jk} \right) = \begin{pmatrix} A_{11} & A_{12} & \ldots & A_{18} \\ A_{21} & A_{22} & \ldots & A_{28} \\ \vdots & & & \vdots \\ A_{81} & A_{82} & \ldots & A_{88} \end{pmatrix}$$

(Spezialfall:

$$1 = \left(\delta_{jk} \right) = \begin{pmatrix} 1 & 0 & 0 \\ 0 & 1 & 0 \\ 0 & 0 & 1 \end{pmatrix} .$$ Das Kronecker-Symbol ist also die **Einheitsmatrix**.)

Mit Matrizen werden wir uns noch gehörig herumschlagen (Kapitel 4), aber kaum noch mit Determinanten. Vielleicht wollen Sie wenigstens noch erfahren, wie denn – da Sarrus nicht allgemein – die Determinante einer $N * N$-Matrix definiert ist. Na gut:

$$\det(A) = \varepsilon_{j_1 \dots j_N} A_{1j_1} A_{2j_2} \dots A_{Nj_N} .$$

Vektorgleichungen

sind eine feine Sache. Aus einer Gleichung, die als unbekanntes Objekt den Ortsvektor $\vec{r}$ enthält, kann man vermutlich nicht alle seine drei Komponenten bestimmen: eine Gleichung – drei Unbekannte! Wir erwarten, daß sie viele, unendlich viele (?) Lösungen hat. Wir fragen nun, ob etwa die Endpunkte dieser vielen Ortsvektoren ein geometrisches Objekt bilden können, und suchen die Antwort anhand von Beispielen:

A $\vec{r} \cdot \vec{e}_3 = 0$. Dies ist ersichtlich die Bedingung dafür, daß $\vec{r}$ senkrecht auf $\vec{e}_3$ steht. *Alle* Ortsvektoren, die keine z-Komponente haben, erfüllen diese Gleichung. Aus allen ihren Endpunkten bildet sich xy-Ebene. Es ist die Gleichung der xy-Ebene.

B $|\vec{r}| = R$. Was ist das? Moment bitte. Eine Kugel mit Radius R!

C $|\vec{r} - \vec{r}_0| = R$. Und das? — Eine Kugel (R) mit Mitte bei $\vec{r}_0$.

D $\vec{r} \cdot \vec{e} = 0$. – ? – Eine Ebene durch Ursprung senkrecht zu $\vec{e}$.

E $\vec{r} \times \vec{A} = \vec{N} \times \vec{A}$. Das sind *drei* Gleichungen. $\vec{N}$ und $\vec{A}$ sollen gegebene feste Vektoren sein. Das malen wir uns einmal auf und lassen $\vec{N}$ am Ursprung und $\vec{A}$ am $\vec{N}$-Ende starten. Die rechte Seite ist ein Vektor senkrecht zur Papierebene (nach oben oder unten, je nachdem, wie Ihre Skizze aussieht). Damit auch die linke Seite senkrecht auf dem Papier steht, muß $\vec{r}$ in der Papierebene liegen. Damit beide Seiten den gleichen Betrag haben, muß $\vec{r}_\perp = \vec{N}_\perp$ sein. Das sind nun alle Anforderungen an $\vec{r}$. Es handelt folglich sich um die Gleichung einer Geraden durch den $\vec{N}$-Endpunkt und mit der Richtung von $\vec{A}$.

Nach den Beispielen **A** und **D** fällt es nicht mehr schwer, auch noch die Gleichung einer Ebene aufzuschreiben, die nicht durch den Ursprung geht. Die Ebene soll senkrecht zu einem gegebenen Vektor $\vec{N}$ sein und den Abstand N vom Ursprung haben:

$$\vec{r} \cdot \frac{\vec{N}}{N} = N . \tag{1.14}$$

(Notfalls zeigt Ihnen eine Skizze, daß dies stimmt). Zu (1.14) gibt es interessante Anwendungen. So kann man z.B. den Druck einer Schallwelle (was mag das sein? Nachdenken!) in der Form

$$p(\vec{r}) = p_0 + f(\vec{k}\,\vec{r} - \omega t)$$

aufschreiben. $f(x)$ ist irgendeine „weiche" Funktion (es muß nicht unbedingt ein Kosinus oder Sinus sein). Sehen wir uns an, an welchen Orten des Raumes zu einem bestimmten Zeitpunkt t der Druck $p_0 + f(0)$ vorliegt. Dazu müssen wir $\vec{k}\,\vec{r} = \omega t$ setzen. Gleicher Druck (mit dem vorgegebenen Wert) herrscht also auf der Ebene senkrecht zu $\vec{k}$, die vom Ursprung den Abstand $\omega t/k$ hat. Wenn die Zeit t vergeht, dann wandert diese Ebene in $\vec{k}$-Richtung und zwar mit Geschwindigkeit ω/k. Hiermit haben wir soeben die Formulierung für eine **ebene Welle** entdeckt.

Auch aus Beispiel **C** ziehen wir einen Nutzen. Es zeigt, daß man ein geometrisches Objekt dadurch an ein anderes Zentrum bringen kann, daß man in der entsprechenden Gleichung $\vec{r}$ durch $\vec{r} - \vec{r}_0$ ersetzt. Mehr noch, irgendeine Physik läßt sich dadurch woanders hintransportieren, daß man alle ihre z.B. 79 Ortsvektor-Variablen in der gleichen genannten Weise behandelt. Das vornehme Wort für diesen Transport-Vorgang ist **Translation**. Beispielsweise erkennt man rechts im Bild 1-3 das Resultat einer Translation. Sie wissen vermutlich, daß die Erdanziehungskraft weit draußen mit „eins durch Abstand-Quadrat" abnimmt. Inzwischen können wir diesen experimentellen Befund sauber formulieren:

$$\vec{K} = \gamma \frac{mM}{r^2} \left(-\frac{\vec{r}}{r} \right) \, .$$

Dabei ist M die Masse der Erde und m die Masse z.B. eines Satelliten (wir kommen in Kapitel 3 darauf zurück, was Masse eigentlich ist). γ ist eine Konstante (müßte man nicht $\gamma = 1$ setzen? – vgl. Text über und unter (1.8) – Oh, sündige Menschheit!). Mit dem Verschiebe-Trick **C** können wir jetzt das Erdanziehungs-Kraftfeld für einen Marsmenschen aufschreiben, der die Erdmitte bei $\vec{r}_0$ sieht und den Satelliten bei $\vec{r}$:

$$\vec{K}(\vec{r}) = \gamma \frac{mM}{(\vec{r} - \vec{r}_0)^2} \left(-\frac{\vec{r} - \vec{r}_0}{|\vec{r} - \vec{r}_0|} \right) \, . \tag{1.15}$$

Gleichung (1.15) gilt für eine punktförmige „Erde" ebenso wie für eine echte mit Radius R. Es muß nur $|\vec{r} - \vec{r}_0| > R$ sein, und die Masse muß kugelsymmetrisch verteilt sein. Warum dies so ist, lernen wir in Kapitel 6.

Linearkombination

Zum Ende dieses Kapitels sollten wir noch ein paar Vokabeln nachtragen. Es folgt also eigentlich nichts Neues. Wenn irgendein Ausdruck oder eine Gleichung ein Objekt (z.B. $\vec{a}$) nur „hoch eins" enthält (z.B. $\vec{b}\,(\vec{c}\,\vec{a})$, aber nicht $\vec{a}\,(\vec{c}\,\vec{a})$), dann sagen wir, der Ausdruck sei **linear in** diesem Objekt. $\vec{a}\,\vec{b}$ ist linear in $\vec{a}$ und linear in $\vec{b}$; $8 - 3x = 2$ ist eine lineare Gleichung (linear in x); (1.15) ist linear in m und M, aber nicht in $\vec{r}$; (1.8) ist linear in $\vec{B}$. Wenn mehrere Objekte mit

Konstanten multipliziert und aneinander addiert sind, dann heißt das Resultat **Linearkombination** oder kurz **LK**. Also ist $c_1\vec{a} + c_2\vec{b} + c_3\vec{c}$ eine LK aus drei verschiedenen Vektoren. Derartiges hatten wir schon mehrfach. In $\vec{a} = a_j\vec{e}_j$ wird der Vektor $\vec{a}$ aus den drei Einheitsvektoren $\vec{e}_j$ linear kombiniert. Man sagt auch, wir **entwickeln** $\vec{a}$ nach den $\vec{e}$'s. Den Umstand, daß sich ein beliebiger Vektor $\vec{a}$ nach $\vec{e}$'s entwickeln läßt, nennt man **Entwicklungssatz**. Wenn wir aus einem Vektor $\vec{a}$ seinen Einheitsvektor machen, d.h. $\vec{a}/a$ bilden, dann **normieren** wir ihn. Alle Einheitsvektoren sind also bereits normiert. Die drei Einheitsvektoren $\vec{e}_1, \vec{e}_2, \vec{e}_3$ bilden ein **vollständiges Orthonormal-System** oder kurz **VONS**; vollständig, weil es ausreichend viele sind, so daß sich jeder Vektor nach ihnen entwickeln läßt; ortho, weil sie senkrecht (**orthogonal**) aufeinander stehen; normal, weil sie normiert sind (*auf eins*, weil dabei für Betrag 1 gesorgt wurde). Man kann sich leicht ein anderes VONS ausdenken, indem man zu einem schief liegenden Einheitsvektor $\vec{f}_1$ zwei weitere zu ihm orthogonale Einheitsvektoren konstruiert. Ohne weiteren Kommentar ist nun die folgende Aussage klar:

$$\text{Die } \vec{f}_j \text{ bilden ein VONS} \hookleftarrow \vec{f}_j \cdot \vec{f}_k = \delta_{jk} \quad (j, k = 1, 2, 3)$$

$$\left.\begin{array}{l}\text{und überdies} \\ \text{ein Rechtssystem}\end{array}\right\} \hookleftarrow \left\{\begin{array}{l}\text{auch noch} \\ \vec{f}_1 \cdot (\vec{f}_2 \times \vec{f}_3) = \det\begin{pmatrix} - & \vec{f}_1 & - \\ - & \vec{f}_2 & - \\ - & \vec{f}_3 & - \end{pmatrix} = 1\end{array}\right. \tag{1.16}$$

Wenn man einen gegebenen Vektor $\vec{a}$ nach den Elementen eines VONS entwickeln will, welche Rechnung liefert dann eigentlich die **Koeffizienten** a'_j, d.h. die Konstanten in der LK? Es handelt sich um die Projektionen von $\vec{a}$ auf die $\vec{f}_j$-Richtungen. Drei Skalarprodukte sind also zu bilden. Dieser einfache Gedanke wird sich irgendwann später (in der Quantenmechanik) als sehr wesentlich herausstellen:

$$\vec{a} = a'_j\vec{f}_j \ , \quad a'_j = ? \ , \quad \text{man multipliziere beide Seiten mit } \vec{f}_k$$

$$\curvearrowright \vec{f}_k \cdot \vec{a} = a'_j\vec{f}_k \cdot \vec{f}_j = a'_j\delta_{jk} = a'_k \ , \text{ d.h. } a'_j = \vec{f}_j \cdot \vec{a} \ .$$

Das Zeichen $\curvearrowright$ steht für „daraus folgt, daß...". Die folgenden letzten zwei Sprachregelungen möge der Leser selbst (indem er malt) mit Sinn erfüllen:

$$\left.\begin{array}{l}\vec{a}, \vec{b} \text{ heißen} \\ \textbf{linear unabhängig}\end{array}\right\} \hookleftarrow \left\{\begin{array}{l}\text{die Gleichung } c_1\vec{a} + c_2\vec{b} = 0 \\ \text{Null-Koeffizienten } (c_1 = c_2 = 0) \text{ erzwingt} \ .\end{array}\right.$$

Drei linear unabhängige Vektoren $(\vec{a} \cdot (\vec{b} \times \vec{c}) \neq 0)$ **spannen** den dreidimensionalen **Vektorraum** auf (sind **Basis** dieses Raumes).

– – –

Dies war ein recht langes Kapitel, bestehend aus vielen scheinbar unzusammenhängenden Stücken. Es wird besser werden. Aller Anfang ist leicht,

26

länglich, bringt neue Vokabeln und braucht viel Vertrauen auf einen Gesamt-Zusammenhang, der sich schon noch zeigen wird.

Sie haben es kaum bemerkt: wir haben bereits ein „Weltbild". Ein sehr dürftiges, sehr enges, noch falsches Weltbild, voller unbegreiflicher Geschehnisse ..., aber wenigstens überhaupt eines. In einem riesengroßen Koordinatensystem „sieht" man die Ellipsenbahn der Erde um die Sonne und die vielen Sonnen unserer Galaxie. Unendlich viele Ortsvektoren zeigen an alle Stellen des Raumes. An jeder Stelle sind einige weitere Vektoren angebracht. Felder „hängen" im Raum. Unsere Welt sieht aus wie eine große dreidimensionale Fotografie. Man kann in ihr herumklettern und Fähnchen mit Bezeichungen anbringen. Was brauchen wir als nächstes? Fotos aus verschiedenen Zeiten, bewegte Bilder: **KINO**.

2. Kinematik

Ein Punkt bewegt sich auf einer Kurve durch den Raum (Bild 1-1). Sein Ortsvektor verändert sich mit der Zeit. Wir schreiben $\vec{r}(t)$ und sagen „er von te". Man hat natürlich sofort einen Gummifaden vor seinem geistigen Auge, der den Punkt mit dem Ursprung verbindet. Auch die Schatten von $\vec{r}(t)$, d.h. seine Projektionen auf die Koordinatenachsen, d.h. seine Komponenten verändern sich mit der Zeit. Ebenso sieht es beim Geschwindigkeitsvektor (usw.) aus, wenn wir seinen am Ursprung beginnenden Repräsentanten betrachten. Allgemein schreiben wir

$$\vec{a}(t) = \big(\, a_1(t)\, ,\, a_2(t)\, ,\, a_3(t)\, \big)$$

und sprechen von einer **Vektorfunktion**. Sie besteht also aus drei Funktionen einer Variablen (der Zeit t in diesem Falle). Den Funktionen ist Kapitel 5 gewidmet. Hier werden wir nur Potenzen sowie Sinus und Kosinus verwenden – jedenfalls ganz einfache, harmlose und glatte „Höhenprofile" über einer Zeit-Achse. Man kann erstaunlich viel damit anfangen. Die folgenden vier Beispiele mögen es zeigen.

2.1 Raumkurven

A Geradlinige Bewegung mit zeitlich konstanter Geschwindigkeit $\vec{v}$. Gegeben ist (neben $\vec{v}$) auch der Ort $\vec{r}(0) =: \vec{r}_0$ des Punktes zur Zeit Null. Zur Zeit t hat sich offenbar (Bild 2-1) der Verschiebungsvektor $vt\vec{e}$, $\vec{e} := \vec{v}/v$, zu $\vec{r}_0$ addiert:

$$\vec{r}(t) = \vec{r}_0 + \vec{v}t$$
$$= \big(\, x_0 + v_1 t\, ,\, y_0 + v_2 t\, ,\, z_0 + v_3 t\, \big)\, .$$

Dies ist die **Parameterdarstellung** einer Geraden (im Unterschied zur Vektorgleichung). Parameter ist hier die Zeit t. Wenn er alle Werte eines Intervalls

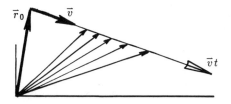

Bild 2-1. Geradlinige Bewegung mit konstanter Geschwindigkeit

(hier: $-\infty < t < \infty$) durchläuft, werden alle Punkte des geometrischen Objektes erreicht.

B Kreis-Bewegung in der xy-Ebene um den Ursprung, im „mathematisch positiven" Sinn (d.h. entgegengesetzt zu Uhrzeiger) und mit konstanter Geschwindigkeit v (Skizze!). Leider ist es üblich, das Wort Geschwindigkeit auch dann zu verwenden, wenn nur ihr Betrag v gemeint ist. Meist bereinigt der Text die entsprechende Unklarheit. Obiger Text bedarf auch noch der folgenden genaueren Angabe: $\vec{r}(0) = (R, 0, 0)$. Der Radius des Kreises ist also R. Jetzt trifft Bild 1-17 zu. Wenn wir nun Text und Bild in Formelsprache übersetzen, dann besteht der erste Schritt aus $s(t) = vt$. Im zweiten Schritt schreiben wir den Winkel zwischen Ortsvektor und x-Achse auf: $\varphi(t) = s(t)/R = vt/R =: \omega t$. Dabei haben wir die Abkürzung ω eingeführt. Sie heißt **Kreisfrequenz** und hat Dimension 1/Zeit. Im dritten Schritt erledigen wir unsere Aufgabe:

$$\vec{r}(t) = R\big(\cos(\omega t),\, \sin(\omega t),\, 0\big).$$

Die Zeit T, die vergeht, bis der Ausgangspunkt wieder erreicht ist, nennt man **Periode**. Obige Kreisbewegung hat die Periode $T = 2\pi/\omega$.

Um auch die Geschwindigkeit als Vektor aufzuschreiben, benötigen wir (da Betrag gegeben) nur noch einen zeitabhängigen Einheitsvektor. Ein Blick auf Bild 2-2 „zwingt" uns, ihn als Kreuzprodukt mit $\vec{r}(t)$ zu suchen:

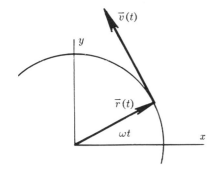

Bild 2-2. Kreisbewegung mit konstanter Geschwindigkeit. Zu jeder Zeit bilden Ort, Geschwindigkeit und Winkelgeschwindigkeit ein orthogonales Dreibein

$$\vec{e}(t) = (0, 0, 1) \times (c, s, 0)$$
$$= (-s, c, 0)$$

$$\vec{v}(t) = v\,\vec{e}(t)$$

$$= R\omega\,(-\sin(\omega t),\, \cos(\omega t),\, 0).$$

Die eigenwillige Anordnung dieser winzigen Rechnung geschah mit Absicht. Man denkt, malt, beginnt zu schreiben, hat rechts Platz, dann links, und dabei erscheint zum Beispiel Obiges auf Ihrem unlinierten Papier. Man sieht jetzt, wie zweckmäßig das Verbinden von Gleichheitszeichen ist. Es vermeidet Mißverständnisse. Bei längerer Rechnung geht die vertikale Verbindung über Seiten (und kann dann ein Kennzeichen bekommen, mit dem sie eine Seite

29

verläßt und in die nächste eintritt). Machen Sie auch bitte hemmungslos von Abkürzungen Gebrauch. Das ist rentabel (vor allem in Nebenrechnungen). *Ihnen* jedenfalls ist klar, daß c für $\cos(\omega t)$ steht und s für $\sin(\omega t)$. Bei Hausübungen empfiehlt sich Erklärung solcher Abkürzungen, denn manche Korrektoren „wollen nicht verstehen". Betrachten wir nun das Resultat obiger Rechnung. Man sieht (falls man differenzieren kann, siehe unten), daß jede $\bar{v}$-Komponente die Ableitung der entsprechenden $\bar{r}$-Komponente nach der Zeit ist. In Beispiel **A** war es ebenso.

C Die Kraft $\vec{K}(t) = (at,\ b + ct^2,\ 0)$ sei gegeben. Es gibt viele Möglichkeiten, sich hierzu einen realen Vorgang vorzustellen. Jemand zieht so an einem Faden herum, der am Ursprung festgebunden ist (Bild 2-3). Oder es handelt sich um die so programmierte Schubkraft einer Rakete im schwerelosen Raum (kurz nach Zündung). Oder eine Ladung erfährt diese Kraft zwischen den (großen) Platten eines Kondensators, der gedreht und dabei aufgeladen wird. Fantasie bitte! Zur letztgenannten Version sieht man $\vec{K}$ als Feld (von $\bar{r}$ und von t), welches nur im interessierenden Raumbereich gerade in guter Näherung unabhängig von $\bar{r}$ ist. Um eine bestimmte Abhängigkeit eines Ausdrucks (hier: von t) zu studieren, kürzt man gern alles Unwesentliche ab (hier: durch a, b, c). Nur Vorsicht: im obigen Falle haben die drei Konstanten verschiedene Dimension: *Kraft/Zeit* bzw. *Kraft* bzw. *Kraft/Zeit²*.

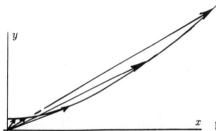

x **Bild 2-3.** Eine zeitabhängige Kraft

D Schraubenlinie. Dies ist ein sehr schöner Typ Übungsaufgabe (für Erfinder). *Sie* sollen einem Teilchen, einem Segelflieger oder einem Fräser ein $\bar{r}(t)$ mitteilen, derart, daß die Bahnkurve qualitativ eine Schraubenlinie wird. Von oben gesehen, nimmt man die Höhenzunahme nicht wahr (sondern nur Kreisbahn). Als Projektion auf der z-Achse erscheint wiederum nur die Höhenzunahme. Damit sind wir bereits fertig:

$$\bar{r}(t) = \big(\ R\cos(\omega t)\ ,\ R\sin(\omega t)\ ,\ v_3 t\ \big)\ .$$

Zur Resultat-Diskussion können wir z.B. die Ganghöhe angeben:

$$|\bar{r}(2\pi/\omega) - \bar{r}(0)| = v_3 2\pi/\omega = \big(v_3/v_\perp\big)2\pi R\ .$$

Falls die Schraubenlinie einen Anfang und ein Ende haben soll, geben wir einfach die Startzeit (z.B. $t_1 = 0$) und den Ankunftstermin an (z.B. $t_2 = 20\,T$, $T = 2\pi/\omega$, entsprechend 20 Windungen). Sie hatten mehr an eine Holzschraube gedacht? Kein Problem. Der Radius nimmt dann im Laufe der Zeit ab; also ersetzen wir in obiger Formel R durch z.B. $R(t) = R \cdot (1 - t/t_2)$.

Wir haben soeben gelernt, daß man generell eine Raumkurve in der Form $\vec{r}(t)$ angeben kann. Ein Kurven-Stück erfordert (in der Regel) die zusätzliche Angabe eines Zeitintervalls (t_1, t_2). Sofern es nur auf die Kurve ankommt, kann natürlich auch irgendein anderer Parameter (statt der Zeit t) sein Intervall durchlaufen. Wenn man im $\vec{r}(t)$ der Schraubenlinie überall t durch τ^2/ω ersetzt und τ laufen läßt, dann entsteht wieder eine Schraubenlinie. Allerdings liegt sie nun ganz oberhalb der xy-Ebene. Man versteht jetzt obige Einschränkung „in der Regel". Um mit einem normalen und einfachen Beispiel abzuschließen, sehen wir uns

$$\vec{r}(\tau) = \big(\, a\cos(\tau)\,,\, b\sin(\tau)\,,\, 0\,\big) \quad \text{mit} \quad -\pi < \tau < 0$$

an. Es handelt sich um die untere Hälfte einer Ellipse mit Zentrum im Ursprung. Für einen Violinschlüssel ein $\vec{r}(t)$ zu erfinden (es geht!), das bleibe eine Herausforderung für den Leser.

Übungs-Blatt 3

Winkelgeschwindigkeit

Beispiel **B** enthält noch mehr. Einer Kreisbewegung können wir eine feste Richtung zuordnen, den Drehsinn (rechte Schlapp-Hand). Im Beispiel **B** zeigt er nach oben. Als Betrag geben wir diesem „Drehsinn-Vektor" den pro Zeit zurückgelegten Winkel. Das ist genau die Kreisfrequenz ω. Das Resultat ist $\vec{\omega} = \omega\,\vec{e}$ und heißt **Winkelgeschwindigkeit** (sehr wörtlich zu nehmen, nicht wahr?). Auch hier wird mit dem Wort für den Vektor häufig nur der Betrag gemeint: Winkelgeschwindigkeit der Erde? Antwort: $2\pi/(1\text{ Tag})$. Im Laufe sehr großer Zeiten dürfte sie ein wenig abnehmen. Es ändert sich auch allmählich die Richtung der Erdachse. Unter solchen Umständen müssen wir den Winkelunterschied auf einen hinreichend kurzen Zeitunterschied beziehen:

$$\vec{\omega}(t) = \frac{d\varphi}{dt}\,\vec{e}(t)\,.$$

Von „Kreisfrequenz" kann man nun nicht mehr reden, höchstens noch im Sinne einer Näherung. Sie ist der engere Begriff. Auf intuitive Weise haben wir soeben etwas Wichtiges über einen **starren Körper** gelernt: er hat stets eine **momentane Drehachse**.

Mit einem starren Körper sei eine Achse fest verbunden. Hier denkt der Leser an Bratspieß und Lagerfeuer (trockener Text braucht Appetitanregung). Die Achse gehe durch den Ursprung, sei außerhalb des Körpers gelagert und werde mit gegebener Winkelgeschwindigkeit $\vec{\omega}$ gedreht. Ein Punkt des starren

Körpers (irgendein bestimmter) bei $\vec{r}(t)$ hat dann die Geschwindigkeit

$$\vec{v}(t) = \vec{\omega}(t) \times \vec{r}(t) . \tag{2.1}$$

Die Richtung von $\vec{v}$ wird durch (2.1) richtig angegeben (Skizze!). Der Betrag von (2.1) ist $v = \omega r_\perp$, und $r_\perp$ ist der Abstand von der Achse. Wegen $\omega = v/\text{Abstand}$ gibt (2.1) also auch den richtigen Betrag. Somit stimmt (2.1). Die kleine Rechnung, die bei Beispiel **B** von $\vec{r}$ auf $\vec{v}$ führte, ist nun auf beliebige Achsenrichtung verallgemeinert.

Gleichung (2.1) ist ein vektoriell formulierter Zusammenhang und somit unabhängig von Koordinatenachsenrichtungen. Er respektiert die Drehinvarianz der Realität. Bisher waren – soweit Physik betreffend – die Gleichungen (1.8) und (1.15) von dieser edlen Sorte. Vielleicht ist nun der rechte Zeitpunkt gekommen, eine Verschwörung ins Leben zu rufen, deren erklärtes Ziel es ist, die Harmonien der Welt zu suchen, zu formulieren und ihnen in unserem Verständnis der Dinge einen zentralen Platz einzuräumen. Inwieweit die Verschwörung nun Politiker und Verbände tangieren mag, sei dahingestellt (die Gedanken sind frei). In der Physik wird (statt von „Harmonie") von Symmetrien und Invarianzen gesprochen. Bei unserem momentanen Kenntnisstand lautet das entsprechende Prinzip folgendermaßen:

Wenigstens die *grundlegenden* Zusammenhänge
müssen vektoriell formuliert werden.

Vielleicht erinnern Sie sich später wieder hieran, wenn Newtons Bewegungsgleichung oder die Maxwell-Gleichungen zu Papier gekommen sind. Selbstverständlich wird dieses Prinzip eingehalten bis zum heutigen Tag und bis hinein in die moderne Theorie der Elementarteilchen. Allerdings wird es unterwegs zum Bestandteil eines anderen höheren Prinzips, das noch mehr Harmonie herzustellen vermag, dem sogenannten Relativitätsprinzip.

Ist $\vec{\omega}$ ein Vektor? Wer sich jetzt etwa an den Anfang des ersten Kapitels erinnert („Drehungen sind keine Vektoren"), dem fährt der Schrecken tief ins Gebein. Ruhe bewahren. Die Verneinung von damals beruhte auf der Ungültigkeit der Vektoraddition. Versuchen wir also, zwei Winkelgeschwindigkeiten zu addieren. Was das heißt, zeigt Bild 2-4: ein Karussell ($\vec{\omega}_1$), auf das ein Motor geschraubt ist, der mit $\vec{\omega}_2$ relativ zu Karussell eine zweite Achse dreht. An dieser ist mit Draht

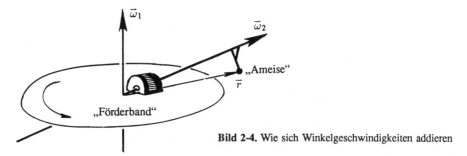

Bild 2-4. Wie sich Winkelgeschwindigkeiten addieren

ein „Punkt" angelötet. Die beiden Achsen schneiden sich im Ursprung. Ohne Karuselldrehung würde sich der Punkt nach (2.1) mit $\vec{v} = \vec{\omega}_2 \times \vec{r}$ bewegen. Ohne diese „Eigenbewegung" (aber mit Karuselldrehung) käme er mit $\vec{u} = \vec{\omega}_1 \times \vec{r}$ voran (so als wäre die $\vec{r}$-Umgebung ein Förderband). Geschwindigkeiten dürfen wir addieren. Die Gesamtgeschwindigkeit ist $\vec{w} = \vec{u} + \vec{v} = (\vec{\omega}_1 + \vec{\omega}_2) \times \vec{r}$, gültig sogar für *alle* Punkte $\vec{r}$, die mit der zweiten Achse verlötet sind. Es gibt also eine Ersatzachse, zu drehen mit $\vec{\omega} = \vec{\omega}_1 + \vec{\omega}_2$. Winkelgeschwindigkeiten sind Vektoren. Man hat das Gefühl, hier sei ein wenig „gezaubert" worden. Vielleicht ist es hilfreich, wenn wir die obigen Gleichungen noch mit dt multiplizieren. Dann stehen infinitesimal kleine Verschiebungsvektoren $d\vec{r}$ an Stelle der Geschwindigkeiten. Tatsächlich wurden nur solche $d\vec{r}$'s addiert. Das Addieren fand in einem so kleinen Raumbereich (um $\vec{r}$) statt, daß von der „späteren" Drehung noch nichts bemerkt werden konnte. Infinitesimale Drehungen $\vec{\omega}\,dt$ *sind* Vektoren – endliche Drehungen sind es *nicht*. Das war anstrengend.

2.2 Differenzieren

$f(x)$ gegeben; malen; Tangente bei x an die Kurve legen. Die Tangente ist eine Gerade: $y = ax + b$. a heißt **Anstieg** (der Tangente *und* der Kurve) bei x. Wir erklären nun ein weiteres Wort:

> **Ableitung** von $f(x)$ bei x := Anstieg der Kurve bei x .

Differenzieren ist wiederum nur ein anders Wort für „Ableitung bilden". Allerdings meint es, die Ableitung per Rechnung zu finden und sogar für alle x auf einmal (abgesehen von Stellen, die die Funktion übel nimmt oder an denen sie gar nicht erklärt ist). Selbst wenn der Leser längst differenzieren kann (häufig kann er und weiß nicht, was er tut), müssen wir uns auf eine Bezeichnungsweise verständigen:

$$\lim_{\varepsilon \to 0} \frac{f(x + \varepsilon) - f(x)}{\varepsilon} = \frac{df}{dx} =: f' = f'(x) = \partial_x f(x) \ . \tag{2.2}$$

Ganz links steht, was man beim Differenzieren tatsächlich zu tun hat. Anhand einer Skizze rufen Sie sich leicht in Erinnerung, daß dies genau der oben in Worten gegebenen Definition entspricht. „lim" ist die Abkürzung für **Limes** oder **Grenzwert**. Der erste Ausdruck von (2.2) heißt **Differentialquotient**. Wenn man den Bruch im konkreten Fall aufschreibt, dann versucht man sich vorzustellen, was wohl, wenn ε immer kleiner wird, am Ende aus ihm werden mag. Der zweite Ausdruck in (2.2) sagt dasselbe mit anderen „Worten": die sich bei kleiner x-Änderung ergebende Funktions-Änderung, geteilt durch erstere. Physikalische Betrachtungen führen häufig auf diese Version. Der dritte Ausdruck ist die Stenografie des vierten. Besonders gut ist die ganz rechts stehende Formulierung. Wir kommentieren sie im Anschluß an die Beispiele.

Vermutlich muß vorweg ein weit verbreitetes Mißverständnis erneut (?) bekämpft werden. Es genügt nicht, fertige Regeln und Rezepte zu kennen. Man muß verstehen, *warum* sie gelten, damit man mit dem Limesprozeß (2.2) auch noch in exotischen Situationen fertig wird. Dies und noch einiges mehr lernen wir anhand von 8 Beispielen:

A $\quad \partial_x x^3 = \lim_{\varepsilon \to 0} \frac{(x+\varepsilon)^3 - x^3}{\varepsilon} = \lim_{\varepsilon \to 0} \frac{x^3 + 3x^2\varepsilon + 3x\varepsilon^2 + \varepsilon^3 - x^3}{\varepsilon} = 3x^2 \ .$

Es ist lästig, stets den Limes vor die zu untersuchenden Ausdrücke zu setzen. Also vereinbaren wir (wenigstens für den Hausgebrauch), ihn wegzulassen. Wir merken uns $\varepsilon \to 0$. Im Zähler gab es Terme, auf die es gar nicht ankam. Wichtig war nur, daß sie bei $\varepsilon \to 0$ wie const $\cdot \varepsilon^2$ klein wurden. Es gibt eine praktische Notation für Ausdrücke, für die man sich (aus irgendwelchen Gründen) nicht genauer interessiert oder die man nicht genauer kennt. Man schreibt O(...), sagt „groß-O von ..." und meint damit einen Ausdruck, der proportional zu ... klein wird, wenn ... gegen Null geht. Mit einem ganz sauberen Gleichheitszeichen können wird jetzt aufschreiben, daß $(x+\varepsilon)^3 = x^3 + 3x^2\varepsilon + O(\varepsilon^2)$. Bei Beispiel **A** hat sich im Zähler der O(1)-Term kompensiert, auf den O(ε)-Term kam es an, und der O(ε^2)-Term spielte keine Rolle mehr. So geht es übrigens im Zähler des Differentialquotienten immer zu, es sei denn, man erweitert den Bruch (wie in den folgenden zwei Beispielen).

B $\quad \partial_x \sqrt{x} = \frac{\sqrt{x+\varepsilon} - \sqrt{x}}{\varepsilon} = \frac{(\sqrt{x+\varepsilon} - \sqrt{x})(\sqrt{x+\varepsilon} + \sqrt{x})}{\varepsilon(\sqrt{x+\varepsilon} + \sqrt{x})}$

$$= \frac{1}{\sqrt{x+\varepsilon} + \sqrt{x}} = \frac{1}{2\sqrt{x}}$$

C $\quad \partial_x \frac{1}{x} = \frac{1}{\varepsilon}\left(\frac{1}{x+\varepsilon} - \frac{1}{x}\right) = \frac{x - (x+\varepsilon)}{\varepsilon(x+\varepsilon)x} = -\frac{1}{x^2}$

D Beliebige Potenz. Zunächst betrachten wir nur $f = x^{n/m}$ zu $n, m = 1, 2, 3, \ldots$ und schreiben (2.2) in der folgenden Form auf:

$$(x+\varepsilon)^{n/m} = f + f'\varepsilon + O(\varepsilon^2) \ , \quad \text{oder} \quad (x+\varepsilon)^n = (f + f'\varepsilon + \ldots)^m \ ,$$

oder

$$x^n + nx^{n-1}\varepsilon = f^m + mf^{m-1}f'\varepsilon + O(\varepsilon^2)$$

$$\curvearrowright \quad f' = \frac{n}{m}x^{n-1}f^{1-m} = \frac{n}{m}x^{(n/m)-1} \ .$$

Wenn wir nun $n = -1, -2, -3, \ldots$ betrachten, führt eine ganz ähnliche Rechnung (multipliziere die Gleichung $(x+\varepsilon)^n = \ldots$ mit $(x+\varepsilon)^{|n|}$) zum gleichen Resultat. Da man jede reelle Zahl λ beliebig genau durch n/m approximieren kann, erhalten wir, daß allgemein $\partial_x x^\lambda = \lambda x^{\lambda-1}$ gilt.

E $\partial_x \cos(x) \stackrel{?}{=} [\cos(x+\varepsilon) - \cos(x)]/\varepsilon$

$\qquad \stackrel{?}{=} [\cos(x)\cos(\varepsilon) - \sin(x)\sin(\varepsilon) - \cos(x)]/\varepsilon$

$\qquad \stackrel{?}{=} [\cos(x)(1 - O(\varepsilon^2)) - \sin(x)(\varepsilon - O(\varepsilon^3)) - \cos(x)]/\varepsilon$

$\qquad \stackrel{!}{=} -\sin(x)$

Die vorletzte Zeile soll sich der Leser anhand großer Skizzen selbst klarmachen (!). Analog erhält man $\partial_x \sin(x) = \cos(x)$. Daß schließlich $\partial_t \cos(\omega t) = -\omega \sin(\omega t)$ gilt, folgt direkt aus dem Differentialquotienten, wenn man dort $\omega\varepsilon$ als „neues ε" einführt.

F   Produktregel : $\partial_x[f(x)g(x)] \stackrel{?}{=} [f(x+\varepsilon)g(x+\varepsilon) - f(x)g(x)]/\varepsilon$

$\qquad \stackrel{!}{=} [(f+f'\varepsilon)(g+g'\varepsilon) - fg + O(\varepsilon^2)]/\varepsilon = [\varepsilon f'g + \varepsilon fg']/\varepsilon$

$\qquad \curvearrowright \qquad (fg)' = f'g + fg' \qquad\qquad\qquad\qquad (2.3)$

G   Kettenregel : $\partial_x f(g(x)) \stackrel{?}{=} [f(g(x+\varepsilon)) - f(g(x))]/\varepsilon$

$\qquad \stackrel{!}{=} [f(g+g'\varepsilon) - f(g)]/\varepsilon = [f(g) + (\varepsilon g')f'(g) - f(g)]/\varepsilon$

$\qquad \curvearrowright \qquad \partial_x f(g(x)) = g'f'(g) \qquad\qquad\qquad (2.4)$

H Funktion mehrerer anderer Funktionen. Die Rechnung hierzu läuft analog zu Beispiel **G** und sei dem Leser überlassen:

$$\partial_x f(g(x), h(x)) = g'\partial_g f(g,h) + h'\partial_h f(g,h) . \qquad (2.5)$$

Ableitungen nach der Zeit t kommen besonders häufig vor. Man setzt einen Punkt über die Funktion, wenn es sich speziell um Differentiation nach der Zeit handelt:

$$\partial_t x(t) =: \dot{x}(t) =: \dot{x} .$$

Zu (2.5), also zur Differentiation von einer Funktion mehrerer anderer Funktionen, gibt es eine besonders wichtige Anwendung. Ein „punktförmiger" Maikäfer fliegt durch die Abendluft. Er erlebt dabei verschiedene Luft-Temperaturen: $T(\vec{r})$. Welche Temperatur-Änderung pro Zeit hat er dabei auszuhalten? Antwort:

$$\partial_t T(\vec{r}(t)) = \partial_t T(x(t), y(t), z(t)) = \dot{x}\partial_x T + \dot{y}\partial_y T + \dot{z}\partial_z T .$$

Dies erinnert stark an (1.7), d.h. an das Skalarprodukt in Komponenten. Wir können dafür sorgen, daß es eines ist, wenn wir definieren:

$$(\partial_x T, \partial_y T, \partial_z T) =: \operatorname{grad} T \qquad \curvearrowright \qquad \partial_t T(\vec{r}(t)) = \dot{\vec{r}} \cdot \operatorname{grad} T . \qquad (2.6)$$

Mit dieser Bildung, die **Gradient** heißt und ein Vektor ist, werden wir noch einiges Vergnügen haben [siehe (3.8) und (8.1)].

Wenn Sie bis hierher den Eindruck haben, daß beim Differenzieren eigentlich nichts Schlimmes passieren kann, dann haben Sie recht. Grobe Erfahrungs-Regel: Differenzieren geht immer. Beim Integrieren liegen die Dinge ganz anders (das geht fast nie).

Es ist noch das Versprechen einzulösen, die Bezeichnungsweise ∂_x zu würdigen. Diese gibt es in der Tat in der physikalischen Literatur. Jedoch trifft man sie nur selten in Lehrbüchern an und an Tafeln. ∂_x ist ein **Operator**. Ein Operator ist eine Maschinerie, die sich nach rechts bewegt und dann in Aktion tritt, wenn sie dabei einen Patienten antrifft. Das Resultat der Operation ist ein neuartiges Objekt, meist aus dem Raum des ursprünglichen Objektes (also wieder ein Patient, wartend auf die nächste Operation). Mitfühlendes Verständnis ist angezeigt, wenn man einen Operator **anwendet**. Ein Operator A heißt **linear**, wenn er bei Anwendung auf eine LK aus zwei Objekten auf diese auch einzeln angewendet werden kann:

$$A(\alpha f_1 + \beta f_2) = \alpha A f_1 + \beta A f_2 \,. \tag{2.7}$$

Zum Beispiel ist der Operator, der aus $f(x)$ die neue Funktion $1/f(x)$ macht, nicht linear. ∂_x, jedoch, ist ein linearer Operator. Auch $(\vec{a} \times \ldots)$ ist ein linearer Operator, diesmal wirkend im Raum der Vektoren. Bald werden wir mehr lineare Operatoren kennenlernen. In der Quantenmechanik spielen sie eine zentrale Rolle. Es ist also Absicht, von vornherein das Operatordenken zu pflegen:

$$A^2 := AA \,, \quad A^3 := AAA \,, \quad \ldots \;;\quad \text{d.h. } \partial_x^2 f = \partial_x \partial_x f = f'' \,.$$

Es ist richtig, daß man statt ∂_x auch $\dfrac{d}{dx}$ schreiben kann. Nur letzteres dauert länger und sprengt (wie man sieht) den vertikalen Platz. Wir bestehen darauf: ∂_x ist besser! Nun treten an dieser Stelle ältere Herren in Erscheinung und reden seltsame Dinge. Es sei doch das geschwungene ∂ für die „partielle Differentiation" vorbehalten. Wir fragen dann außerordentlich blauäugig zurück, ob man nicht auch dabei schlicht und ergreifend differenzieren würde und ob man etwa nicht stets genau wisse, wonach zu differenzieren sei und wonach nicht. Die sogenannte totale Ableitung ist lediglich eine Erinnerungshilfe für Leute, die vorher zu faul waren, alle Abhängigkeiten von der Variablen explizit aufzuschreiben. Starke Worte? – Wir kommen im Text um (10.10) und (13.6) kurz darauf zurück.

Differenzieren einer Vektorfunktion

Wie dies definiert werden sollte, ist fast eine Selbstverständlichkeit. Die Geschwindigkeit (als Vektor) ist ja ein kleiner Verschiebungsvektor, geteilt durch die Zeit, in der er zurückgelegt wird, $\vec{v} = d\vec{s}/dt = [\vec{r}(t + \varepsilon) - \vec{r}(t)]/\varepsilon$, und natürlich *soll* $\partial_t \vec{r}(t) = \dot{\vec{r}}$ automatisch die Geschwindigkeit sein. Also schreiben wir allgemein:

$$\partial_t \vec{a}(t) := \lim_{\varepsilon \to 0} \frac{\vec{a}(t+\varepsilon) - \vec{a}(t)}{\varepsilon} = (\dot{a}_1, \dot{a}_2, \dot{a}_3).$$ (2.8)

Wir erinnern uns der $\vec{r}(t)$-Beispiele **A** und **B**. *Stets* ist also $\dot{\vec{r}} = \vec{v}$. $\ddot{\vec{r}} = \dot{\vec{v}} = d\vec{v}/dt = (\ddot{x}, \ddot{y}, \ddot{z})$ nennt man **Beschleunigung**. Um Fehler von vornherein zu vermeiden: $|\dot{\vec{r}}|$ und $\partial_t|\vec{r}|$ sind ganz verschiedene Größen! $|\dot{\vec{r}}| = v = \sqrt{\dot{x}^2 + \dot{y}^2 + \dot{z}^2}$ ist der Betrag des Geschwindigkeitsvektors, während es sich bei $\partial_t|\vec{r}| = \dot{r}$ um die zeitliche Änderung des Abstands vom Ursprung handelt: $\dot{r} = \partial_t\sqrt{x^2 + y^2 + z^2}$. Bei einer geradlinigen Bewegung mit $\vec{v} = $ const zum Beispiel ist $|\vec{r}|$ zeitlich konstant, während sich $\dot{r}$ ständig ändert:

$$\dot{r} = \dot{x}\frac{2x}{2\sqrt{}} + \dot{y}\frac{2y}{2\sqrt{}} + \dot{z}\frac{2z}{2\sqrt{}} = \dot{\vec{r}}\,\frac{\vec{r}}{r} = v_\parallel.$$

Die folgenden Rechenregeln sind leicht zu verstehen:

$$\partial_t(\vec{a} + \vec{b}) = \dot{\vec{a}} + \dot{\vec{b}}, \quad \partial_t \vec{a}\,\vec{b} = \dot{\vec{a}}\,\vec{b} + \vec{a}\,\dot{\vec{b}}$$

$$\partial_t(\lambda \vec{a}) = \dot{\lambda}\vec{a} + \lambda\dot{\vec{a}}, \quad \partial_t(\vec{a} \times \vec{b}) = \dot{\vec{a}} \times \vec{b} + \vec{a} \times \dot{\vec{b}}.$$ (2.9)

Man denkt dazu am besten komponentenweise. Z.B. ist die zweite Gleichung im wesentlichen die Produktregel: $\partial_t a_j b_j = \dot{a}_j b_j + a_j \dot{b}_j$. Wir fügen zwanglos zwei Beispiele an, die insbesondere bezüglich $\dot{r} \neq v$ für sich selbst sprechen:

A Noch einmal Kreisbewegung $(c := \cos(\omega t),\ s := \sin(\omega t))$:

$$\vec{r} = R\,(c, s, 0), \qquad r = R, \qquad \dot{r} = 0$$
$$\dot{\vec{r}} = R\omega\,(-s, c, 0), \qquad v = R\omega, \qquad v \neq 0$$
$$\ddot{\vec{r}} = R\omega^2\,(-c, -s, 0), \qquad |\ddot{\vec{r}}| = R\omega^2$$

B Geradlinige Bewegung nach oben: $\vec{r}(t) = (a, 0, v_0 t)$

$$\dot{\vec{r}} = \vec{v} = (0, 0, v_0), \qquad r = \sqrt{a^2 + v_0^2 t^2}$$

$$\ddot{\vec{r}} = \vec{0} \qquad\qquad , \qquad v = v_0, \qquad \dot{r} = \frac{v_0^2 t}{\sqrt{a^2 + v_0^2 t^2}}$$

Übungs-Blatt 4

Krümmungsradius

Zu einer gegebenen Raumkurve (ein $\vec{r}(t)$ sei bekannt) kann man sich verschiedene Charakterisierungen ausdenken. Die folgenden beziehen sich auf einen bestimmten Punkt auf der Kurve: es sind **lokale** Charakteristika:

$$\vec{t} := \vec{v}/v = \dot{\vec{r}}/|\dot{\vec{r}}| \; , \quad \vec{b} := \vec{t} \times \ddot{\vec{r}}/|\vec{t} \times \ddot{\vec{r}}| = \dot{\vec{r}} \times \ddot{\vec{r}}/|\dot{\vec{r}} \times \ddot{\vec{r}}| \; ,$$

$$\vec{n} := \vec{b} \times \vec{t} = \dot{\vec{r}} \times (\ddot{\vec{r}} \times \dot{\vec{r}})/(vv|\ddot{\vec{r}}_\perp|) = \ddot{\vec{r}}_\perp/|\ddot{\vec{r}}_\perp| \; . \tag{2.10}$$

$\vec{t}$ heißt **Tangenteneinheitsvektor**. $\vec{b}$ heißt **Binormale** und steht senkrecht auf der Fläche, in der der Punkt sich gerade bewegt. Die Hauptnormale $\vec{n}$ liegt *in* dieser Fläche und gibt die Richtung der Kraft an, die der „Gondel" die Bahn krümmt. Auf diese Fläche kann man einen Kreis malen, der genauso krumm ist wie die Bahn an dieser Stelle. Der nach innen zeigende Anteil der Beschleunigung muß also der gleiche sein wie auf dem entsprechenden Kreis. Dessen Radius ϱ hängt bekanntlich (Beispiel **A**) gemäß $|\ddot{\vec{r}}| = v^2/\varrho$ mit der Beschleunigung zusammen. Also ist der Krümmungsradius der Bahn durch

$$\varrho = v^2/|\ddot{\vec{r}}_\perp| = v^2/|\vec{t} \times (\ddot{\vec{r}} \times \vec{t})| = |\dot{\vec{r}}|^3/|\dot{\vec{r}} \times \ddot{\vec{r}}| \tag{2.11}$$

gegeben. Diese Gleichungen sind in praxi nicht besonders wichtig. Aber sie bieten eine wunderbare Gelegenheit, Denken zu trainieren.

— — —

Dieses Kapitel hat Bewegung in unser „Weltbild" gebracht. Statt zu klettern, sitzen wir in Gondeln, die mit Affenzahn in die Kurve gehen. Beschleunigung macht sich unangenehm bemerkbar. Der Rücken tut weh, Blutgefäße werden gequetscht. Beschleunigung muß etwas mit Kraft zu tun haben.

Bisher haben wir unseren Ortsvektoren diktiert, wie sie sich mit der Zeit zu verändern haben. Aber die Natur draußen im Park tut es von alleine. Erst wenn wir auch das können, nämlich ihre Zukunft vorhersagen, erst dann treiben wir Physik, nämlich die (wirkliche) Kunst des Wahrsagens. Wir sind rechnerisch bestens vorbereitet. Im nächsten Kapitel gibt es *nur* Physik.

C.F. von Weizäcker [*Die Geschichte der Natur*, Vorlesungen in Göttingen 1946 (Vandenhoeck & Ruprecht, Göttingen 1979)]:

„Vergleichen Sie die unbewußten Leistungen der Lebewesen mit denen der unbelebten Natur! Die Pflanze wächst, der Vogel fliegt, die Biene baut ihre Waben, ohne es bewußt gelernt zu haben; sie können es, ohne zu wissen, was sie tun. Verfolgen Sie aber mit ausgeruhtem Auge die Flugbahn der Planeten am Himmel, so werden Sie dasselbe Wunder erleben. Auch diese Dinge der unbelebten Natur können das Ihre, ohne es zu wissen. Wir wissen, daß ihre Bewegung Differentialgleichungen genügt, die wir nur in wenigen einfachen Fällen integrieren können. Sie aber integrieren diese Gleichungen, von denen sie nichts wissen, ohne Zögern und fehlerlos durch ihr bloßes Sein. Die Natur ist nicht subjektiv geistig; sie denkt nicht mathematisch. Aber sie ist objektiv geistig; sie kann mathematisch gedacht werden. Dies ist vielleicht das Tiefste, was wir über sie wissen."

3. Newton

Kraft gleich Masse mal Beschleunigung. Worte sind ungenau. Wir können es besser:

$$m\ddot{\vec{r}} = \vec{K} \, . \qquad (3.1)$$

Gleichung (3.1) ist **First Principle**. Unser erstes. Man kennt es seit 1687 (I. Newton „Das System der Welt"). Wenn Physik (heutzutage) die Disziplin ist, die Einheit des Verstehens durch Rückführung auf first principles herstellt, dann ist sie 300 Jahre jung. Sie kennen vielleicht das Spielchen, bei dem man seinem Gegenüber die Frage „Warum?" stellt – Erklärung – „warum?" zu einem Detail der Erklärung – usw. Wenn man es durchhält, kommt man an (oder müßte ankommen) bei obersten Prinzipien. Diese dann kann man *nicht* mehr verstehen. Gleichung (3.1) kann man nicht herleiten und nicht verstehen. Was man statt dessen kann, ist (nach Ausarbeitung von mehr und mehr Folgerungen), die Tragweite eines Natur-Prinzips zu ermessen. Wieviel aufopfernde Arbeit und Selbstzweifel lagen doch historisch vor der Erkenntnis, daß der bescheidene Zusammenhang (3.1) „ganz oben hin" gehört. Gleichung (3.1) ist Axiom *der* Mathematik, die von der Natur ständig und von selber ausgeführt wird.

Gleichung (3.1) ist unvollständig. Es ist nur *ein* oberstes Prinzip. Es wird um weitere zu ergänzen sein. Das läßt sich genauer sagen. Auf der Kraft-Seite von (3.1) werden wir Anleihen machen müssen bei anderen Physiken. Wenn die Kraft (oder das Kraftfeld, in dem sich m bewegt) bekannt oder gegeben ist, dann genau ist (3.1) in der Lage, die Zukunft $\vec{r}(t)$ vorherzusagen. Die „halbe Theorie", welche (zu gegebenen Kräften) $\vec{r}(t)$'s vorhersagt, nennt man **Mechanik**. Es gab seltsame Kontroversen darüber, ob die Mechanik eine Tautologie sei (etwas, was sich in den Schwanz beißt). Obige Bemerkungen antworten darauf bereits erschöpfend. Sobald zu (3.1) die first principles einer Theorie der Kräfte hinzukommen (und erst dann), wird eine vollständige Theorie auf dem Papier stehen. Es kann sich dann ruhig um zunächst nur eine Sorte Kräfte handeln, zum Beispiel um elektromagnetische. In diesem Falle nimmt übrigens (3.1) die Form

$$m\ddot{\vec{r}} = q(\vec{E} + \vec{v} \times \vec{B}) \qquad (3.2)$$

an. Die rechte Seite von (3.2) nennt man **Lorentzkraft** [vgl. (1.8)]. Es fehlen uns also noch Gleichungen für $\vec{E}$ und $\vec{B}$ (die Maxwell-Gleichungen, Kapitel 11) als „zweite Hälfte Theorie".

Gleichung (3.1) ist falsch. Spätestens in den zwanziger Jahren (Erfindung der Quantenmechanik) war klar, daß (3.1) nicht aufrechterhalten werden kann. „Richtig–falsch" und „gut–miserabel" sind recht verschiedene Kategorien. Gleichung (3.1) ist exzellent gut in bezug auf die meisten Vorgänge, die wir mit bloßem Auge verfolgen können. Vor allem ist (3.1) vergleichsweise einfach. Die Natur erst einmal in einer Grobstruktur, über eine Karikatur der Wirklichkeit, zu begreifen, das klingt nach einer vernünftigen Vorgehensweise.

Gleichung (3.1) unterstellt, daß es **Massenpunkte** gibt. Wir denken uns einen sehr kleinen Körper, den wir mit bloßem Auge nur noch als Punkt sehen können und folglich nur noch mit einem $\vec{r}(t)$ zu beschreiben brauchen. Wir sagen am besten **Teilchen**, zu einem solchen Objekt. „Da ein Teilchen ein Punkt ist, kann es sich nicht drehen" – ein ganz und gar unverständlicher Satz! Dennoch benutzt ihn die Mechanik. Sie hat dabei Glück, denn in der Quantenmechanik wird die Erklärung dafür nachgeliefert, warum es tatsächlich so ist (bzw. warum Eigendrehungen der Teilchen mechanisch nicht „angeregt" oder verändert werden). Sie sehen, mit was für einem Magengrimmen die Physiker über 200 Jahre haben leben müssen. Ein wenig hatte man das „Warum" wohl auch verdrängt. Natürlich gibt es auch in der heutigen modernen Physik „dumme Fragen", die weh tun.

Gleichung (3.1) erklärt, was **Masse** ist. Es ist *meist* so, daß Grundgleichungen nicht nur die Antwort auf eine Standard-Fragestellung geben (hier: $\vec{r}(t) = ?$), sondern auch die in ihr enthaltenen Objekte definieren. Wir binden ein Teilchen an eine Federwaage und lenken sie um eine Kraft-Einheit aus (willkürlich einmal festgelegt mittels einer „Ur-Feder in Paris"). Nun beobachten wir $\vec{r}(t)$ eine kurze Zeit lang, differenzieren zweimal nach der Zeit und erhalten aus (3.1) die Größe m. Die Masse ist der Proportionalitätsfaktor in Newtons Bewegungsgleichung. Man kann zur Masse auch **Kopplungskonstante** sagen (koppelt Teilchenverhalten an Feld). Masse ist eine Eigenschaft des Teilchens. Verschiedene Teilchen können verschiedene Massen haben. Wir nehmen nun zwei Teilchen gleicher Masse, kleben sie aneinander und wiederholen obiges Experiment. Resultat: doppelte Masse. Masse ist eine **additive** Materialeigenschaft. Die Ladung q in (3.2) ist ebenfalls eine Kopplungskonstante und ebenfalls eine additive Materialeigenschaft.

Kann man $m = 1$ setzen? Gewiß. Ein bestimmtes Teilchen wäre dann zum Ur-Teilchen zu erklären und in Paris zu deponieren. Gleichung (3.1) würde dann die Maßeinheit der Kraft festlegen. Alle anderen Massen wären dann dimensionslose Zahlen – als Teilcheneigenschaft sehr sinnvoll. Nur hat man bis heute kein geeignetes Ur-Teilchen gefunden, und in der Theorie der Elementarteilchen sieht es ausgerechnet bei der Erklärung von Massenverhältnissen noch böse aus. Also machen wir aus der Not eine Tugend, kleben wahllos eine gehörige Menge Teilchen aneinander und erklären, daß dieser Klumpen (Zweipfundbrot) die Masse von einem „Kilogramm" habe. Über dieses Ur-Kilo in Paris gibt dann (3.1) die Maßeinheit der Kraft, nämlich

1 Newton := 1 Kilogramm · 1 Meter/(1 Sekunde)^2 .

Mittels (3.1) kann man Kraftfelder vermessen. Wir nehmen dazu ein Teilchen (am besten ein geladenes), schaffen es an alle interessierenden Stellen $\vec{r}$ des Raumes, schießen es dort mit allen möglichen Geschwindigkeiten $\vec{v}$ in die Gegend und messen $\vec{r}(t)$ (innerhalb genügend kurzer Zeit, damit sich $\vec{K}$ nicht nennenswert dabei verändert). Gleichung (3.1) liefert nun $\vec{K}$, und zwar mit allen Abhängigkeiten, die die Kraft in dem untersuchten Raumbereich haben kann: $\vec{K}(\vec{r}, \dot{\vec{r}}, t)$. Wie die Abhängigkeit von $\dot{\vec{r}}$ aussehen kann, zeigt (3.2). Mittels (3.2) kann man nun (unabhängig voneinander) $\vec{E}$ und $\vec{B}$ experimentell als Funktionen von $\vec{r}$ und t aufnehmen. $\vec{E}$, $\vec{B}$ sind durch (3.2) definiert. Wir sind schon hinausgewachsen über die reichlich naive Frage, ob (3.1) die Kraft definiere oder (zu gegebener Kraft) eine Gleichung zur $\vec{r}(t)$-Bestimmung sei. Beides!! Jedoch ist die zweite Aussage die bei weitem wichtigere. Sie interessiert uns als nächstes (und bei vielen Übungsaufgaben).

3.1 Vorhersage der Zukunft

Newtons Bewegungsgleichung (3.1) enthält die gesuchte Vektorfunktion $\vec{r}(t)$ in zweimal abgeleiteter Form. Man kann (3.1) auch komponentenweise lesen. Es handelt sich dann um drei Gleichungen für die drei unbekannten Funktionen $x(t)$, $y(t)$ und $z(t)$. Mathematiker nennen dies ein System gekoppelter (gewöhnlicher) Differentialgleichungen (Dgln) zweiter Ordnung (Ordnung = höchste vorkommende ∂-Potenz, vgl. Kapitel 7). Das hört sich schlimm an und ist schlimm. Um so aufregender ist folglich jeder einzelne Spezialfall, in dem unsere Wahrsage-Kunst trotzdem zum Erfolg führt. Daß (3.1) die Zukunft $\vec{r}(t)$ festlegt, machen wir uns klar, als wären wir ein gewöhnlicher Home Computer. Zu einer bestimmten Zeit t seien der Ort $\vec{r}(t)$ und die Geschwindigkeit $\vec{v}(t)$ des Teilchens (Masse m) bekannt. Eine infinitesimal kurze Zeit dt später ist das Teilchen bei $\vec{r}(t+dt)$. Wir erhalten diesen neuen Ort, indem wir auf der linken Seite von $\dot{\vec{r}} = \vec{v}$ den Differentialquotienten aufschreiben und die Gleichung mit dt multiplizieren. Ganz analog verfahren wir dann mit (3.1), um $\vec{v}(t+dt)$ zu erhalten:

$$\vec{r}(t+dt) = \vec{r}(t) + dt\,\vec{v}(t)$$
$$\vec{v}(t+dt) = \vec{v}(t) + dt\,\vec{K}\big(\vec{r}(t), \vec{v}(t), t\big)/m \,. \tag{3.3}$$

Nun verschaffen wir uns $\vec{r}$, $\vec{v}$ zur Zeit $t+2\cdot dt$ und so weiter. Bei jedem Zeitschritt stehen auf der rechten Seite der entsprechenden zwei Gleichungen Größen, die gerade vom vorigen Schritt her bekannt sind. Die Zukunft liegt also fest, wenn man zu einem Zeitpunkt (meist kann man $t = 0$ wählen) Ortsvektor und Geschwindigkeitsvektor des Teilchens kennt. Wir nennen diese Start-Information **Anfangs-Bedingungen** oder Anfangs-Daten. 6 Zahlen aus der Gegenwart legen also die Zukunft eines Teilchens fest (bei eindimensionaler [1D] Bewegung genügen zwei Zahlen, bei zweidimensionaler [2D] sind es vier). Auf diese Regel werden wir uns im folgenden blind verlassen (so gut ist sie! Bitte schielen Sie jetzt noch nicht nach Kapitel 7, wo mit viel bösem Willen eine Ausnahme konstruiert wird.)

Zwei Dreizeiler für Computerfreaks (zu ergänzen durch Grafik):

$x = 0 \; : \; v = 1 \; : \; t = 0 \; : \; dt = .05$	$z = 500 \; : \; v = 0 \; : \; t = 0 \; : \; dt = .02$
1 $\quad x = x + dt * v \; : \; v = v + dt * (-x)$	1 $\quad z = z + dt * v \; : \; v = v + dt * (-10)$
$t = t + dt \; : \;$ GOTO 1	$t = t + dt \; : \;$ IF $z > 0$ THEN 1
(exakt: $x = \sin(t)$; Schwingung)	(exakt : $z = 500 - 5 * t * t$; Freier Fall)

Hier wurde (3.3) in der 1D-Version benutzt. Wie man Physik dimensionslos macht, wird in Kapitel 5 erklärt. Man erkennt in der zweiten Zeile, daß es sich um eine rücktreibende Kraft (proportional zu $-x$) bzw. um eine negativ konstante Kraft handelt.

Freier Fall

Kein juristischer oder moralischer Fall ist hier gemeint, sondern das (näherungsweise luftreibungsfreie) Herunterfallen eines Steines (Masse m), den ein in Höhe h befindliches Mitglied der IG Bau zur Zeit $t = 0$ (Feierabend) einfach losläßt – bei vollem Lohnausgleich. Wir begreifen, daß hiermit eine Übungsaufgabe gestellt ist.

Auf den Stein wirkt die Erdanziehung (1.15). Der Text verrät, daß das Koordinatensystem auf der Erdoberfläche aufsitzt, $\vec{r}_0$ ist also ein Ortsvektor mit Richtung nach unten und mit Betrag $|\vec{r}_0| = 6370\,\text{km} =: R$.

$$\vec{K}(\vec{r}) = \frac{\gamma m M}{x^2 + y^2 + (z+R)^2} \left(-\frac{(x, y, z+R)}{\sqrt{x^2 + y^2 + (z+R)^2}} \right)$$
$$= m\frac{\gamma M}{R^2} \left(1 + O\left(\frac{r}{R}\right) \right) \left(O\left(\frac{x}{R}\right), O\left(\frac{y}{R}\right), -1 + O\left(\frac{z}{R}\right) \right)$$
$$\approx (0, 0, -mg), \quad g := \gamma M / R^2 \approx 10\,\text{m/s}^2. \tag{3.4}$$

Die Konstante g heißt **Erdbeschleunigung** (Dimensionsprobe?!). Unsere höchsten Berge sind 8 km hoch. Für Fußgänger ist also obige Näherung sehr gut. Die Idee von Bild 3-1 nützt den Supermärkten herzlich wenig.

Newtons Bewegungsgleichung lautet jetzt $m\ddot{\vec{r}} = (0, 0, -mg)$. Wir lesen sie komponentenweise: 3 Gleichungen. Die erste besagt lediglich, daß $\dot{x}(t) = v_1$ const ist. Spätestens jetzt bemerken wir, daß die Problemstellung ungenau war. Texte und Übungsaufgaben sind wie Alltag: *wir* haben Ordnung hineinzubringen! Wir wählen die nächstliegende und einfachste Spezifizierung der Anfangsdaten: $\vec{r}(0) = (0, 0, h)$, $\dot{\vec{r}}(0) = (0, 0, 0)$. Damit kennen wir zwei der drei gesuchten Lösungen sofort: $x(t) \equiv 0$, $y(t) \equiv 0$. Das Zeichen $\equiv$ heißt „identisch gleich" und meint hier: gleich für alle interessierenden Zeiten t.

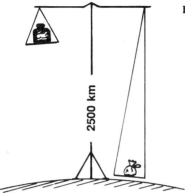

Bild 3-1. Wie man mit einer Balkenwaage betrügen kann

2500 km

Übrig geblieben ist das folgende Problem:

$$\ddot{z} = -g, \ z(0) = h, \ \dot{z}(0) = 0 \ .$$

Die Einrahmung soll bedeuten, daß die darin befindliche Information (nach unserer Regel) das Problem eindeutig macht, d.h. daß es nur eine einzige Lösung gibt. Zu wissen, daß es nur eine Lösung gibt, ist ein besonders glücklicher Umstand. Nun ist es nämlich erlaubt, zu probieren, zu spielen und zu raten (Sie lesen richtig: Raten ist erlaubt, sinnvoll und macht Spaß). Wenn wir etwas Ungeeignetes geraten haben, dann sind mit Sicherheit nicht alle der eingerahmten Bedingungen erfüllt. (Ob erfüllt oder ob nicht, muß man natürlich zu erkennen in der Lage sein: insbesondere muß die Bewegungsgleichung für *alle* t erfüllt sein. Meist läuft dies auf einen Koeffizienten-Vergleich hinaus). Das Raten zum eingerahmten Problem besteht darin, daß wir einen **Ansatz** machen (dabei stellen wir uns mit Absicht ein wenig dumm: „Da schwingt doch nichts, was soll also der Sinus im Ansatz?" – „Mal sehen, was die eingerahmten Bedingungen dazu sagen").

Ansatz : $z = A + Bt + Ct^2 + Dt^3 + E \sin(\omega t) \ .$

$\curvearrowright \quad \dot{z} = B + 2Ct + 3Dt^2 + E\omega \cos(\omega t) \ , \quad \ddot{z} = 2C + 6Dt - E\omega^2 \sin(\omega t) \ .$

Dies setzen wir zuerst in die Bewegungsgleichung ein und schließen, daß sie identisch in t nur zu $2C = -g$, $D = 0$, $E = 0$ erfüllt wird. Der Ansatz reduziert sich damit auf $z = A + Bt - gt^2/2$. Dies setzen wir in die zwei Anfangsbedingungen ein und schließen , daß $A = h$ und $B = 0$ sein muß. Es ist gut gegangen (hurra!). Hätten wir den A-Term vergessen, dann hätten wir es bemerkt: $z(0) = h$ wäre nicht erfüllbar gewesen. Ein Ansatz *darf* also mangelhaft sein. Selbst dann noch hilft er dabei, das Problem besser zu begreifen. Spielen! – jetzt müssen Sie. Die Lösung zum „Freien Fall" ist also

$$z(t) = h - gt^2/2 \ .$$

Wäre dem Stein eine Anfangsgeschwindigkeit v_0 in z-Richtung mitgegeben worden, dann wäre zusätzlich noch der Term $v_0 t$ entstanden. Im Endresultat kommt die Masse m des Steines nicht mehr vor. Warum? (die älteste Frage der Welt). Sie hat sich herausgekürzt, weil in der Gravitationskraft (1.15) – im Unterschied zu (3.2) – die *gleiche* Kopplungskonstante wie in (3.1) auftritt. Die „träge Masse" in (3.1) erscheint dort als „schwere Masse". Warum? An dieser Stelle hat Einstein weiter nachgedacht und die „Allgemeine Relativitätstheorie" erfunden (sie stimmt).

Sich einen Ansatz auszudenken, ist kreative Tätigkeit. Daran liegt es vielleicht, daß Rezept-gewohnte Leute Ansatz-Hemmungen entwickeln. Solche Gefühle sind jedoch ganz unnötig. Probieren ist eine sehr natürliche menschliche Eigenart. Wir fassen zusammen. Wenn man weiß (oder vermutet), daß ein Problem nur eine Lösung hat, dann darf man mit Ansatz arbeiten. Häufig ist dies der direkte, rentable und physikalisch klare Weg. Ein Ansatz enthält meist einige Parameter (um so mehr, je weniger Durchblick man hat), die sich durch die Problemstellung festlegen werden. Hat ein Ansatz das Problem gelöst, dann *ist* das Resultat die Lösung. Ein Ansatz ist niemals „falsch". Löst er das Problem nicht, dann wird man das bemerken. Und man lernt dabei etwas über die Eigenarten des Problems.

Eindimensionaler harmonischer Oszillator

Viele Teilchen in der Natur haben ihren Stammplatz, von welchem sie wegen dann einsetzender rücktreibender Kraft nur schwer zu vertreiben sind. Sie sind „gebunden". An einem solchen Ort ist das Teilchen im Gleichgewicht. Wir legen den Ursprung dorthin und nehmen an, daß die Kraft der Auslenkung proportional ist: $\vec{K} = -\kappa \vec{r}$ (siehe auch Kapitel 4 unter Potentialminimum). Wir begnügen uns mit der ersten Komponente von (3.1), denn die zwei anderen sehen ebenso aus und entkoppeln (die x-Dgl enthält kein y oder z usw.). Was auf der x-Achse vor sich geht, ist also völlig unabhängig davon, was in y- oder z-Richtung passiert. Das Teilchen (m) werde zunächst bei $x = a$ festgehalten und dann zum Zeitpunkt $t = 0$ losgelassen:

$$\ddot{x} = -\frac{\kappa}{m}x \,, \quad x(0) = a \,, \quad \dot{x}(0) = 0 \,.$$

Wir finden zwanglos zwei „Puzzle-Teile", die in die eingerahmte Struktur passen könnten: $\cos(\dots t)$ und $\sin(\dots t)$. Ein konstanter Term in $x(t)$ erscheint ungeeignet; er würde in der Bewegungsgleichung links hinweg-differenziert werden, aber rechts bösartig stehen bleiben. Erst recht nicht denken wir an einen Ct-Term im Ansatz; er würde im Laufe der Zeit $x(t)$ immer größer werden lassen, aber derartiges passiert hier doch gar nicht. Also versuchen wir es mit

Ansatz : $\quad x = A \cos(\omega t) + B \sin(\omega t)$.

Er enthält drei unbekannte Konstanten: ω, A und B. Die Bewegungsgleichung ist ersichtlich genau dann für alle Zeiten t erfüllt, wenn man $\omega^2 = \kappa/m$ setzt. Aus der Anfangsbedingung für $\dot{x}$ folgt $B = 0$, und jene für x liefert $A = a$:

$$x(t) = a \cos\left(\sqrt{\frac{\kappa}{m}}\, t\right) .$$

Alles ging gut. Unser Ansatz war offenbar bereits sehr gescheit, er enthielt weder zuviel noch zuwenig. Eventuell hätte ein kluger Mensch den B-Term von vornherein weggelassen, nämlich unter Schielen auf $\dot{x}(0) = 0$. Wenn aber der Oszillator mit einer Geschwindigkeit $\neq 0$ startet, dann wird auch ein Sinus-Anteil benötigt.

3.2 Impuls und Drehimpuls

Aus (3.1) lassen sich ein paar sehr allgemeine und entsprechend wichtige Folgerungen ziehen. Wir beschränken uns weiterhin auf ein Teilchen, behandeln also (ein Stück weit) nur die Mechanik eines Massenpunktes. Die Leistungsfähigkeit der Mechanik kommt allerdings erst bei Systemen aus mehreren oder gar vielen Teilchen eindrucksvoll zur Geltung.

Jemand will mit großer Wucht einen Nagel ins Holz schlagen. Er bringt dazu möglichst viel Masse auf möglichst große Geschwindigkeit. Das vornehme Wort für Wucht ist **Impuls**:

$$\vec{p} := m\vec{v} . \tag{3.5}$$

Die Zeitableitung des Impulses stimmt offenbar mit der linken Seite von (3.1) überein: $\dot{\vec{p}} = \vec{K}$. Genau dann, wenn ein Teilchen keine Kraft spürt, ist der Impuls **erhalten**, d.h. er bleibt zeitlich konstant. Dieser sogenannte **Impulserhaltungssatz** ist also bei einem Teilchen keine besondere Weisheit. Bei mehreren Teilchen wird er deshalb etwas interessanter, weil für die Summe aller Teilchen-Impulse, für den Gesamtimpuls $\vec{P}$ des Systems

$$\dot{\vec{P}} = \partial_t(\vec{p}_1 + \vec{p}_2) = \vec{K}_{\text{auf }1} + \vec{K}_{\text{auf }2}$$

gilt und die rechte Seite wenigstens schon dann Null gibt, wenn z.B. nur Kräfte zwischen den Teilchen wirken und sich paarweise kompensieren.

Drehimpuls

Zu jeder Zeit und an jedem Ort hat ein einzelnes Teilchen eine „Dreh-Wucht", denn es könnte gerade dort gegen eine Holzstange fliegen (und in ihr stecken bleiben), die am Ursprung festgebunden ist (Skizze!). Die Stange würde sich danach um die Achse $\vec{r} \times \vec{v}$ drehen (falls vorher in Ruhe). Nur der Anteil $\vec{v}_\perp$ von $\vec{v}$ sollte zur Dreh-Wucht (vornehm: **Drehimpuls**) beitragen, und sie sollte um so größer sein, je weiter weg vom Ursprung die Stange getroffen wird. Beides macht obiges Kreuzprodukt schon automatisch richtig. Nur sollte auch noch die Teilchenmasse als Faktor im Drehimpuls erscheinen:

$$\vec{L} := m\vec{r} \times \dot{\vec{r}} = \vec{r} \times \vec{p} .\tag{3.6}$$

Wir untersuchen nun die zeitliche Änderung des Drehimpuls-Vektors:

$$\dot{\vec{L}} = m\dot{\vec{r}} \times \dot{\vec{r}} + m\vec{r} \times \ddot{\vec{r}} = \vec{r} \times \vec{K} .\tag{3.7}$$

Die rechte Seite von (3.7) heißt **Drehmoment**. Sowohl Drehimpuls als auch Drehmoment enthalten den Ortsvektor. Beide sind also von der Position des Ursprungs abhängig. Denken Sie sich zu Bild 1-3 einen Satelliten, der um die Erde kreist. Sein Drehimpuls steht zwar stets senkrecht auf der Papierebene, zeigt aber manchmal nach oben, manchmal nach unten. Zwischendurch (wenn sich $\vec{L}$ am stärksten ändert) wird der Betrag des Drehmomentes maximal: ein schönes Beispiel, um (3.7) qualitativ zu begreifen.

Ein Teilchen bewege sich in einem Kraftfeld, welches überall, wo das Teilchen hingelangt, die Richtung von $\vec{r}$ hat. Die rechte Seite von (3.7) ist dann Null. Folglich ist der Drehimpuls erhalten: $\partial_t \vec{L} = 0$. $\vec{L}$ ist also ein zeitlich konstanter Vektor. Meist macht man von dieser Erkenntnis in der Form $\vec{L}(t_1) = \vec{L}(t_2)$ Gebrauch, wobei t_1 und t_2 irgendwelche zwei Zeiten sind, z.B. eine, zu der man $\vec{r}$ und $\vec{v}$ kennt, und eine andere, zu der man obigen Zusammenhang ausnutzt. Die Zeitunabhängigkeit der Richtung von $\vec{L}$ besagt, daß die Bewegung in einer Ebene stattfindet (denn Ausscheren aus der Ebene würde $\vec{L}$ kippen). Die Zeitunabhängigkeit des Betrages von $\vec{L}$ besagt, daß in gleichen Zeiten gleiche Flächen überstrichen werden:

$$\frac{1}{m}L = rv_\perp = r\frac{|d\vec{r}_\perp|}{dt} = \frac{2 \cdot (\text{in } dt \text{ überstrichene Dreiecksfläche})}{dt} .$$

Jenes Keplersche „Gesetz", das diese Aussage macht, ist also eine sehr direkte Folge von (3.7). Man kann auch sagen, (3.7) sei es bereits. Und (3.7) ist wiederum direkte Folgerung aus Newtons Bewegungsgleichung. Das Wort „Gesetz" hat, ganz nebenbei gesagt, in Physik-Büchern nichts zu suchen. Wenn es dennoch auftaucht, handelt es sich fast ausschließlich um Zusammenhänge und Gleichungen, die man *verstehen*, d.h. rückführen, d.h. herleiten kann. Es sind Folgerungen. In der Physik denkt man.

Ein Kraftfeld, das überall die Eigenschaft $\vec{K} \| \vec{r}$ hat, läßt sich in der Form $\vec{K}(\vec{r}) = K(\vec{r})\vec{r}/r$ aufschreiben. Man sagt dann, es sei eine **Zentralkraft**. Sie muß übrigens nicht kugelsymmetrisch sein (Beispiel: $K(\vec{r}) = 0$ im linken Halbraum und 1 Newton überall im rechten). *Nur* wenn ihr Zentrum der Ursprung ist, gilt Drehimpulserhaltung. Und nur dann gilt Keplers Flächensatz. Gibt es gar keine Kräfte (geradlinige Bewegung, Skizze!), so können wir von Null-Zentralkraft sprechen: der Drehimpuls ist erhalten.

Ist der Drehimpuls schon bei einem Teilchen eine intelligente Bildung, so entwickelt er bei mehreren Teilchen gar wundersame Eigenarten. Setzt man ihn nämlich (wie schon den Gesamtimpuls) additiv zusammen, dann gilt für z.B. zwei Teilchen

$$\partial_t\left(\vec{L}_1 + \vec{L}_2\right) = \vec{r}_1 \times \vec{K}_1 + \vec{r}_2 \times \vec{K}_2 \quad \left(\vec{K}_1 := \vec{K}_{\text{auf}1},\ \vec{K}_2 := \vec{K}_{\text{auf}2}\right)$$
$$= \left(\vec{r}_1 + \vec{r}_2\right) \times \left(\vec{K}_1 + \vec{K}_2\right)/2 + \left(\vec{r}_1 - \vec{r}_2\right) \times \left(\vec{K}_1 - \vec{K}_2\right)/2 \ .$$

Falls $\vec{K}_2 = -\vec{K}_1$ (Kräfte nur zwischen den Teilchen), dann entfällt der erste Term. Falls überdies $\vec{K}_1$ und $\vec{K}_2$ die Richtung der Verbindungslinie haben, ist auch der zweite Null: Gesamtdrehimpuls erhalten. Dies war eine Abschweifung (aber wenn schon: Können Sie sich einen ideal glatten Tischtennisball vorstellen, der auf der Stelle rotiert? Nun jagen wir einen Nagel nach oben durch die Tischplatte infinitesimal weit in den Ball. Bezüglich Nagelspitze gilt Drehimpulserhaltung. Warum?!).

3.3 Energie und Potential

Wenn man beide Seiten von (3.1) skalar mit der Geschwindigkeit multipliziert,

$$m\dot{\vec{r}} \cdot \ddot{\vec{r}} = \dot{\vec{r}} \cdot \vec{K}$$
$$\partial_t\left(\frac{1}{2}m\dot{\vec{r}}^2\right) = \frac{d\vec{r} \cdot \vec{K}}{dt} \ ,$$

dann steht rechts die Arbeit pro Zeit, die das Kraftfeld am Teilchen verrichtet, und links die zeitliche Änderung der Größe $T := mv^2/2$. Man nennt sie **kinetische Energie**. Für die pro Zeit am Teilchen geleistete Arbeit bedankt es sich also mit Erhöhung seiner kinetischen Energie. Unter bestimmten Voraussetzungen läßt sich obige Rechnung noch ein Stückchen weiter treiben. Wir beschränken uns auf Kraftfelder, die nur von $\vec{r}$ abhängen. Der nachfolgende Satz sollte durchgehend gesperrt geschrieben und dreimal farbig unterstrichen werden:

Wenn es eine Funktion $V(\vec{r})$ gibt, genannt **Potential**, derart daß die (gegebene) Kraft ihr negativer Gradient ist,

$$\vec{K}(\vec{r}) =: -\left(\partial_x V(\vec{r}), \partial_y V(\vec{r}), \partial_z V(\vec{r})\right) = -\operatorname{grad} V \ , \tag{3.8}$$

dann ist gemäß (2.6) $\partial_t V(\vec{r}(t)) = \dot{\vec{r}} \cdot \operatorname{grad} V = -\dot{\vec{r}} \cdot \vec{K}$ und folglich $\partial_t(T + V) = 0$. Die Summe aus kinetischer Energie und Potential (wenn es eins gibt) ist also eine Erhaltungsgröße:

$$\tfrac{1}{2}mv^2(t) + V\big(\vec{r}(t)\big) = E = \text{const} \ . \tag{3.9}$$

E heißt schlicht **Energie** oder Gesamtenergie. Gleichung (3.9) ist der Energieerhaltungssatz der Mechanik eines Massenpunktes. Gleichung (3.8) ist die Definition des Potentials („wie ist V definiert?" – „als eine Funktion, deren negativer Gradient die gegebene Kraft liefert"). Bei „Potentielle Energie" handelt es sich lediglich um ein anderes Wort für V. Jedoch wird „Potential" auch weiterreichend verwendet. Man meint damit generell eine Hilfs-Funktion, aus der durch Differentiationen physikalisch vernünftige Größen erhalten werden (Beispiele sind das Vektorpotential, das wir in Kapitel 9 noch erleben werden, die thermodynamischen Potentiale usw.). Das Potential ist eine Funktion von $\vec{r}$, ein Kraftfeld enthält jedoch drei solche Funktionen. Damit ist klar, daß eine Kraft nur unter besonderen Umständen ein Potential haben kann.

Ein Teilchen interessiert sich gemäß (3.1) nur für die Ableitungen von $V(\vec{r})$, d.h. für Potential-Unterschiede von Raumpunkt zu Raumpunkt. Es kann nicht bemerken, ob jemand 97 Nm zu V hinzuaddiert hatte (die gleiche Konstante an allen Raumpunkten). Auch in (3.9) ist dann eben die Konstante E entsprechend größer. Eine gegebene Kraft legt also ihr Potential (falls sie eins hat) nur bis auf eine additive Konstante fest.

$V(\vec{r})$: Beispiele

Wir sehen uns einige einfache Kraftfelder an und fragen zu jedem, ob es ein Potential hat. Wenn *Ja*, werden wir es ohne viel Mühe finden. Wenn *Nein*, dann werden wir dies bemerken (ebenfalls ohne viel Mühe). Integrale (wir weigern uns, derart Schreckliches jetzt schon zu kennen – siehe Kapitel 6) haben übrigens hierbei nichts zu suchen.

A $\vec{K} = (0,0,-mg) = \big(-\partial_x V, -\partial_y V, -\partial_z V\big)$. Das sind drei Gleichungen. Die ersten beiden besagen, daß V weder von x noch von y abhängt: $V(z)$. Die dritte Gleichung lautet somit

$$V'(z) = mg \ \curvearrowright \ V(z) = mgz + C: \quad V = mgz \ ,$$

denn $C = 0$ zu setzen ist erlaubt. Da kommt ein Neunmalkluger des Weges und meint, es sei da doch im letzten Schritt integriert worden. Nein! Wir haben lediglich zu einer gegebenen Funktion (hier mg) eine **Stammfunktion** gefunden, d.h. eine Funktion, deren Ableitung gleich der ursprünglichen ist. Das war eine lokale Fragestellung. Wir haben nichts addiert und keine Fläche gesucht. Daß das Geschäft des Integrierens außerordentlich erleichtert wird, wenn man Stammfunktionen finden kann, das steht auf einem anderen Blatt. Vielleicht ahnt der Obengenannte nun, was für ein horrender Unfug es gewesen wäre, Integrale zu verwenden, um dann diese doch wieder per Stammfunktion-Suche auszuwerten. Man reinige sein Gehirn.

Mit obigem Potential nimmt der Energiesatz (3.9) explizit die Gestalt $mv^2/2 + mgz = E = mgh$ an, wobei wir die Konstante E aus den Anfangsdaten $z(0) = h$, $v(0) = 0$ bestimmt haben. Zum Freien Fall wissen wir auch, wie $z(t)$ und $v(t)$ von der Zeit abhängen. Das ist eine willkommene Gelegenheit, (3.9) an diesem konkreten Beispiel nachzuprüfen:

$$m(-gt)^2/2 + mg\bigl(h - gt^2/2\bigr) = \quad ? \quad = mgh .$$

Man sieht, daß links alle t-Potenzen herausfallen. Es ist also tatsächlich $E(t) = E(0) = E$. So wird vom Energiesatz in praxi Gebrauch gemacht. Wir lernen später (Kapitel 6), daß bei eindimensionaler Bewegung die im Energiesatz enthaltene Information vollständig ist und wie man mit ihr die Lösung der Bewegungsgleichung erhalten kann (falls ein Potential existiert).

B $K_1 = -\kappa(x - l)$ ist die erste Komponente der rücktreibenden Kraft einer idealen Feder (Bild 3-2), die am Ursprung befestigt ist, die entspannte Länge l hat und mit ihrem anderen Ende an einer Masse bei $\vec{r} = (x, 0, 0)$ angebunden ist. $\vec{K} = (K_1, 0, 0)$ ist die Kraft auf diese Masse (man denke auch bei 1D-Problemen vektoriell, insbesondere hilft dies bei gewissen Vorzeichen-Problemen). Von einer „idealen" Feder wollen wir sprechen, wenn die Kraft zur (negativen) Auslenkung (hier: $x - l$) proportional ist. Natürlich ist das nur der Fall, solange die Auslenkung einigermaßen klein gegen l bleibt. Das mittlere Bild 3-2 zeigt, wie man diesen Bereich auch dann ermitteln kann, wenn nur eine Sorte (gleicher) Federn zur Verfügung steht und Beschleunigungs-Experimente unerwünscht sind. Meist unterstellt man (ohne dies immer dazuzusagen), daß eine ideale Feder keine Masse hat. Ihre Masse möge also vernachlässigbar klein sein gegenüber der Masse des angebundenen Teilchens. Die Segmente der Feder mögen auch keine nennenswerten Eigenschwingungen gegeneinander ausführen.

Das Potential obiger Kraft ist $V = (1/2)\kappa(x - l)^2$. Wieder haben wir über eine additive Konstante so verfügt, daß der Ausdruck möglichst einfach wird. Es gibt hier jedoch auch einen physikalischen Grund für diese Wahl (und gegen etwaiges Ausquadrieren $(x - l)^2 = x^2 - 2lx + l^2$ und z.B. Weglassen des dritten Terms). Bei Auslenkung werden die vielen Atomkerne der Feder alle ein klein wenig aus je ihrem eigenen Potentialminimum herausgezogen. Die potentielle Energie V ist also gleichmäßig über die gesamte Feder verteilt. Die Feder enthält keinen Überschuß an potentieller Energie, wenn $x = l$. Diese Feststellung erfordert

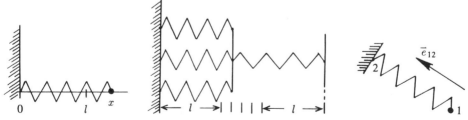

Bild 3-2. Ausgelenkte Feder. Ob sie ideal ist, läßt sich mit identisch hergestellten Exemplaren nachprüfen

unsere Konstanten-Wahl. Die Erkenntnis „V ist in der Feder" führt uns zur allgemeinen Situation, Feder-Anfang bei 2 (Bild 3-2, rechts) und Feder-Ende (Teilchen) bei 1:

$$\vec{K} = \vec{e}_{12}\kappa(r_{12} - l) \;,\quad V = \tfrac{1}{2}\kappa(r_{12} - l)^2\;. \tag{3.10}$$

Wenn Punkt 2 der Ursprung ist, liegt eine spezielle Zentralkraft vor: $\vec{K} = -\kappa(r - l)\vec{r}/r$, $V(r) = (1/2)\kappa(r - l)^2$. Es kann nichts schaden, wenn wir hieran obige Gedanken nachprüfen, indem wir die drei V-Differentiationen vornehmen:

$$\left(-\partial_x V\left(\sqrt{x^2 + y^2 + z^2}\right), \ldots, \ldots\right) \underset{\text{}}{\overset{\text{}}{=}} \left(-V'(r)\frac{x}{\sqrt{\;}}, \ldots, \ldots\right) = -\frac{\vec{r}}{r}V'(r)$$

$$\overset{!}{=} -(\vec{r}/r)\kappa(r - l) = \vec{K},\,-\text{ es stimmt.}$$

Die erste Zeile dieser Rechnung gilt für beliebiges **Zentralpotential** mit Zentrum im Ursprung. Dies hilft uns im nächsten Beispiel.

C $\quad \vec{K} = -\dfrac{\gamma mM}{r^2}\,\dfrac{\vec{r}}{r}\;,\quad V'(r) = \dfrac{\gamma mM}{r^2}\quad \curvearrowright\quad V(r) = -\dfrac{\gamma mM}{r}\;.$ $\qquad$ (3.11)

Der letzte Schritt gelang per Kopfrechnen. Das Resultat (3.11) heißt **Gravitationspotential**. Die Konstanten-Wahl hat den Vorzug, daß bei unendlich weiter Entfernung des „Kometen" das Potential Null wird.

Die bisherigen V-Beispiele haben eines gemeinsam: Eine Positionsänderung des Teilchens, die Mühe machen würde, ist mit V-Vergrößerung verbunden. Mit Blick auf die Energiesatz-Herleitung begreifen wir, daß dies generell so sein muß. „Vergrößert sich V bei anstrengender Variablen-Änderung?" ist somit *die* Kontroll-Frage an jedes eigene Potential-Resultat (sehr verehrte Übungs-Löserinnen und -Löser!). In eine Skizze des Potential-Verlaufs (Bild 3-3) darf die Konstante E als Horizontale eingetragen werden, denn V und E haben gleiche Dimension. Wo die E-Horizontale die V-Kurve schneidet, ist gemäß (3.9) $v = 0$. In 1D handelt es sich dort um Umkehrpunkte der Bewegung. Die Längen der gewellten Linien in Bild 3-3 geben $mv^2/2$ an. Anhand solcher Diagramme kann man in 1D schön den Bewegungstyp ablesen. Wählen Sie zum mittleren Bild in Gedanken eine Stelle x und ein Vorzeichen, z.B. $v_1 = +v$, dann vergrößert sich x, während v schließlich kleiner wird und am Umkehrpunkt das Vorzeichen wechselt und so weiter: eine Schwingung. Das rechte Bild 3-3 illustriert eine 3D-Situation mit Zentralpotential. Es erlaubt (zu bekanntem E) zu jedem Abstand r den Betrag v der Geschwindigkeit abzulesen. Aber $\vec{v}$ wird benötigt, um sagen zu können, wie die Bewegung weiter geht. Wenn $\vec{v}$ auf das Zentrum zeigt, wird das Teilchen bald dort ankommen. Steht aber $\vec{v}$ senkrecht auf $\vec{r}$, dann kann (unter anderem) eine Kreisbahn vorliegen. Wie man diesen Informationsmangel beheben kann, steht im nächsten Unterabschnitt.

D $\quad \vec{K} = \kappa(-x, z - y, z - y)$. Schon bei Beispiel **A** wurde eine Methode erkennbar, mit der man ein Potential stets ermitteln kann: man arbeite die drei

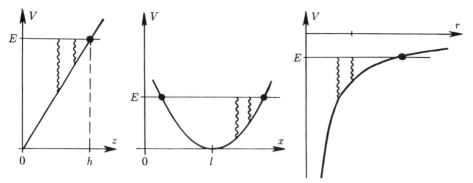

Bild 3-3. Drei typische Potentialverläufe, Gesamtenergie als Horizontale und Umkehrpunkte der Bewegung

V-Definitions-Gleichungen der Reihe nach ab. Die erste dieser drei Gleichungen lautet $-\kappa x = -\partial_x V(x, y, z)$ und legt fest, wie sich V (an einem beliebigen Raumpunkt $\vec{r}$) in x-Richtung zu ändern hat. Die Werte von y und z stehen als belanglose Konstante in dieser Gleichung herum. Wir müssen jetzt sehr darauf achten, allgemein zu bleiben und nicht verfrüht über die Konstante in der Stammfunktion zu verfügen. Auch in dieser dürfen nämlich y und z „belanglos herumstehen". Wir schließen, daß $V(x, y, z) = (1/2)\kappa x^2 + f(y, z)$ sein muß mit einer noch unbekannten und bis hierher beliebigen Funktion f. Dieses Zwischenresultat setzen wir nun in die zweite Definitionsgleichung $\kappa z - \kappa y = -\partial_y V$ ein, erhalten $-\kappa z + \kappa y = \partial_y f(y, z)$ und schließen auf $f(y, z) = -\kappa yz + \kappa y^2/2 + g(z)$. Das momentane V-Zwischenresultat ist $V = \kappa(x^2 + y^2)/2 - \kappa yz + g(z)$. Wir setzen es in $\kappa z - \kappa y = -\partial_z V$ ein und erhalten die Gleichung $\kappa z - \kappa y = \kappa y - g'(z)$. Sie ist ganz offensichtlich nicht erfüllbar (stimmt sie für ein y, wird sie falsch für das andere). Gute Nacht! Obiges Kraftfeld hat *kein* Potential. Wir halten fest: ein Potential läßt sich „zu Fuß" ermitteln; dabei bemerkt man, ob es existiert oder nicht.

Nach einer längeren Rechnung, die mit negativem Resultat endet, fragt man sich, ob man ungeschickt vorgegangen war. Wie konnte uns das nur passieren? Der Grund liegt in einem entsetzlichen Versäumnis, dessen wir uns schuldig gemacht haben. Wir hatten ein Ausgangs-Objekt akzeptiert, ohne über dessen Bedeutung nachzudenken. Das Malen hatten wir vergessen! Bild 3-4 zeigt, daß es sich um das Kraftfeld einer Beschleunigungsanlage handelt. Es *gibt* solche Kräfte (z.B. im Inneren einer Spule, während das Magnetfeld zunimmt). An jeder Stelle des in Bild 3-4 skizzierten Raumbereiches kann man eine Masse an einen (beliebig kurzen) Faden hängen und zusehen, wie sie immer schneller kreist. Der Energiesatz (3.9) gilt nicht. Also darf es gar kein Potential geben. Das Beispiel gibt uns eine erste (aber sehr gute) Vorstellung davon, unter welchen Umständen ein Potential existiert. Genau dann, wenn das Kraftfeld keine „Ringelrum-Anteile" enthält, hat es ein Potential (in Kapitel 8 wird das gezeigt).

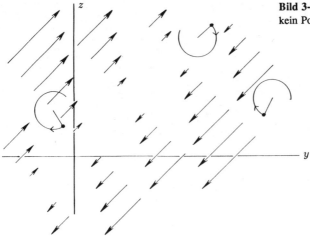

Bild 3-4. Ein Kraftfeld, zu welchem kein Potential existiert

Effektives Potential

Ein Teilchen bewegt sich in irgendeinem Zentralpotential $V(r)$. Beispiel **C** zeigte, daß die im Energiesatz enthaltene Information nicht ausreicht. Andererseits wissen wir, daß die Bewegung in einer Ebene stattfindet (zeitliche Konstanz der Drehimpuls-Richtung). Eine einzige weitere Gleichung sollte also bereits alles festlegen. Wir kennen eine: die zeitliche Konstanz des Drehimpuls-Betrages L. Sie besagt, daß $mv_\perp r = L$ ist. Die Schwie 'keit bei der Deutung von Bild 3-3 bestand gerade darin, daß das Teilchen $\vec{v}$-Anteile senkrecht zu $\vec{r}$ ($\perp$ zum Fahrstrahl) haben konnte. Jetzt können wir sie dadurch beseitigen, daß wir $\vec{v}_\perp$ per $v_\perp = L/mr$ im Energiesatz eliminieren. Die restliche Abhängigkeit von $v_\parallel = \dot{r}$ (auf dem Fahrstrahl) möchten wir dann gern (analog zu Bild 3-3) einer Figur entnehmen können. Das ist eine einfache Aufgabe. Wegen $\vec{v} = \vec{v}_\parallel + \vec{v}_\perp$ und $\vec{v}_\parallel \perp \vec{v}_\perp$ ist

$$v^2 = v_\parallel^2 + v_\perp^2 = \dot{r}^2 + L^2/m^2 r^2 \, ,$$

und dies überführt den Energiesatz (3.9) in

$$\frac{1}{2}m\dot{r}^2 + \underbrace{\frac{L^2}{2mr^2} + V(r)}_{\stackrel{!}{=}\, V_{\text{eff}}(r)} = E \, . \tag{3.12}$$

Der zweite Term in (3.12) heißt **Zentrifugal-Barriere**. Er ist der transversale Anteil der kinetischen Energie. Er wird nun mit $V(r)$ zum **effektiven Potential** zusammengefaßt. Es hängt wieder nur von r ab und ist bekannt. Man kann es malen. Die gewellten Linien in Bild 3-5 geben nun $m\dot{r}^2/2$ an. An den beiden E-V_{eff}-Schnittpunkten wird die größte bzw. die kleinste Entfernung vom Zentrum erreicht. Links im Bild 3-5 fliegt ein Teilchen, das an einer Feder hängt, um den

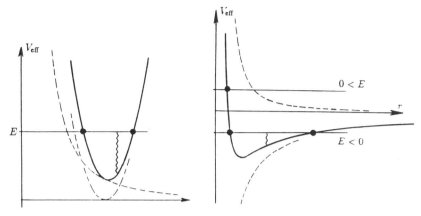

Bild 3-5. Zwei typische effektive Potentiale und ihre Zentrifugalbarrieren

Ursprung. Dabei schwingt es auf dem Fahrstrahl. Auch eine nicht-kreisförmige Planetenbewegung ist eine Schwingung auf dem Fahrstrahl. Ein Komet allerdings kehrt nur bei $E < 0$ zur Sonne zurück. Zu $0 < E$ fehlt der äußere Umkehrpunkt, und der Komet entschwindet auf Nimmerwiedersehen.

Alle drei Erhaltungssätze gelten nur unter sehr einschränkenden Voraussetzungen. Jemand mag nun einwenden, bei der Energie sei es ja wohl anders, die könne nicht einfach ständig zunehmen. Wäre doch dann die Verschmutzung der Atmosphäre durch Kohlekraftwerke in einem allzu billigen Sinne unnötig (ganz abgesehen vom „Erhalt der heimischen Kohle" – für spätere Generationen nämlich). Erste Antwort: bitte keine Autoritätsgläubigkeit. Zweite Antwort: der *mechanische* Energiesatz gilt nicht immer. Wir wissen noch nicht, daß in einer vollständigen mechanisch-elektromagnetischen Welt tatsächlich wieder ein Gesamtenergie-Satz hergeleitet werden kann – aus first principles. Es ist ähnlich bestellt um Reibungsvorgänge: bezieht man alle beteiligten Teilchen (der Luft oder der Unterlage) samt ihrer Wärmebewegung mit ein, dann gilt er wieder. Dritte Antwort: man könnte Energieerhaltung zu einem first principle erheben. Wir haben aber gesehen, wie (allzu) schnell man dann gezwungen wird, eine vollständige Physik zu behandeln. Dies wäre kein guter Weg. Hierüber zu streiten ist natürlich legitim.

In diesem Kapitel fehle, so soll ein Kritiker bemängelt haben, die dritte Newtonsche Behauptung: "actio = reactio". Nun, sie fehlt hier, weil sie (a) falsch und (b) unnötig ist. Die Kraft, welche ein Teilchen 2 auf Teilchen 1 ausübe, sei (so die Behauptung) entgegengesetzt gleich der Kraft von 1 auf 2. So, so. Mitunter mag dies ja näherungsweise recht gut gelten (und darf bei manchen Übungsaufgaben unterstellt werden, z.B. bei zwei Massen verbunden mit idealer [!] Feder). Actio = reactio ist falsch (ausgenommen Statik), weil Kräfte ihre Zeit brauchen, um von einem zum anderen Teilchen zu gelangen. Die Unnötigkeit von actio = reactio ist im Moment viel interessanter. Wir haben in diesem Kapitel gelernt, daß es *genügt*, die Kraft am Ort des Teilchens zu jeder Zeit zu kennen (egal wie sie dorthin gelangt ist), wenn seine Zukunft vorherzusagen ist. Keine zusätzlichen Postulate bitte! Der alte Newton hatte keine andere Wahl, als sich auf der Kraftseite mit einem hölzernen Krückstock zu behelfen. Aber heutzutage ist wohl eine Entschuldigung am Platze (die quantenmechanische Natur der chemischen Bindung komme leider erst im 5. Semester; oder: wie elektromagnetische Kräfte durch die Gegend fliegen, stehe leider erst im Kapitel 11), wenn man angehenden Magnetschienenbahnfahrern einen Krückstock andrehen will. Fazit: actio = reactio ist kein "Axiom", sondern die Vorwegnahme einer hölzernen Näherung zum Verhalten von Kräften.

– – –

Auf den letzten Seiten wurde viel geredet. Es galt, einem hypothetischen Leser einige schlechte Gewohnheiten (beim Nachdenken über die Natur) von vornherein auszutreiben. Wenn Sie jedoch die Essenz dieses Kapitels in Formelsprache zusammenfassen (Sie sollten dies unbedingt tun!), dann dürfte dabei weniger als eine halbe DIN-A4-Seite zustande kommen. Bald genügt eine DIN-A7-Seite. Das ist typisch für Physik. Man hat hart zu arbeiten, mathematische Kalküle zu begreifen, zu üben. Aber danach – irgendwann – stellen sich die Zusammenhänge als ganz einfach dar. Wie konnte es nur passieren, daß derart Billiges „damals" Schwierigkeiten bereitete. Auch den DIN-A7-Zettel werfen Sie schließlich weg: Newton für ein Teilchen kann man im Schlafe. Physik „lernt" man nicht: Ein angehender Pianist lernt nicht Noten, sondern Spielen. Ersteres hätte – hier wie da – keinen Wert.

Am Ende der ersten beiden Kapitel haben wir uns bemüht, einem noch recht dürftigen Weltbild ein wenig Freude abzugewinnen. Inzwischen hat sich unsere Situation in dramatischer und beängstigender Weise verändert. Die Welt besteht aus Teilchen (irgendwelche kleinsten wird es schon geben). Zu gegebener momentaner Anordnung dieser Teilchen dürfte jedes einzelne einer ganz bestimmten Kraft ausgesetzt sein, die alle anderen auf es ausüben – wie auch immer die noch fehlende Halb-Theorie der Kräfte aussehen mag. Sie mag gemäß (3.2) auch $\vec{v}$-abhängige Kräfte vorhersagen. Also sehen wir Anordnung *und* Geschwindigkeiten zu einem bestimmten Zeitpunkt als gegeben an (natürlich benötigen wir letztere auch, damit Newton auf der linken Seite den nächsten Zeitschritt klar bekommt). Falls Kräfte einige Zeit brauchen, um bis zu einem bestimmten Teilchen zu gelangen (Licht!), dann ist eben auch noch Information aus der Vergangenheit erforderlich. Aber von nun an, ab diesem bestimmten Zeitpunkt, ist die Zukunft eines jeden einzelnen Teilchens und somit aller Teilchen der Welt mathematisch perfekt festgelegt: (3.1)!

Demnach war es schon vor zwei Wochen restlos klar, daß heute ein Hagelkorn das Dachfenster durchschlägt, daß Ihnen die Milch anbrennt, daß Sie drei Richtige im Lotto haben und genau 17 Uhr 22 eine Beule in den linken Kotflügel fahren. Auch was morgen passieren wird, ist (dem „Laplaceschen Dämon") ebenfalls bereits bekannt. Also ruhig zur Weinflasche greifen. Es ist ohnehin alles vorbestimmt (determiniert). In ähnlicher Weise – nur vornehmer – hat sich auch Laplace (in einem Essay 1814) geäußert. Man begreife, daß er recht hat.

Dieses Weltbild wird heutzutage meist mit dem Hinweis auf die Quantentheorie abgetan, in welcher (3.1) nicht mehr gilt (nur noch näherungsweise bei großen Massen und schlechten Mikroskopen). Dieses alte Weltbild sei ja schließlich auch ganz absurd. Es gäbe in ihm keinen freien Willen und nichts zu verantworten. Wie schön, daß wir heute besser dran sind .... Nein, *so* einfach sollte man sich die Antwort nicht machen. Was, wenn nun (3.1) streng gültig geblieben wäre? Vielleicht würden wir stärker darüber nachdenken, ob der Informationsmangel (in dem wir notgedrungen leben) in einem Zusammenhang mit „freiem Willen" stehen könnte, was letzterer eigentlich ist und welcher Fehler zu obigem Fatalismus geführt hat. Ein anderes Gegenargument erwächst daraus, daß es auch in der Quantentheorie eine Bewegungsgleichung gibt (die Schrödingergleichung), welche eindeutig die Zukunft festlegt. Sie gilt auch für viele Teilchen. Ein Schlupfloch gibt es dann nur noch beim sogenannten „quantenmechanischen Meßprozeß", und ausgerechnet dieser ist heutzutage nicht in jeder Beziehung restlos verstanden (Betonung auf „restlos"). Was ist zu tun? Ehrlich bleiben; es tut weh; wir haben keine gute Antwort.

Gert Eilenberger „Komplexität", Essay 1989
(Mannheimer Forum 89/90, Serie Piper, Bd. 1104)

„... Wir wissen nun, warum die Erscheinungen der Welt so kompliziert sein können, obwohl ihre Gesetze so einfach sind.

Die Frage nach der *Reichweite* des Determinismus im Naturgeschehen hat damit für alle *beobachtbaren* makroskopischen Vorgänge etwas an Brisanz verloren; als *prinzipielle* philosophische Frage *Ist Freiheit möglich?* bleibt sie aber brisant. Dies um so mehr, je weiter neurophysiologische Forschung unsere Gehirnfunktionen als im Prinzip deterministisches Geschehen bis auf die molekulare Ebene hinab zurückverfolgen kann. Wir müssen ja davon ausgehen, daß alle geistigseelischen Vorgänge, d.h. insbesondere das Bewußtsein, eine Entsprechung durch elektrophysiologische Vorgänge in Nervenzellen des Gehirns haben, ja, daß unser Bewußtsein die innere Wahrnehmung dieser elektrophysiologischen Vorgänge *ist*.

Aber gerade hier ergibt die Unterscheidung von Vorhersagbarkeit und Determinismus eine neue Perspektive. Wenn nämlich wie noch am Anfang beide gleichgesetzt werden und aus einem *ungefähr* bekannten Ausgangszustand unserer Nervenzellen das Endresultat, nämlich unser Handeln, im wesentlichen folgen würde, so könnte man, zumindest im Prinzip, die Unmöglichkeit freier Willensentscheidung empirisch-physikalisch beweisen. Da wir aber jetzt wissen, daß typischerweise winzigste, unmeßbar kleine Unterschiede im Ausgangszustand langfristig zu völlig verschiedenen Endzuständen (d.h. Entscheidungen) führen können, vermag die Physik die Unmöglichkeit freien Willens *empirisch* nicht zu beweisen.

Das Problem ist damit zwar nicht beseitigt, aber doch in die Ferne gerückt. ..."

4. Tensoren

Nach Ankunft beim Etappenziel Newton sollte uns eine Atempause gestattet sein. Wir blicken zurück und erkennen einige Weggabelungen, die in andere Gefilde hätten führen können. Die erste wurde bei Gleichung (1.1) sichtbar [siehe Text unter (1.1)]. Der Vektorbegriff bedarf noch einer präzisen Fassung, und diese steht in untrennbarem Zusammenhang mit der Drehung von Koordinatenachsen. Dieses Kapitel hat drei Abschnitte. Aber nur ein Gedanke durchzieht sie. Irgendein Naturvorgang findet statt. Er kümmert sich nicht um Koordinatenachsen. Diese sind Machwerk der Menschen. Die Achsen haben z.B. ungünstige Richtungen – wie findet man günstige?

Der erste Abschnitt behandelt das Umsteigen zu einem anderen (gedrehten) Koordinatensystem generell und endet mit der genannten besseren Vektor-Definition. Der zweite kümmert sich um die nächsthöhere Sorte „Vektor" anhand von Beispielen, bei denen sich die Frage nach günstigen Achsen, nach **Hauptachsen**, besonders dringlich stellt. Der dritte beantwortet diese Frage.

4.1 Drehmatrix

Wir betrachten zwei Koordinatensysteme. Sie sind gegeneinander verdreht, haben aber den gleichen Ursprung. Das „alte" VONS hat die Basisvektoren $\vec{e}_j$, das „neue" hat $\vec{f}_j$ ($j = 1, 2, 3$). Ein bestimmter Vektor $\vec{a}$ habe die Komponenten a_j im alten und die Komponenten a'_j im neuen System. Bekanntlich kann man dies in der Form $\vec{a} = a_j \vec{e}_j = a'_j \vec{f}_j$ elegant zum Ausdruck bringen. Je nach Art der auszuführenden Rechnungen möchten wir jedoch die drei Komponenten auch in Klammern schreiben dürfen. Dabei ist es egal (jedenfalls bei rechtwinkliger Basis), ob dies zeilenweise oder vertikal geschieht. Die vertikale Version bietet im folgenden gewisse optische Vorteile. Die nebenstehende Notation ist sehr praktisch, aber

$$\vec{a} = \begin{pmatrix} a_1 \\ a_2 \\ a_3 \end{pmatrix}, \quad \vec{a}' = \begin{pmatrix} a'_1 \\ a'_2 \\ a'_3 \end{pmatrix}$$

auch ungemein gefährlich. Der kleine Strich an $\vec{a}$ soll lediglich daran erinnern, daß die gestrichenen Komponenten erscheinen sollen, sobald man $\vec{a}$ als Zahlentripel lesen möchte. Wir reden hier nur von *einem* Pfeil. Er ist aus Draht und steht draußen im Regen. Gedrehte Achsen! – nicht gedrehte Pfeile. Wir betonen dies so sehr, weil Mathematiker das blanke Gegenteil zu tun pflegen, wenn sie

Abbildungen des Vektorraumes in sich betrachten. Jedoch es nützt nichts, wir müssen (wie oben erklärt) unser Anliegen weiter verfolgen. Wir fragen, wie man zu gegebener Basis die neuen Komponenten erhält, und zwar möglichst direkt aus den alten:

$$
\vec{a}' = \begin{pmatrix} \vec{f}_1\,\vec{a} \\ \vec{f}_2\,\vec{a} \\ \vec{f}_3\,\vec{a} \end{pmatrix} = \begin{pmatrix} (\vec{f}_1\vec{e}_1)a_1 + (\vec{f}_1\vec{e}_2)a_2 + \ldots \\ (\vec{f}_2\vec{e}_1)a_1 + (\vec{f}_2\vec{e}_2)a_2 + \ldots \\ (\vec{f}_3\vec{e}_1)a_1 + (\vec{f}_3\vec{e}_2)a_2 + \ldots \end{pmatrix}
$$

$$
=: \underbrace{\begin{pmatrix} \vec{f}_1\vec{e}_1 & \vec{f}_1\vec{e}_2 & \vec{f}_1\vec{e}_3 \\ \vec{f}_2\vec{e}_1 & \vec{f}_2\vec{e}_2 & \vec{f}_2\vec{e}_3 \\ \vec{f}_3\vec{e}_1 & \vec{f}_3\vec{e}_2 & \vec{f}_3\vec{e}_3 \end{pmatrix}}_{\text{Drehmatrix } D} \begin{pmatrix} a_1 \\ a_2 \\ a_3 \end{pmatrix} . \tag{4.1}
$$

Im letzten Schritt haben wir die **Drehmatrix** D definiert *und* erklärt, wie man eine Matrix auf einen Vektor **anwendet**: es entsteht ein neues Zahlentripel; die erste neue Komponente ist das Skalarprodukt aus dem ersten Zeilen-Vektor mit dem als Spalte geschriebenen Patienten und so weiter. Kurz: Matrix-Anwendung geschieht per „Zeile mal Spalte". Sie erkennen natürlich sofort, daß somit eine Matrix ein linearer Operator ist, denn man kann sie (mit gleichem Resultat) auch auf die Vektoren in einer LK anwenden.

Multiplizieren Sie nun (4.1) in Gedanken mit einer Konstanten λ. Man kann offenbar λ dadurch im Inneren der Matrix unterbringen, daß man jedes der neun Matrixelemente mit λ multipliziert. Damit haben wir guten Grund, auch allgemein die Multiplikation einer Matrix mit einer Zahl so zu definieren: $\lambda(A_{jk}) := (\lambda A_{jk})$. Das Addieren zweier Matrizen erfolgt übrigens (analog zur Vektoraddition) elementweise: $(A + B)_{jk} := (A_{jk} + B_{jk})$.

Was wir bis hierher über Koordinaten-Achsen-Drehung gelernt haben, läßt sich etwas eleganter aufschreiben:

$$
\vec{a}' = D\vec{a} , \quad D = \begin{pmatrix} -\ \vec{f}_1\ - \\ -\ \vec{f}_2\ - \\ -\ \vec{f}_3\ - \end{pmatrix} . \tag{4.2}
$$

Es stört jedoch, daß (4.2) viel vertikalen Platz verbraucht. Das ist natürlich vermeidbar:

$$
a'_j = D_{jk}a_k \quad \text{mit} \quad D_{jk} = \vec{f}_j\vec{e}_k . \tag{4.3}
$$

Links in (4.3) wird die Matrix-auf-Vektor-Anwendung gleich noch einmal mit definiert. Es gibt gar nichts zu reden zu dieser Gleichung. Das ist gut. Rechts in (4.2) ist gemeint, daß man z.B. $\vec{f}_1$ mit seinen drei Komponenten (die es bezüglich der $\vec{e}$-Basis hat) als erste Zeile eintragen soll (diese Notation ist bei anderen Autoren nicht üblich und gefällt nur dem hiesigen ganz gut):

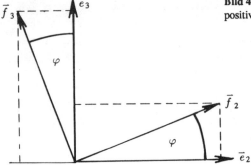

D-Zeilen = neue Basisvektoren, gesehen im alten System;

D-Spalten = alte Basisvektoren, gesehen im neuen System.

Daß auch der zweite Merkvers stimmt, zeigt (4.3) rechts.

Die einfachsten Drehmatrizen D ergeben sich, wenn man um einen Winkel φ um eine der $\vec{e}$-Achsen dreht. Wir hängen an D zwei Indizes. Der erste gibt die Drehachse an, der zweite den Drehwinkel. Natürlich empfiehlt sich wieder die Kurzschrift $c := \cos(\varphi)$ und $s := \sin(\varphi)$. Bei der D-Matrix für Drehung um φ um die x-Achse ist vielleicht noch ein Blick auf Bild 4-1 nötig, um die $\vec{f}_2$- und die $\vec{f}_3$-Komponenten abzulesen. Bei den anderen gelingt uns dies bereits im Kopf:

$$D_{x,\varphi} = \begin{pmatrix} 1 & 0 & 0 \\ 0 & c & s \\ 0 & -s & c \end{pmatrix}, \quad D_{y,\varphi} = \begin{pmatrix} c & 0 & -s \\ 0 & 1 & 0 \\ s & 0 & c \end{pmatrix},$$

$$D_{z,\varphi} = \begin{pmatrix} c & s & 0 \\ -s & c & 0 \\ 0 & 0 & 1 \end{pmatrix}, \tag{4.4}$$

Zwei Drehungen hintereinander

Gegeben seien ein neues ($\vec{f}_j$) und ein „ganz neues" VONS ($\vec{g}_j$) und ein Vektor $\vec{a}$. Die Matrix, die die erste Drehung beschreibt, heiße $D^{(1)}$, die andere $D^{(2)}$ (sie vermittelt vom $\vec{f}$- zum $\vec{g}$-System):

$$\vec{e}_j : \vec{a} \qquad\qquad \vec{f}_j : \vec{a}' \qquad\qquad \vec{g}_j : \vec{a}''$$
$$\vec{a}' = D^{(1)}\vec{a} \qquad\qquad \vec{a}'' = D^{(2)}\vec{a}'$$
$$\curvearrowright \quad \vec{a}'' = D^{(2)}\left[D^{(1)}\vec{a}\right], \quad \text{oder} \quad a_j'' = D_{jl}^{(2)}\left[D_{lk}^{(1)}a_k\right] \quad \curvearrowright$$
$$a_j'' = D_{jk}a_k \quad \text{mit} \quad D_{jk} = D_{jl}^{(2)}D_{lk}^{(1)}, \quad \text{oder kurz: } D = D^{(2)}D^{(1)}. \tag{4.5}$$

Es existiert also eine Gesamt-Drehmatrix, die vom $\vec{e}$-System gleich bis zum $\vec{g}$-System vermittelt. Im letzten Schritt zu (4.5) durften wir die eckige Klammer weglassen, weil es egal ist, in welcher Reihenfolge man die vielen Produkte addiert. Es ergab sich wie von selber, daß man offenbar zwei Matrizen nicht nur addieren, sondern auch auf andere Weise miteinander verknüpfen kann. Wir haben die **Matrix-Multiplikation** erfunden: $(A \cdot B)_{jk} := A_{jl}B_{lk}$. Daß sie stets $A(BC) = (AB)C$ erfüllt, macht man sich leicht in Index-Sprache selber klar (jetzt sind tatsächlich Zettel und Bleistift zur Hand zu nehmen!), ebenso (anhand von einfachen Beispielen), daß es im allgemeinen auf die Reihenfolge ankommt: $AB \neq BA$. Wenn man schließlich obige Definition in Langschrift übersetzt, dann ergibt sich das folgende Schema:

Die Regel „Zeile mal Spalte" gilt also auch, wenn man Schachbretter miteinander multipliziert. Sehen wir uns in (4.5) noch einmal die Reihenfolge an, in der die beiden einzelnen Drehmatrizen erscheinen. Es muß tatsächlich die zweite Drehmatrix *links* stehen, damit sie auch als letzte wirkt und – wie es sein muß – den bereits operierten Patienten weiterbehandelt.

Übungs-Blatt 6

Wer mit Matrizen rechnet, begegnet noch zwei weiteren eigenwilligen (aber einfachen) Manipulationen. Wenn Sie kurz vor dem Matt das Schachbrett umkippen, dann tun Sie dies bitte stets um den Winkel π und um die diagonale Achse von links oben nach rechts unten, um die **Hauptdiagonale**. Sagen Sie Ihrem erstaunten Gegner, Sie hätten nun die Matrix **transponiert**. Die neun Zahlen der Matrix erscheinen nach Transposition um die Hauptdiagonale gespiegelt: $(A^T)_{jk} = A_{kj}$. Falls $A^T = A$, nennt man A **symmetrisch**. Falls $A^T = -A$, heißt A **antisymmetrisch** und kann auf der Hauptdiagonalen nur Nullen haben.

Mit den drei Zahlen auf der Hauptdiagonalen hat die verbliebene zweite Manipulation zu tun, nämlich das Bilden der **Spur** einer Matrix:

$$\mathrm{Sp}(A) := A_{11} + A_{22} + A_{33} = A_{jj} \, .$$

Wenn unter der Spur ein Matrix-Produkt steht, dann darf man vom einen Ende eine Matrix wegnehmen und am anderen Ende anfügen, ohne daß sich der Zahlenwert der Spur dabei ändert:

$$\mathrm{Sp}(ABC) = A_{jl}B_{lk}C_{kj} = C_{kj}A_{jl}B_{lk} = \mathrm{Sp}(CAB) \, . \tag{4.6}$$

Vermutlich meinen Sie, die Spur sei doch eine reichlich gekünstelte Definition. Jedoch schon in einer der nächsten Gleichungen kommt sie vor – und in der Physik gern an besonders prominenten Stellen.

Achse und Winkel

Verschiedene Fragen sind offen geblieben. Nicht jede Matrix ist eine Drehmatrix. Welche besonderen Eigenschaften zeichnen also letztere aus? Ein neues Koordinatensystem kann man auch dadurch erhalten, daß man eine bestimmte Achse durch den Ursprung legt und (um diese) um einen bestimmten Winkel dreht. Ein Einheitsvektor und ein Winkel, das sind 3 Zahlenangaben. Die 9 D-Elemente sind also voneinander abhängig. D gegeben, wie errechnet man Achse und Winkel? Achse und Winkel gegeben, wie erhält man D? Auf alle diese Fragen antworten die nachfolgenden sieben Gleichungen. Wir schreiben sie zuerst auf und kommentieren hinterher.

Orthogonalitäts-Relationen:
$$DD^T = 1 \tag{4.7}$$

Rechts-System-Erhaltung:
$$\det(D) = 1 \tag{4.8}$$

$$D(\vec{a} \times \vec{b}) = D\vec{a} \times D\vec{b} \tag{4.9}$$

$D \to$ Achse:
$$D\vec{b} = \vec{b} \tag{4.10}$$

$D \to$ Winkel:
$$\mathrm{Sp}(D) = 1 + 2\cos(\varphi) \tag{4.11}$$

Sei $\vec{f}$ irgendein Einheitsvektor $\perp$ auf $\vec{e} := \vec{b}/b$, dann:
$$\vec{e} \cdot (D\vec{f} \times \vec{f}) = \sin(\varphi) \tag{4.12}$$

Achse und Winkel $\to D$:
$$D = \cos(\varphi)\,1 + [1 - \cos(\varphi)]\vec{e} \circ \vec{e} - \sin(\varphi)\vec{e}\times \tag{4.13}$$

$DD^T = 1$: Da die Vektoren $\vec{f}$, die in D die Zeilen bilden, in D^T als Spalten erscheinen, werden bei Matrix-Multiplikation lauter Skalarprodukte aus $\vec{f}$'s gebildet. Also entsteht rechts $(\delta_{jk}) = 1$. Es gilt auch $D^T D = 1$, denn die Spalten sind ja die $\vec{e}$'s (gesehen im neuen System). Da man zu einer gegebenen Matrix A die **inverse** Matrix durch $AA^{-1} = 1$ definiert, können wir sagen, daß eine Drehmatrix die spezielle Eigenschaft $D^{-1} = D^T$ habe. Wir überlegen uns jetzt, wieviele unabhängige einschränkende Bedingungen durch (4.7) an die neun D-Elemente gestellt werden. Wir beginnen mit dem Vektor $\vec{f}_1$. Er darf beliebig gewählt werden, wenn er danach normiert wird (1 Bedingung). $\vec{f}_2$ muß senkrecht auf $\vec{f}_1$ stehen und normiert sein (2 Bedingungen). $\vec{f}_3$ liegt nun fest (3 Bedingungen). 9 Elemente minus 6 Bedingungen gleich 3 wählbare Parameter, welche eine bestimmte Drehung festlegen: z.B. Achse und Winkel. Es paßt zusammen.

$\det(D) = 1$: Die Determinante ist das Spatprodukt, siehe (1.13) und (1.16). Wenn $DD^T = 1$ erfüllt ist, dann kann für die Determinante nur noch +1 oder -1 herauskommen. Eine -1 ergibt sich, wenn man ein Stück dreht, dann die Richtung eines Basis-Vektors umkehrt (wobei ein Linkssystem entsteht) und (wenn man will) ein weiteres Stück dreht: **Dreh-Spiegelung**. $\det(D) = 1$ ergänzt also $DD^T = 1$ für den Fall, daß nicht gespiegelt werden soll und altes wie neues System Rechtssysteme sein sollen.

$D(\vec{a} \times \vec{b}) = D\vec{a} \times D\vec{b}$: Wenn man diese Gleichung als $(\vec{a} \times \vec{b})' = \vec{a}' \times \vec{b}'$ liest, dann ist sie (dank geometrischer Kreuzprodukt-Definition) eine Selbstverständlichkeit. Wenn wir sie aber komponentenweise aufschreiben, $D_{ij}\varepsilon_{jkl}a_k b_l = \varepsilon_{ijm}D_{jk}a_k D_{ml}b_l$, und nun (da beliebig auf beiden Seiten) a_k und b_l weglassen (Koeffizientenvergleich), dann entsteht eine interessante neue Beziehung, die die Elemente einer Drehmatrix stets erfüllen.

$D\vec{b} = \vec{b}$: Es gibt stets eine Achse derart, daß durch eine bestimmte Drehung um diese ein gegebenes neues VONS erreicht wird (in speziellen Fällen kann es mehrere solche Achsen geben). Das ist anschaulich klar (läßt sich aber auch beweisen). Ein Vektor $\vec{b}$ in Achsenrichtung behält seine Komponenten: $\vec{b}' = \vec{b}$. $D\vec{b} = \vec{b}$ stimmt also. Es handelt sich um drei Einzelgleichungen zur Bestimmung der drei $\vec{b}$-Komponenten. Allerdings läßt sich dabei sicherlich nicht der Betrag von $\vec{b}$ bestimmen (man multipliziere $D\vec{b} = \vec{b}$ mit λ und erkenne, daß auch $\lambda\vec{b}$ die Gleichung löst). Eine der drei Gleichungen liefert also keine neue Information (ist „abhängig"). Wir begreifen dies am besten anhand eines Beispiels:

$$\text{gegeben } D = \frac{1}{2}\begin{pmatrix} 1 & 1 & \sqrt{2} \\ 1 & 1 & -\sqrt{2} \\ -\sqrt{2} & \sqrt{2} & 0 \end{pmatrix} \text{ , gesucht } \vec{b} =: \begin{pmatrix} r \\ s \\ t \end{pmatrix} .$$

Zuerst prüfen wir anhand von (4.7), (4.8) nach, ob es sich bei D wirklich um eine Drehmatrix handelt. Im Kopf: es ist eine. Nun schreiben wir die drei Gleichungen $D\vec{b} = \vec{b}$ auf, streichen ersatzlos die erste, lösen,

$$\begin{aligned} -r + s + \sqrt{2}\,t &= 0 \\ r - s - \sqrt{2}\,t &= 0 \quad \curvearrowright \quad t = 0, \; r = s, \; \vec{b} = r\begin{pmatrix} 1 \\ 1 \\ 0 \end{pmatrix} \\ -r + s - \sqrt{2}\,t &= 0 , \end{aligned}$$

und wenden D zur Probe auf den erhaltenen $\vec{b}$-Vektor an (stimmt es?!).

Gleichung $D\vec{b} = \vec{b}$ ist unsere erste Begegnung mit einer Struktur, die in der Natur-Mathematik (insbesondere Quantenmechanik) eine sehr zentrale Rolle spielt, mit dem **Eigenwert-Problem**

$$H\vec{\psi} = E\vec{\psi} .$$

Der Operator H ist gegeben (z.B. als Matrix), und gesucht werden spezielle Objekte (**Eigenvektoren**), die bei Operation ihre Richtung behalten und somit nur einen Vorfaktor (**Eigenwert**) bekommen (der jedoch auch negativ sein darf). Man sucht also in der Regel beides, Eigenvektoren *und* zugehörige Eigenwerte. Wir können nun $D\vec{b} = \vec{b}$ in vornehme Worte kleiden. Eine Drehmatrix hat stets den Eigenwert $+1$, und der zu $+1$ gehörige Eigenvektor gibt die Drehachse an.

$\mathrm{Sp}(D) = 1 + 2\cos(\varphi)$: Der Beweis wird ganz einfach, wenn man zuvor begreift (Bild 4-2), daß sich jede Drehmatrix in der Form $D = D_0^T D_{z,\varphi} D_0$ zusammenset-

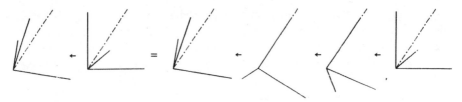

Bild 4-2. Zur Zusammensetzung einer Drehmatrix mit bekannter Achse $\vec{b}$ aus drei einfacheren Drehmatrizen

zen läßt. Dabei ist D_0 die Matrix der Drehung, welche die z-Achse in $\vec{b}$-Richtung überführt. Nun läßt sich (4.11) schlicht durch Ausrechnen der Spur bestätigen:

$$\mathrm{Sp}(D) = \mathrm{Sp}\big(D_0^{\mathrm{T}} D_{z,\varphi} D_0\big) = \mathrm{Sp}\big(D_{z,\varphi} D_0 D_0^{\mathrm{T}}\big) = \mathrm{Sp}\big(D_{z,\varphi}\big) = 2c + 1\,, \qquad \text{qed.}$$

(qed = q.e.d. = quod erat demonstrandum = was zu zeigen war).

$\vec{e} \cdot (D\vec{f} \times \vec{f}) = \sin(\varphi)$: Zur Bestimmung des Winkels reicht die Spurrelation nicht ganz aus, denn im Intervall $0 \leqslant \varphi \leqslant 2\pi$ hat die $\cos(\varphi)$-Kurve zwei Schnittpunkte mit der Horizontalen bei $(\mathrm{Sp}(D) - 1)/2$ (malen!). Aber mit einer Formel für $\sin(\varphi)$ wird die Antwort eindeutig. Gleichung (4.12) ist koordinatenunabhängig formuliert. Zum Beweis genügt somit ein Spezialfall:

$$\vec{e}_3 \cdot \big(D_{z,\varphi}\vec{e}_1 \times \vec{e}_1\big) = \vec{e}_3 \cdot [(\,c\,,\,-s\,,\,0\,) \times (\,1\,,\,0\,,\,0\,)] = s = \sin(\varphi)\,, \qquad \text{qed.}$$

$D = c\,1 + (1 - c)\vec{e} \circ \vec{e} - s\vec{e} \times$: Hieroglyphen? Im letzten Term scheint jemand den zweiten Kreuzproduktpartner vergessen zu haben. Aber eine Matrix wartet ja tatsächlich darauf, daß ein Vektor daherkommt, aus dem sie einen neuen Vektor machen kann: $\vec{e} \times$ wartet auf $\vec{a}$, um $\vec{e} \times \vec{a}$ entstehen zu lassen. Wenn zu einem Operator erklärt ist, wie er auf jedes Element seines Raumes wirkt, dann ist er definiert. Meist kann man ihn daraufhin in jeder gewünschten Sprache explizit machen. Wenn wir $\vec{e} =: (u,v,w)$ schreiben (mit $u^2 + v^2 + w^2 = 1$ natürlich), dann ist ersichtlich

$$\vec{e} \times \vec{a} = \begin{pmatrix} va_3 - wa_2 \\ wa_1 - ua_3 \\ ua_2 - va_1 \end{pmatrix} = \begin{pmatrix} 0 & -w & v \\ w & 0 & -u \\ -v & u & 0 \end{pmatrix} \begin{pmatrix} a_1 \\ a_2 \\ a_3 \end{pmatrix}\,.$$

Also ist $\vec{e} \times$ eine Matrix, nämlich die rechts stehende in obiger Gleichung.

Der Ausdruck $\vec{e} \circ \vec{e}$, **dyadisches Produkt** genannt, soll per definitionem einen Vektor $\vec{a}$ in $\vec{e}(\vec{e} \cdot \vec{a})$ überführen. Also ist auch das dyadische Produkt eine Matrix: $(\vec{e} \circ \vec{e})_{jk} := e_j e_k$ [allgemein: $(\vec{c} \circ \vec{d})_{jk} := c_j d_k$]. Wer auch $\vec{e} \times$ in Indexsprache ausdrücken können möchte, der blicke voraus auf (4.21).

Die Behauptung (4.13) ist noch zu beweisen oder herzuleiten. Sie ist durchweg vektoriell formuliert. Zum Beweis genügt somit ein Spezialfall. Aber auch eine Herleitung ist möglich (und besser). Dabei folgen wir einer schönen Philosophie: Spezialfall behandeln; Resultat rein vektoriell schreiben; spezielle zu allgemeinen Vektoren werden lassen. $\bar{e}$ ist (zur Erinnerung) der Einheitsvektor in Achsenrichtung. Bei Drehung um die z-Achse ist $\bar{e}_3$ dieser Vektor. Die zugehörige Drehmatrix ist $D_{z,\varphi}$. Mit Blick auf (4.4) können wir schreiben: $D_{z,\varphi} = -s\bar{e}_3 \times +c\,1 + (1 - c)\bar{e}_3 \circ \bar{e}_3$. Die Verallgemeinerung auf beliebige Achsenrichtung ist nun trivial: $\bar{e}_3 \rightarrow \bar{e}$. (4.13) stimmt.

Natürlich kann das Resultat (4.13) mittels $\bar{e} = (u, v, w)$ vollständig als Matrix aufgeschrieben werden:

$$D = \begin{pmatrix} c + (1 - c)u^2 & (1 - c)uv + sw & (1 - c)uw - sv \\ (1 - c)uv - sw & c + (1 - c)v^2 & (1 - c)vw + su \\ (1 - c)uw + sv & (1 - c)vw - su & c + (1 - c)w^2 \end{pmatrix} . \quad (4.13a)$$

An diese Matrix lassen sich nun naheliegende Fragen richten. Ob sie, bitte sehr, $DD^T = 1$ erfülle, Determinante 1 habe und Spur $1 + 2\cos(\varphi)$, und ob sie schließlich $\bar{e}$ als Eigenvektor habe und zwar zu Eigenwert 1. Man bekommt leicht selbst heraus, daß alledem so ist.

Definition des Physiker-Vektors

Endlich sind wir in der Lage, der vorläufigen Festlegung (1.1) den nötigen Schliff zu geben.

$$\left. \begin{array}{l} \text{Zahlen-Tripel} \\ (\,a_1\,,\,a_2\,,\,a_3\,) \\ \text{sind Vektoren.} \end{array} \right\} \longmapsto \left\{ \begin{array}{l} \text{es physikalisch sinnvoll ist, sie} \\ \text{unter Achsen-Drehung in } \vec{a}\,' = D\vec{a} \\ \text{übergehen zu lassen (und zu addieren} \\ \text{und mit Zahl zu multiplizieren).} \end{array} \right\} \quad (4.14)$$

Offenbar ist gegenüber (1.1) die Forderung nach einem bestimmten Transformationsverhalten hinzugekommen. Und dafür ist das blumige Wort „Pfeile" entfallen. Sind wir nun glücklich? Vielleicht ist die folgende Formulierung besser. Wir lassen (1.1) unverändert stehen und ergänzen nur: ... und Pfeile sind Tripel mit der Eigenschaft $\vec{a}\,' = D\vec{a}$. Hierüber ist nachzudenken. Wenn ein Tripel obige Transformations-Eigenschaft hat, dann verhält es sich wie das Komponenten-Tripel eines Pfeiles. Egal, ob es nun ursprünglich einem Pfeil entsprach oder nicht, wir können es als Pfeil *denken*. In der Thermodynamik wird gern das Tripel der Daten T (Temperatur), V (Volumen) und N (Teilchen-Anzahl in V) betrachtet, etwa für ein Gas. Mit (4.14) ist klar, daß diese Daten keinen Vektor bilden. Es macht keinen Sinn, sie als Pfeil zu denken. Das Gas bekommt nicht dadurch eine andere Temperatur, daß man den Kopf schief hält.

Übungs-Blatt 7

Bisher haben wir sittsam nur Rechtssysteme zugelassen. Wenn man jedoch Spiegelungen hinzunimmt, dann wird eine Unterscheidung in „gute" ($\vec{r}$, $\vec{v}$, $\vec{K}$, $\vec{E}$, ...) und „böse" Vektoren ($\vec{\omega}$, $\vec{L}$, $\vec{B}$, ...) möglich. Bei Anwendung der Matrix

$$S_1 = \begin{pmatrix} -1 & 0 & 0 \\ 0 & 1 & 0 \\ 0 & 0 & 1 \end{pmatrix}$$

bekommt die erste Komponente des Resultat-Vektors das entgegengesetzte Vorzeichen: $\vec{f}_1 = -\vec{e}_1$. Ist $\vec{r}$ ein Ortsvektor, dann gibt $\vec{r}' = S_1 \vec{r}$ seine Komponenten in einem an der yz-Ebene gespiegelten System an. Wenn man jedoch das Spiegelbild einer Winkelgeschwindigkeit $\vec{\omega}$ ansieht, dann hat es auch umgekehrten Drehsinn: $\vec{\omega}' = -S_1 \vec{\omega}$. Wenn bei einem Vektor dieses Transformationsverhalten vorliegt (physikalisch sinnvoll ist), dann nennen wir ihn **Pseudovektor**. Die Tabelle

normaler Vektor: $\quad \vec{n}' = D\vec{n}$, $\qquad \vec{n}' = S_1 \vec{n}$
Pseudovektor: $\quad \vec{p}' = D\vec{p}$, $\qquad \vec{p}' = -S_1 \vec{p}$

zeigt, wie man Drehspiegelungen zusammensetzen kann. Die einfachste Drehspiegelung ist $S_0 = S_1 D_{x,\pi} = -1$. Jedes Kreuzprodukt aus zwei normalen Vektoren (wie z.B. der Drehimpuls $\vec{L}$) ist ein Pseudovektor, denn $\vec{r}' \times \vec{v}' = (S_0 \vec{r}) \times (S_0 \vec{v}) = \vec{r} \times \vec{v} = -S_0(\vec{r} \times \vec{v})$. Das Kreuzprodukt von einem Pseudo- mit einem normalen Vektor ist wieder ein normaler, vgl. (2.1). Es versteht sich, daß die beiden Seiten einer Gleichung nur beide normal oder beide „pseudo" sein dürfen. Und weil die Lorentzkraft (3.2) ein normaler Vektor ist, muß es sich beim Magnetfeld $\vec{B}$ um einen Pseudovektor handeln. Wir werden mit solchen Feinheiten nichts weiter zu tun bekommen. Wer weiß, vielleicht führen Ihre Studien einmal bis in die Welt der Teilchen-Physik. Dort macht sich dann Spiegel-Symmetrie recht interessant.

Tensor-Definition

Ein Tripel hat einen freien Index, eine Matrix hat zwei freie Indizes. Betrachten wir doch gleich allgemein Objekte mit n freien Indizes: $H_{j_1 \ldots j_n}$. Wir nennen H einen **Tensor** n-ter **Stufe** genau dann, wenn in Verallgemeinerung zu (4.14) das folgende Transformationsverhalten vorliegt:

$$H'_{j_1 j_2 \ldots j_n} = D_{j_1 k_1} D_{j_2 k_2} \ldots D_{j_n k_n} H_{k_1 k_2 \ldots k_n} . \tag{4.15}$$

Wie zähmt man Formeln, die wild aussehen? – indem man Spezialfälle ansieht. Ein Tensor nullter Stufe hat keinen Index. Kein Index – kein D, also lautet (4.15) einfach $H' = H$. Tensoren nullter Stufe nennt man **Skalare**. Die Temperatur, der Luftdruck und die Ladung sind Skalare. Auch das Skalarprodukt zweier Vektoren ist ein Skalar (daher der Name). Daß $\vec{a}' \cdot \vec{b}' = \vec{a} \cdot \vec{b}$ ist, ist klar dank geometrischer Definition. Dies per Rechnung zu bestätigen, ist jedoch eine unwiderstehliche kleine Übung: $\vec{a}' \vec{b}' = (D\vec{a})(D\vec{b}) = D_{jk} a_k D_{jl} b_l = a_k D_{kj}^{\mathrm{T}} D_{jl} b_l = a_k \delta_{kl} b_l = \vec{a}\,\vec{b}$. Wir merken uns $\vec{b} \cdot A\vec{a} = (A\vec{a}) \cdot \vec{b} = \vec{a} \cdot A^{\mathrm{T}} \vec{b}$ als Nebenprodukt dieser Rechnung.

Ein Tensor erster Stufe hat einen Index. Gleichung (4.15) lautet $H_j' = D_{jk}H_k$, und das ist die Vektortransformation (4.3). Vektoren und Tensoren erster Stufe sind also dasselbe.

Ein Tensor zweiter Stufe hat zwei Indizes, ist also eine Matrix mit besonderen Transformations-Eigenschaften. Einen besonderen Namen hat er nicht. Ab zweiter Stufe sagt man einfach Tensor. Gleichung (4.15) lautet $H_{j_1 j_2}' = D_{j_1 k_1} D_{j_2 k_2} H_{k_1 k_2} = D_{j_1 k_1} H_{k_1 k_2} D_{k_2 j_2}^T$, was wir natürlich auch indexfrei, nämlich als Matrixmultiplikation schreiben können:

$$H' = DHD^T . \tag{4.16}$$

Eine Matrix hat „Elemente", ein Tensor hat „Komponenten". Komponenten sind also Elemente mit besonderer (letztlich geometrischer) Bedeutung. Sie bilden sozusagen die Elite unter den Elementen.

4.2 Beispiele

Beispiele für Tensoren erster Stufe (Vektoren) fanden wir zwanglos im täglichen Leben ($\vec{r}$, $\vec{v}$, $\vec{\omega}$, $\vec{L}$, $\vec{B}$, ...). Beispiele für Tensoren zweiter Stufe finden wir ebenso und ebenda. Sie sind lediglich weniger bekannt. Wir treffen eine enge Auswahl von vier Beispielen. Diesen Beispielen (und vielleicht überhaupt allen) ist etwas gemeinsam, nämlich ihre Ursache-Antwort-Struktur. Wir wollen diese Struktur vorweg formulieren.

Wenn zwei Vektoren $\vec{u}$ (Ursache) und $\vec{a}$ (Antwort) in einem linearen Zusammenhang stehen,

$$\vec{a} = H\vec{u} + \vec{c} , \tag{4.17}$$

dann definiert dieser Zusammenhang einen Tensor zweiter Stufe, denn wegen

$$\vec{a}' = D\vec{a} = DH\vec{u} + D\vec{c} = DHD^T D\vec{u} + D\vec{c} = \left(DHD^T\right)\vec{u}' + \vec{c}' \overset{!}{=} H'\vec{u}' + \vec{c}'$$

muß sich die Matrix H gemäß (4.16) transformieren. Das war eine wichtige einzeilige Rechnung (Buch zuklappen und noch einmal selber durchführen!). Der letzte Gedanke war, daß man sich den Ursachen-Vektor $\vec{u}'$ beliebig vorgeben darf und daß darum $H' = DHD^T$ gelten müsse. Wenn eine Matrix (hier: $H' - DHD^T$) bei Anwendung auf *alle* Vektoren den Nullvektor gibt, dann kann sie nur selbst aus lauter Nullen bestehen.

Gleichung (4.17) ist der allgemeinst-mögliche lineare Zusammenhang zwischen $\vec{a}$ und $\vec{u}$. Jede $\vec{a}$-Komponente ist nämlich in (4.17) als allgemeine LK der $\vec{u}$-Komponenten geschrieben. Allgemeiner, sofern linear, geht es nicht. Das ist eine wichtige Erkenntnis, weil man sie auf Funktionen verallgemeinern kann [wir kommen noch darauf zurück, wie man Vektoren zu Funktionen werden läßt: §12.3, Bild 12-4 und Gleichung (12.26)]. Den konstanten Vektor $\vec{c}$ haben wir in (4.17) nur angefügt, weil ihn das Wort „linear" erlaubt. Er ist meist Null, jedenfalls bei den nachfolgenden Beispielen.

Wenn $\vec{u}$ ein Ursache-Vektor ist (denken Sie an das elektrische Feld im Inneren eines dicken Drahtes – dem Dünnen ist alles dick) und $\vec{a}$ ein Antwort-Vektor (denken Sie an eine mittlere Geschwindigkeit der Elektronen im Draht), dann ist der Tensor H eine die Antwort vermittelnde Matrix, die Antwort-Matrix oder response matrix (weil nun mal Englisch die Weltsprache der Physiker ist). Üblicher ist der Ausdruck response function. H ist der Matrix-Spezialfall derselben.

Leitfähigkeits-Tensor

Der oben erwähnte dicke Draht besteht aus Atomkernen und Elektronen. Die Gleichgewichts-Positionen der Kerne bilden ein Gitter. Wir stellen uns dieses Gitter perfekt regelmäßig vor (was sich in der Realität allerdings nur sehr schwer verwirklichen läßt). Was Bild 4-3 zeigt, können wir mit bloßem Auge nicht sehen. Statt dessen legen wir ein elektrisches Feld $\vec{E}$ an und staunen, daß die Elektronen im Mittel eine etwas andere Richtung bevorzugen. Sei e der Betrag der Elektron-Ladung, dann schreiben wir

$$\vec{v} = H(-e)\vec{E}$$

auf und hoffen, daß (oder untersuchen experimentell, ob) dieser lineare Ansatz eine gute Näherung darstellt (bei sehr starken $\vec{E}$-Feldern wird er bestimmt falsch). In einem Volumen V des Drahtes möge es N frei bewegliche Elektronen geben. Wir multiplizieren nun obige Gleichung mit $-eN/V$. Auf der linken Seite entsteht dann die Bildung

$$(-e)\frac{N}{V}\vec{v} = \frac{\text{Ladung}}{\text{Zeit} \cdot \text{Fläche}} \cdot \left(\frac{\vec{v}}{v}\right) =: \vec{j} =: \text{Stromdichte} . \qquad (4.18)$$

Über das erste Gleichheitszeichen müssen wir nachdenken. Im Zähler des Bruches $\vec{j}$ ist nämlich genau die Ladung gemeint, die in der im Nenner stehenden kurzen Zeit Δt durch eine kleine Fläche F fließt, welche ebenfalls im Nenner steht und senkrecht zu $\vec{v}$ orientiert sein soll. Stellen wir uns also in Gedanken mit einer Stoppuhr neben F auf und zählen Teilchen. In Δt legt ein Elektron den Weg $v\Delta t$

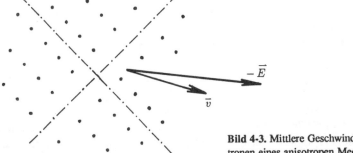

Bild 4-3. Mittlere Geschwindigkeit $\vec{v}$ der Elektronen eines anisotropen Mediums

zurück. Alle Teilchen in einem Volumen $F v \Delta t$ wandern während Δt durch F. Das sind $(N/V) v \Delta t F$ Teilchen. Ihre Ladung ist das $(-e)$-fache dieser Anzahl. Nun teilen wir durch $\Delta t F$ und erhalten tatsächlich die linke Seite von (4.18).

Auf der rechten Seite von $\vec{v} = H(-e)\vec{E}$ fassen wir (nach der genannten Multiplikation) alle Konstanten mit H zu einem neuen Tensor $H e^2 N/V =: \sigma$ zusammen und erhalten

$$\vec{j} = \sigma \vec{E} \; ; \tag{4.19}$$

Stromdichte gleich **Leitfähigkeits-Tensor**, angewandt auf elektrisches Feld. Gleichung (4.19) ist ein lokaler Zusammenhang, näherungsweise gültig bei nicht zu starkem Feld $\vec{E}$.

Gleichung (4.19) ist eine *phänomenologische* Gleichung, d.h. eine, die mit einigem Warum-Verzicht behaftet ist: warum haben die Matrix-Elemente von σ bei dem und dem Material die und die Werte? Und warum ist der lineare Term wesentlich und nicht sofort alle höheren Potenzen in $\vec{E}$? Antworten sind möglich, erfordern aber komplizierte quanten-statistische Rechnungen. Gleichung (4.19) gilt [bis auf $O(E^2)$], wenn die Konzeption eines ortsunabhängigen Stromflusses zutrifft. Natürlich wird sie prompt falsch, wenn man mit Angström-Auflösung (1 Angström $:= 10^{-10}$ m) in das Material hineinsieht. Konzeptionelle Schwierigkeiten sind also ein weiterer Makel, mit dem phänomenologische Gleichungen meist behaftet sind. So also ergeht es jedem, der vom Pfad der Tugend abweicht, die first principles zu umgehen sucht und damit aufhört, die Vorgänge mikroskopisch verstehen zu wollen.

Wenn das Material keine Vorzugs-Richtungen (Hauptachsen) hat, dann fließen seine Ladungen in $\vec{E}$-Richtung. Ursache $\vec{E}$ und Antwort $\vec{j}$ sind dann parallel, und σ ist proportional zur Einheitsmatrix. Wir können dann den elektrischen **Strom** (=Ladung pro Zeit) aus (4.19) einfach durch Multiplikation mit F erhalten:

$$I = [F \sigma / L] \cdot L E = U/R \, .$$

Dabei haben wir noch mit der Länge L eines Stückes Draht erweitert. Das Reziproke der eckigen Klammer heißt Widerstand R (des Stückes Draht), und LE heißt Spannung U (zwischen den um L entfernten Enden des Drahtstücks). σ war ein materialspezifischer Proportionalitätsfaktor, aber R hängt darüber hinaus von den Abmessungen (L, F) des Materials ab. Es regt uns nicht weiter auf, wenn man sogar einem solchen Faktor einen Namen gibt. Es mag auch angehen, daß obige Ohmsche Regel (Ohm 1789–1854) recht häufig angewandt wird (möglichst bitte unter Verlesen des obigen Sündenregisters). Wem aber – nach alledem – noch die Bezeichnung „Ohmsches Gesetz" über die Lippen kommt, der höre unverzüglich auf, Physik zu studieren.

Anisotropes Potentialminimum

Ein Teilchen habe eine Gleichgewichtslage. Es ist z.B. an mehrere Federn angebunden. Bild 4-4 zeigt, daß in 2D mindestens zwei Federn erforderlich sind (in nD mindestens n Federn). Wenn man das Teilchen ein Stückchen aus dieser Gleichgewichtslage herauszieht, dann gibt es im allgemeinen besondere Richtungen, in denen dies am meisten oder am wenigsten Mühe kostet. Eine Situation heißt anisotrop, wenn nicht jede Richtung gleichberechtigt ist. Wir legen den Ursprung in den Gleichgewichts-Punkt. Als Ursache betrachten wir eine Auslenkung $\vec{r}$ des Teilchens. Antwort ist die dort spürbare rücktreibende Kraft $\vec{K}$. Wenn wir nicht zufällig eine Vorzugsrichtung (Hauptachse) treffen, dann sind $\vec{K}$ und $\vec{r}$ nicht parallel. Es ist also

$$\vec{K} = -H\vec{r} + \mathrm{O}(r^2) \; .$$

Die quadratischen Terme können wir (mit beliebiger gewünschter Genauigkeit) weglassen, wenn wir uns auf hinreichend kleine Auslenkungen beschränken. Fazit: die Verhältnisse in unmittelbarer Umgebung einer Gleichgewichtslage werden durch einen Tensor charakterisiert.

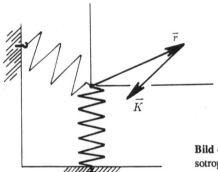

Bild 4-4. Zur Herstellung eines zweidimensionalen anisotropen Potentialminimums genügen zwei Federn

Da es Mühe macht, sich von der Gleichgewichts-Position zu entfernen (egal in welcher Richtung), assoziiert man leicht, daß am Ursprung ein Potential-Minimum vorliegt. Aber Vorsicht! Hat obige Kraft ein Potential? Wir kennen ein Verfahren, das Potential einer Kraft zu errechnen (§3.3, Potential-Beispiel D). Hier bietet sich eine schöne Gelegenheit, es anzuwenden. Der Leser möge es selbst durchführen (beginnend mit $H_{11}x + H_{12}y + H_{13}z = \partial_x V$, usw.). Wir notieren das Resultat. Genau dann, wenn H symmetrisch ist, hat obige Kraft ein Potential V:

$$\vec{K} = -H\vec{r} \, , \;\; H = H^{\mathrm{T}} \;\; \curvearrowright \;\;\;\; V = \frac{1}{2}\vec{r}\,H\vec{r} \; . \tag{4.20}$$

Jede Matrix kann man gemäß $H = (H + H^T)/2 + (H - H^T)/2$ additiv aus einem symmetrischen und einem antisymmetrischen Anteil zusammensetzen. Der symmetrische Kraft-Anteil hat ein Potential, der antisymmetrische müßte also eine „Ringelrum-Kraft" sein. Es ist tatsächlich so (siehe Kapitel 8). Zum Beispiel führt

$$H = \begin{pmatrix} 0 & \kappa & 0 \\ -\kappa & 0 & 0 \\ 0 & 0 & 0 \end{pmatrix}$$

auf das Kraftfeld $\vec{K} = \kappa(-y,\ x,\ 0)$ (Skizze!). Wenn die Gleichgewichtslage nur durch Federn (rein mechanisch) zustande kommt, dann gilt Energieerhaltung. Also gibt es ein Potential. In diesem Falle muß also H symmetrisch sein.

In welche Richtungen muß man denn nun auslenken (zu gegebenem symmetrischen H), damit die rücktreibende Kraft genau auf den Ursprung zeigt? Antwort: in Richtung der Hauptachsen, die im dritten Abschnitt bestimmt werden (nämlich als Eigenvektoren von H).

Winkelgeschwindigkeit als Matrix

Wenn ein starrer Körper um eine feste Achse gedreht wird, könnte man die Orte $\vec{r}$ seiner Massenpunkte als Ursache dafür ansehen, daß sie die Geschwindigkeiten (2.1) haben:

$$\vec{v} = \vec{\omega} \times \vec{r} \overset{?}{=} \Omega\vec{r}\ , \quad \varepsilon_{jkl}\omega_k r_l \overset{?}{=} \Omega_{jl}r_l \curvearrowright$$

$$\Omega_{jl} = \varepsilon_{jkl}\omega_k\ , \quad \vec{\omega} \times \vec{r} = \begin{pmatrix} 0 & -\omega_3 & \omega_2 \\ \omega_3 & 0 & -\omega_1 \\ -\omega_2 & \omega_1 & 0 \end{pmatrix} \begin{pmatrix} x \\ y \\ z \end{pmatrix}\ . \qquad (4.21)$$

Diesmal ist die response matrix ein antisymmetrischer Tensor: $\Omega^T = -\Omega$.

Wir sind unverhofft in der Lage, die $\vec{\omega}$-Komponenten in einem gedrehten System auf zwei verschiedenen Wegen auszurechnen, nämlich mittels (4.2), $\vec{\omega}' = D\vec{\omega}$, oder mittels (4.16), $\Omega' = D\Omega D^T$. Wehe, es kommt nicht beide Male dasselbe heraus! Der folgende Einzeiler zeigt, daß es so ist:

$$\vec{\omega}' \times \vec{r}' = \Omega'\vec{r}' = D\Omega\vec{r} = D(\vec{\omega} \times \vec{r}) = (D\vec{\omega}) \times (D\vec{r}) = (D\vec{\omega}) \times \vec{r}'\ .$$

Hierbei wurde der (4.16)-Weg beschritten [und (4.21) und (4.9) verwendet]. Aus Vergleich von Anfang und Ende der Zeile folgt nun $\vec{\omega}' = D\vec{\omega}$. Wenn man sich per $S_1 \Omega S_1^T = \Omega'$ die $\vec{\omega}$-Komponenten in einem an der yz-Ebene gespiegelten System verschafft, dann ergibt sich neben umgekehrtem ω_1-Vorzeichen auch umgekehrter Drehsinn, wie es sich ja für einen Pseudovektor gehört. Sehr puristische Leute sagen übrigens, daß die Komponenten von Pseudovektoren grundsätzlich in antisymmetrische Tensoren gehören.

Im Zusammenhang mit unserer zentralen Fragestellung ist (4.21) im übrigen ziemlich langweilig, denn zu einem antisymmetrischen Antwort-Tensor lassen sich die Komponenten der Vorzugsrichtung $\vec{\omega}$ direkt aus (4.21) ablesen.

Trägheitstensor

Wir betrachten einen starren Körper mit nur einer Masse m und mit fester Achse $\vec{\omega}$ durch den Ursprung. Diese eine Masse wird durch mehrere masselose Drähte ein Stückchen von der Achse weggehalten. In dem Moment, in dem Bild 4-5 fotografiert wurde, zeigt der Drehimpuls $\vec{L}$ in die skizzierte Richtung (klar?!). Wir sehen $\vec{L}$ als Antwort auf die Ursache $\vec{\omega}$ an,

$$\vec{L} = \vec{r} \times m(\vec{\omega} \times \vec{r}) = m\left(r^2\vec{\omega} - \vec{r}\,(\vec{r}\,\vec{\omega})\right) = I\vec{\omega} \quad \curvearrowright$$

$$I = mr^2 - m\begin{pmatrix} xx & xy & xz \\ yx & yy & yz \\ zx & zy & zz \end{pmatrix} = m\begin{pmatrix} y^2 + z^2 & -xy & -xz \\ -xy & x^2 + z^2 & -yz \\ -xz & -yz & x^2 + y^2 \end{pmatrix} = I^{\mathrm{T}} \,,$$

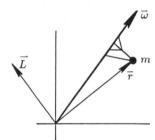

Bild 4-5. Winkelgeschwindigkeit eines starren Körpers und Drehimpuls von einer seiner Massen

und entdecken dabei einen symmetrischen Tensor. Die Verallgemeinerung auf N Massen m_ν gelingt uns mühelos:

$$\vec{L} = \sum_{\nu=1}^{N} \vec{L}_\nu = \sum_{\nu=1}^{N} I_\nu \vec{\omega} =: I\vec{\omega} \quad \curvearrowright$$

$$I = \sum_{\nu=1}^{N} m_\nu \begin{pmatrix} y_\nu^2 + z_\nu^2 & -x_\nu y_\nu & -x_\nu z_\nu \\ -x_\nu y_\nu & x_\nu^2 + z_\nu^2 & -y_\nu z_\nu \\ -x_\nu z_\nu & -y_\nu z_\nu & x_\nu^2 + y_\nu^2 \end{pmatrix} \,. \tag{4.22}$$

Gleichung (4.22) heißt **Trägheitstensor** des betrachteten starren Körpers. Definiert ist er durch $\vec{L} = I\vec{\omega}$. Mit (4.22) rechnet man ihn nur aus. Große Achsenabstände führen auf große entsprechende Diagonalelemente („Drehträgheit"). Die Komponenten von I hängen im allgemeinen von der momentanen Position des Körpers ab. Entsprechend ändert sich I mit der Zeit (auch Bild 4-5 zeigt es). Nach (3.7), d.h. $\partial_t \vec{L} = \vec{r} \times \vec{K}$, gibt es folglich Drehmomente. Diese werden von den Achsenlagern aufgebracht, und das tut ihnen nicht gut. Der Körper ist nicht ausgewuchtet, und zwar auch dann nicht, wenn die Achse durch den Schwerpunkt geht. Apropos Schwerpunkt: sein Ortsvektor ist definiert durch

$$\vec{R} := \left(\sum_{\nu=1}^{N} m_\nu \vec{r}_\nu\right) \Big/ \left(\sum_{\nu=1}^{N} m_\nu\right) \,. \tag{4.23}$$

Durch unsere „Draht-Kartoffel" können wir Achsen $\vec{\omega}$ in verschiedene Richtungen stecken und anlöten. Zu einer momentanen Position des Körpers sei I bekannt. Wir möchten gern $\vec{\omega}$'s finden, derart, daß $\vec{L} \parallel \vec{\omega}$ wird. Wir verlangen nicht zu viel, denn mindestens das Gerüst von Bild 4-5 hat solche Hauptachsen: durch m und senkrecht dazu. Die Frage lautet:

$$\vec{L} = I\vec{\omega} \stackrel{?}{=} \text{const} \cdot \vec{\omega} \, ,$$

also suchen wir nach Eigenvektoren von I. Wenn wir einen finden und die Achse durch ihn legen, dann behält $\vec{L}$ die Richtung von $\vec{\omega}$, ändert sich nicht mit der Zeit, und die Achsenlager bleiben gesund.

Übungs-Blatt 8

4.3 Hauptachsen-Transformation

Ein symmetrischer Tensor H sei gegeben. Er kann als Antwort-Matrix gedeutet werden, anzuwenden z.B. auf ein elektrisches Feld oder eine Auslenkung. Welche Vereinfachung jedes dieser Probleme in einem geeignet gedrehten Koordinatensystem erfährt, zeigt ein Blick auf die nachfolgende Behauptung (4.24). Wie man so ein geeignetes System findet, erzählt der anschließende Beweis oder (als Kurz-Antwort) (4.25).

Behauptung: Zu H mit $H = H^{\mathrm{T}}$ existiert mindestens eine Drehmatrix D derart, daß

$$H' = DHD^{\mathrm{T}} = \begin{pmatrix} \lambda_1 & 0 & 0 \\ 0 & \lambda_2 & 0 \\ 0 & 0 & \lambda_3 \end{pmatrix} . \tag{4.24}$$

Wenn (4.24) stimmt (und sich D stets finden läßt), dann liegen im neuen System angenehm einfache Verhältnisse vor. So entkoppeln z.B. die drei Gleichungen $\vec{K} = -H\vec{r}$ in $K_1 = -\lambda_1 x$, $K_2 = -\lambda_2 y$ und $K_3 = -\lambda_3 z$. Lenkt man in x-Richtung aus, dann sind K_2 und K_3 Null, d.h. es ist $-\vec{K} \parallel \vec{r}$. Die neuen Basis-Vektoren sind also die Vorzugsrichtungen oder Hauptachsen. Offenbar, so sagt (4.24), gibt es stets drei davon, und sie stehen aufeinander senkrecht. Ist (4.24) ein Leitfähigkeitstensor, dann ist λ_1 die Leitfähigkeit in $\vec{f}_1$-Richtung (usw.). Da sich alle σ-Komponenten experimentell ermitteln lassen, kann man also auf höchst makroskopische Weise etwas über die mikroskopische Kristallstruktur erfahren.

Beweis: Wir führen ihn per Konstruktion von D (Konstruktions-Beweise sind die schönsten, weil direkt lehrreich). In (4.24) deuten wir die Multiplikation von H mit D^{T} als Matrix-Anwendung auf die Spaltenvektoren von D^{T}. Die Frage (4.24) lautet also

$$\begin{pmatrix} - & \vec{f}_1 & - \\ - & \vec{f}_2 & - \\ - & \vec{f}_3 & - \end{pmatrix} \begin{pmatrix} | & | & | \\ H\vec{f}_1 & H\vec{f}_2 & H\vec{f}_3 \\ | & | & | \end{pmatrix} = \begin{pmatrix} \vec{f}_1 H\vec{f}_1 & \vec{f}_1 H\vec{f}_2 & \vec{f}_1 H\vec{f}_3 \\ \vec{f}_2 H\vec{f}_1 & \vec{f}_2 H\vec{f}_2 & \cdots \\ \vec{f}_3 H\vec{f}_1 & \cdots & \end{pmatrix}$$

$$\overset{?}{=} \begin{pmatrix} \lambda_1 & 0 & 0 \\ 0 & \lambda_2 & 0 \\ 0 & 0 & \lambda_3 \end{pmatrix},$$

und wir sehen, daß sie genau dann zu bejahen ist, wenn die drei Gleichungen $H\vec{f}_1 = \lambda_1 \vec{f}_1$, $H\vec{f}_2 = \lambda_2 \vec{f}_2$ und $H\vec{f}_3 = \lambda_3 \vec{f}_3$ erfüllt sind, oder (mit anderen Worten) wenn das Eigenwertproblem

$$H\vec{f} = \lambda \vec{f} \tag{4.25}$$

von drei aufeinander senkrechten normierten Eigenvektoren $\vec{f}$ gelöst wird. Das ist nun in der Tat der Fall, denn

A der Betrag eines Lösungs-Vektors $\vec{f}$ wird durch (4.25) nicht festgelegt. Also kann $\vec{f}$ normiert werden.

B zwei zu verschiedenen Eigenwerten gehörige Lösungs-Vektoren sind automatisch orthogonal:

$$H\vec{f}_1 = \lambda_1 \vec{f}_1, \quad H\vec{f}_2 = \lambda_2 \vec{f}_2 \quad \curvearrowright$$

$$0 = \vec{f}_2 \cdot (H\vec{f}_1 - \lambda_1 \vec{f}_1) = \left(H^{\mathrm{T}}\vec{f}_2\right) \cdot \vec{f}_1 - \lambda_1 \vec{f}_2 \cdot \vec{f}_1 = (\lambda_2 - \lambda_1)\, \vec{f}_2 \cdot \vec{f}_1 \,.$$

C die Eigenwerte λ gewinnt man (vorweg) aus einer kubischen Gleichung, und folglich gibt es drei Eigenwerte. Um dies einzusehen, schreiben wir zunächst (4.25) etwas anders auf: $(H - \lambda \cdot 1)\, \vec{f} = 0$. Das ist ein **homogenes** Gleichungs-System (weil rechts eine Null steht. Stünde rechts ein bekannter Vektor, dann wäre es **inhomogen**). Seine triviale Lösung $\vec{f} = 0$ interessiert hier nicht. Seien $\vec{a}$, $\vec{b}$, $\vec{c}$ die Zeilen der Matrix $(H - \lambda \cdot 1)$. Dann muß offenbar $\vec{f}$ die drei Gleichungen $\vec{a} \cdot \vec{f} = 0$, $\vec{b} \cdot \vec{f} = 0$, $\vec{c} \cdot \vec{f} = 0$ erfüllen. Das geht nur, wenn $\vec{a}$, $\vec{b}$, $\vec{c}$ in einer Ebene liegen (malen! $\vec{f} \neq 0$ steht senkrecht auf dieser Ebene), d.h. wenn ihr Spatprodukt verschwindet, d.h. wenn die Determinante der Matrix $H - \lambda$ verschwindet, d.h. wenn

$$\det(H - \lambda \cdot 1) = \begin{vmatrix} H_{11} - \lambda & H_{12} & H_{13} \\ H_{21} & H_{22} - \lambda & H_{23} \\ H_{31} & H_{32} & H_{33} - \lambda \end{vmatrix} = -\lambda^3 + \ldots \overset{!}{=} 0\,.$$

Dies ist die genannte kubische Gleichung. Bild 4-6 zeigt, daß zwei λ's gleich sein können. Sogar alle drei können zusammenfallen. Man sagt dazu, sie seien **entartet** (2-fach bzw. 3-fach). Ganz rechts in Bild 4-6 sind zwei λ's **komplex**

Bild 4-6. Die vier denkbaren Fälle bei der graphischen Lösung einer kubischen Gleichung

geworden, d.h. sie enthalten die Kunst-Zahl i mit der Eigenschaft $i \cdot i = -1$ (siehe §5.3). Daß derart Grausiges gerade nicht passiert, zeigt der folgende Punkt **D**.

D alle drei Eigenwerte λ sind **reell** (enthalten kein i), denn

$$\vec{f}^* \cdot H \vec{f} = \lambda \vec{f}^* \cdot \vec{f} = (H^T \vec{f}^*) \cdot \vec{f} = (H \vec{f})^* \cdot \vec{f} = \lambda^* \vec{f}^* \cdot \vec{f} \curvearrowright \lambda = \lambda^*.$$

„Das Grauen hat uns eingeholt", mag nun der Leser sagen. Obige Zeile stellt sich jedoch alsbald als harmlos heraus. Wir lassen vorübergehend zu, daß in λ sowie in allen $\vec{f}$-Komponenten die Kunstzahl i vorkommt, etwa in der Form $\lambda = a + ib$. Der Stern bedeutet, daß überall, wo i steht, dieses durch $-i$ zu ersetzen ist. Man sagt, man habe das **konjugiert Komplexe** (Abkürzung c.c.) genommen. Das erste Gleichheitszeichen ist (4.25) nach Skalarprodukt-Bilden mit $\vec{f}^*$. Zuletzt haben wir durch $\vec{f}^* \cdot \vec{f}$ geteilt, was wegen $\vec{f} \neq 0$ erlaubt war. Das Resultat $\lambda = \lambda^*$ besagt $a + ib = a - ib$. Also muß $b = 0$ sein. λ ist also „i-frei", d.h. reell, und das wollten wir ja zeigen. Wir brauchten das i-Gespenst, um nach drei λ's suchen zu dürfen. Ergebnis: sie saßen alle drei daheim, wo es reell und warm ist und nicht spukt.

E Im Falle von n-facher Entartung gibt es zu dem entsprechenden Eigenwert einen n-dimensionalen Unterraum von Eigenvektoren. In diesem Unterraum wähle man irgendeine orthonormierte Basis.

Die Behauptung **E** ist von großer Wichtigkeit für höhere Physiken. Es gibt einen idealen Weg, sie zu verstehen. Wir stellen uns vor, daß die H-Komponenten von einem Parameter ε abhängen. Zunächst liege die Situation von Bild 4-6 ganz links vor: drei verschiedene reelle Eigenwerte, drei zugehörige orthonormierte $\vec{f}$'s. Mit $\varepsilon \to 0$ möge nun der daneben skizzierte Fall eintreten. Die zwei $\vec{f}$'s, welche zu den beiden zusammenfallenden λ's gehören, stehen noch immer schön senkrecht aufeinander. Aber nun, bei $\varepsilon = 0$, ist auch eine LK dieser beiden ein Eigenvektor. Sie spannen eine Ebene auf. Vektoren in dieser Ebene bilden den genannten Unterraum. **E** ist nun verstanden.

Gleichung (4.24) ist nun bewiesen. Es bleibt die Neugier, wie wohl alle die gewonnenen Erkenntnisse und Bilder in konkreten H-Beispielen funktionieren mögen. Dieses Vergnügen wollen wir dem Leser nicht wegnehmen. Aber beim Ringen mit Übungs-Aufgaben werden vielleicht ein paar Hinweise begrüßt, was jeweils als nächstes zu tun ist – sozusagen ein

„Fahrplan"

I. Ist $H = H^T$ erfüllt? (Falls H komplex: ist $H = H^\dagger := H^{*T}$?)

II. Löse $\det(H - \lambda \cdot 1) = 0$ (dabei wird klar, ob zwei oder drei λ's zusammenfallen); Sortierung $\lambda_1 \leq \lambda_2 \leq \lambda_3$ oft sinnvoll

III. Probe: $\lambda_1 + \lambda_2 + \lambda_3 \overset{?!}{=} \mathrm{Sp}(H)$

IV. Zu jedem Eigenwert λ löse $(H - \lambda \cdot 1)\, \vec{f} = \vec{0}$ (dabei kann eine nicht verschw. $\vec{f}$-Komponente frei gewählt werden)

V. Probe auf Orthogonalität der drei Eigenvektoren (bei Entartung: orthogonal wählen!)

VI. Normiere die Eigenvektoren; Rechtssystem? (Skizze! gib ggf. einem $\vec{f}$ das entgegengesetzte Vorzeichen)

VII. Notiere das Resultat in der Form

$$H' = \begin{pmatrix} \lambda_1 & 0 & 0 \\ 0 & \lambda_2 & 0 \\ 0 & 0 & \lambda_3 \end{pmatrix}, \quad D = \begin{pmatrix} - \vec{f}_1 - \\ - \vec{f}_2 - \\ - \vec{f}_3 - \end{pmatrix}$$

$$(4.26)$$

Bei manchen Problemstellungen interessieren nur die Eigenwerte, und dann ist man nach Punkt III schon fertig. Die Gleichung bei III folgt aus (4.6): $\lambda_1 + \lambda_2 + \lambda_3 = \mathrm{Sp}(DHD^T) = \mathrm{Sp}(HD^TD) = \mathrm{Sp}(H)$. Zu Punkt VI (zweite Hälfte) ist meist Anschauung der schnellste Weg (malen!); aber Sie können auch den dritten Basis-Vektor als Kreuzprodukt der beiden ersten erhalten oder das Vorzeichen des dritten aus (4.8) bestimmen. Oft geht nach Erhalt von D die Arbeit erst so richtig los: gesamtes Problem in das Hauptachsen-System übertragen, dort lösen und ggf. die Resultate in das Start-System zurücktransformieren.

Maßellipsoid

Die Vektorgleichung $\vec{r}\,H\,\vec{r} = $ const beschreibt eine Fläche. Ein etwaiger antisymmetrischer Anteil von H entfällt übrigens in dieser Gleichung automatisch. Ein Blick auf (4.20) zeigt, daß die Fläche aus Punkten gleichen Potentials besteht: man kann sie als **Äqui-Potential-Fläche** auffassen. Im Hauptachsen-System wird sie besonders einfach:

$$\vec{r}\,'H'\vec{r}\,' = \lambda_1 x'^2 + \lambda_2 y'^2 + \lambda_3 z'^2 = \text{const}.$$

Wenn alle drei λ's positiv sind, handelt es sich um ein Ellipsoid. Die Hauptachsen sind die Symmetrie-Geraden der Fläche. Wenn also z.B. mittels Computer die Fläche $\vec{r}\,H\,\vec{r} = $ const räumlich grafisch dargestellt wird, dann kann man die Hauptachsen sehen. In 2D zu verschiedenen symmetrischen $2*2$-Matrizen die zugehörigen Kurven (statt Flächen) auf den Bildschirm zu bringen, das macht Ihr Home Computer mit der linken Wand.

— — —

Eine Rast wollten wir einlegen und „nur" ein wenig tiefer über das Vektor-Kalkül nachdenken. Dieses lange Kapitel ist dabei entstanden. Und die wunderschöne Struktur des Eigenwertproblems ist dabei zum Vorschein gekommen. Jedoch, Hand aufs Herz, im wesentlichen hatten wir es nur mit Schemata von Zahlen zu tun. Selbst bei scheinbar harmloser Materie finden sich die Schätze in der Tiefe. So ist es oft.

Unser mechani(sti)sches Weltbild hat sich nicht nennenswert verändert. Aber unser analytisches Repertoire ist gewachsen und damit unser Vertrauen in die Fähigkeit, das Einfache der Vorgänge sichtbar zu machen. Im übrigen findet die Natur die Struktur des Eigenwertproblems so schön, daß sie weitaus mehr davon Gebrauch macht als hier erkennbar wurde. Seit den zwanziger Jahren bemüht sich die Natur, uns beizubringen, daß zwischen Frage (Operator) und Antwort (Eigenwert) ein Unterschied zu machen ist.

5. Funktionen

Funktionen sind das A und O der Naturwissenschaften. Die Physik ist ihre Heimat. Wir sollen freundlich, unbürokratisch und stets einfühlsam und anschaulich mit ihnen umgehen. Sie sind schöne, weiche Kurven mit variierender Höhe $f(x)$ (oder kurz f oder y) entlang einer x-Achse, auf der wir spazierengehen und nach oben oder unten blicken. Ein mildes Lächeln sollte diese Worte nicht begleiten. Sie waren nämlich ernst gemeint. In aller Regel gilt, daß die Funktionen der Natur-Mathematik weich sind. An jener Funktionen-Bürokratie, wie sie mancherorts betrieben wird, besteht also kein Bedarf.

Der Stoff dieses Kapitels ist harmlos. Wir regeln zunächst Sprachgebrauch und Umgangsformen und unterteilen dann in vier Abschnitte. Wir studieren elementare Umformungen (1. Abschnitt), äußern Wünsche, verfolgen diese am Beispiel der e-Funktion (2. Abschnitt), nennen Verfahrensweisen bei Reihen-Entwicklung (3. Abschnitt) und erfinden schließlich die sogenannte Störungsrechnung (4. Abschnitt) anhand eines Beispiels aus der Mechanik.

Einige typische Vokabeln sind in Bild 5-1 erklärt. Einen **Pol** hat die Funktion $f(x)$ an der Stelle $x = a$, wenn sie additiv (oder auch als Faktor) den Term $\text{const}/(x - a)$ enthält. Mit **Asymptotik** meint man das Verhalten der Funktion, wenn die Variable x (oder t oder ...) gegen $+\infty$ oder $-\infty$ marschiert (∞ ist die Abkürzung für **unendlich**). Oft läßt sich als Asymptotik eine x-Potenz angeben. Aber wir wollen lieber frei bleiben und sagen dürfen, die Funktion f

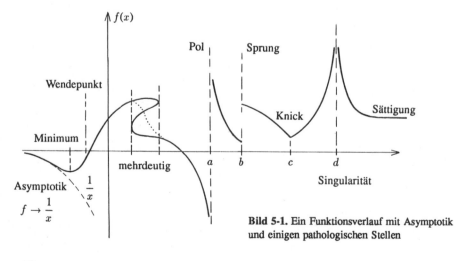

Bild 5-1. Ein Funktionsverlauf mit Asymptotik und einigen pathologischen Stellen

verhalte sich bei $x \to \infty$ wie die und die einfachere Funktion g. Gemeint ist dann, daß in $f = g + Rest$ der Rest bei $x \to \infty$ gegenüber g immer kleiner wird. **Sättigung** ist eine spezielle Asymptotik, nämlich das Anschmiegen an eine Horizontale. Die umgangssprachlichen Wörter „Sprung" und „Knick" sind schlicht etwas kürzer als „Unstetigkeit" bzw. „unstetige Ableitung". Kürzer ist besser. Lautes Protest-Geheul pflegt sich bei dem Wort „mehrdeutig" zu erheben: in diesem Intervall handle es sich doch (so hört man dann) nicht um eine Funktion, sondern um eine „Relation". Wirklich? Ihr Bürokraten! Es handelt sich doch nur um Wörter. Wörter sind freie Erfindungen der Menschen (diese, allerdings, sind eigenartige Subjekte). Die Funktion in Bild 5-1 habe zunächst den punktierten Verlauf. Sie hänge von einem Parameter so ab, daß mit dessen Veränderung die skizzierten Ausbuchtungen entstehen. Während dieser Veränderung werden wir doch nicht etwa den Namen des Objektes wechseln! Wir sagen lieber entspannt, daß f vorübergehend mehrere Werte zu jedem x des Intervalls habe. Hat sie dies nicht, nennen wir sie einwertig.

5.1 Skala-Änderungen

In Bild 5-1 gibt es einzelne scheinbar pathologische Stellen x, an denen $f(x)$ gar nicht „schön weich" aussieht. f habe physikalische Bedeutung. Also ist es höchstwahrscheinlich sinnvoll, sich das Bild in Gedanken stark zu vergrößern (die Skala zu ändern). In der Umgebung dieser Stellen könnte dann f z.B. folgendermaßen aussehen:

$$\underbrace{\frac{\alpha(x - a)}{(x - a)^2 + \varepsilon^2}}_{\text{am Pol}}, \quad \underbrace{\beta + \frac{h}{2} \frac{x - b}{\sqrt{(x - b)^2 + \varepsilon^2}}}_{\text{am Sprung}}, \quad \underbrace{f(c) + \sqrt{(x - c)^2 + \varepsilon^2}}_{\text{am Knick}},$$

$$\underbrace{\frac{\gamma}{(x - d)^2 + \varepsilon^2}}_{\text{an Singularität}}. \tag{5.1}$$

Natürlich muß man den Kurvenverlauf der Ausdrücke (5.1) sofort einmal skizzieren. α, β, γ, ε sind Konstante. ε ist winzig klein. Darum war also in Bild 5-1 nicht mehr erkennbar, daß in Wirklichkeit doch eine schöne, weiche Funktion vorlag. Unvermeidlich führt uns dies zu der Frage, ob denn nun *immer* Abrundungen hinzuzudenken sind, wenn reale physikalische Größen über Ort oder Zeit aufgetragen werden. Mit weichen Knien: *Ja*. Das Wort „immer" ist etwas zu total. Im Sinne einer guten Regel dürfen wir es aber sagen: die Natur macht keine Sprünge (schon gar nicht „Quantensprünge"; dabei geht es nämlich hübsch weich zu über einer Zeitachse). Beim Anblick einer pathologischen Stelle einer physikalischen Funktion denken wir also grundsätzlich erst einmal darüber nach, auf welcher Skala welche Sorte Abrundung ins Spiel kommen dürfte (z.B. weil dann Elektronen nicht mehr als Punkte gesehen werden dürfen, oder weil dann die Abmessungen des Festkörpers eine Rolle spielen usw. usw.). Selbst wenn dies nicht gelingt, muß wenigstens dazu gesagt werden, wie die fragliche Stelle physikalisch gemeint ist. Generell: um sie zu verstehen, muß man pathologische Probleme *einbetten* in physikalisch gesunde.

Es steht auf einem anderen Blatt, daß man einige Funktionen, die pathologische Stellen haben, besonders gern benutzt (z.B. die Stufenfunktion, siehe §6.6). Sie ersparen Schreibarbeit, und man merkt sich, daß sie wie (5.1) gemeint sind. Es ist rentabel, sie in praxi zu verwenden. Und natürlich werden wir das tun.

Ein Kurven-Bild läßt sich spiegeln, verschieben, vergrößern und drehen. Der Kurven-Verlauf von $f(x)$ erscheint bei der Funktion

$$f(-x) \quad \text{an der } y\text{-Achse gespiegelt} ,$$
$$-f(x) \quad \text{an der } x\text{-Achse gespiegelt} ,$$
$$-f(-x) \quad \text{am Ursprung gespiegelt} ,$$
$$f(x-a) \quad \text{um } a \text{ nach rechts verschoben} ,$$
$$b+f(x) \quad \text{um } b \text{ nach oben verschoben} ,$$
$$d \cdot f(x) \quad \text{mit } d\text{-facher Vergrößerung der } f\text{-Werte} ,$$
$$\text{und bei } f(cx) \quad \text{mit } 1/c\text{-facher Vergrößerung der } x\text{-Abstände} .$$

Um das Kurvenbild von $f(x)$ um den Winkel φ zu drehen, denken wir an die Drehmatrix um die z-Achse und schreiben

$$\begin{pmatrix} x \\ g \end{pmatrix} = \begin{pmatrix} \cos(\varphi) & -\sin(\varphi) \\ \sin(\varphi) & \cos(\varphi) \end{pmatrix} \begin{pmatrix} \tau \\ f(\tau) \end{pmatrix} .$$

Dabei ist $g := g(x)$ die Funktion mit dem gedrehten Kurvenbild. Um sie als Funktion von x zu erhalten, ist die erste Zeile nach τ aufzulösen und in die zweite einzusetzen. Es versteht sich, daß man obige Skala-Änderungen miteinander kombinieren kann. Der Leser skizziere den Verlauf von $f(x) = 1/(1 + x^2)$ und sodann jenen von $g(x) = b + d \cdot f(c(x - a))$!

Wenn $f(-x) = f(x)$, dann heißt f **gerade** (man kann auch „symmetrisch" sagen). Wenn $f(-x) = -f(x)$, dann heißt f **ungerade**. Jede Funktion läßt sich eindeutig aus einer geraden und einer ungeraden Funktion zusammensetzen: $f(x) = [f(x) + f(-x)]/2 + [f(x) - f(-x)]/2$. Stets gilt übrigens:

gerade $\times$ ungerade = ungerade Funktion,

ungerade $\times$ ungerade = gerade Funktion.

Beispiel für eine sehr schöne, gerade Funktion ist $1/(1 + x^2)$; sie heißt **Lorentz-Kurve**. $b + d/(1 + c^2(x - a)^2)$ ist eine verschobene und skalierte Lorentz-Kurve. Beispiel für eine wichtige ungerade Funktion ist der Tangens (Bild 5-2):

$$\tan(x) := \sin(x)/\cos(x) .$$

Er ist ungerade, periodisch und hat Pol-Singularitäten bei ungeraden Vielfachen von $\pi/2$ und diene uns auch als Beispiel für eine einfache Funktion mit pathologischen Stellen.

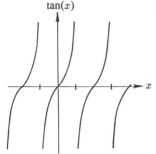

$\tan(x)$ **Bild 5-2.** Tangens

Physikalische → mathematische Funktion

Normalerweise hat eine Funktion eine Dimension und hängt von einer dimensionsbehafteten Variablen ab (Freier Fall: Länge als Funktion von Zeit). Jedoch ist stets der Übergang zu dimensionsloser Funktion von dimensionsloser Variabler möglich. Wir ziehen dazu einfach eine Konstante mit f-Dimension nach vorn und verfahren mit der Variablen x ebenso ($x = x_0$ mal neue Variable):

$$f(x) = f_0 g\big(x/x_0\big)\ .$$

Um dies am Beispiel Freier Fall, $z = h - gt^2/2$, durchzuführen, ziehen wir h nach vorn (es ist die einzige konstante Länge, die das Problem hat) und versuchen nun, aus den Konstanten $g = \text{Länge/Zeit}^2$ und $h = \text{Länge}$ eine Zeit-Konstante zu basteln: $t_0 = \sqrt{h/g}$. Führen wir nun per $t = t_0\tau$ die dimensionslose „Zeit" τ ein, dann haben wir unser Ziel erreicht:

$$z(t) = hg\big(t/t_0\big) \quad \text{mit} \quad g(\tau) = 1 - \tau^2/2\ .$$

Bis hierher erscheint der Übergang als harmlos und unnötig, gäbe es da nicht auch die Möglichkeit, dem gesamten Problem noch *vor* seiner Lösung eine dimensionslose Gestalt zu geben. Zum Freien Fall werden dabei die eingerahmten Gleichungen (siehe Kapitel 3) zu $g'' = -1$, $g(0) = 1$, $g'(0) = 0$, und das sieht hübsch einfach aus. Dabei haben wir ∂_t durch $(1/t_0)\partial_\tau$ ersetzt. Daß dies stimmt, zeigt der Differentialquotient oder auch die Kettenregel.

Vor allem bei schwierigeren Problemen geht man gern vorweg zur dimensionslosen Version über. Man greift dann nach jedem Strohhalm, der eine Vereinfachung bringt. Bei einfachen Problemen sticht hingegen der Vorteil, mit ständigen Dimensionsproben die Rechnung kontrollieren zu können.

Umkehrfunktion

Wenn man den Verlauf einer Funktion $f(x)$ an der Diagonalen $y = x$ spiegelt, dann entsteht die Kurve der Umkehrfunktion $f_u(x)$ (es gibt leider keine Standard-Bezeichnung). Da bei der Spiegelung x-Achse und y-Achse miteinan-

79

der vertauscht werden, gilt zu $y = f(x)$ auch $x = f_u(y)$, und wir erhalten die Identitäten

$$f\big(f_u(y)\big) = y\,, \quad f_u\big(f(x)\big) = x\,, \quad f'_u(x) = \frac{1}{f'(f_u(x))}\,. \tag{5.2}$$

Die dritte Gleichung in (5.2) folgt aus der zweiten durch Ableiten nach x. Mit ihr erhält man die Ableitung der Umkehrfunktion aus der Kenntnis der Ableitung der ursprünglichen Funktion. Dazu sehen wir uns drei Beispiele an [das erste, um (5.2) zu testen].

A $f = x^2$ (malen und an der Diagonalen spiegeln!), $f_u(x) = \pm\sqrt{x}$. Die Umkehrfunktion ist mehrdeutig. Sie hat einen oberen und einen unteren Ast (mit $\sqrt{x}$ meint man automatisch den oberen). Wegen $f' = 2x$ liefert (5.2) $f'_u(x) = 1/2f_u(x) = \pm1/2\sqrt{x}$. Es stimmt – und zwar für beide Äste.

B $f = \tan(x)$, $f_u = \arctan(x)$ (Arcus Tangens von x). Wenn man Bild 5-2 um die Diagonale gespiegelt skizziert, wird klar, daß f_u unendlich viele Äste hat. Jener, dessen Werte zwischen $-\pi/2$ und $\pi/2$ liegen, heißt **Hauptwert** des Arcus Tangens. Wegen $\partial_x\tan(x) = 1 + \tan^2(x)$ sagt (5.2), daß

$$\partial_x\arctan(x) = 1/\big[1 + \tan^2(\arctan(x))\big] = 1/\big(1 + x^2\big)\,.$$

Also ist $\arctan(x)$ die Stammfunktion der Lorentz-Kurve. Das sollte man sich merken. In der amerikanischen Literatur wird für $\arctan(x)$ die Bezeichung $\tan^{-1}(x)$ gepflegt. Das ist sehr ungeschickt, denn „hoch minus eins" brauchen wir für $1/\tan(x)$.

C $f = \sin(x)$, $f_u = \arcsin(x)$ (malen!). Auch hier sagt man Hauptwert zu dem Kurvenstück zwischen $-\pi/2$ und $\pi/2$. Er hat nur im Intervall $-1 \leqslant x \leqslant 1$ Werte, und bei $x \to \pm1$ wird die Ableitung ∞. Mal sehen, ob das (5.2) auch so empfindet:

$$\partial_x\arcsin(x) = 1/\cos(\arcsin(x)) = 1/\sqrt{1 - \sin^2(\dots)} = 1/\sqrt{1 - x^2}\,.$$

Manchmal ist es nicht möglich, die Zuordnung von y-Werten zu x-Werten in der Form $y = f(x)$ aufzuschreiben. Dann greift man auf die Parameterdarstellung $f = y(t)$, $x = x(t)$, d.h. auf die Kurvendarstellung $\vec{r}(t) = (x(t), y(t))$ von Kapitel 2 zurück. Die Ableitung von f nach x ist der Anstieg, d.h. zweite durch erste Geschwindigkeits-Komponente:

$$\partial_x f = \dot{y}/\dot{x} = (dy/dt)(dt/dx)\,.$$

Hätten wir auch gleich den rechtsstehenden Ausdruck aufschreiben, also sozusagen dy/dx mit dt erweitern dürfen? *Ja!!* – nicht nur weil sich dabei das richtige Resultat ergibt, sondern weil man dabei durchaus richtig denkt.

Im Laufe der Zeit lernt man mehr und mehr spezielle Funktionen kennen. Wir wollen darauf vorbereitet sein, ein Wahrnehmungs-Raster haben. Wann immer uns eine neue Funktion unter die Nase kommt (oder wir selbst eine in die Welt setzen), dann stellen wir einige Anforderungen (wie Wertungsrichter beim Eiskunstlauf). Für die Funktion soll ein Bedarf vorhanden sein, etwa ein Problem, das durch sie gelöst wird. Es soll eine präzise, aber auch praktische Definition geben. Wir wollen ihr Kurvenbild qualitativ skizzieren können. Es soll eine (oder mehrere) Differentialgleichung(en), Dgl(n), geben, die sie löst. Wir wollen im Bilde sein über ihre Ableitung, Stammfunktion, Umkehrfunktion und über ihr asymptotisches Verhalten weit rechts und links. Ein paar sonstige Beziehungen (functional relations) sollte es geben und auch Zusammenhänge mit anderen verwandten Funktionen. Es muß ein Verfahren geben, ihre Funktionswerte wirklich zu errechnen. Schließlich wollen wir ihre Reihe(n) zu Gesicht bekommen.

Dieser Forderungs-Katalog ist keineswegs frei erfunden. Es gibt da ein hochkarätiges Nachschlagewerk (*Abramovitz/Stegun* „Pocketbook of Mathematical Functions"), und unser Katalog besteht im wesentlichen aus den dortigen Abschnitts-Überschriften. Wie dieser Wunschzettel gemeint ist, sehen wir uns vorerst an einem Billig-Beispiel an:

Name:	Sinus
Bezeichnung:	$\sin(x) =: s$
Bedarf:	1D harmonischer Oszillator
Definition:	Höhe $=: R\sin(\varphi)$ (am Kreis mit Radius R)
Bild:	x
Dgl:	$s'' = -s$ (siehe auch Bedarf)
Ableitung:	$s' = c$ $(c := \cos(x))$
Stammfunktion:	$-c$
Umkehrfunktion:	$\arcsin(x)$ [siehe Beispiel **C** zu (5.2)]
Asymptotik:	periodisch (Periode 2π) und ungerade
functional relations:	$\sin(\alpha + \beta) = \ldots$ (siehe Text zu Bild 1-21)
Verwandte Funktionen:	$c = \sin(x + \pi/2)$, $\tan(x) = s/c$
Werte-Berechnung:	$- ?? -$ mittels Reihe!
Reihe:	$s = x + \ldots ? \ldots$ (siehe dritter Abschnitt)

5.2 Die e-Funktion

Vorläufige **Bezeichnung**: $\exp(x)$

Bedarf:

I. In einer Bakterien-Kultur sei die zeitliche Zunahme proportional zur Anzahl $N(t)$ der Bakterien: $\partial_t N = \alpha N$, $N(0) = N_0$. Wir gehen mittels $N(t) = N_0 f(\alpha t)$ zur mathematischen Version des Problems über und erhalten $f'(x) = f(x)$, $f(0) = 1$. So ähnlich verhält sich übrigens das Geld auf der Bank.

II. Ein um a ausgelenkter (und zu $t = 0$ losgelassener) harmonischer Oszillator sei einer sehr starken v-proportionalen Reibungskraft $-Rv$ ausgesetzt (in Sirup). In der Bewegungsgleichung $m\ddot{y} = -R\dot{y} - \kappa y$ ist dann der Term auf der linken Seite unwichtig: $\dot{y} = -(\kappa/R)y$, $y(0) = a$. Mittels $y(t) = a f(-t\kappa/R)$ erhalten wir $f'(x) = f(x)$, $f(0) = 1$.

III. Ein Kahn wird angeschoben und bei Startgeschwindigkeit $v(0) = v_0$ losgelassen. Zu v-proportionaler Reibung ist somit $m\dot{v} = -Rv$ zu $v(0) = v_0$ zu lösen.

IV. Der Luftdruck $p(z)$ nimmt nach oben ab. Wir denken uns eine vertikale Luftsäule mit Querschnitt F und in dieser eine dünne horizontale Schicht von Höhe z bis $z + dz$. Es gebe nur eine Sorte Teilchen (Masse m) in der Luft. Druck ist Kraft pro Fläche. Die Luftschicht bewegt sich nicht, also ist nach Newton, (3.1), die Summe aller Kräfte Null:

$$Fp(z) - Fp(z + dz) - (dNm)g = 0 \; ; \quad \text{,,} pV \approx NkT \text{''}, \text{ d.h.}$$
$$p \cdot (F dz) = dN \, kT \; \curvearrowright \; -Fp'(z) = (dN/dz)mg = (pF/kT)mg \; \curvearrowright$$
$$p'(z) = -(mg/kT)p(z) \; , \quad p(0) = p_0 \; .$$

Dabei haben wir Höhenunabhängigkeit der Temperatur T unterstellt sowie einen landläufig bekannten p-V-Zusammenhang (k ist eine T-in-Energie-Umrechnungs-Konstante: Boltzmannkonstante). Diese pV-Formel ist manchmal eine ganz gute Näherung. Strenggenommen ist sie jedoch stets falsch (sie widerspricht nämlich dem sogenannten Pauli-Prinzip der Quantentheorie, und diese wiederum ist richtig, siehe auch Ende von §14.3).

Definition:

$\exp(x) :=$ die Lösung von $\boxed{f'(x) = f(x), \; f(0) = 1 \; .}$ (5.3)

Bild:

Allein aufgrund von (5.3) können wir bereits die exp-Funktion malen. Gleichung (5.3) besagt Anstieg = Höhe. Also können wir an einer beliebigen Stelle der xy-Ebene ein Strichlein mit dem richtigen Anstieg anbringen: je höher, um so steiler

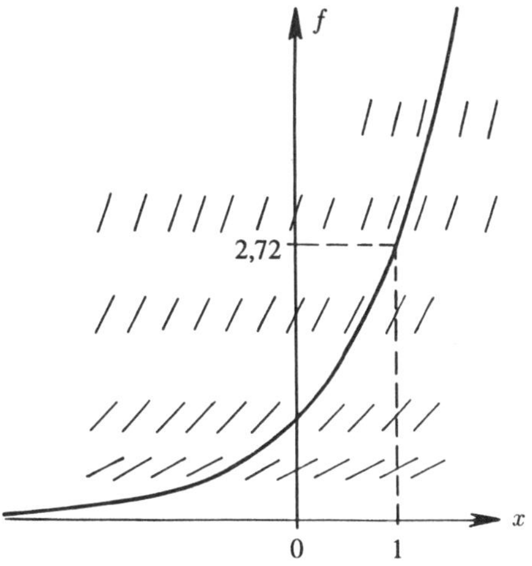

Bild 5-3. Zur graphischen Konstruktion der Exponentialfunktion aus ihrer Differentialgleichung

(Bild 5-3). Die ganze Ebene sei mit diesen Strichen angefüllt. Nun beginnen wir bei $x = 0$ und $f = 1$ und folgen diesen Wegweisern. Wenn Sie dies tun (oder es den Computer tun lassen), dann erhalten Sie $\exp(1) \approx 2.72$. Bei negativen x wird die Funktion nie Null (denn wäre sie es an einer Stelle, dann wäre dort auch $f' = 0$, woraus $f \equiv 0$ folgen würde: Widerspruch!).

functional relation:

Es ist jetzt vorteilhaft, den Katalog vom Ende des vorigen Abschnitts ein wenig umzustellen. Wir wählen auf der x-Achse eine feste Stelle y aus und definieren eine neue Funktion: $g(x) := f(x + y)/f(y)$. Sie enthält y nur als Parameter. Nun gilt offenbar $g(0) = 1$ und $g'(x) = f'(x + y)/f(y)$, und mittels (5.3) folgt $g'(x) = f(x + y)/f(y) = g(x)$. Donnerwetter! Auch $g(x)$ erfüllt also die exp-Definition: g ist f. $\exp(x)$ hat somit die folgende angenehme Eigenschaft:

$$\exp(x + y) = \exp(x)\exp(y) \, . \tag{5.4}$$

Unter Mehrfach-Verwendung von (5.4),

$$\exp\left(\frac{m}{n}\right) = \exp\left(\frac{1}{n} + \frac{1}{n} + \ldots\right) = \left[\exp\left(\frac{1}{n}\right)\right]^m$$

$$= \left(\left[\exp\left(\frac{1}{n}\right)\right]^n\right)^{m/n} = [\exp(1)]^{m/n} \, ,$$

sieht man ein, daß

$$\exp(x) = e^x \, , \quad e := \exp(1) \tag{5.5}$$

ist. Daß (5.5) auch für negative x gilt, folgt aus (5.4) zu speziell $y = -x$: $\exp(-x) = 1/\exp(x)$. Ab sofort dürfen wir statt „exp von x" auch „e hoch x" sagen.

Ableitung :	$\partial_x \mathrm{e}^x = \mathrm{e}^x$	$\Big\}$	(schöner geht's nicht)
Stammfunktion :	e^x		

Differentialgleichung:

In (5.3) steht die einfachste Dgl, die die e-Funktion erfüllt. Aber wir können leicht auch andere Dgln aufstellen: $\left(\mathrm{e}^x\right)'' = \mathrm{e}^x$, $\left(\mathrm{e}^{-x}\right)'' = \mathrm{e}^{-x}$.

Man beachte die Ähnlichkeit mit $c'' = -c$ und $s'' = -s$. Zur Lösung der Bewegungsgleichung $\ddot{x} = \omega^2 x$ (Schwingungs-Gleichung mit „falschem" Vorzeichen) empfiehlt sich also der Ansatz $A\,\mathrm{e}^{\omega t} + B\,\mathrm{e}^{-\omega t}$.

Reihe:

Das, was **Reihe** heißt, erfindet man zwangsläufig selber, wenn man versucht, (5.3) mit „falschen" Ansätzen zu lösen. Setzt man $1 + c_1 x + c_2 x^2$ in (5.3) ein, dann entsteht

$$c_1 + 2c_2 x \stackrel{?}{=} 1 + c_1 x + c_2 x^2 .$$

Geht nicht! Warum nicht? Damit auch links ein x^2 erscheint, wird in f ein x^3 gebraucht. Nun haben wir aber rechts ein x^3 zuviel usw. usw. Das bringt uns auf die Idee,

$$f(x) = \sum_{n=0}^{\infty} c_n x^n$$

in (5.3) einzusetzen. Dann ergibt sich $c_0 = 1$ und die **Rekursions**-Formel $c_n = c_{n-1}/n$ $(n = 1, 2, 3, \ldots)$. Aus dieser gewinnen wir $c_1 = 1$, $c_2 = 1/2$, $c_3 = 1/(2 \cdot 3)$, $\ldots \curvearrowright c_n = 1/n!$ $(n! := 1 \cdot 2 \cdot \ldots \cdot n;\ 0! := 1)$. Es ging, und wir sind fertig:

$$\mathrm{e}^x = \sum_{n=0}^{\infty} \frac{1}{n!} x^n . \tag{5.6}$$

Gleichung (5.6) folgt aus (5.3). Und (5.3) folgt aus (5.6). Wer Lust hat, kann also ab sofort (5.6) als Definition der e-Funktion ansehen.

Werte:

Gleichung (5.6) versetzt uns in die Lage, e^x per Rechnung zu erhalten. Wir beginnen mit

$$\mathrm{e} := \mathrm{e}^1 = 1 + 1 + \tfrac{1}{2} + \tfrac{1}{2 \cdot 3} + \tfrac{1}{2 \cdot 3 \cdot 4} + \tfrac{1}{2 \cdot 3 \cdot 4 \cdot 5} + \ldots$$

Die Faktoren, die von Term zu Term im Nenner hinzukommen, sind bald größer als 10. Der bis dahin erreichte Wert der Summe ändert sich also danach nur noch in höherer und höherer Kommastelle. Also kommt ein endlicher Zahlenwert heraus. Man sagt, die Reihe **konvergiert**. Zu Konvergenz-Kriterien gibt es einige Mathematik. Hier jedoch, quer durch dieses Buch, möge das gesunde Gefühl des

Lesers im Vordergrund stehen (im konkreten Fall bereitet diese Frage meist keine Probleme). Die Reihe (5.6) konvergiert übrigens sehr gut, nämlich für beliebig große Werte von x:

$$e^{10} = 1 + 10 + 50 + \ldots + 10^{10}/10! + \ldots 10^{1000}/1000! + \ldots$$

Nach dem 10er-Term kommt noch ein Faktor 10/11 hinzu, aber nach dem 1000er-Term (er ist winzig!) folgt ein Zusatzfaktor 10/1001.

Asymptotik:

e^x wird bei wachsendem x rasch größer. Gibt es eine Potenz n derart, daß e^x stets unterhalb x^n bleibt? *Nein*, denn schon der $(n+1)$-te Term in (5.6) wird schließlich größer (und alle anderen sind positiv). Es ist also

$$\lim_{x \to \infty} e^x/x^n = \infty \quad \curvearrowright \quad \lim_{x \to \infty} x^n e^{-x} = 0 \,.$$

Fazit: e^{-x} „erschlägt" jede Potenz.

Es gibt eine eigenwillige Beziehung, welche die e-Funktion selber als das Resultat einer Asymptotik ausweist:

$$e^x = \lim_{N \to \infty} (1 + x/N)^N \,. \tag{5.7}$$

Um die Behauptung (5.7) zu verifizieren, setzen wir sie in die Definition (5.3) ein. $f(0) = 1$ wird von (5.7) für alle N erfüllt. Die Dgl $f' = f$ lautet

$$N \left(1 + \frac{x}{N}\right)^{N-1} \frac{1}{N} = \left(1 + \frac{x}{N}\right)^N \frac{1}{1 + x/N} \stackrel{?}{=} \left(1 + \frac{x}{N}\right)^N$$

und ist in der Tat um so besser erfüllt, je größer N ist.

Umkehrfunktion

Die Umkehrfunktion f_u zu $f = e^x$ nennt man **Logarithmus**: $f_u = \ln(x)$. Mitunter ist auch „natürlicher Logarithmus" zu hören. Er ist in Bild 5-4 skizziert. Er hat wunderschöne Eigenschaften, die wir allesamt aufgrund von (5.2) direkt verstehen können:

$$\left.
\begin{aligned}
&e^{\ln(x)} = x \,, \ \ln(e^x) = x \,, \ \partial_x \ln(x) = 1/e^{\ln(x)} = 1/x \\
&\ln(xy) = \ln\!\left(e^{\ln(x)+\ln(y)}\right) = \ln(x) + \ln(y) \\
&\ln\!\left(x^a\right) = \ln\!\left(e^{a \ln(x)}\right) = a \ln(x) \\
&\partial_x a^x = \partial_x e^{x \ln(a)} = \ln(a)\, e^{x \ln(a)} = a^x \ln(a) \\
&\ln(1/x) = -\ln(x) \,, \ \lim_{x \to 0}[x \ln(x)] = 0 \,.
\end{aligned}
\right\} \tag{5.8}$$

Es handelt sich um eine bösartige (weil verwirrende) Unsitte, wenn noch von anderen Logarithmen („zur Basis …") geredet wird. Man benötigt sie nie,

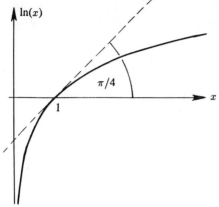

diese „unnatürlichen" Logarithmen. Wer das nicht glauben mag, befrage (5.8). Die Computer haben das übrigens schon begriffen und meinen mit „LOG" den natürlichen.

Verwandte Funktionen:

Wir zerlegen die e-Funktion in ihren geraden und ihren ungeraden Anteil

$$e^x = \underbrace{\tfrac{1}{2}\left(e^x + e^{-x}\right)}_{\text{ch}(x)} + \underbrace{\tfrac{1}{2}\left(e^x - e^{-x}\right)}_{\text{sh}(x)} \; .$$

Die beiden Anteile heißen **hyperbolischer** Kosinus bzw. Sinus (bitte beide skizzieren!!). Sie gehören zusammen mit z.B. dem hyperbolischen Tangens $\text{sh}(x)/\text{ch}(x)$ zu den **Hyperbelfunktionen**. Heute ist es leider üblich, sie mit $\sinh(x)$, $\cosh(x)$, $\tanh(x)$ zu bezeichnen. Warum? Unsere „alte" Bezeichnung ist doch kürzer! Manchmal ist es Ehrensache, altmodisch zu sein. Die Eigenschaften

$$\text{ch}^2(x) = 1 + \text{sh}^2(x)\,, \quad \text{ch}'(x) = \text{sh}(x)\,, \quad \text{sh}'(x) = \text{ch}(x)$$

kann man leicht nachrechnen. Ihre Ähnlichkeit mit entsprechenden trigonometrischen Beziehungen ist umwerfend. Der tiefere Grund hierfür enthüllt sich im nächsten Abschnitt.

Die Umkehrfunktion von $\text{sh}(x)$ heißt **Area sinus hyperbolicus** (im folgenden kurz g) und läßt sich durch den Logarithmus ausdrücken:

$$x = \text{sh}(g(x)) = \tfrac{1}{2}\left(e^g - e^{-g}\right)\,, \quad \left(e^g\right)^2 - 2x\left(e^g\right) - 1 = 0\,, \quad e^g = x + \sqrt{1 + x^2}$$
$$\curvearrowright \quad g(x) = \ln\left(x + \sqrt{1 + x^2}\right) =: \text{Arsh}(x)\,.$$

An dieser Stelle, so sei berichtet, pflegt ein vollbesetzter Hörsaal in ein ganz unakademisches Gelächter auszubrechen. Aber in einschlägigen älteren Büchern steht es wirklich so da. Endlich erahnen wir nun den tieferen Grund für die oben kritisierte Bezeichnungs-Änderung. Ob sich Götz von Berlichingen mit Arsinh begnügt hätte, bleibt dahingestellt.

Unsere Wunschliste ist abgearbeitet. Wir sind zufrieden. Zum Stichwort „Bedarf" hatten wir vier Probleme nur aufgeworfen, aber nicht gelöst. Dies zu tun, bereitet inzwischen keine Schwierigkeiten mehr:

I.   Bakterienwachstum $N(t) = N_0\,e^{\alpha t}$

II.   Aperiodischer Grenzfall $y(t) = a\,e^{-(\kappa/R)t}$

III.   Geschwindigkeitsabnahme

      bei v-Reibung $v(t) = v_0\,e^{-(R/m)t}$

IV.   Barometrische Höhenformel

      $(\beta := 1/kT)$ $p(z) = p_0\,e^{-mgz/kT} = p_0\,e^{-\beta V(z)}$

Übungs-Blatt 10

5.3 Potenzreihen

Mitten im vorigen Abschnitt nahm etwas seinen Anfang, was sich für die Physik als außerordentlich wertvoll erwiesen hat. Wie da auf wenigen Zeilen die e-Reihe (5.6) zu Papier kam, sollte uns eigentlich ein wenig faszinieren. Es bringt uns auf die Idee, auch andere Funktionen könnten eine Potenzreihen-Darstellung haben. Wir versuchen zuerst, die Idee zu formulieren:

Von einer Funktion $f(x)$ sei bekannt, daß sie durch bestimmte Gleichungen eindeutig festgelegt ist. Wenn man den Ansatz $f(x) = \sum_{n=0}^{\infty} c_n x^n$ in diese Gleichungen einfüllt, dann ist zu erwarten, daß sich die Koeffizienten c_n der Reihe bestimmen lassen. Wenn die Reihe (in einem x-Intervall) konvergiert, dann stellt sie dort – vermutlich – $f(x)$ dar.   (5.9)

Die Sätze (5.9) lassen erahnen, wie die Potenzreihen in der Physik benötigt werden. Ein bestimmtes Problem lasse sich nicht lösen. Aber ein paar Terme der Reihe müßten sich doch – um des Himmels willen – wenigstens errechnen lassen. Oft sind diese sehr aufschlußreich und manchmal sogar völlig ausreichend.

Die Idee (5.9) ist nicht leer. Die Sorge, (5.9) könnte (5.6) als einziges Beispiel haben, läßt sich z.B. dadurch zerstreuen, daß wir unverzüglich ein zweites finden. Zu der Funktion $f = 1/(1 - x)$ (Bild 5-5) soll nach einer Reihendarstellung gesucht werden. Was tun? Es liegt nahe, für sie eine Dgl aufzustellen. Z.B. gilt $(1 - x)f' = f$, und zusammen mit $f(0) = 1$ liegt $f(x)$ fest (der Leser verfolge diesen Weg weiter). Es geht jedoch viel einfacher. Wir nehmen $(1 - x)f = 1$ (oder noch besser: $f = 1 + xf$) und werfen den Reihenansatz hinein. Das ist *eine* Gleichung für f (sozusagen eine Dgl nullter Ordnung mit null Anfangsbedingungen). Nach Rezept (5.9) erhalten wir

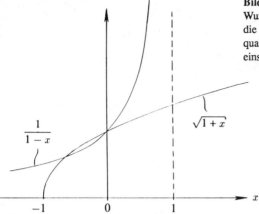

Bild 5-5. Zur geometrischen Reihe und zur Wurzelentwicklung. Man kontrolliere, ob je die ersten drei Reihenterme für kleine x qualitativ mit dem tatsächlichen Verlauf übereinstimmen

$$\sum_{n=0}^{\infty} c_n x^n = 1 + \sum_{n=0}^{\infty} c_n x^{n+1} = 1 + \sum_{n=1}^{\infty} c_{n-1} x^n \quad \curvearrowright$$

$$c_0 = 1 , \quad c_n = c_{n-1} \qquad (n = 1, 2, 3, \ldots) .$$

Also sind alle Koeffizienten 1, und wir erhalten die **geometrische Reihe**

$$\frac{1}{1-x} = \sum_{n=0}^{\infty} x^n . \tag{5.10}$$

Gleichung (5.10) stimmt nur, wenn die Reihe konvergiert. Zu $x > 1$ wachsen die Summanden an, die Summe ist ∞. Aber zu $|x| < 1$ ist hinreichend plausibel, daß die Summe konvergiert. (5.9) hat funktioniert. Der Konvergenz-Bereich erstreckt sich bis zur Pol-Singularität bei $x = 1$. Es ist übrigens generell so, daß ein Konvergenz-Bereich nicht über eine Singularität hinausreichen kann (er kann allerdings kleiner sein). Es wäre also sinnlos gewesen, etwa $1/x$ um Null zu entwickeln: der Konvergenzbereich ist Null.

Das Verfahren (5.9) sorgt dafür, daß die Reihe einer geraden (ungeraden) Funktion nur gerade (ungerade) x-Potenzen bekommt. Welche Reihe hat $1/(1+x^2)$? – die geometrische! Man hat in (5.10) lediglich x durch $-x^2$ zu ersetzen. Wer hierzu erneut die Koeffizienten c_n bestimmt hätte, dem wären „zwei linke Hände" nachgesagt worden. Handwerkliches Geschick ist gefragt, wenn eine Reihe erhalten werden soll. Im folgenden wird die Trick-Kiste ausgepackt, und zwar anhand von Beispielen (je beginnend mit einer „mathematischen" Funktion). Auf diese Weise lernen wir die allerwichtigsten Reihen kennen. Trick 1 bedarf vorweg eines Kommentars. Stellen sie sich eine sehr komplizierte Funktion vor (7 Integrale über Parameter enthaltend). Man ist dann vielleicht schon froh, wenigstens den Wert $f(0)$ ausrechnen zu können. Angenommen, dies sei gelungen. Dann kann man $f(x) = f(0) + x g(x)$ schreiben, d.h. $g(x) = [f(x) - f(0)]/x$, und nach dem Wert von $g(0)$ suchen und so weiter. Bei dieser Vorgehensweise gibt es keine „..." und man behält Kontrolle über das Restglied. Um diesen Vorteil sichtbar zu machen, produzieren wir noch einmal die geometrische Reihe.

1) Abspalten:

$$\frac{1}{1-x} = 1 + x\frac{1/(1-x)-1}{x} = 1 + x\frac{1}{1-x} = 1 + x\left(1 + x\frac{1}{1-x}\right)$$

$$\curvearrowright \qquad \frac{1}{1-x} = 1 + x + x^2 + \ldots + x^N + \frac{x^{N+1}}{1-x} \qquad (5.11)$$

2) Algebraische Umformungen:

$$\sqrt{1+x} = c_0 + c_1 x + c_2 x^2 + \ldots$$

$$1 + x \stackrel{\textstyle\top}{=} \left(c_0 + c_1 x + c_2 x^2 + \ldots\right)\left(c_0 + c_1 x + c_2 x^2 + \ldots\right)$$

$$\stackrel{.}{=} c_0^2 + 2c_0 c_1 x + \left[2c_0 c_2 + c_1^2\right]x^2 + \ldots \curvearrowright$$

$$c_0 = \pm 1 \stackrel{?!}{=} +1, \quad c_1 = 1/2, \quad c_2 = -1/8, \ldots$$

also: $\quad \sqrt{1+x} = 1 + x/2 - x^2/8 + \ldots$

3) Aus Reihe der Stammfunktion:

$$1/\sqrt{1+x} = 2\partial_x\sqrt{1+x} = 1 - x/2 + 3x^2/8 - \ldots$$

4) Aus Reihe der Ableitung („Integration" einer Reihe):

$$\partial_x \ln(1+x) \stackrel{\textstyle\top}{=} \frac{1}{1+x} = \sum_{m=0}^{\infty}(-x)^m = \partial_x \sum_{m=0}^{\infty}\frac{1}{m+1}(-1)^m x^{m+1}$$

$$n := m+1: \stackrel{.}{=} \partial_x \sum_{n=1}^{\infty}(-1)^{n+1}\frac{1}{n}x^n, \quad \partial_x\left(\ln - \sum\right) = 0 \curvearrowright$$

$$\ln - \sum = C; \quad x = 0 \curvearrowright 0 - 0 = C; \quad \text{also:}$$

$$\ln(1+x) = -\sum_{n=1}^{\infty}(-x)^n/n = x - x^2/2 + x^3/3 - x^4/4 + \ldots \qquad (5.12)$$

5) Addieren von Reihen:

$$\mathrm{ch}(x) \stackrel{\textstyle\top}{=} (e^x + e^{-x})/2 = \text{e-Reihe ohne ungerade Potenzen}$$

$$\stackrel{.}{=} 1 + x^2/2! + x^4/4! + x^6/6! + \ldots;$$

$$\mathrm{sh}(x) = \partial_x\,\mathrm{ch}(x) = x + x^3/3! + x^5/5! + \ldots;$$

$$\ln\left(\frac{1+x}{1-x}\right) = \ln(1+x) - \ln(1-x) = 2\left(x + x^3/3 + x^5/5 + \ldots\right)$$

6) Aus Dgl: $f = \cos(x)$,

$$\boxed{f'' = -f, \quad f(0) = 1, \quad f'(0) = 0}$$

$\ldots \curvearrowright c_0 = 1, \ c_1 = 0, \ c_n = -c_{n-2}/n(n-1) \ (n = 2, 3, 4, \ldots)$

$$\cos(x) = 1 - x^2/2! + x^4/4! - x^6/6! + x^8/8! - \ldots \tag{5.13}$$

$$\sin(x) = -\partial_x \cos(x) = x - x^3/3! + x^5/5! - x^7/7! + \ldots \tag{5.14}$$

7) Dividieren von Reihen: $\tan(x) = \frac{(5.14)}{(5.13)} \overset{!}{=} c_1 x + c_3 x^3 + \ldots$

$$x - x^3/6 + x^5/120 + \ldots \overset{!}{=} \left(1 - x^2/2 + x^4/24 + \ldots\right) \cdot \left(c_1 x + c_3 x^3 + c_5 x^5 + \ldots\right)$$
$$\overset{!}{=} c_1 x + \left[c_3 - c_1/2\right] x^3 + \left[c_5 - c_3/2 + c_1/24\right] x^5 + \ldots$$

$c_1 = 1, \ c_3 = 1/2 - 1/6, \ldots$, also: $\tan(x) = x + x^3/3 + 2x^5/15 + \ldots$

8) Aus Reihe der Umkehrfunktion: $\arctan(x) = c_1 x + c_3 x^3 + \ldots$

$$x = \tan(\arctan(x)) = \left[c_1 x + c_3 x^3 + \ldots\right] + \left[c_1 x + \ldots\right]^3/3 + \ldots \curvearrowright$$

$c_1 = 1, \ c_3 = -c_1^3/3, \ldots$; also: $\arctan(x) = x - x^3/3 + \ldots$

9) Aus funktionalen Beziehungen: $f(x + y) = f(x) \cdot f(y)$, $f = ?$ Man erhält die Reihe von e^{cx}, wobei c beliebig ist und z.B. mit Zusatzforderung $f'(0) = 1$ auf $c = 1$ festgelegt werden kann.

10) $i \cdot i := -1$:

$$e^{ix} \overset{}{=} 1 + ix + (ix)^2/2! + (ix)^3/3! + (ix)^4/4! + \ldots$$
$$\overset{!}{=} 1 - x^2/2! + x^4/4! + \ldots + i\left(x - x^3/3! + \ldots\right)$$

$$\curvearrowright \quad e^{ix} = \cos(x) + i\sin(x) \tag{5.15}$$

Manche Gleichungen möchte man fünfmal rot einrahmen. Gleichung (5.15) ist wie Weihnachten: die Kunstzahl i schafft Einheit. Sie stellt den inneren Zusammenhang zwischen den trigonometrischen Funktionen und der e-Funktion her. Gleichung (5.15) ist die **Euler**sche Formel. Wir werden sie noch öfter benötigen. Man kann (5.15) leicht nach $\cos(x)$ und $\sin(x)$ auflösen:

$$\left.\begin{array}{rcl} e^{ix} &=& \cos(x) + i\sin(x) \\ e^{-ix} &=& \cos(x) - i\sin(x) \end{array}\right\} \curvearrowright \quad \begin{array}{rcl} \cos(x) &=& \left(e^{ix} + e^{-ix}\right)/2 \\ \sin(x) &=& \left(e^{ix} - e^{-ix}\right)/2i \end{array}$$

Kosinus und i-mal-Sinus sind also der gerade bzw. der ungerade Anteil von e^{ix}. Analoges gilt für ihre Reihen: so kann man sich (5.13) und (5.14) merken. Deren Konvergenzbereich ist die gesamt reelle Achse. Ihr home computer sollte einmal sin(10) mittels Reihe ausrechnen. Ein Blick auf die Reihen der Hyperbolischen Funktionen (siehe Trick 5) zeigt, daß

$$ch(ix) = \cos(x), \quad sh(ix) = i\sin(x). \tag{5.16}$$

11) Taylor-Reihe: $f(x) = c_0 + c_1 x + c_2 x^2 + c_3 x^3 + \dots$

$$f(0) = c_0\,,\ f'(0) = c_1\,,\ f''(0) = 2 \cdot c_2\,,\ f'''(0) = 3 \cdot 2 \cdot c_3\,,\ \dots$$

$$\dots,\ f^{(n)}(0) = n!\, c_n \curvearrowright$$

$$f(x) = \sum_{n=0}^{\infty} \frac{1}{n!} f^{(n)}(0)\, x^n\,. \tag{5.17}$$

Gleichung (5.17) gibt uns eine fertige Formel zur Berechnung der Koeffizienten c_n an die Hand. „Aha", mag nun der Leser womöglich sagen, „mir genügt die Taylor-Reihe. Trick **1** bis **10** kann ich vergessen." Die folgenden drei Argumente stehen gegen diese (weit verbreitete?) Sicht der Dinge:

  i) (5.17) führt oft in unrentable Rechnerei.
 ii) Wenn man ein Problem, das man gerade bearbeitet, möglichst gut durchschauen und verstehen will, dann vermeide man tunlichst jeden Schematismus [siehe auch Text vor (5.11)].
iii) (5.17) hilft nicht, wenn etwa eine Dgl die gesuchte Funktion festlegt.

Kurz, alle 11 Etüden gehören zum Repertoire. Hingegen hat man mittels (5.17) beispielsweise schnell

$$(1 + x)^\lambda = 1 + \lambda x + \tfrac{1}{2}\lambda(\lambda - 1)x^2 + \dots$$

auf dem Papier, gültig für beliebige reelle Potenz [vgl. (5.10) und Trick **2** und **3**]. Man merke sich diesen Reihenanfang, er wird häufig benötigt.

Gleichung (5.17) zeigt recht gut, was wir eigentlich tun, wenn wir eine Reihe nach einigen Termen abbrechen. Mit einem solchen Abbruch geht man zu einer Näherung für die Funktion über, welche um so besser ist, je kleiner x ist. Der erste Reihen-Term ist eine Horizontale. Zusammen mit dem zweiten wird die Funktion bei kleinen x durch eine Gerade approximiert. Die beste Parabel entsteht bei Einbeziehung des dritten Terms und so weiter. Dieses Spielchen ist natürlich auch an einer anderen Stelle der x-Achse möglich. Dann ist $(x - a)$ klein, und die n-te Ableitung von f an der Stelle a übernimmt die Rolle von $f^{(n)}(0)$. Ohne zu rechnen, erhalten wir also die folgende Verallgemeinerung von (5.17)

$$f(x) = \sum_{n=0}^{\infty} \frac{1}{n!} f^{(n)}(a)\, (x - a)^n\,. \tag{5.18}$$

Wer will, kann auch (5.18) aus (5.17) herleiten.

Der große Vorteil von (5.18) liegt darin, daß man manche allgemeine Betrachtung ein Stück weitertreiben kann, ohne $f(x)$ zu kennen oder ohne f schon spezifizieren zu wollen. Um hierfür ein Beispiel zu geben, interessieren wir uns für die Kreisfrequenz ω der 1D-Schwingung eines Teilchens (m) mit kleiner Amplitude um das Minimum eines gegebenen Potentials $V(x)$. Das Minimum liege bei $x = a$. ω läßt sich angeben, ohne daß V spezifiziert werden müßte:

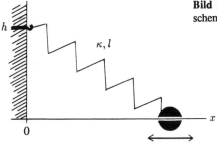

Bild 5-6. Schwingung einer Masse in einer anharmonischen Potentialmulde

$$V(x) = V(a) + V'(a)(x - a) + (V''(a)/2)(x - a)^2 , \quad V'(a) = 0 , \curvearrowright$$

$$m\ddot{x} = -\partial_x V(x) = -V''(a)(x - a); \quad \text{also ist} \quad \omega = \sqrt{V''(a)/m} .$$

Hübsch, nicht wahr? Wenn man jedoch ω in der konkreten Situation von Bild 5-6 auszurechnen hat, dann ist es wohl natürlicher, den folgenden Weg zu wählen:

$$V(x) = (\kappa/2)\left(\sqrt{h^2 + x^2} - l\right)^2 ;$$

$$V'(a) = 0 \curvearrowright a = \sqrt{l^2 - h^2} ; \quad x = a + \varepsilon :$$

$$\sqrt{h^2 + x^2} = \sqrt{l^2 + 2a\varepsilon + \varepsilon^2} = l\sqrt{1 + 2a\varepsilon/l^2} + O(\varepsilon^2)$$

$$= l + \varepsilon a/l + O(\varepsilon^2) , \curvearrowright V = (\kappa a^2/2l^2)\varepsilon^2 ,$$

$$m\ddot{x} = m\ddot{\varepsilon} = -\partial_x V = -\partial_\varepsilon V = -(\kappa a^2/l^2)\varepsilon , \quad \text{d.h.} \quad \omega = \sqrt{(\kappa/m)(1 - h^2/l^2)} .$$

Wie diese Rechnung zeigt, wird der Rückgriff auf bekannte „mathematische" Reihen stets dadurch möglich, daß man zuvor klarstellt, welche dimensionslose Größe klein gegen eins ist.

Man kann stets in eine Reihe entwickeln, nur nicht ausgerechnet um einen pathologischen Punkt. „Pathologisch" (wir meinen es umgangssprachlich) ist eine Singularität oder die Stelle $x = 0$ bei der Funktion $|x|$ oder der Ursprung bei $f = e^{-1/x^2}$. Diese Funktion sieht völlig harmlos aus (malen!), nämlich wie eine negative nach oben verschobene Lorentzkurve. Jedoch sind wegen $f(0) = 0$, $f'(0) = [2f/x^3]_{x \to 0} = 0, \dots$ alle Koeffizienten Null $\curvearrowright$ Reihe $\neq$ Funktion. Der Grund: f ist am Ursprung „wesentlich singulär". Dieses Beispiel diene uns zur Warnung. Wir verstehen nun das einschränkende Wort „vermutlich" in (5.9).

Komplexe Zahlen

Eine komplexe Zahl z ist eine LK aus 1 und i: $z = a + ib$. Man kann auch sagen, sie sei eigentlich ein Zahlen-Paar. a heißt Realteil und b heißt Imaginärteil von z. *Alles* über komplexe Zahlen folgt aus der bekannten Eigenschaft $i \cdot i = -1$. Zum Beispiel ist es meist ohne weiteres möglich, einen in i nichtlinearen Ausdruck in Real- und Imaginärteil aufzuspalten; Beispiel:

$$\frac{1}{r+\mathrm{i}s} = \frac{r-\mathrm{i}s}{(r+\mathrm{i}s)(r-\mathrm{i}s)} = \frac{r}{r^2+s^2} + \mathrm{i}\frac{(-s)}{r^2+s^2} \ .$$

Ein Stern an z (oder an irgendeinem Ausdruck, der i enthält) bedeutet, daß (in ihm) i durch $-$i zu ersetzen ist. Man spricht dann vom **konjugiert Komplexen** des ursprünglichen Ausdrucks (Abkürzung: c.c.); Beispiel:

$$\frac{1}{r+\mathrm{i}s} + \mathrm{c.c.} = \frac{1}{r+\mathrm{i}s} + \left(\frac{1}{r+\mathrm{i}s}\right)^* = \frac{1}{r+\mathrm{i}s} + \frac{1}{r-\mathrm{i}s} = \frac{2r}{r^2+s^2} = 2\mathrm{Re}\left(\frac{1}{r+\mathrm{i}s}\right) \ .$$

Natürlich gilt $A + \mathrm{c.c.} = 2\mathrm{Re}\,A$ ganz allgemein. Man deutet $z = a + \mathrm{i}b$ gern als Punkt in der „z-Ebene", indem man a nach rechts (reelle Achse) und b nach oben (imaginäre Achse) aufträgt. Der Abstand zum Ursprung heißt **Betrag** von z : $|z| = \sqrt{a^2 + b^2} =: r$. Bild 5-7 zeigt, daß $a = r\cos(\varphi)$ und $b = r\sin(\varphi)$ ist. Jetzt läßt sich Eulers Formel (5.15) verwenden:

$$z = |z|\cos(\varphi) + \mathrm{i}|z|\sin(\varphi) = r\,\mathrm{e}^{\mathrm{i}\varphi} \ . \tag{5.19}$$

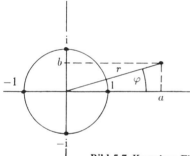

Bild 5-7. Komplexe Ebene, Einheitskreis und Zahl z mit Betrag r und Phase φ

Jede komplexe Zahl läßt sich also als Betrag mal **Phasenfaktor** schreiben. Um einzusehen, wie nützlich diese Darstellung ist, rechnen wir ein wenig damit herum:

$$\cos(3\alpha) = \mathrm{Re}\left(\mathrm{e}^{\mathrm{i}3\alpha}\right) = \mathrm{Re}\left(c+\mathrm{i}s\right)^3 = c^3 - 3cs^2 = 4\cos^3(\alpha) - 3\cos(\alpha) \ ,$$

$$\cos(\alpha+\beta) + \mathrm{i}\sin(\alpha+\beta) \overset{}{=} \mathrm{e}^{\mathrm{i}\alpha}\,\mathrm{e}^{\mathrm{i}\beta} = [\cos(\alpha)+\mathrm{i}\sin(\alpha)][\cos(\beta)+\mathrm{i}\sin(\beta)]$$
$$\overset{}{=} \cos(\alpha)\cos(\beta) - \sin(\alpha)\sin(\beta) + \mathrm{i}[\sin(\alpha)\cos(\beta) + \cos(\alpha)\sin(\beta)] \ ,$$

$$\sqrt{-1} = \left(\mathrm{e}^{\mathrm{i}\pi + n2\pi\mathrm{i}}\right)^{1/2} = \mathrm{e}^{\mathrm{i}\pi/2 + n\mathrm{i}\pi} = \mathrm{i}(-1)^n \quad (n = 0, 1) \ .$$

Die letzte Zeile zeigt, daß die Zahl -1 zwei Wurzeln hat, nämlich i und $-$i. Manche Bücher behaupten, i sei durch i $= \sqrt{-1}$ definiert. Wenn Sie diesen Verstoß gegen die Sittlichkeit einmal entdecken sollten, dann fügen Sie bitte von Hand (und mit Tinte) die folgende Zeile hinzu:

$$-1 = i \cdot i = \sqrt{-1} \; \sqrt{-1} = \sqrt{(-1)(-1)} = \sqrt{1} = 1 \; .$$

Das erfreut den nächsten Bibliotheks-Benutzer, er beginnt nachzudenken, und das neutralisiert den Schaden. Genau wo ist der Fehler in diesem offenbar unsinnigen Einzeiler? Man streicht am besten bereits das zweite Gleichheitszeichen. denn rechts von ihm steht ein unbestimmtes Objekt. Wenn wir das Objekt „$\sqrt{-1} \; \sqrt{-1}$" mit Worten festlegen, nämlich daß es sich bei beiden Wurzeln um die obere handle (d.h. um die auf der oberen Hälfte des Einheitskreises gelegene), dann ist das dritte Gleichheitszeichen falsch, weil rechts von ihm (stillschweigend oder vereinbart) die positive Wurzel gemeint ist. Darf nun nirgends mehr i $= \sqrt{-1}$ auf dem Papier stehen? Es darf. Wir lesen es als i $=: \sqrt{-1}$, d.h. die Gleichung legt fest, welche der zwei Wurzeln gemeint ist.

5.4 Störungsrechnung

Nur auf wenige physikalische Fragestellungen haben wir eine exakte Antwort. Dennoch führen Wege in das Niemandsland zwischen den exakt lösbaren Modellen. Ein solcher Weg bietet sich immer dann an, wenn etwas *klein* ist bei einem Problem, d.h. wenn es einen kleinen Parameter hat, d.h. wenn man nicht allzu weit in das Niemandsland hinein will (oder braucht). Störungsrechnung ist Ausnutzen der Reihenentwicklung in diesem Sinne. Das folgende Beispiel ist einfach und dennoch reichhaltig.

Angenommen, wir Menschen hätten nie durch die obere Atmosphäre blicken können und es gäbe eine irdische Kontroverse über die Abnahme der Erdanziehungskraft nach „oben". Die Anhänger von Gleichung (1.15) schlagen vertikale Wurfexperimente vor (bis zu 1 km Höhe und mit Präzisionsmessung der Laufzeit). Natürlich rechnen sie vorher aus, in welcher Kommastelle welche erste Korrektur nachgewiesen werden müßte. Das Problem lautet:

$$m \ddot{z} = -\frac{\gamma m M}{(R + z)^2} \; , \quad z(0) = 0 \; , \quad \dot{z}(0) = v_0 \; . \tag{5.20}$$

Um der Wahrheit willen sei zugegeben, daß (5.20) exakt lösbar ist (gerade noch nämlich, siehe Kapitel 6). Jedoch ist das exakte Resultat so unangenehm implizit, daß man es zu obiger Fragestellung am Ende doch wieder mit Reihenentwicklung traktieren würde.

1) Im ersten Schritt analysieren wir, was bei dem Problem (5.20) klein gegen 1 ist. Z.B. müßte dies beim Übergang zur mathematischen Version deutlich werden:

$$\ddot{z} = -\gamma M/[R(1 + z/R)]^2 = -g(1 - z/R + \ldots)^2 = -g(1 - 2z/R + \ldots) \; .$$

Klein gegen 1 ist also das Verhältnis von Steighöhe zu Erdradius. Übrigens sind alle z-Werte, die bei diesem Problem durchlaufen werden, klein gegen R: ein sehr gesundes Problem. Die Steighöhe ist $\approx v_0^2/2g$ (aus Energiesatz). Das Problem hat offenbar zwei konstante Längen. Auch diese Erkenntnis hätte nahegelegt, sich das Verhältnis der beiden anzusehen. $v_0^2/2gR =: \varepsilon$ ist der kleine Parameter.

2) Im zweiten Schritt brechen wir die Reihe auf der rechten Seite nach dem zweiten Term ab, $\ddot{z} = -g + (2g/R)z$, berücksichtigen also nur die **führende** Korrektur (**erste** Näherung) zu $\ddot{z} = -g$ (:= nullte Näherung). Wenn man einmal Terme der Ordnung ε^2 gegen 1 vernachlässigt hat, dann sollten nicht etwa später wieder ε^2-Terme auftauchen. Sie hätten keinen Sinn (es wäre **inkonsistent**), und man würde sich lächerlich machen.

3) Im dritten Schritt machen wir uns lächerlich. Wir lösen nämlich die inzwischen entstandene Bewegungsgleichung exakt, weil man anderes Wichtiges dabei lernt (vernünftige Lösung siehe vierter Schritt). Wir setzen dazu $z(t) =: A + u(t)$ („Verschiebe-Trick") und bestimmen A so, daß die DGL für u einfacher wird; im Kopf: $A = R/2$. Das gesamte Problem lautet inzwischen

$$\ddot{u} = (2g/R)u\,, \quad u(0) = -R/2\,, \quad \dot{u}(0) = v_0\,.$$

Ansatz: $u = B\mathrm{ch}(\alpha t) + C\mathrm{sh}(\alpha t)$. Es ist klar, daß genau zu $\alpha = \sqrt{2g/R}$ die Dgl identisch in t erfüllt wird. Nur noch die Anfangsbedingungen sind (im Kopf?!) zu erfüllen. Das gibt

$$z(t) = R/2 - (R/2)\mathrm{ch}(\alpha t) + (v_0/\alpha)\mathrm{sh}(\alpha t)\,.$$

Der erste Term ist riesengroß, nämlich $O(1/\varepsilon)$ verglichen mit z. Wir haben uns nicht verrechnet (worin man stets absolut sicher zu sein hat), also muß sich dieser Riesen-Term mit einem der anderen Terme kompensieren. Ferner sehen wir, daß z nur gerade Potenzen von α enthält. Daran, daß in z offenbar alle möglichen höheren Potenzen von $\alpha^2 \sim 1/R$ vorkommen, erkennen wir schließlich unser Ungeschick. Wir haben erneut zu entwickeln und abzubrechen:

$$z \overset{\mp}{\underset{\doteq}{}} \begin{aligned} &\frac{1}{2}R - \frac{1}{2}R\left(1 + \frac{1}{2}\alpha^2 t^2 + \frac{1}{4!}\alpha^4 t^4\right) + v_0 t + \frac{v_0}{\alpha}\frac{1}{3!}\alpha^3 t^3 \\ &v_0 t - \frac{1}{2}gt^2 + \frac{g}{3R}\left(v_0 t^3 - \frac{1}{4}gt^4\right)\,. \end{aligned}$$

Hand aufs Herz, hätten Sie es auch selbst bemerkt, daß der dritte Term in der Klammer der ersten Zeile berücksichtigt werden *muß*?! Das Problem war einmal als Haus-Übung zu bearbeiten, und in dieser Kurve fuhren die Kameraden reihenweise in den Abgrund.

4) Der vierte Schritt löst das Problem mit Verstand. Er ersetzt den dritten und zeigt, was Störungsrechnung wirklich ist. Die Problemstellung (5.20) enthält additiv Terme der Ordnung 1, der Ordnung ε usw. Es berührt diese Sicht der Dinge nicht, wenn einzelne Gleichungen nicht alle Ordnungen bedienen; so haben hier die beiden Anfangsbedingungen rechts nur O(1)-Terme. Wir erwarten, daß auch die gesuchte Lösung aus einem O(1)-Term und einem O(ε)-Term und ... besteht:

$$z(t) = z_0(t) + z_1(t) + \dots$$

Schon bei O(ε) abzubrechen, ist ausreichend für die eingangs gestellte Frage, aber nicht notwendig für das Verfahren. Nach Einsetzen von $z = z_0 + z_1$ in (5.20) setzen wir in allen drei Gleichungen Terme der Ordnung 1 einander gleich und verfahren ebenso mit Termen der Ordnung ε (und ggf. mit höheren Ordnungen):

$$\ddot{z}_0 = -g\,,\ z_0(0) = 0\,,\ \dot{z}_0(0) = v_0 \qquad \ddot{z}_1 = (2g/R)z_0\,,\ z_1(0) = 0\,,\ \dot{z}_1(0) = 0$$
$$\curvearrowright\ z_0(t) = v_0 t - gt^2/2 \qquad\qquad\quad = (2gv_0/R)t - (g^2/R)t^2$$
$$\dot{z}_1 = (gv_0/R)t^2 - (g^2/3R)t^3$$
$$z_1 = (gv_0/3R)t^3 - (g^2/12R)t^4\,.$$

Wir sehen, daß erst nach Lösung des ersten Teilproblems (linke Hälfte) das zweite Teilproblem (rechte Hälfte) spezifiziert ist. Das Resultat stimmt mit jenem vom dritten Schritt überein.

5) Im fünften Schritt bestimmen wir die Rückkunft-Zeit T, indem wir $z = 0$ setzen, $0 = v_0 T - gT^2/2 + (g/3R)(v_0 T^3 - gT^4/4)$ sowie $T = T_0 + T_1$, und erneut Terme gleicher Ordnung kompensieren. Man erhält (nachrechnen!):

$$T_0 = 2v_0/g \quad \text{und} \quad T_1 = 4v_0^3/3g^2 R\,.$$

Zu $v = 100\,\text{m/s}$, $g \approx 10\,\text{m/s}^2$ wird die Steighöhe $h \approx 500\,\text{m} + \text{O}(\varepsilon)$ erreicht, und mit $R \approx 6500\,\text{km}$ ergibt sich als (1.15)-Effekt die Zeitverzögerung $T_1 = 0.002\,\text{s}$. Diesen Unterschied nachzuweisen, ist ein Leichtes für die heutigen supergenauen Atomuhren. Wir haben jedoch die Luftreibung außer acht gelassen. Um sie auszuschließen, könnte man ein sehr langes Rohr vertikal aufstellen und „leer"pumpen. Unsere hypothetischen „Menschen ohne Himmel" haben also einiges zu tun.

Übungs-Blatt 11

Wir fassen den Nutzen der Potenzreihen in ein paar Stichworten zusammen:

Dgln lösen (sowie Integrale und Integralgleichungen),

Störungsrechnung,

praktische Näherungs-Formeln,

sich vereinfachende Physik in Grenzsituationen,

Grenzwerte

und ergänzen das letzte um ein Beispiel:

$$\lim_{\varepsilon \to 0} \frac{e^{\varepsilon x} - 1}{\varepsilon} = ?\,.$$

Es scheint Bürger unseres Landes zu geben, die hier sagen: „Null durch Null, dann wende ich die l'Hospital'sche Regel an (Ableitung oben durch Ableitung unten) und erhalte x als Resultat." – Aber genau solcherlei Mißhandlung haben die Funktionen nicht verdient, daß man ohne Sinn und Verstand (?), sozusagen mit der Mistgabel, auf sie losgeht. Statt dessen fragen wir, wie es denn dazu kommt, daß bei $\varepsilon \to 0$ Null/Null entstehen würde. Vielleicht ist der Bruch nur nicht gut aufgeschrieben (etwas kürzen?). Sind die beteiligten Funktionen wohldefiniert? Gibt es physikalische Gründe dafür, daß man vielleicht ε von positiven Werten her nach Null schicken sollte ($\varepsilon \to +0$) oder von negativen her ($\varepsilon \to -0$)? Was passiert dabei wirklich? Sehen wir uns das an. Im Zähler wird für physikalisch relevante x-Werte auch εx immer kleiner, so daß die e-Reihe schließlich abgebrochen werden kann:

$$\frac{1}{\varepsilon}\left(1 + \varepsilon x + \frac{1}{2}\varepsilon^2 x^2 + \ldots - 1\right) = x + \mathrm{O}(\varepsilon) \to x \, . \quad \textit{So} \text{ machen wir das.}$$

Die Jahre sind ins Land gegangen. Hunderte von Reihen oder Reihen-Anfängen haben Sie produziert. Immer war dies machbar, und fast immer mit den hier erarbeiteten Mitteln. Warum? Weil 99% aller Funktionen (vielleicht sind es auch 99,999%), mit denen die Naturwissenschaftler zu tun haben, aus e^x und x-Polynomen zusammen-kombiniert sind, nämlich per +, −, ·, /, Funktion von Funktion, Umkehrfunktion, ∂_x und i. Selbst sehr exotische Funktionen haben in der Regel noch eine Integral-Darstellung (d.h. sie sind additiv zusammengesetzt aus vielen einfachen Funktionen mit variierendem Parameter). Warum? Jetzt erst wird die Frage schwierig. Vielleicht greifen die Menschen allzu gern nach den einfachen Werkzeugen, oder sie sind noch in einem niederen Entwicklungsstadium. Vielleicht aber liegt es mehr daran, daß die first principles (welche meist einfach und meist Differentialgleichungen sind) dafür sorgen, daß sich die Natur aus einfachen, weichen Funktionen aufbaut.

— — —

Der entscheidende „philosophische" Aspekt zum Newton-Kapitel 3 lag wohl in der Erkenntnis, daß wir das Naturgeschehen in einfachen Situationen überhaupt vorhersagen können und daß es im Prinzip quantitativ vorhersagbar ist. Inzwischen stellen wir erheblich höhere Ansprüche. Alles Vorhersagbare wollen wir auch per Rechnung machen können. Wenn nicht exakt, dann näherungsweise – wie grob zu guter letzt auch immer. Ist das arrogant? Ja: ein wenig und gegenwärtig, aber vielleicht nicht grundsätzlich. Schließlich werden unter dem Aspekt der Machbarkeit auch unsere Unzulänglichkeiten sichtbar. Anbei wird versuchsweise das Bild skizziert (es ist verständlicherweise nicht numeriert), das man durch die „Brille der Machbarkeit" zu sehen bekommt.

Ob sich der mit „nie?" beschriftete rechte Vorhang jemals ganz auftut, wissen wir nicht. Etwas nicht zu wissen, ist keine Schande (eine Antwort aus der Luft zu greifen, wäre eine). Aber wir dürfen nachdenken über Konsequenzen der

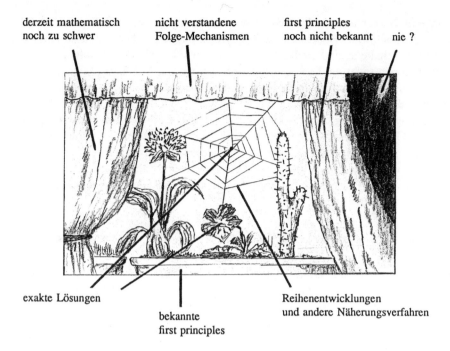

derzeit mathematisch
noch zu schwer

nicht verstandene
Folge-Mechanismen

first principles
noch nicht bekannt

nie ?

exakte Lösungen

bekannte
first principles

Reihenentwicklungen
und andere Näherungsverfahren

einen oder der anderen Antwort. Die Frage ist äquivalent zu jener, ob es eine „Weltformel" gibt. Wenn *Nein*, dann wären die bisherigen Erfolge der Theoretischen Physik nur Schritte auf einem unendlich langen Wege. Es wäre ein wenig trostlos und nicht weit weg von Resignation. Wenn *Ja*, dann wäre es nur eine Frage der Zeit, bis wir sie gefunden haben. Stellen wir uns vor, die Weltformel sei gefunden. Dann wäre keineswegs die Physik zu Ende, ebensowenig wie jene ihrer Teilgebiete, deren first principles schon heute bestens bekannt sind. Es wäre sehr schön. Allmählich würden dann wohl die Physiker endlich Zeit finden, die Unmenge ihrer (aus der Weltformel dann herleitbaren) Erkenntnisse zu sortieren, ihr Gebiet einheitlich darzustellen, sich um ein bestimmtes Schulfach zu kümmern und um ein sinnvolles Gewicht in der Öffentlichkeit.

6. Integrale

Das Erstaunliche an Integralen ist, daß sie so häufig in der Physik vorkommen (bis hinein in die Formulierung oberster Prinzipien). Begrifflich ist das Integral eine einfache Angelegenheit; es steht als Kurzwort für eine Fläche, die von einer Kurve (und ansonsten von geraden Linien) begrenzt wird. Daß es nur selten gelingt, eine solche Fläche per Rechnung zu erhalten, ist wohl eine weitere Marotte des Integrals. Um so wichtiger ist es, mit allen Kniffen und Werkzeugen vertraut zu sein, um wenigstens dann, wenn es überhaupt möglich ist, ein Integral „schlachten" zu können. Eine etwaige Neigung zu Schematismus ist hier – einmal mehr – besonders fehl am Platze.

Wir beginnen wie immer „bei Null" und sortieren erst einmal den Schulstoff in gut und böse (erster Abschnitt). Der Blick auf typische Anwendungen des gewöhnlichen Integrals (zweiter Abschnitt) läßt dann die Richtung erkennen, in der sich unsere physikalischen Fähigkeiten ganz beträchtlich erweitern werden. Aus dem Waffen-Arsenal der Integrierer (dritter Abschnitt) sehen wir uns nur zwei Gerätschaften genauer an. Kernstück der Bemühungen (vierter Abschnitt) wird das Integrieren über Kurven, krumme Flächen und Volumina sein und die Rückführung jeder dieser Verallgemeinerungen auf gewöhnliche Integrale. Dabei bieten „krumme Koordinaten" (fünfter Abschnitt) besondere Vorteile. Schließlich läßt sich dank Integral die Delta-Funktion ins Leben rufen (sechster Abschnitt) – ein besonders angenehmes und friedliches Tierchen (wenn man es im Hause hält).

6.1 Gewöhnliches Integral

Eine Funktion $f(x)$ sei gegeben sowie zwei Stellen a und b auf der x-Achse. Die $f(x)$-Kurve, die x-Achse und die zwei Vertikalen durch a und durch b schließen eine Fläche ein (Bild 6-1). Flächenstücke unter der x-Achse zählen wir negativ (weil dadurch Vorzeichen-Umkehr von f zu Vorzeichenumkehr der Fläche führt und letztlich das Integral ein linearer Operator wird). Das Integral über x (**Integrations-Variable**) von a bis b (**Integrations-Grenzen**) von (oder „über") $f(x)$ (**Integrand**) ist diese Fläche. Wir können sie grafisch erhalten, indem wir z.B. in viele vertikale Streifen (zwischen x und $x + dx$) schneiden und zunächst deren rechteckige Anteile $dx\, f(x)$ addieren. Die winzigen oberen „Dreiecke" fehlen noch. Mit anderen Worten: die obere Begrenzung dieser Gesamtfläche ist noch *rauh*. Wählen wir also dx immer kleiner bis die Rauhigkeit nicht mehr zu

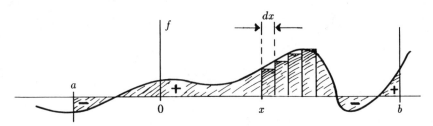

Bild 6-1. Integral als Fläche unter $f(x)$ und als Summe von Streifenflächen

sehen ist:

$$dx \to 0 \;\rightsquigarrow\; \text{Rauhigkeit} \;\to 0 \;\rightsquigarrow\; \sum dx\, f(x) \to \text{ die gesuchte Fläche}.$$

Aus jüngeren Jahren ist dem Autor ein entsetzliches Theater um diese Banalität in Erinnerung. Nur Mut! Es müssen nicht erst viele runde Kuchen gebacken, zerschnitten und begradigt werden, um sich diesen Mut anzufuttern. (Erklärung: flacher Butterkuchen mit rundem Rand; je dünner die Streifen um so weniger geht uns bei deren Randbegradigung verloren.)

$$\begin{pmatrix} \text{Fläche ,,unter`` } f \\ \text{zwischen } a \text{ und } b \end{pmatrix} =: \int_a^b dx\, f(x)$$

$$\int_b^a dx\, f := -\int_a^b dx\, f \;\;,\;\; \int dx\, f := \int_{-\infty}^{\infty} dx\, f \,. \tag{6.1}$$

Auf dem Wege zu (6.1) ist das Zeichen $\int$ ein Summenzeichen geblieben. Daß man nicht mehr $\sum$ schreibt, soll lediglich daran erinnern, daß sehr viele sehr kleine Summanden addiert werden. Bei einem physikalischen Problem hat man z.B. kleine Beiträge präpariert, als infinitesimale Größen geschrieben und will sie nun alle addieren: Integralzeichen davor und fertig! Da das geschwungene Integralzeichen nur ein stilisiertes Summenzeichen ist, trägt es keine Dimension:

$$\left[\int_a^b dx\, f(x)\right] = [dx][f] \;\;,\;\; [dx] = [x] \;\;,\;\; [a] = [b] = [x] \,.$$

Wer gegen die letzten zwei Gleichheitszeichen verstößt (und z.B. über eine Zeit bis 5 Meter integriert), wird bald darauf von weiß gekleideten Herren abgeholt.

Die dritte Gleichung in (6.1) bedarf besonderer Betonung. Wir vereinbaren, daß bei fehlender Angabe von Grenzen über alle x zu integrieren ist. Ist die Variable ein Winkel φ (etwa zwischen x-Achse und dem Ortsvektor in der Ebene), dann wird eben über alle φ integriert:

$$\int d\varphi\, f(\varphi) := \int_{-\pi}^{\pi} d\varphi\, f(\varphi) \,.$$

Diese schöne Festlegung ist in der physikalischen Literatur weitgehend üblich geworden. Es ist klar, daß nun ein Integral ohne Grenzen nicht mehr mit anderer

Bedeutung auf das Papier darf (wir sorgen bald dafür, nämlich noch in diesem Abschnitt, unter Bild 6-2).

Es ist wohl an der Zeit, eine Gelegenheit zum Selber-Nachdenken zu bieten:

$$\varepsilon \sum_{n=0}^{\infty} e^{-\varepsilon n} = \varepsilon \int_0^{\infty} dn\, e^{-\varepsilon n} + O(\varepsilon) = 1 + O(\varepsilon) \,. \tag{6.2}$$

Klar? – Noch nicht? Sie arbeiten mit Bleistift und unliniertem Papier, weil man sich dann leichter tut zu ... (5 Buchstaben). Dabei sollte sich das erste Gleichheitszeichen aufklären, während das zweite auf (6.5) vorgreift. Man kann die Summe links in (6.2) auch exakt auswerten: geometrische Reihe aus Potenzen von $e^{-\varepsilon}$. Wir merken uns, daß man eine Summe stets dann durch das entsprechende Integral ersetzen darf, wenn es im Grenzfall schwacher Variation des Summanden nur auf den führenden Term ankommt.

Aus (6.1) lassen sich zwanglos – nämlich anschaulich – einige Folgerungen ziehen, deren Wert nicht unterschätzt werden sollte. Man bedenke die Peinlichkeit, wenn jemand stundenlang substituiert und und und – bei einem Integral, welches aus geometrischem Grunde Null ist. Hier ohne Kommentar eine Liste solcher Eigenschaften:

$$\left.\begin{aligned}
&\int_a^a dx\, f = 0 \quad, \quad \int_a^b dx\, \text{const} = \text{const} \cdot (b - a) \\[2mm]
&f(-x) = \mp f(x) \curvearrowright \int_{-a}^a dx\, f(x) = \begin{cases} 0 \\ 2\int_0^a dx\, f(x) \end{cases} \\[2mm]
&\int_a^b dx\,(\alpha f + \beta g) = \alpha \int_a^b dx\, f + \beta \int_a^b dx\, g \qquad \begin{array}{l}\text{(linearer} \\ \text{Operator!)}\end{array} \\[2mm]
&\int_a^b = \int_a^c + \int_c^b \quad \begin{array}{l}\text{(auch wenn} \\ b < c)\end{array} \quad, \quad \int_a^b dx\, f(x) = \int_{a+x_0}^{b+x_0} dx\, f(x - x_0) \\[2mm]
&\int_a^b dx\, f(x) = \int_{\lambda a}^{\lambda b} dx\, \frac{1}{\lambda} f\left(\frac{x}{\lambda}\right) \quad, \quad \int_a^b dx\, f(x) = \int_{-b}^{-a} dx\, f(-x) \,.
\end{aligned}\right\} \tag{6.3}$$

Die letzten drei Umformungs-Möglichkeiten (Verschiebe-Trick, λ-Trick, x-Umkehr) sind Spezialfälle der Substitution (siehe §6.3). Jedoch ist letztere etwas kopflastig, während man sich obige drei „Tricks" gut merken kann. Sie kommen *so* oft vor, z.B. wenn man ein physikalisches Integral dimensionslos macht:

$$\int_a^b dx\, f(x) = \int_a^b dx\, f_0\, g\big(x/x_0\big) = x_0 f_0 \int_{a/x_0}^{b/x_0} dx\, g(x) \,.$$

dx gehört an $\int$

und nicht etwa rechts hinter den Integranden, denn

1. ein Integral soll als Operator gesehen werden können (mit der Funktion, auf die er wirkt, rechts vor sich). Man kann, wie wir später sehen werden (§12.3) eine Matrix-Anwendung auf Integralform bringen (und zurück): dabei sollten Vektor bzw. Funktion stets rechts bleiben dürfen.

2. man will *gleich* wissen, welcher Variablen die am Integral stehenden Grenzen zugeordnet sind, d.h. worüber von ... bis ... integriert wird. Auch bei einer Summe gibt man ja sofort an, welcher Index von ... bis ... läuft. Integranden können leicht mehrere Zeilen lang sein (auch seitenlang). Warten Sie also besser nicht erst ab (betreffs dx-Stellung) bis Ihnen 100 m Integrale über den Tisch gekrochen sind. Will Ihnen jemand beibiegen, Integral und dx müßten eine Klammer bilden, dann antworten Sie am besten: „Das Integral ist ein Summenzeichen, so gehe ich mit ihm um. Wer mir das ausredet, will mich davon abbringen, stets seinen Sinn im Auge zu behalten, pfui!". Besteht der Integrand additiv aus mehreren Termen, so ist ohnehin eine Klammer erforderlich (nämlich wie bei Summen).

3. Mehrfach-Integrale werden dadurch überschaubar(er). Sie wollen doch nicht etwa, daß dx, dy, dz bei einem kartesischen Volumenintegral (siehe §6.4) über eine Seite verstreut sind (welches „Klammer-Ende" gehört nun zu welchem „Klammer-Anfang"?). Auch holt man häufig Faktoren an eines der Teilintegrale heran, um es vorweg auszuführen.

4. dadurch ist der Formel-Buchstabe d von jenem in dx besser unterschieden. Zugegeben, dies ist kein sehr wesentliches Argument und darf mit einem scherzhaften Kompromiß enden:

$$\int_0^1 ddd = 1/2 \ .$$

5. eher oder später setzt es sich ohnehin durch. In der Originalliteratur dürften zur Zeit die beiden dx-Stellungen noch etwa in gleicher Häufigkeit vorkommen (Montag, den 25.4.88: in den letzten 5 Heften von The Physical Review Letters, Vol. 60, No. 12–16 gibt es 142 Artikel. 38 davon enthalten Integrale. 23 dieser Autoren schreiben das Differential nach links und 15 nach rechts).

Es war einmal ein Häuflein Studenten, welche die obigen Argumente verstanden hatten (ebenso den bekannten Satz vom Gewohnheitstier) und welche nun vom dicken Rotstift eines Korrektors (Mathematik-Übungen) arg bedrückt wurden. Ein Uni-interner Briefwechsel war die Folge, welcher glücklicherweise friedlich endete. Er brachte auch Einblick in die DIN-Normen. Oh! – Normen oder Denken? – zeigen Sie Zivilcourage! Vielleicht hilft es weiter, wenn Sie gegebenenfalls eine Kopie dieser Buch-Seite vorweisen.

„Hauptsatz der Differential- und Integralrechnung"

Ein Integral ist eine Funktion der oberen und der unteren Grenze (und hängt oft auch noch von Parametern im Integranden ab). Vergrößern wir die obere Grenze b um ε, dann kommt ein Vertikal-Streifen mit der Fläche $\varepsilon \cdot f(b)$ hinzu. Bei Verschieben der unteren Grenze addiert sich $-\varepsilon \cdot f(a)$. Folglich (Differentialquotient!) gilt

$$\partial_b \int_a^b dx\, f(x) = f(b) \quad , \quad \partial_a \int_a^b dx\, f(x) = -f(a) \, . \tag{6.4}$$

Somit ist das Integral, aufgefaßt als Funktion der oberen Grenze, eine Stammfunktion des Integranden. Wenn es also auf irgendeinem anderen Wege gelingt, zu $f(x)$ eine Stammfunktion $F(x)$ zu finden, dann können sich Stammfunktion $F(b)$ und Integral nur noch um eine Konstante unterscheiden:

$$\int_a^b dx\, f(x) = F(b) + C \quad , \quad b \to a: \ 0 = F(a) + C \ \curvearrowright$$
$$\int_a^b dx\, f(x) = F(b) - F(a) \, . \tag{6.5}$$

Gleichung (6.5) ist der genannte „Hauptsatz". Wir verstehen ihn auch anschaulich ganz gut. Angenommen, f ist konstant, d.h. eine Horizontale: $f = h$. Die Stammfunktion muß nun nach (6.5) zwischen a und b um genau $h(b - a)$ anwachsen, damit die Rechteckfläche herauskommt. Das ist der Fall, denn $F = hx + C$. Man begreift, daß der Gedanke richtig bleibt, wenn sich f mit x verändert:

$$\int_a^b dx\, f(x) = \int_a^b dx\, \frac{dF}{dx} = \text{Summe über alle } dF\text{'s} = \text{gesamte } F\text{-Änderung.}$$

Im zweiten Ausdruck wurden die beiden dx gekürzt (war das erlaubt? – selbstverständlich: das Integralzeichen ist nur eine Summe, und Summanden darf man vereinfachen). Weil es auf die F-Differenz ankommt, enthält (6.5) auf der rechten Seite *zwei* Terme. Etwa den zweiten Term zu vergessen, das gelingt Ihnen ab sofort nie mehr, nicht wahr?!

Die Beziehung (6.5) ist deshalb eine feine Sache, weil sie zwei verschiedene Fragestellungen miteinander verknüpft, die (oft schwierige) Frage nach der Fläche mit der (oft einfachen) Frage nach der Stammfunktion. Letztere verlangt ja „nur" noch, die lineare inhomogene Dgl $F'(x) = f(x)$ zu lösen. Hierbei darf man raten und kann mit Ansätzen spielen und dabei die Bösartigkeit oder Gutmütigkeit des Integrals immer besser kennenlernen.

Gleichung (6.5) führt oft zum Erfolg, aber eben nicht immer. Wenn z.B. über $\sin(x)/(1 + x^2)$ von $-\pi$ bis π integriert werden soll, dann kann man nach der Stammfunktion suchen bis morgen früh (es gibt keine) oder aber sehen, vgl. (6.3), daß die Fläche Null ist. Wenn statt dessen von $-\pi$ nur bis $\pi - 1/10$ integriert werden soll, dann schreiben wir

$$\int_{-\pi}^{\pi-1/10} dx\, \frac{\sin(x)}{1+x^2} \doteq -\int_{\pi-1/10}^{\pi} dx\, \frac{\sin(x)}{1+x^2}$$

$$\doteq -\int_0^{1/10} dx\, \frac{\sin(x)}{1+(\pi-x)^2} \approx -\frac{1}{1+\pi^2}\frac{1}{2}\left(\frac{1}{10}\right)^2$$

und überlassen den dritten Ausdruck dem Computer oder sind eventuell mit der rechtsstehenden Näherung zufrieden.

Ein guter Rat

Sie sind zu irgendeiner Physik bei einem Integral angekommen. Meist ist es nun möglich (und sinnvoll), diesem Integral erst einmal eine angenehmere Gestalt zu geben: Integranden umformen, dimensionslos aufschreiben, (6.3) ausnutzen, Substitution, Partialbruchzerlegung usw. (siehe §6.3). Wenn das Integral endlich Ihr Wohlgefallen findet, dann skizzieren Sie grob den Integranden und (als vertikale Linien) die Grenzen. Dies macht klar, welche Fläche gemeint ist, ob sie positiv ist, ob vielleicht pathologische Stellen im Spiel sind und ob das Integral in bezug auf die ursprüngliche Physik Sinn macht. Schließlich schreiben Sie folgendes auf das Papier:

$$\int_a^b dx\, \ldots = \int_a^b dx\, \partial_x(\qquad)\,.$$

Bei der Klammer rechts wurde der Bleistift ganz zart, weil sie eventuell wieder wegradiert wird. Obige Zeile regt nun zum Nachdenken an, was für eine Funktion wohl in die runde Klammer gehören könnte. Bitte greifen Sie nicht gleich zur Integraltafel: das meiste, was dort steht, kann man leicht selbst erraten (und letzteres macht mehr Spaß). Wenn Sie eine Stammfunktion gefunden haben, dann vervollständigen Sie obige Zeile:

$$\int_a^b dx\, \ldots = \int_a^b dx\, \partial_x \,///// = \Big[///// \Big]_a^b = ///// \Big|_{x=b} - ///// \Big|_{x=a}\,.$$

Bei dieser Arbeitsweise kann man nachträglich (etwa wenn man nach einem Fehler sucht) noch jedes Gleichheitszeichen kontrollieren. Beispiel:

$$\int_{-\pi/6}^{\pi/4} dx\, \tan(x) \doteq \int_{\pi/6}^{\pi/4} dx\, \frac{\sin(x)}{\cos(x)} = \int_{\pi/6}^{\pi/4} dx\, \partial_x\big(-\ln[\cos(x)]\big)$$

$$\doteq [-\ln(\cos(x))]_{\pi/6}^{\pi/4} = -\ln(1/\sqrt{2}) + \ln\left(\frac{1}{2}\sqrt{3}\right) = \frac{1}{2}\ln(3/2)\,.$$

Die erste Bemühung hierzu bestand darin, zu malen. Bild 6-2 zeigt: die Fläche ist positiv und ein wenig kleiner als $\pi/4 - \pi/6 \approx 1/4$. Die zweite Bemühung war Nachdenken: „Wie mag wohl beim Differenzieren ein Kosinus in den Nenner gelangen? Dazu fallen mir nur Wurzel und Logarithmus ein. Mal sehen, was beim

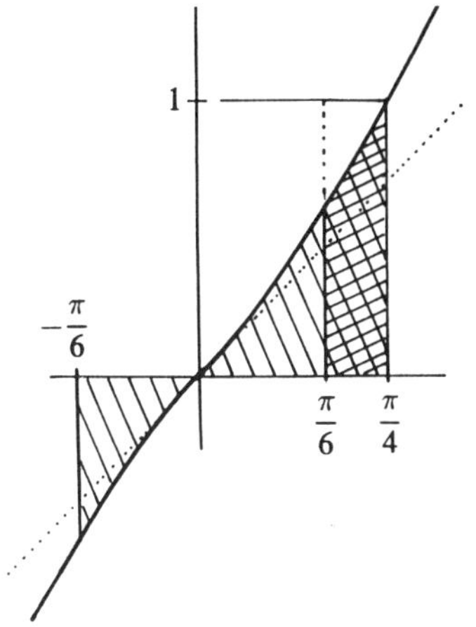

Bild 6-2. Die Beiträge zum Integral über Tangens von $-\pi/6$ bis $\pi/4$ (siehe Beispiel im Text)

Differenzieren von $\ln[\cos(x)]$ passiert . . .". Auch die Erkenntnis, daß der Zähler die (negative) Ableitung des Nenners ist, hätte via $f'/f = \partial_x \ln(f)$ zum Ziel geführt. Schließlich wäre auch Substitution $u := \cos(x)$ eine gute Idee gewesen (§6.3). Viele Wege führen nach Rom.

Wenn nach einigen erfolglosen Versuchen keine Stammfunktion zu finden war (obwohl man sie fast „riechen" konnte), dann wird die Frage interessant, ob andere Leute auch keine finden konnten, und man nimmt eine Integraltafel zur Hand (jene im *Bronstein* ist schon recht ordentlich). Sie erwarten natürlich, dort eine Sammlung von Formeln der Form

$$\frac{1}{1+x^2} = \partial_x \arctan(x)$$

vorzufinden, oder eventuell eine Tabelle, in der links f's und rechts zugehörige F's stehen. Statt dessen ist es

$$\text{''} \int \frac{1}{1+x^2} dx = \arctan(x) \quad \text{''} \, , \tag{$*$}$$

was man diesbezüglich in einer Integraltafel aufzufinden pflegt. „Die linke Seite von ($*$) ist doch eine Zahl (nämlich π)", sagen wir und wundern uns.

Das Ende des „unbestimmten Integrals"

Zuallererst (und um den Schaden geringzuhalten) sei betont, daß wir die Zeile ($*$) leicht als Tabelle lesen können: $\int$, dx und $=$ wegdenken! Die ungünstige dx-Stellung in ($*$) gibt uns einen Hinweis darauf, warum denn nun – in drei Teufels Namen – die Integraltafeln eine so exotische Tabellen-Form wählen: die DIN-Normen und die Beharrlichkeit historisch entstandener Nomenklaturen. ($*$) ist grauenhaft:

1. Das Gleichheitszeichen ist keines, weil es nur bis auf eine Konstante gilt. Darum wird die linke Seite von (∗) „unbestimmtes Integral" genannt. Da ist nun in der gesamten (sonstigen) mathematischen und physikalischen Literatur das Gleichheitszeichen ein verläßliches Symbol: rechte und linke Seite sind *gleich* – ob nun als Identität oder Definition oder Bestimmungsgleichung, aber eben gleich. Nur in (∗) soll plötzlich eine Ausnahme erlaubt werden? Das muß einmal jemand ändern!

2. (∗) verleitet dazu, auf der linken Seite Grenzen anzubringen und dann zu vergessen, daß nach (6.5) rechts zwei Terme hingehören bzw. daß die genannte Konstante noch zu bestimmen ist.

3. Der Anblick diverser Fehler dieser Art hatte vor einem Dutzend Jahren den Autor dazu veranlaßt, versuchsweise (es saß tief) auf das unbestimmte Integral zu verzichten. Es ging. Es ging mühelos. Wir haben es nämlich in der Physik niemals nötig, etwas Unbestimmtes aufzuschreiben.

4. Viele Lehrbücher enthalten unbestimmte Integrale. Man muß sich das einmal ansehen: wären durchweg Grenzen angebracht bzw. wäre ihr Fehlen eindeutig im Sinne (6.1) zu deuten, es wäre jedenfalls hilfreich für den Leser.

Fazit: Das sogenannte „Unbestimmte Integral" gehört in die Müllverbrennungsanlage der Geschichte. Die entsprechenden Tabellen kann man schlicht mit „Stammfunktionen" überschreiben. Das erste Wort bei „Bestimmte Integrale" kann entfallen. Diese nämlich sind wieder gesund (es sind wohldefinierte Flächen), und Gleichheitszeichen gelten im üblichen präzisen Sinne.

Wenn in einer Integraltafel eine Stammfunktion gefunden wurde, dann ist diese zur Kontrolle zu differenzieren (!). Die Tafel könnte Fehler enthalten. Autorität gilt nicht. Differenzieren ist einfach. Jenes Sicherheitsgefühl, das jede eigene Rechnung begleitet, darf nicht in unnötiger Weise belastet werden. Eine Haus-Übungs-Bearbeitung muß entweder die genannte Probe enthalten oder (weniger gut) das Zitat der benutzten Tafel. Man leistet am besten beides.

Uneigentliche Integrale

sind Flächen, die sich bis ins Unendliche erstrecken, entweder nach rechts/links (unendliche Grenze) oder nach oben/unten (f hat Singularität). Wir wissen von den Reihen, daß hierbei sowohl eine endliche als auch eine unendlich große Fläche herauskommen kann. Man sagt dann, das Integral **existiert** (oder auch: es konvergiert) bzw. es existiert nicht (oder: es divergiert). Um nachzusehen, was im konkreten Falle passiert, braucht man nur ganz gemütlich hinaus- (bzw. an die Gefahrenstelle heran-) zuspazieren:

$$\int_a^\infty dx\, f := \lim_{b\to\infty} \int_a^b dx\, f \,.$$

Falls f bei $x = 0$ singulär ist:

$$\int_0^b dx\, f := \lim_{a \to 0} \int_a^b dx\, f \;.$$

Beispiele:

$$\int_0^\infty dx\, e^{-\kappa x} = \lim_{b \to \infty} \int_0^b dx\, \partial_x \left(\frac{-1}{\kappa} e^{-\kappa x} \right) = \lim_{b \to \infty} \left(\frac{-1}{\kappa} e^{-\kappa b} + \frac{1}{\kappa} \right) = \frac{1}{\kappa}$$

$$= \int_0^\infty dx\, \partial_x \left(\frac{-1}{\kappa} e^{-\kappa x} \right) = -\frac{1}{\kappa} (e^{-\infty} - e^0) = \frac{1}{\kappa} \;,$$

$$\int_1^\infty dx\, x^{-\lambda} = \frac{1}{1 - \lambda} (\infty^{1-\lambda} - 1) = \frac{1}{\lambda - 1} \qquad (1 < \lambda) \;,$$

$$\int_0^1 dx\, x^{-\lambda} = \frac{1}{1 - \lambda} (1 - (+0)^{1-\lambda}) = \frac{1}{1 - \lambda} \qquad (\lambda < 1) \;,$$

existiert $\int_0^\infty dx [\ln(1 + e^x) - x]$? *Ja*, denn $[\ldots] = \ln(1 + e^{-x}) \to e^{-x}$.

Die zweite Zeile zeigt, wie man die Limes-Betrachtung in Gedanken kurz-schließen kann. Das Zeichen ∞ steht hier für eine sehr große positive Zahl und erinnert dabei an den auszuführenden Limes. In der dritten und vierten Zeile wird diese Stenographie geübt. Um nicht schon wieder die DIN-Menschen zu quälen, beschränken wir diese Notation auf den Hausgebrauch.

Übungs-Blatt 12

6.2 Physik mit Integralen

Es wird Zeit, den Nutzen der Integrale beim Nachvollziehen der Natur-Mathematik sichtbar zu machen, also einige wenige, aber typische Anwendungen des gewöhn-lichen Integrals zu nennen. Die typischen Anwendungen ergeben sich, wenn tatsächlich viele kleine Beiträge zu addieren sind [siehe auch Text unter (6.1)]. Daneben dienen Integrale auch als Hilfsmittel zur Formulierung allgemeiner Zusammenhänge (wobei meist das Integral eine Stammfunktion repräsentiert – eine bestimmte natürlich). Eine dritte Sorte Integrale kommt im folgenden noch nicht vor (zuerst in Kapitel 12). Sie ist sehr verwandt mit der ersten, und es han-delt sich dabei um jene Summe, mit der beim Skalarprodukt die Komponenten-Produkte addiert werden (nämlich in dem Grenzfall, in dem Vektoren in Funk-tionen übergehen).

Mittelung

Wenn Sie die mittlere Körpergröße Ihrer Familie angeben wollen, dann addieren Sie die einzelnen Größen und teilen das Resultat durch die Anzahl der erfaßten Familienmitglieder (Volkszählung ist schmerzlos). Die mittlere Augenzahl eines Würfels ist 3.5. Dieses sogenannte **arithmetische** Mittel läßt sich zwanglos auf Funktionen verallgemeinern, indem wir viele äquidistante Stützstellen anbringen (Abstand dx; malen!). Zwischen a und b ist also der mittlere Funktionswert gegeben durch

$$\overline{f} = \lim_{N \to \infty} \frac{\sum f \cdot dx}{N \cdot dx} = \frac{1}{b-a} \int_a^b dx\, f(x) \ , \quad \overline{f^2} = \frac{1}{b-a} \int_a^b dx\, f^2(x) \ , \quad (6.6)$$

$$\overline{f+g} = \overline{f} + \overline{g} \ , \quad \overline{\alpha f} = \alpha \overline{f} \ , \quad \overline{1} = 1 \ .$$

Rechts in (6.6) steht der mittlere quadratische Funktionswert. Nun ist auch klar, wie das arithmetische Mittel irgendeiner Potenz von f, eines Polynoms aus f's, einer Potenzreihe oder einer Funktion von f definiert ist. Die Wurzel aus der mittleren quadratischen Abweichung (vom Mittelwert) heißt **Schwankung** (hier: der Funktionswerte):

$$\Delta f := \sqrt{\overline{(f - \overline{f})^2}} = \sqrt{\overline{f^2} - 2\overline{f}\,\overline{f} + (\overline{f})^2} = \sqrt{\overline{f^2} - (\overline{f})^2} \ . \qquad (6.7)$$

Wenn Meßwerte schwanken, dann wird der mittlere quadratische Fehler ebenso ermittelt (s. §§12.3 und 14.1), und (fast) wie (6.7) ist auch die „Unschärfe" in der Quantenmechanik definiert. Wir wollten Physik machen, – einverstanden. Wenn ein 1D harmonischer Oszillator schwingt ($x(t) = A\cos(\omega t)$, Amplitude A, Periode $T = 2\pi/\omega$), dann ist das Zeitmittel über eine Periode sinnvoll. Der mittlere Ort ist also

$$\overline{x} = \frac{1}{T} \int_0^T dt\, A\cos(\omega t) = 0 \ ,$$

seine Schwankung ist

$$\Delta x = \sqrt{\overline{x^2}} = \left(\frac{1}{T} \int_0^T dt\, A^2 \cos^2(\omega t) \right)^{1/2} = \frac{|A|}{\sqrt{2}} \ ,$$

sein mittleres Potential ist

$$\overline{V} = \frac{1}{T} \int_0^T dt \frac{\kappa}{2} x^2(t) = \frac{\kappa A^2}{4} \ ,$$

und seine mittlere kinetische Energie $(m/2)A^2\omega^2\overline{\sin^2(\omega t)} = A^2 m\omega^2/4 = \overline{V}$ ist gleich der mittleren potentiellen (eine Spezialität des harmonischen Oszillators). Vielleicht haben Sie bemerkt, daß man das Integral bei der Schwankung unter der Wurzel gar nicht auszurechnen braucht – malen genügt!! (bitte tun Sie dies jetzt – einmal fürs ganze Leben). Das wollen wir uns nämlich merken: wenn über eine (halbe) Periode gemittelt wird (oder über sehr, sehr viele Perioden, so daß es auf einen kleinen Rest nicht ankommt), dann dürfen wir einen $\cos^2(\omega t)$ oder $\sin^2(\omega t)$ als $1/2$ vor das Integral ziehen.

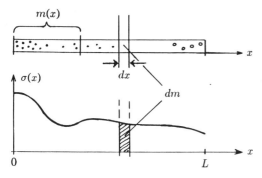

Bild 6-3. Masse und lineare Massendichte eines inhomogenen Stabes als Funktionen von x

Lineare Massenverteilung

Ein dünner Stab aus Metall liege auf der x-Achse zwischen 0 und L (Bild 6-3). Links und in der Mitte sind viele schwerere Fremdatome eingelagert und am rechten Ende sind viele Fehlstellen (winzige Hohlräume) eingeschlossen. Nichts ist perfekt in der Realität. Wir wandern von links nach rechts über den Stab und nennen die jeweils hinter uns liegende Masse $m(x)$. Dies ist eine leicht wellige, monoton ansteigende Funktion (malen!). Bitte werden Sie jetzt nicht übermäßig genau: auf atomarer Skala bekommt $m(x)$ viele winzige Stufen, die man weder messen kann noch will. Ein wenig räumliche Mittelung ist also sinnvoll. Die Bildung $\sigma(x) := m'(x) = dm/dx$ heißt (lineare) **Massendichte**: Masse pro Länge. Offenbar gibt nun $dx\,\sigma(x)$ die Masse eines Scheibchens an, das von x bis $x + dx$ reicht. Die Herstellerfirma ist anständig und hat den Labor-Bericht beigelegt: $\sigma(x)$ ist bekannt. Diese Information genügt uns, um per Rechnung die Gesamtmasse M des Stabes auszurechnen sowie die erste Komponente R_1 des Schwerpunkt-Vektors [siehe (4.23)] und auch noch z.B. das Trägheitsmoment I_{33} [siehe (4.22)] des Stabes, das die Dreh-Trägheit bei Drehung um eine vertikal am Ursprung angelötete Achse angibt:

$$
\left.
\begin{aligned}
M &= \int_0^L dx\,\sigma(x) \\
R_1 = \frac{1}{M}\sum_\nu m_\nu x_\nu \quad &\rightarrow \quad R_1 = \frac{1}{M}\int_0^L dx\,\sigma(x)\,x \\
I_{33} = \sum_\nu m_\nu\left(x_\nu^2 + y_\nu^2\right) \quad &\rightarrow \quad I_{33} = \int_0^L dx\,\sigma(x)\,x^2 .
\end{aligned}
\right\} \tag{6.8}
$$

In der zweiten Zeile sieht man schön, wie die rechtsstehende Gleichung zu lesen ist, nämlich als Summe über viele kleine Massen $[dx\,\sigma(x)]$, die mit ihrem Ort x multipliziert sind. dx und $\sigma(x)$ gehören zusammen: die eckige Klammer denke man sich in (6.8) dazu. Der Leser möge nun in der dritten Zeile die rechte Gleichung zudecken und die integrale Version von I_{33} selbst finden (der y^2-Term entfällt erst dann, wenn wir uns den Stab ∞ dünn denken). Ein Trägheitsmoment bezieht man gern auf eine Achse durch den Schwerpunkt. Wie dieses (nennen wir es I_{33}^S) mit jenem in (6.8) zusammenhängt, zeigt die folgende kurze Rechnung

$$I_{33} = \int_0^L dx\, \sigma(x) \left[(x - R_1)^2 + 2R_1(x - R_1) + R_1^2 \right]$$

$$= \int_0^L dx\, \sigma(x)(x - R_1)^2 + MR_1^2 = I_{33}^S + MR_1^2 \, . \tag{6.9}$$

Dieser „Satz von **Steiner**" ist ungemein anschaulich (bitte merken und die Herleitung jederzeit können).

Superposition

heißt Überlagerung, nämlich von z.B. zwei Kraft-Feldern, die sich dabei vektoriell addieren. Weil der Gradient ein linearer Operator ist, kann man auch die Potentiale (sofern existierend) der beiden Felder addieren. Entleeren Sie nun (in Gedanken) das Weltall und lassen Sie nur Ihre Raumkapsel (Masse m, Ort $\vec{r}$) übrig sowie N Sterne mit Massen M_ν, die alle auf einer Geraden (x-Achse) bei $\vec{r}_\nu = (x_\nu, 0, 0)$ fest angebracht seien. Also ist nach (3.11) und (1.15)

$$V(\vec{r}) = \sum_{\nu=1}^N (-\gamma m M_\nu) / \sqrt{(x - x_\nu)^2 + y^2 + z^2},$$

das Gravitations-Potential dieser Anordnung. Und das des stabförmigen „Himmelskörpers" von Bild 6-3 ist

$$V(\vec{r}) = -\gamma m \int_0^L dx' \frac{\sigma(x')}{\sqrt{(x - x')^2 + y^2 + z^2}} \, . \tag{6.10}$$

Gleichung (6.10) ist das wichtigste Beispiel in diesem Abschnitt: Integral zum Aufsammeln der infinitesimalen Fern-Wirkungen kontinuierlich verteilter Ursachen. Beachte: x' numeriert Stab-Scheibchen und ist Integrationsvariable, x ist x-Komponente von $\vec{r}$ und ist äußere Variable zusammen mit y, z. Schade, daß am Abendhimmel keine solchen Stäbe auszumachen sind! So müssen wir uns hier, um ein Beispiel vor Augen zu haben, mit einer Hochsprunglatte begnügen. In ihrer Umgebung erfüllt (6.10) tatsächlich den Raum. Jedoch wenn Sie sich vergebens an 1.80 m versucht haben, dann führen Sie dies bitte nicht auf Anziehung durch Stab zurück, sondern sehen Sie sich lieber zuvor den Zahlenwert von γ an: $\gamma = 6,7 \times 10^{-11}\, \mathrm{m^3 kg^{-1} s^{-2}}$. Die Form (6.10) hat übrigens auch das Potential der Kraft auf eine Ladung in der Nähe eines katzenfellgeriebenen Glasstabes. Dann ist $\sigma(x)$ die Ladung pro Länge, und der Vorfaktor ist viel größer. Gleichung (6.10) verlangt flehend nach Verallgemeinerung auf andere Massenverteilungen und somit nach den allgemeineren Integralen in §6.4.

Newton mit zeitabhängiger Kraft

Ein bestimmter Mißbrauch von Integralen ist leider weit verbreitet. Er liegt dann vor, wenn ein Lösungsweg durch sie nur behindert oder kompliziert und mit möglichen Fehlerquellen belastet wird. Ein Beispiel zeigt uns zuerst (**A**) den sinn-vollen Integral-Gebrauch und danach (**B**) den unsinnigen. Aus Newtons Bewe-gungsgleichung in 1D mit einer Kraft, die nur von t abhängt, $\vec{K}(t) = (K(t), 0, 0)$, soll zu $v(t_0) =: v_0$ die Geschwindigkeit als Funktion der Zeit ermittelt werden:

A Stellen wir uns vor, die Kraft $K(t)$ sei grafisch gegeben (z.B. experimentell ermittelt) oder sie sei eine so komplizierte Funktion, daß wir die Suche nach ihrer Stammfunktion als hoffnungslos ansehen, oder wir wollen sie noch nicht spezifizieren und möglichst dennoch die Lösung zu Papier bringen. Solcherlei Fragen beantworten wir uns mittels

$$\dot{v}(t) = \frac{1}{m}K(t) , \quad \int_{t_0}^{t} dt'\, \dot{v}(t') = \frac{1}{m} \int_{t_0}^{t} dt'\, K(t')$$

$$\curvearrowright \quad v(t) = v(t_0) + \frac{1}{m} \int_{t_0}^{t} dt'\, K(t') .$$

Die somit erhaltene formale Lösung läßt sich aufheben, weiteren Manipulatio-nen zuführen oder spezifizieren und ggf. dem Computer vorwerfen. Übrigens haben wir aufgepaßt, rechts und links die gleichen Grenzen angebracht, äußere und Integrations-Variable verschieden bezeichnet und keinen Term von (6.5) vergessen.

B Die Funktion $K(t)$ sei explizit bekannt [z.B. $K(t) = \gamma\omega \cos(\omega t)$] und ihre Stammfunktion $P(t)$ lasse sich finden (oder soll gefunden werden). Dann schreiben wir

$$m\dot{v} = K(t) = \partial_t P(t) = \partial_t \gamma \sin(\omega t) \quad \text{in die erste Zeile und}$$

$$mv = C + P(t) = C + \gamma \sin(\omega t)$$

direkt darunter, bestimmen uns die Konstante C aus $v(t_0) = v_0$ und sind fer-tig (!). Wer aber ein rechter Umstandskasten ist, der integriert erst einmal über beide Seiten, weil man dabei überhaupt gar keine Fehler nicht machen kann. Dann schwelgt er in der Erhabenheit seiner allgemeinen Problem-Formulierung bis ihm endlich einfällt, was eigentlich zu tun war: „Und nun will ich das Integral auswerten, oh, also suche ich nach einer Stammfunktion" – „Guten Abend, warum haben Sie das nicht gleich getan?". Solche Schildbürger kom-men übrigens in den besten Familien vor.

Newton (1D) mit x-abhängiger Kraft

Auch dieses Problem läßt sich formal allgemein lösen, d.h. ohne die Kraft $K_1(x) =: K(x)$ zu spezifizieren. Dies ist wieder eine **A**-Typ-Fragestellung. In 1D existiert stets ein Potential $V(x)$ (ob man es als negative Stammfunktion von $K(x)$ explizit hinschreiben kann, ist eine andere Frage):

$$m \cdot \ddot{x} = K(x) = -\partial_x V(x) \,\|\cdot \dot{x} \quad \curvearrowright \quad \dot{x}^2 = \frac{2}{m}(E - V(x)) ,$$

$$dx/dt = \dot{x} = \oplus\sqrt{2/m}\,\sqrt{E - V(x)} \quad , \quad t'(x) = \oplus\sqrt{m/2}\,/\sqrt{E - V(x)} \quad ,$$

$$x(t_0) =: x_0 \quad (t(x_0) = t_0) \quad \curvearrowright$$

$$t - t_0 = \oplus \int_{x_0}^{x} dx' \frac{\sqrt{m/2}}{\sqrt{E - V(x')}} \quad . \tag{6.11}$$

Gleichung (6.11) gibt die gesuchte Lösung $x(t)$ implizit an: man hat „nur noch" das Integral auszuführen und nach der oberen Grenze aufzulösen. Von den eingekreisten Vorzeichen kann man offenbar beide wählen. Bild 3-3 hilft uns, dies zu verstehen. Wählen wir z.B. das Minuszeichen (überall in den Kreisen), dann startet das Teilchen bei x_0 mit negativer Geschwindigkeit, x entfernt sich im Laufe der Zeit nach links von x_0, und in (6.11) hilft das Minuszeichen, die verkehrten Grenzen zu vertauschen. Nun geht genau so lange alles gut mit (6.11), bis der linke Umkehrpunkt (falls es einen gibt) erreicht ist, d.h. bis die Wurzel im Nenner von (6.11) Null wird. Ab diesem Zeitpunkt trifft dann das positive Vorzeichen zu.

Das Gehirn hat eine eigenartige Soziologie. Da gibt es Sicherheitsdienst, Ideologie-Abteilung, Warenkontrolle usw. und so etwas wie einen freien Journalismus (ihm wird ein zersetzender Einfluß zugeschrieben). Ja, wenn wir den nicht hätten! An der Stelle, an der wir gerade sind, wird nun prompt publik gemacht, daß doch bei Annäherung an den Umkehrpunkt das Integral (6.11) divergieren könnte. Ja? Ja! (malen!). Während sich also in einem solchen Falle das Teilchen dem Umkehrpunkt immer mehr nähert, wird t immer größer und größer. Und wenn wir gestorben sind, nähert es sich immer noch.

Bei der Herleitung von (6.11) hatten wir die Umkehrfunktion $t(x)$ der Lösung eingeführt. Man kann es aber auch ein wenig anders machen. Wenn man die Gleichung $\dot{x} = \ldots$ durch die rechte Seite teilt, dann auf beiden Seiten mit dt multipliziert, Integralzeichen davor setzt und nun einander entsprechende Grenzen anbringt, dann steht (6.11) erneut da:

$$\oplus \int_{x_0}^{x(t)} dx \frac{\sqrt{m/2}}{\sqrt{E - V(x)}} = \int_{t_0}^{t} dt' \quad .$$

Man nennt diese Manipulation **Trennung der Variablen** (sie wird in Kapitel 7 ein wenig verallgemeinert).

Arbeit

ist Kraft mal Weg. Ändert sich die Kraft längs des Weges, dann sind kleine Wegstückchen dx zu betrachten. Das hat uns zu Bild 1-15 schon einmal beschäftigt. Inzwischen können wir diese kleinen Produkte aufaddieren:

$$A := \int_{a}^{b} dx\, K_1(x) = -\int_{a}^{b} dx\, V'(x) = V(a) - V(b) \quad . \tag{6.12}$$

Die Arbeit A ist positiv, wenn $a < b$ und wenn die Kraft nach rechts zeigt. Das Teilchen wird dann nach rechts hin schneller. Es kommt dabei in Regionen mit tieferem Potential. Also ist (6.12) die Arbeit, die das Kraftfeld am Teilchen verrichtet. Bei $x = b$ könnte man sie nämlich in andere Energiearten umwandeln (Beispiel: ein Meteorit fällt auf die Erde und verglüht in der Atmosphäre).

Man mag an dieser Stelle fragen, ob denn für den Begriff „Arbeit" überhaupt eine Notwendigkeit bestehe (ohne dies bunt-alternativ zu meinen). Gleichung (6.12) erweckt den Eindruck, als genüge es, von Potential-Differenz zu reden. Die Frage ist berechtigt. Allerdings hält dagegen, daß ein Potential nicht immer existiert. Solange wir nur auf einer geraden x-Achse spazierengehen, hängt die Kraft-x-Komponente nur von x ab, und in dieser 1D-Situation gibt es stets ein Potential. Bald aber lassen wir ein Teilchen auf gekrümmter Bahn durch ein Kraftfeld fliegen (und erfinden in §6.4 das Kurven-Integral). Auch wenn nun das Feld kein Potential hat (wie etwa zu Bild 3-4), bleibt die Arbeit, die das Feld am Teilchen verrichtet, eine ganz natürliche Angelegenheit. Sie hängt dann lediglich von der Kurvenform ab.

Wer mittels Integral [jenem, das links in (6.12) steht] das Potential einer gegebenen Kraft explizit ausrechnen will, der wird alsbald in die Solidargemeinschaft der Schildbürger aufgenommen. In aller Regel ist dies nämlich ein B-Typ-Problem. Wir konnten es schon lange vor der Erfindung des Integrals lösen.

6.3 Integrations-Methoden

Die Überschrift trifft genaugenommen nur auf Näherungsverfahren zu (grafische, Computer, Reihenentwicklung des Integranden und Abbruch). Gäbe es auch nur eine Methode, ein Integral in Strenge auszuwerten, wozu dann obiger Plural? Wir wären mit dieser einen schon hoch zufrieden. Statt dessen handelt es sich bei den nachfolgend katalogartig genannten „Methoden" um Möglichkeiten, ein Integral in ein anderes umzuformen. Wenn man sie (mit Methode) im konkreten Fall ausprobiert, dann erhöht sich die Chance, eine Stammfunktion zu raten. So schlimm sieht es aus.

Partialbruchzerlegung

Manche Integranden, insbesondere Produkte von Brüchen, lassen sich in Terme zerlegen, die bezüglich Integration angenehmer sind.

Beispiel:

$$\frac{1}{x(1 + x^2)} = \frac{1}{x} - \frac{x}{1 + x^2} = \partial_x \left[\ln(x) - \frac{1}{2} \ln\left(1 + x^2\right) \right]$$

(Eine Systematik der Anwendbarkeit bietet *Bronstein*).

Partielle Integration

Man erkenne, daß/ob es sinnvoll ist, einen Integranden als Produkt aufzufassen, zu dessen einem Faktor leicht eine Stammfunktion (=: u) zu finden ist:

$$\int_a^b dx\, u'v = \int_a^b dx\, [(uv)' - uv'] = [uv]_a^b - \int_a^b dx\, uv' \ . \tag{6.13}$$

Beispiel:

$$\int_0^b dx\, \ln(x) = [x\ln(x)]_0^b - \int_0^b dx = b\ln(b) - b$$

$$u' = 1 \ , \quad v = \ln(x)$$
$$u = x \ , \quad v' = 1/x \ .$$

Sich den Vers „$u' = \ldots$, $v = \ldots$, usw." unter das Integral zu schreiben, ist meist unverzichtbar. Schematismus-Gegner hätten zu diesem Beispiel etwas anders gedacht: „Wovon könnte $\ln(x)$ die Ableitung sein? Immerhin fällt uns dazu ein, daß beim Ableiten von $x\ln(x)$ wenigstens *ein* Term das Richtige liefert. Der andere ist 1 und hat Stammfunktion x. Aha, es ist also $\ln(x) = \partial_x[x\ln(x) - x]$." (Zu sagen, wofür er statt dessen ist, würde so manchem Gegner heutzutage gut anstehen.)

Substitution

Man erkenne, daß/ob es sinnvoll ist, auf dem Wege von a nach b die Geschwindigkeit zu verändern: $x(t)$. Hat man sich eine solche Funktion ausgedacht, dann folgt $dx = dt\, \dot{x}(t)$ und somit

$$\int_a^b dx\, f(x) = \int_{t(a)}^{t(b)} dt\, \dot{x}(t)\, f(x(t)) \ . \tag{6.14}$$

Man darf sich dabei ruhig auch einmal ein Stück rückwärts bewegen, wenn man nur im Laufe der „Zeit" bei b ankommt. Aber in praxi genügt es, sich auf monotonen Zusammenhang von x mit dem Parameter t zu beschränken. Die Grenzen des t-Integrals sind jene Werte der neuen Variablen t, zu denen $x(t)$ die Werte a bzw. b annimmt. Substitution verleitet zu Fehlern. Sie will ganz ausführlich und mit Gemüt ausgeführt werden. Alle vier Schritte [1. x-t-Zusammenhang, 2. daraus den Zusammenhang von dx mit dt, 3. bei welchem t-Wert wird $x = a$? und 4. bei welchem t-Wert wird $x = b$?) wollen als Nebenrechnung zu Papier gebracht werden. Man schreibt sie am besten unter das auszuwertende Integral. Beispiel Kreisfläche:

$$F = 4 \int_0^R dx\, \sqrt{R^2 - x^2} = 4R^2 \int_0^{\pi/2} d\varphi\, \underbrace{\cos^2(\varphi)}_{1/2} = \pi R^2$$

$$x = R\sin(\varphi) \quad , \quad dx = d\varphi R\cos(\varphi)$$

bei $\varphi = 0$ wird $x = 0$, bei $\varphi = \pi/2$ wird $x = R$.

Irgend etwas an diesem Beispiel hat starkes Unbehagen ausgelöst. Kartesische Koordinaten zerstören die Harmonie eines Kreises! Um diese Harmonie zu erhalten, gehen wir besser auf dem Umfang (statt auf der x-Achse) spazieren und addieren unendlich viele unendlich dünne Dreiecksflächen:

$$F = \int_0^{2\pi} (d\varphi R) R \frac{1}{2} = \pi R^2$$

– Rauhigkeit gegen Null. So ist es schön. Aber um *die* schönste Kreisflächen-Berechnung handelt es sich noch nicht. Das letzte Integral war trivial, weil es auf eine Rechteck-Fläche hinauslief. Also müßte man doch aus den dünnen Dreiecken ein Rechteck bauen können. Natürlich: wir legen sie so übereinander, daß abwechselnd die Spitze nach rechts und links zeigt. Dann entsteht ein Rechteck mit Grundlinie R und mit halbem Umfang als Höhe: Kreisfläche = Radius mal halber Umfang, $R \cdot \pi R = \pi R^2$. Es gibt mehrere Stufen des Verstehens, zur Kreisfläche vielleicht beispielsweise fünf. Wir haben Stufe drei erreicht. Gibt es eine Stufe vier? Wir wissen es nicht. Wir wissen nie genau, ob es eine nächste Stufe gibt. Sie zu vermuten, ist sicherlich gut.

Differenzieren nach Parameter

Man erkenne, daß/ob ein Integrand aus einer einfacheren Funktion durch Ableiten nach einem Parameter hervorgeht. Beispiel:

$$\int_0^\infty dx\, x\, \mathrm{e}^{-\alpha x} = -\partial_\alpha \int_0^\infty dx\, \mathrm{e}^{-\alpha x} = -\partial_\alpha \frac{1}{\alpha} = \frac{1}{\alpha^2} \ ,$$

$$\int_0^\infty dx\, x^n\, \mathrm{e}^{-\alpha x} = \left(-\partial_\alpha\right)^n \frac{1}{\alpha} = \frac{n!}{\alpha^{n+1}} \ .$$

Parameter-Abhängigkeit präparieren

Mitunter (und gar nicht so selten) kann einem armseligen Menschen, der sich an einem Integral plagt, dadurch geholfen werden, daß man ihn fragt, was er an diesem Integral denn eigentlich lernen will. Siehe da, er möchte nur die Abhängigkeit von einem Parameter kennenlernen (z.B. von welcher Potenz des Parameters das Integral abhängt).

Beispiel:

$$\int_0^\infty d\varepsilon\, \frac{\varepsilon}{\mathrm{e}^{\varepsilon/T} + 1} = T^2 \int_0^\infty dx\, \frac{x}{\mathrm{e}^x + 1} \ .$$

Ob man nun Substitution oder Skala-Änderung („λ-Trick") hierzu sagt, wir haben jedenfalls herausgefunden (ohne wirklich zu integrieren!), daß das Integral die

Form const $\cdot\, T^2$ hat. Die Konstante hat Größenordnung eins (genauer: const = $\pi^2/12$, siehe nächste „Methode"). Obiges Integral ergibt sich, wenn man die Energie der Elektronen eines Metalls als Funktion der Temperatur ausrechnet. Um einen physikalischen Mechanismus zu verstehen, ist also explizite Auswertung eines Integrals mitunter gar nicht nötig.

Funktionentheorie

ist ein faszinierendes Teilgebiet der Mathematik. Es behandelt Funktionen von komplexen Zahlen. Bei uns gab es bisher zwar komplexe Funktionswerte, aber die Variable blieb reell. Wir erwähnen hier nur, daß dieses Gebiet besonders bei Summen und Integralen gute Dienste leistet (*Jänich*: Analysis für Physiker und Ingenieure; *Mathews/Walker* „Mathematical Methods of Physics").

Integral-Transformation des Integranden

Auch diese Umformungsmöglichkeit sei hier nur erwähnt. Für die Integral-Transformation einer Funktion („Entwicklung nach einem vollständigen Funktionen-System") wird die Fourier-Transformation (Kapitel 12) ein erstes Beispiel sein.

Übungs-Blatt 13

6.4 Kurven-, Flächen- und Volumenintegral

Wer geht schon täglich auf einer schnurgeraden x-Achse zur Arbeit. Und weshalb sollten jene infinitesimalen Anteile, die man beim Integrieren aufsammelt, stets Skalare sein. Der Scheibenwischer am Auto überstreicht Fläche. Meine täglichen Kalorien werden als etwas pro Volumen aufgesammelt. Wenn wir so denken (vgl. auch §6.2), dann ergeben sich die folgenden allgemeineren Integrale wie von selbst. Sie lassen sich allesamt dadurch ausrechnen, daß man sie auf gewöhnliche Integrale zurückführt.

Vektor-Integrand

Das Integralzeichen addiert. Vektoren addiert man komponentenweise. Also wissen wir bereits, was mit einem Integral über eine Vektor-Funktion gemeint ist:

$$\int_a^b dx\ \vec{f}(x) = \left(\int_a^b dx\ f_1(x)\ ,\ \int_a^b dx\ f_2(x)\ ,\ \int_a^b dx\ f_3(x) \right)\ . \qquad (6.15)$$

Anwendungs-Beispiele zu (6.15) ergeben sich, wenn wir das Beispiel **A** in §6.2 auf drei Dimensionen verallgemeinern,

$$\int_0^t dt'\, m\dot{\vec{v}}(t') = m\left(\int_0^t dt'\, \dot{v}_1(t') \ , \ \dots \ , \ \dots \right) = \int_0^t dt'\, \vec{K}(t')$$

$$\curvearrowright \ \vec{v}(t) = \vec{v}(0) + \frac{1}{m}\int_0^t dt'\, \vec{K}(t')\ ,$$

oder wenn wir den Schwerpunktvektor $\vec{R}$ eines horizontal in Höhe h angebrachten Stabes ausrechnen,

$$\vec{R} = \frac{1}{M}\int_0^L dx\, \sigma(x)\,(\ x\ ,\ 0\ ,\ h\ ) = \left(\frac{1}{M}\int_0^L dx\, \sigma(x)\, x\ ,\ 0\ ,\ h\right)\ ,$$

oder wenn wir das Gravitations-Kraftfeld eines Stabes ausrechnen,

$$\vec{K}(\vec{r}) = -\gamma m \int_0^L dx'\, \sigma(x') \frac{\vec{r}-\vec{r}\,'}{|\vec{r}-\vec{r}\,'|^3}\Bigg|_{r'=(x',0,0)}\ .$$

Dies ergab sich direkt aus (1.15) per Ersetzung $M \rightarrow dx'\sigma(x')$ und anschließender Addition (Superposition von Vektorfeldern). Natürlich kann diese Kraft (im Kopf!) auch aus ihrem Potential (6.10) erhalten werden.

Kurvenintegral

Den Stab oder Draht von Bild 6-3 kann man verbiegen. Die Fragen nach Masse, Schwerpunktvektor und Gravitationspotential bleiben dabei sinnvoll. Auch die Arbeit (6.12), die eine Kraft an einem Teilchen verrichtet, bleibt bei gekrümmter Wegstrecke eine gesunde Größe. Die x-Achse des gewöhnlichen Integrals zu einer Raumkurve werden zu lassen, sollte – rein gefühlsmäßig – keine größeren Probleme bereiten.

Um ein Stück Raumkurve $\mathcal{C}$ zu beschreiben, lassen wir bekanntlich (Kapitel 2) die „Zeit" t vergehen und geben die Schar der auf $\mathcal{C}$ zeigenden Ortsvektoren $\vec{r}(t)$ an sowie die Anfangs- und End-,,Zeiten" t_1 und t_2. $\mathcal{C}$ zu kennen, heißt $\vec{r}(t)$, t_1, t_2 zu kennen. Das Kurvenstück unterteilen wir in sehr viele sehr kleine Stücke (Bild 6-4) und bezeichnen ihre Länge mit ds. Den Verschiebungsvektor auf einem solchen Stück nennen wir $d\vec{r}$. Es ist also $ds = |d\vec{r}|$. Ein Integralzeichen mit $\mathcal{C}$ als Index ist eine Summe über diese Kurvenstücke. Die aufzuaddierenden Beiträge sind klein, weil der Summand entweder ds oder $d\vec{r}$ enthält. Nach diesen Zeichenerklärungen können wir die eingangs erwähnten Größen aufschreiben:

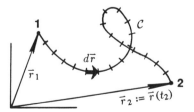

Bild 6-4. Kurvenintegral als Summe über infinitesimale Beiträge

117

$$\text{Länge von } C \qquad L \;=\; \int_C ds = \int_1^2 ds \qquad\qquad (6.16)$$

$$\text{Masse des Drahtes} \qquad M \;=\; \int_C ds\, \sigma(\vec{r}) \qquad\qquad (6.17)$$

$$\begin{array}{l}\text{Gravitationspotential}\\[2pt]\quad\text{des Drahtes}\end{array} \qquad V(\vec{r}) \;=\; -\gamma m \int_C ds'\, \frac{\sigma(\vec{r}\,')}{|\vec{r} - \vec{r}\,'|} \qquad\qquad (6.18)$$

$$\text{Arbeit längs } C \qquad A \;=\; \int_C d\vec{r}\cdot \vec{K}(\vec{r})\,. \qquad\qquad (6.19)$$

Rechts in (6.16) steht eine andere mögliche Bezeichnung für das Kurvenintegral. Zu dieser merkt man sich, daß auch der Verlauf der Kurve von Punkt 1 nach Punkt 2 zu spezifizieren ist. In (6.17) und (6.19) zeigt $\vec{r}$ nur auf Punkte der Kurve [ebenso $\vec{r}\,'$ in (6.18)], weil nur dort σ definiert ist bzw. $\vec{K}$ abgefragt wird. Der Leser ergänze obige Formeln um solche für Schwerpunkt und Trägheitstensor des gebogenen Drahtes. Gleichung (6.19) verallgemeinert (6.12).

Integrale aufzuschreiben ist eine Sache, sie auszurechnen eine andere. Aber warum sollte sich nicht letztere auch einmal als umwerfend einfach herausstellen. $\vec{r}(t)$ ist bekannt; also können wir $\dot{\vec{r}} = \vec{v} = d\vec{r}/dt$ bilden und $d\vec{r} = dt\,\vec{v}$ (bzw. $ds = dt\,v$) in z.B. (6.19) einsetzen:

$$A = \int_C d\vec{r}\cdot \vec{K}(\vec{r}) = \int_{t_1}^{t_2} dt\, \vec{v}(t)\cdot \vec{K}(\vec{r}(t))\,. \qquad\qquad (6.20)$$

Damit ist die Rückführung auf ein gewöhnliches Integral gelungen. Beispiele folgen in den Übungen. Aber vielleicht hilft der einen oder dem andern ein „Spickzettel" mit Angaben, was im konkreten Fall der Reihe nach zu bedenken ist:

„Fahrplan"	Beispiel Kreisumfang
1. Formulierung	$U = \int_C ds$
2. Kurve C spezifizieren:	$\vec{r}(t) = R\,(\cos(t)\,,\,\sin(t)\,,\,0)$
3. t_1 und t_2 angeben (ggf. aus $\vec{r}(t_1) = \vec{r}_1$ und $\vec{r}(t_2) = \vec{r}_2$ berechnen)	$t_1 = 0 \;\;,\;\; t_2 = 2\pi$
4. $\dot{\vec{r}} = \vec{v}$ bilden (ggf. auch $v = |\vec{v}|$) und t-Integral aufschreiben	$\vec{v} = R\,(-\sin(t)\,,\,\cos(t)\,,\,0)\,,\; v = R$ $U = \int_0^{2\pi} dt\, R$
5. $\vec{r}(t)$ in Integrand einsetzen	entfällt
6. ggf. Skalarprodukt ausführen	entfällt
7. gewöhnliches Integral auswerten	$U = 2\pi R$

Es gibt mehrere Sorten Kurvenintegral: wieviele? Wenn wir als Integrand nur Tensoren nullter Stufe, ϕ, und erster Stufe, $\vec{A}$, zulassen, dann gibt es genau die folgenden fünf:

$$\int_C ds\,\phi(\vec{r}) \quad \int_C ds\,\vec{A}(\vec{r}) \quad \int_C d\vec{r}\cdot\vec{A}(\vec{r}) \quad \int_C d\vec{r}\times\vec{A}(\vec{r}) \quad \int_C d\vec{r}\,\phi(\vec{r})\,.$$

Skalar $\qquad$ Vektor $\qquad$ Skalar $\qquad\qquad$ Vektor $\qquad\qquad$ Vektor

Beispiele für den ersten Typ sind (6.16) bis (6.18), für den zweiten die Gravitationskraft eines Drahtes [d.h. der Gradient von (6.18)] sowie sein Schwerpunktvektor, und vom dritten Typ ist (6.20). Die restlichen zwei Typen tauchen z.B. in der Elektrodynamik auf.

Mit (6.20) haben wir eine Möglichkeit (die immer geht) in der Hand, ein Kurvenintegral auszuwerten. Sie wird nur selten benutzt. Wie kann das sein? Das Zauberwort heißt *Symmetrie*. Sehen wir uns zum Beispiel das elektrische Feld $\vec{E} = \alpha(-y, x, 0)$ an. Die Pfeile zeigen um die z-Achse herum, liegen also tangential an Kreisen um die z-Achse. Wählen wir nun als Kurve $\mathcal{C}$ einen geschlossenen Kreis (R) um die z-Achse, dann ist

$$\oint_C d\vec{r}\times\vec{E} = 0 \quad \text{und} \quad \oint_C d\vec{r}\cdot\vec{E} = \alpha R\cdot 2\pi R\,,$$

weil nur Null-Beiträge addiert werden, beziehungsweise weil man $d\vec{r}\cdot\vec{E} = ds\,E$ setzen und die Konstante E vor das Integral ziehen kann. Der Heiligenschein am Integralzeichen gibt an, daß sich die Kurve in den Schwanz beißt, d.h. geschlossen ist. Obiges $\vec{E}$-Feld herrscht übrigens im Inneren einer zeitlich-anwachsend stromdurchflossenen Spule, und das Integral ist die Spannung an den Enden einer kreisrunden Draht-Schleife (wir verstehen dies in Kapitel 11).

Ebenes Flächenintegral

Eine ebene Wiese wird gemäht. Das Gras wächst unterschiedlich hoch. Wieviel Heu pro Fläche geerntet werden kann, ist also eine Funktion von x und y: $\phi(x, y)$. Diese Funktion sei gegeben. Es interessiert, wieviel Heu H insgesamt eingefahren werden kann. Was „wieviel Heu" dimensionsmäßig ist, lassen wir offen. Im folgenden ist es nämlich unerheblich, ob H in kg oder in Säcken gezählt oder ob die Anzahl der Chlorophyll-Moleküle angegeben wird. ϕ ist Heu pro Fläche. Die gesamte Fläche F sei einfach zusammenhängend (Bild 6-5). Ist sie es nicht, dann zerlegen wir sie in einfach zusammenhängende Flächen (Bild 6-6). F hat einen am weitesten links liegenden Punkt (x_1) und einen am weitesten rechts liegenden (x_2). Dort enden obere ($y_2(x)$) und untere Randkurve ($y_1(x)$). Diese beiden Funktionen seien einwertig (wenn nicht: zerlegen! – Bild 6-6). Im Streifen zwischen x und $x + dx$ bringt ein dünner Rasenmäher, der in y-Richtung fährt,

$$dx \int_{y_1(x)}^{y_2(x)} dy\,\phi(x, y)$$

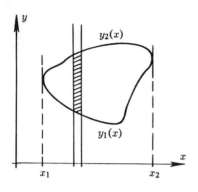

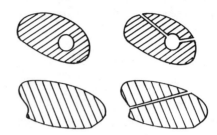

Bild 6-5. Zur Auswertung eines ebenen Flächenintegrals in kartesischen Koordinaten

Bild 6-6. Wie man eine Fläche in einfach zusammenhängende Teilflächen zerschneidet, und wie man ebenso für einwertige Randkurvenfunktionen sorgen kann

Heu zusammen. Rechts von dx steht eine nur noch von x abhängende Funktion: Heu pro x-Intervall. Nun ist klar, daß wir nur noch die Ausbeute aller dieser Streifen zu addieren haben, um H zu erhalten:

$$H = \int_F d^2r\, \phi(x,y) = \int_{x_1}^{x_2} dx \int_{y_1(x)}^{y_2(x)} dy\, \phi(x,y) \; . \tag{6.21}$$

Gleichung (6.21) zeigt, wie man ein ebenes Flächenintegral in kartesischen Koordinaten auswerten kann. Mehrfachintegrale sind harmlos. Man führe zuerst das rechte Integral aus und danach das linke. Mit dem linken Integral in (6.21) wird eine Bezeichnungsweise empfohlen, die noch nicht auf kartesische Rasenmäher verweist: etwas pro Fläche wird mit dem **Flächenelement** d^2r multipliziert, und Addition aller dieser kleinen Produkte geben das gesamte „etwas" auf der Fläche. Die Zwei in d^2r soll daran erinnern, daß es sich um etwas Zweidimensional-Kleines handelt. Wir sind nun in der Lage, z.B. das Gravitationspotential eines flächenhaften Himmelskörpers aufzuschreiben, dessen Masse pro Fläche eine bekannte Funktion von x, y ist.

Um (6.21) zu illustrieren, rechnen wir das Volumen V einer Kugel (Radius R) aus, indem wir das rechts-hinten-obere Achtel der Kugel in dünne Säulen mit Grundfläche $dx\, dy$ und Höhe $\sqrt{R^2 - x^2 - y^2}$ zerlegen. Fläche F ist das rechts-hintere Viertel eines Kreises mit Radius R:

$$V_R = 8 \int_0^R dx \int_0^{\sqrt{R^2-x^2}} dy\, \sqrt{R^2 - x^2 - y^2} \; , \text{ Subst. } y = \sqrt{R^2 - x^2}\, \sin(\varphi) \; .$$

$$= 8 \int_0^R dx\, \frac{\pi}{4}\left(R^2 - x^2\right) = \frac{4\pi}{3} R^3$$

Das Resultat stimmt mit jenem in Nachschlagewerken überein. Aber die Rechnung ist – wieder einmal – von bedrückender Disharmonie. Wie konnten wir nur der schönen Kugelsymmetrie kartesisch zu Leibe rücken! Einem guten Instinkt soll man folgen. Wir machen es zunächst im nachfolgenden Beispiel **A** etwas besser und schließlich recht gut im Abschnitt 6.5.

Polarkoordinaten

Ein Punkt der Ebene kann (statt durch x, y) ebensogut durch Angabe von Abstand r zum Ursprung und Winkel φ des Fahrstrahls zur x-Achse festgelegt werden. Bild 6-7 zeigt die Spur, die ein im Kreise fahrender infinitesimaler Rasenmäher der Breite dr hinterläßt. Ist er um $d\varphi$ vorangekommen, dann hat er eine Fläche mit Grundlinie $r d\varphi$ und Höhe dr abgemäht. Die Ebene läßt sich also mit Flächenelementen bedecken, die sich durch kleine Unterschiede der Polarkoordinaten wie folgt ausdrücken:

Definition	Umkehrung	Flächenelement
$x = r \cos(\varphi)$	$r = \sqrt{x^2 + y^2}$	$d^2 r = dr\, r\, d\varphi$. $\qquad$ (6.22)
$y = r \sin(\varphi)$	$\varphi = \arctan(y/x) + \text{ggf. } \pi\text{'s}$	

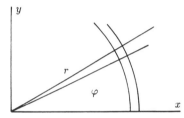

Bild 6-7. Ein Flächenelement in Polarkoordinaten

Man beachte den zusätzlichen Faktor r im Flächenelement. Er ist ja bereits aus Dimensionsgründen erforderlich. Die Polarkoordinaten sind unser erstes Beispiel für „krumme Koordinaten". Können Sie „krumm" denken?! Eine Fläche hat einen kleinsten und größten Winkel (φ_1 bzw. φ_2) und eine innere und äußere Randkurve [$r_1(\varphi)$ bzw. $r_2(\varphi)$]. Also kann man das Flächenintegral (6.21) links auch ohne weiteres in Polarkoordinaten formulieren, d.h. als Zweifachintegral über φ und r aufschreiben. Dabei muß für $d^2 r$ wirklich (6.22) eingesetzt werden – nicht etwa nur $dr\, d\varphi$! Das erste der folgenden zwei Beispiele zeigt den entscheidenden Vorteil der Polarkoordinaten: bei kreisförmiger Fläche werden die Randkurven-Funktionen konstant.

A Kugelvolumen als ebenes Flächenintegral in Polarkoordinaten:

$$V_R = 8 \int_0^{\pi/2} d\varphi \int_0^R dr\, r \sqrt{R^2 - r^2}$$
$$= 4\pi \int_0^R dr \left(-\frac{1}{3} \right) \partial_r \left(R^2 - r^2 \right)^{3/2} = \frac{4\pi}{3} R^3 .$$

B Eine Galaxie sei als flächenhaft idealisiert, und $\varrho = \varrho_0\, e^{-r^2/a^2}$ sei ihre Masse pro Fläche. Um die Gesamtmasse M zu erhalten, ist über die gesamte unendlich ausgedehnte Ebene zu integrieren. Gleichung (6.21) bekommt diese Bedeutung, wenn wir den Index F weglassen:

$$M = \int d^2r\, \varrho_0\, e^{-r^2/a^2} = \varrho_0 a^2 \int d^2r\, e^{-r^2} = \varrho_0 a^2 \int_0^{2\pi} d\varphi \int_0^\infty dr\, r\, e^{-r^2}$$

$$= \varrho_0 a^2 2\pi \int_0^\infty dr \left(-\frac{1}{2}\right) \partial_r\, e^{-r^2} = \varrho_0 a^2 \pi\,.$$

Ganz nebenbei lesen wir ab, daß

$$\pi = \int dx \int dy\, e^{-(x^2+y^2)} = \left(\int dx\, e^{-x^2}\right)^2 \curvearrowright \int_0^\infty dx\, e^{-x^2} = \frac{1}{2}\sqrt{\pi}\,.$$

Man benötigt dieses bestimmte Integral ziemlich oft.

Übungs-Blatt 14

Oberflächen-Integral

Heuernte in Oberbayern. Die Fläche, auf der es etwas aufzusammeln gibt, sei irgendwie gewölbt. Wir nennen sie S. Die Flächenelemente auf S unterscheiden sich voneinander durch ihre Neigung, die wir am besten als Einheitsvektor $\vec{n}$ angeben, der auf S senkrecht steht. Während man über S spaziert, ändert dieser **Normalenvektor** seine Richtung, d.h. er ist eine Vektorfunktion des Ortes. Es versteht sich, daß an einer Stelle auf S festzulegen ist, wo „außen" sein soll ($\vec{n}$ zeige nach außen). Dann ist überall auf S klar, wo „außen" ist. Notfalls (Möbius'sches Band) zerschneidet man S in harmlose Stücke. S werde von einer Randkurve C begrenzt. Die Richtung der Randkurve wird (wie denn sonst) nach schlapper rechter Hand festgelegt (Daumen nach außen, Bild 6-8). Ein Flächenelement (bei $\vec{r}$ auf S) habe die Größe df (die Bezeichnung d^2r verweise auf Elemente einer ebenen Fläche) und die Neigung $\vec{n}$. Es wird also durch den infinitesimalen Vektor $d\vec{f} = df\,\vec{n}$ charakterisiert. Jenes „etwas pro Fläche", das

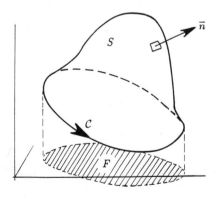

Bild 6-8. Normalenvektor nach „außen" auf einer gewölbten Fläche und zugehörige gerichtete Randkurve

122

wir mit df oder $\vec{df}$ multiplizieren und dann aufaddieren wollen, kann skalar sein oder auch Tensor höherer Stufe. Wenn wir uns wie beim Kurvenintegral auf Skalar und Vektor beschränken, dann ist klar, daß es wieder fünf Sorten solcher Oberflächenintegrale gibt. Wir schreiben zwei davon auf:

$$\int_S df\, \phi(\vec{r}) \quad , \quad \int_S \vec{df} \cdot \vec{A}(\vec{r}) .$$

Das erste liefert z.B. die Masse eines Hutes, dessen Filz-Masse pro Fläche bekannt ist. Ein schönes Beispiel für den zweiten Typ ist der elektrische Strom I durch eine gegebene Fläche S. Wir lassen kontinuierlich Ladung fließen (pro Zeit und pro Fläche), etwa durch die Erde, die Atmosphäre oder in einer Gasentladungsröhre (oder in einem Atom in einem bestimmten angeregten stationären Zustand). Es sei also die Stromdichte $\vec{j}(\vec{r})$ bekannt (vgl. §4.2). Nur die zu $\vec{n}$ parallele $\vec{j}$ Komponente gibt die pro Zeit und Fläche durch S gehende Ladung. Also ist

$$\text{Ladung (durch } S) \,/\, \text{Zeit} = \text{Strom} \ = I = \int_S \vec{df} \cdot \vec{j}(\vec{r}) \tag{6.23}$$

ganz allgemein der Zusammenhang zwischen Stromdichte und Strom. $\vec{j}(\vec{r})$ enthält die volle lokale Information, und I ist mehr eine pauschale Größe ($\vec{j}$ ist gut und I ist dumm). Wohl weil die Erdenmenschen Strom gern durch dünne Metalldrähte schicken, geben sich so viele von ihnen mit I zufrieden. Nichtsdestotrotz gilt (6.23) auch in pathologischen Grenzsituationen.

Bis hierher wurde das Wichtige zum Oberflächenintegral gesagt: man muß wissen, was es *ist*. Kann man es auch ausrechnen? Gewiß. In einfachen Fällen wird man versuchen, Symmetrie auszunutzen (wobei oft die Fläche S noch geeignet gewählt werden kann). Stets möglich ist die Rückführung auf ein ebenes Flächenintegral. Wir sehen uns das Resultat an und verstehen es direkt:

$$\int_S \vec{df} \cdot \vec{A}(\vec{r}) = \int_F d^2 r \left[\frac{\vec{n}}{|n_3|} \cdot \vec{A}(\vec{r}) \right]_{z=z(x,y)} . \tag{6.24}$$

Gleichung (6.24) behauptet, daß $df = d^2 r / |n_3|$ sei. Nun ist n_3 der Kosinus des Winkels zwischen $\vec{n}$ und z-Achse, und in der Tat ist $d^2 r$ um gerade diesen Faktor kleiner als df (malen!). S zu kennen heißt, die Höhen-Funktion $z(x,y)$ zu kennen (falls mehrdeutig, S in Teilflächen zerlegen). Mit dieser Kenntnis ist etwaige z-Abhängigkeit in der eckigen Klammer zu eliminieren, damit der Integrand des ebenen Flächenintegrals als Funktion von x, y vorliegt. Nun bleibt zu (6.24) nur noch die Frage, wie man sich $\vec{n}$ als Funktion von $\vec{r}$ errechnen kann. Dazu deuten wir S als Äquipotential-Fläche, d.h. wir geben eine Funktion $V(\vec{r})$ derart an, daß $V(\vec{r}) =$ const die Fläche S ist. Wenn $z(x,y)$ bekannt ist, kann man z.B. $V := z - z(x,y)$ wählen sowie const $= 0$. Der Vektor $-\text{grad}\,V(\vec{r})$ steht senkrecht auf S, denn andernfalls würde sich ja ein Teilchen auf S beschleunigen und damit dem Energiesatz widersprechen. Also ist

$$\vec{n} = \oplus \operatorname{grad} V / |\operatorname{grad} V| \ ,$$

und das Vorzeichen hängt von der „außen"-Konvention ab.

Beispiel: Kugeloberfläche $S_R = 2 \int_S df$. S sei die obere Hälfte der Kugelfläche, R ihr Radius und F die ebene vom Äquator berandete Kreisfläche. Da $z = \sqrt{R^2 - x^2 - y^2}$, lautet obiger Vorschlag $z - \sqrt{R^2 - x^2 - y^2} = 0 \curvearrowright r = R$. Aber der bessere Gedanke war, „Kugel-Äquipotential-Flächen ist die Spezialität der Zentralpotentiale, und das einfachste ist $V(r) = r$": $\curvearrowright \vec{n} = \vec{r}/r$, $n_3 = z/r = \sqrt{R^2 - x^2 - y^2}/R$ und somit

$$
\begin{aligned}
S_R &= 2 \int_F d^2 r R / \sqrt{R^2 - x^2 - y^2} \\
&= 2R \int_0^{2\pi} d\varphi \int_0^R dr\, r / \sqrt{R^2 - r^2} = 4\pi R^2 \ .
\end{aligned}
$$

Volumenintegral

Masse eines Sterns, Energie der Erdatmosphäre, Dioxingehalt der Nordsee: etwas pro Volumen sei als skalare Funktion $\phi(\vec{r})$ des Ortes bekannt. Ein gegebenes Volumen V sei dicht aus Volumenelementen $d^3 r$ zusammengesetzt. Addition aller Produkte $d^3 r \cdot \phi$ gibt das gesamte in V enthaltene „etwas": $\int_V d^3 r \phi(\vec{r})$. Zu bekannter Ladungsdichte ϱ kann man also die gesamte in V enthaltene Ladung Q wie folgt ausdrücken:

$$\text{Ladung (in } V) = Q = \int_V d^3 r \varrho(\vec{r}) \ . \tag{6.25}$$

Gleichung (6.23) und (6.25) hängen eng miteinander zusammen (s. Kapitel 9), denn wenn Q abnimmt, muß entsprechend viel Ladung durch die Oberfläche von V entweichen.

Ein Volumenintegral kann man z.B. in kartesischen Koordinaten ausrechnen. Dabei denken wir wie beim Flächenintegral und schneiden die „Kartoffel" V in Scheiben parallel zur yz-Ebene. V hat einen am weitesten links liegenden Punkt (x_1) und einen am weitesten rechts (x_2). Sonnenlicht senkrecht von oben gibt eine Schatten-Fläche mit vorderer und hinterer Randkurve: $y_1(x)$ bzw. $y_2(x)$ (malen!). Der dunkle bzw. der helle Teil der V-Oberfläche hat Höhen-Profil $z_1(x, y)$ bzw. $z_2(x, y)$. V zu kennen heißt, daß alle diese Funktionen bekannt sind. Damit ist das Volumenintegral auf drei gewöhnliche Integrationen zurückgeführt:

$$\int_V d^3 r \phi(\vec{r}) = \int_{x_1}^{x_2} dx \int_{y_1(x)}^{y_2(x)} dy \int_{z_1(x,y)}^{z_2(x,y)} dz\, \phi(\vec{r}) \ . \tag{6.26}$$

Das z-Integral erfaßt eine Säule bei x, y, und das y-Integral addiert solche Säulen zu einer Scheibe bei x. Wenn man $\phi \equiv 1$ setzt, liefert (6.26) das Volumen V. Man sieht auch schön, wie (6.26) dann in die Rechnung unter (6.21) einmündet, wenn V überdies ein Kugelvolumen ist.

Vielleicht klingt Ihnen noch das Wehklagen unter (6.10) im Ohr ob der Beschränkung auf „stabförmige Himmelskörper". Inzwischen sind wir nun in der glücklichen Lage, alle diese Größen (Masse, Schwerpunkt, Trägheitstensor, Gravitationspotential) für einen beliebig geformten räumlich ausgedehnten Stern mit allgemeiner Massendichte-Funktion $\varrho(\vec{r})$ anzugeben:

$$M = \int d^3 r\, \varrho(\vec{r}) \tag{6.27}$$

$$M\vec{R} = \int d^3 r\, \varrho(\vec{r})\vec{r} \tag{6.28}$$

$$I_{jk} = \int d^3 r\, \varrho(\vec{r})\left(r^2 \delta_{jk} - x_j x_k\right) \tag{6.29}$$

$$V(\vec{r}) = -\gamma m \int d^3 r'\, \frac{\varrho(\vec{r}')}{|\vec{r} - \vec{r}'|} . \tag{6.30}$$

An allen vier Integralen (6.27) bis (6.30) könnte nun jemand den Index V vermissen. Herr Jemand hat durchaus recht. Aber ohne den Index V sind diese Gleichungen auch richtig. Da außerhalb des Sterns die Massendichte Null ist, darf man ruhig die Integrationsgrenzen in den leeren Raum hinein verlagern: „plus Null" – auch wenn man die Grenzen bis nach Unendlich schiebt. Wenn dabei ein Planet des Sterns erfaßt wird, dann muß natürlich seine Dichte ignoriert werden – es sei denn er soll berücksichtigt werden. Will man also z.B. die Masse der rechten Hälfte des Sterns ausrechnen, dann muß man entweder den Index V wieder anbringen oder man muß künstlich die Dichte ϱ in der linken Hälfte Null setzen.

Die Gleichungen (6.27) bis (6.30) sind wunderbar allgemeingültig. Sie müssen geübt werden. Es bleiben noch zwei restliche Fragen, eine technische und eine philosophische. Sie führen uns in die folgenden beiden Abschnitte.

6.5 Krummlinige Koordinaten

Ein Punkt der Ebene wird durch seine kartesischen Koordinaten x, y oder durch Polarkoordinaten r, φ oder ... festgelegt, jedenfalls durch Angabe von zwei Zahlen. Im Raum sind drei Parameter erforderlich. Es gibt unendlich viele Möglichkeiten, einen Raumpunkt dreiparametrig dingfest zu machen. Aber nur drei davon (kartesische, Zylinder- und Kugelkoordinaten) werden immerzu benötigt. Eine größere Auswahl bieten *Margenau/Murphy* in Kapitel 5.

Zylinderkoordinaten

Der Schatten des Raumpunktes auf der xy-Ebene wird in Polarkoordinaten angegeben, und bei seiner Höhe über dieser Ebene bleibt man kartesisch:

$$x = \varrho \cos(\varphi)$$
$$y = \varrho \sin(\varphi) , \quad d^3r = d\varrho \, \varrho \, d\varphi \, dz .$$ (6.31)
$$z = z$$

Das Volumenelement (6.31) ist offensichtlich die triviale Verallgemeinerung zu (6.22). Aber wir müssen ihn auch *sehen* (vor unserem geistigen Auge), diesen kleinen $\varrho \, d\varphi$ breiten Balkon in Höhe z an einem runden Haus! ϱ ist sein Abstand von der z-Achse (während r weiterhin seinen Abstand vom Ursprung bezeichnen möge). Es versteht sich, daß man irgendein Volumen mit solchen Balkonen auspflastern und somit ein Volumenintegral in Zylinderkoordinaten ausrechnen kann.

Kugelkoordinaten

Einer der drei Positions-Parameter eines Punktes soll der Abstand r zum Ursprung sein. Nun denken wir uns eine Erdkugel mit diesem Radius hinzu und ergänzen r um „Breitengrad und Längengrad". Der Winkel des Ortsvektors zur z-Achse heiße ϑ ($0 \leqslant \vartheta \leqslant \pi$), und φ sei die Zylinderkoordinate des Punktes ($-\pi < \varphi \leqslant \pi$). Als Volumenelement bietet sich ein kleines quaderförmiges Haus auf der „Erde" an, dessen vier Wände genau in die vier Himmelsrichtungen zeigen. Es hat Höhe dr, Nord-Süd-Abmessung $r d\vartheta$ und ansonsten $r \sin(\vartheta)d\varphi$ (denn $r \sin(\vartheta)$ ist sein Abstand von der Erdachse). Wir sind fertig und schieben nur noch die nicht-differentiellen Faktoren an geeignete Stellen:

$$x = r \sin(\vartheta) \cos(\varphi)$$
$$y = r \sin(\vartheta) \sin(\varphi) , \quad d^3r = dr \, r^2 d\vartheta \, \sin(\vartheta) \, d\varphi =: dr \, r^2 d\Omega$$ (6.32)
$$z = r \cos(\vartheta)$$

Der mit $d\Omega$ bezeichnete Anteil in (6.32) ist dimensionslos und heißt **Raumwinkelelement**. Diese Bezeichnung ist goldrichtig. Bekanntlich (Kapitel 1) ist der Raumwinkel als Fläche/(Abstand)^2 definiert. Die Grundfläche unseres Hauses ist $r \, d\vartheta \cdot r \, \sin(\vartheta)d\varphi$, und folglich nimmt es den Raumwinkel $d\vartheta \, \sin(\vartheta)d\varphi = d\Omega$ ein. Wenn man alle Raumwinkelelemente addiert, ergibt sich

$$\int d\Omega = \int_0^\pi d\vartheta \, \sin(\vartheta) \int_0^{2\pi} d\varphi = 4\pi .$$ (6.33)

Da ein Raumwinkel nicht klein zu sein braucht, muß es sich bei (6.33) wohl oder übel um die durch R^2 geteilte Kugeloberfläche handeln. Es ist so. Wir rechnen sie (erneut) aus. Ihr Flächenelement ist $R^2 d\Omega$, und somit haben wir

$$S_R = \int_{S_R} df = R^2 \int d\Omega = 4\pi R^2 .$$

Der große Vorteil der Kugelkoordinaten erweist sich bei kugelsymmetrischen Rändern und/oder kugelsymmetrischem Integranden. Man erkennt ihn gut, wenn wir noch einmal (zum dritten Mal) das Volumen V_R einer Kugel ausrechnen:

$$V_R = \int_{V_R} d^3r = \int_0^R dr\, r^2 \int d\Omega = (4\pi/3)R^3 \;.$$

Was passiert bei dieser Rechnung? Geht es noch besser? Nun, wir können $dr\, r^2 \int d\Omega = dr\, 4\pi r^2$ als Volumen einer infinitesimal dünnen Kugelschicht deuten (Höhe dr mal Grundfläche: die Krümmung dieser infinitesimal dünnen Schicht spielt offenbar keine Rolle) und V_R als Summe aller Schicht-Volumina verstehen. Aber wir können auch

$$V_R = \int d\Omega\, R^3/3 = \int df\, R/3$$

schreiben und $df\, R/3$ als Volumen einer Pyramide deuten. Das Volumen *jeder* Pyramide ist Grundfläche mal Höhe durch 3 (der Leser begründe dies!). Jetzt wird's ganz hübsch. Die Kugel sehen wir nun aus lauter dünnen Eis-Tüten bestehen (wie ein Facettenauge). *Darum* ist ihr Volumen 1/3 mal Höhe (= R) mal „Grundfläche", nämlich mal der Oberfläche (= $4\pi R^2$) der Kugel.

Es ist unausweichlich, daß Sie einmal das Gravitationspotential (6.30) einer kugelrunden Erde ($\varrho \approx$ const) ausrechnen, und zwar innen und außen. Sie tun dies natürlich in Kugelkoordinaten, d.h. mit (6.32), legen sich die Achse des Integrationsvariablen-Raumes (d.h. die z'-Achse) in Richtung des äußeren Parameter-Vektors $\vec{r}$ [so daß $\vec{r} \cdot \vec{r}\,' = rr' \cos(\vartheta')$] und probieren nun aus, in welcher Reihenfolge sich die drei Integrale am besten ausführen lassen. Im Außenraum ($R < r$) erhalten Sie $V = -\gamma mM/r$ und bestätigen so seine R-Unabhängigkeit. Den Innenraum füllt ein Oszillatorpotential $V \sim r^2$. Eine ähnliche Rechnung bietet Beispiel **B** am Ende von Abschnitt 6.6.

Jacobi-Determinante

Wir lösen uns nun aus der Enge obiger Spezialfälle, betrachten allgemeine krumme Koordinaten u, v in 2D (das genügt, da Verallgemeinerung auf 3D trivial) und suchen nach einem Ausdruck für das Flächenelement d^2r. Die Bedeutung der Koordinaten u, v legen wir durch ihren Zusammenhang mit x, y fest, d.h. durch zwei Funktionen:

$$x =: x(u,v) \;,\quad y =: y(u,v) \quad \text{oder kurz: } \vec{r} =: \vec{r}(u,v) \;.$$

Hält man v fest und läßt u laufen, dann liegt die Parameterdarstellung einer bestimmten Kurve vor (die durch den Wert von v charakterisiert ist). Bei Wert $v + dv$ entsteht eine nahe benachbarte Kurve. Bild 6-9 zeigt ein Netz solcher Kurven. d^2r ist die Fläche einer Masche dieses Netzes. Die Ableitung $\vec{a} := \partial_u \vec{r}$ zeigt in Richtung der $v =$ const-Kurve (Differentialquotient!), und entsprechend liegt $\vec{b} := \partial_v \vec{r}$ tangential an $u =$ const. $d\vec{a} := du\,\vec{a}$ und $d\vec{b} := dv\,\vec{b}$ bilden die Ränder der Masche. Also ist

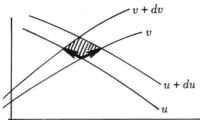

Bild 6-9. Ein Flächenelement in krummlinigen Koordinaten

$$d^2 r = |(d\vec{a} \times d\vec{b}) \cdot \vec{e}_3| = du\, dv \left| \det \begin{pmatrix} a_1 & a_2 & 0 \\ b_1 & b_2 & 0 \\ 0 & 0 & 1 \end{pmatrix} \right|$$

und folglich

$$d^2 r = du\, dv |J| \quad , \quad J = \begin{vmatrix} \partial_u x & \partial_u y \\ \partial_v x & \partial_v y \end{vmatrix} . \tag{6.34}$$

Zu J sagt man **Jacobi-Determinante** oder auch **Funktionaldeterminante**. Mal sehen, ob (6.34) bei Polarkoordinaten ($u = r$, $v = \varphi$, $d^2 r = dr\, d\varphi\, r$) richtig funktioniert, d.h. ob $J = r$ herauskommt:

$$J = \begin{vmatrix} \cos(\varphi) & \sin(\varphi) \\ -r \sin(\varphi) & r \cos(\varphi) \end{vmatrix} = r \cos^2(\varphi) + r \sin^2(\varphi) .$$

Es stimmt. Zu $u = \varphi$ und $v = r$ hätte sich $J = -r$ ergeben; aber in (6.34) wird ja der Betrag von J genommen. In 3D ist J natürlich die Determinante einer $3 * 3$-Matrix. Man rechne sich diese zu Kugelkoordinaten aus und vergleiche mit (6.32). Die „Jacobi-Determinante in 1D" steht in (6.14).

Ganz nebenbei sei erwähnt, daß Basissysteme, die sich räumlich verändern, in der allgemeinen Relativitätstheorie benötigt werden. Die obigen tangentialen Basisvektoren $\vec{a}$, $\vec{b}$ heißen dort „kovariant". Schreibt man $u =: q^1$, $v =: q^2$, ... sowie $\vec{b}_i := \partial_{q^i} \vec{r} \, (q^1, q^2, \ldots)$, dann wird ein allgemeiner Vektor $\vec{a}$ per $\vec{a} = a^i \vec{b}_i$ aufgespannt. Die „reziproke" Basis $\vec{b}^j$ ($\vec{b}^j \cdot \vec{b}_i = \delta_i^j$) heißt „kontravariant": ihre Vektoren stehen senkrecht auf den Kurven von Bild 6-9.

Übungs-Blatt 15

6.6 Delta-Funktion

Wer über die Gleichungen (6.27) bis (6.30) nachdenkt und sich über ihre Allgemeinheit freut, der möchte sie wohl auch dann noch aufrechterhalten, wenn die Masse auf eine Fläche oder auf eine Kurve zusammengequetscht wird. Er möchte z.B. die „Stab-Gleichungen" (6.8), (6.10) und die „Draht-Gleichungen" (6.16) bis

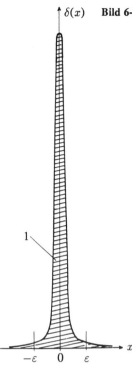

$\delta(x)$ **Bild 6-10.** Delta-Funktion

1

$-\varepsilon \quad 0 \quad \varepsilon$

x

(6.18) als Spezialfälle erhalten können. Anschaulich ist klar, daß das möglich sein muß (man kann quetschen). Aber wie mag es per Rechnung zu bewerkstelligen sein? Wir gehen dieses Rätsel schrittweise an und quetschen erst einmal einen Stab auf der x-Achse (Bild 6-10 zeigt $\sigma(x)/M$) auf einen Punkt zusammen: kein mathematischer Punkt natürlich – aber wir möchten so rechnen lernen, als wäre es einer. Wenn man das tut, dann betrachtet man den Durchmesser des Klümpchens als klein gegen sonstige Längen der beteiligten Physik (Abstand zu einer Raumsonde, Auflösungsvermögen des Auges, Licht-Wellenlänge, ...). Nichts ist ungewöhnlich daran, daß ein Problem zwei typische Längen hat und daß man die kleinere als näherungsweise Null idealisieren möchte. Grenzfälle machen einfach.

Erste Definition

$\delta(x)$ ist eine Funktion mit positiver Fläche,

welche bei $x = 0$ konzentriert ist (in $(-\varepsilon, +\varepsilon)$ (6.35)

erfaßt wird) und den Wert $\int dx\,\delta(x) = 1$ hat.

Gleichung (6.35) ist *alles*, was zur Erklärung des Wortes „Delta-Funktion" seitens der Physiker zu sagen ist – eine einfache Angelegenheit. Für den Hausgebrauch genügt, „dünn, hoch und Fläche eins". Aus (6.35) wird sich ergeben, wie man mit der Deltafunktion rechnen kann. Auf den genauen Verlauf von $\delta(x)$ kommt es nicht an. Die Formulierung „konzentriert ist" war absichtsvoll ein wenig ungenau. Die Fläche 1 kann restlos zwischen $-\varepsilon$ und $+\varepsilon$ liegen. Aber sie darf auch Schwänze haben (Bild 6-10), so daß nur ein gewünschter hoher Flächenanteil (z.B. 0.99999) im ε-Intervall liegt.

Gesunder Menschenverstand ist gefragt. Zur „Warnung": in diesem Abschnitt wird ein eigenwilliger Standpunkt vertreten. Allzuoft bekommen (ansonsten ganz normale) Leute beim Thema δ-Funktion plötzlich einen eigenartigen Gesichtsausdruck und reden wirr. Als 1981 zwei Autoren unabhängig voneinander die exakte Lösung des gleichen Vielteilchenmodells („Kondo-Problem") publizierten, unterschieden sich die Resultate. Der Unterschied ließ sich bis zur δ-Definition rückverfolgen. Gewiß, es gibt eine saubere Mathematik dieses Kalküls; sie läuft unter dem Namen „Distributionen-Theorie" (siehe z.B. *Lighthill*, BI-Taschenbuch

Nr. 139). Der Punkt ist, daß wir mit (6.35) weit weniger Aufwand benötigen und sehr gelassen bleiben dürfen, wenn wir nur darauf bestehen, daß $\delta(x)$ die Idealisierung einer physikalischen Realität ist (darum die langatmige Einleitung dieses Abschnitts). In (6.35) führen wir den Grenzübergang $\varepsilon \to 0$ *nicht* aus! Wir denken uns lediglich ε so klein (klein gegen sonstige typische x-Intervalle des Problems), daß sich die Breite der Delta-Zacke erst in der z.B. 37-ten Kommastelle einer zu berechnenden physikalischen Größe bemerkbar macht. In diesem Sinne bleibt $\delta(x)$ eine normale Funktion. So und als solche benötigen wir sie in der Physik.

Die Deltafunktion kommt nur unter Integralen vor (?!). Wenn nicht, dann wartet sie darauf, irgendwann später doch noch überintegriert zu werden. Die folgende Gleichung (6.36) ist darum das Wichtigste, was es zum Umgang mit $\delta(x)$ zu lernen gibt. Wir sehen bald, daß man aber (6.36) *auch* deuten kann als

Zweite Definition

(„definierende Eigenschaft der Deltafunktion"):

$$\int dx \, \delta(x - x_0) f(x) = f(x_0) \tag{6.36}$$

für alle gesunden, einwertigen Funktionen $f(x)$

Aus (6.35) folgt (6.36). Die Delta-Zacke sitzt in (6.36) bei x_0. ε ist so klein, daß $f(x)$ im Intervall $(x_0 - \varepsilon, \, x_0 + \varepsilon)$ nicht mehr nennenswert variiert (f darf also keinen Sprung haben: „gesund"). Also kann dort $f(x)$ durch $f(x_0)$ ersetzt werden. Außerhalb dieses Intervalls entsteht kein Beitrag zum Integral. Also kann überhaupt $f(x)$ durch $f(x_0)$ ersetzt werden. Die Konstante $f(x_0)$ wandert vor das Integral und der Rest ist 1. Fazit: δ unter Integral ermöglicht sofortige Auswertung desselben!

Folgt (6.35) auch aus (6.36)? Es scheint so. Wie kann schon $\delta(x)$ aussehen, damit sich $f(x_0)$ herausziehen läßt? Nun, gemäß (6.36) könnte $\delta(x)$ bei z.B. $x < -\varepsilon$ so enge Oszillationen haben, daß netto bei Integration über x (bis $-\varepsilon$) kein Beitrag erwächst (auch nicht, wenn vorher mit weicher Funktion multipliziert wurde). Bild 6-10 trifft nun nicht mehr zu. Aber in (6.35) ist nur von „bei Null konzentrierter Fläche" die Rede. Festlegung (6.35), so weitherzig verstanden, folgt aus (6.36). Gleichung (6.36) definiert $\delta(x)$.

δ-Darstellungen

Eine explizit angegebene Funktion mit der Eigenschaft (6.35) nennt man eine **Darstellung** der Delta-Funktion. Typische Beispiele sind

$$\delta(x) = \begin{cases} 1/2\varepsilon & \text{für } -\varepsilon < x < \varepsilon \\ 0 & \text{sonst} \end{cases} \tag{6.37}$$

$$\delta(x) = \left(1/\varepsilon\sqrt{\pi}\right) e^{-x^2/\varepsilon^2} \tag{6.38}$$

$$\delta(x) = \partial_x \left(\frac{1}{1 + e^{-x/\varepsilon}}\right) = -\partial_x \left(\frac{1}{e^{x/\varepsilon} + 1}\right) \tag{6.39}$$

$$\delta(x) = \left(\varepsilon/\pi x^2\right)\sin^2(x/\varepsilon) \tag{6.40}$$

$$\delta(x) = \frac{1}{\pi x}\sin\left(\frac{x}{\varepsilon}\right) = \frac{1}{2\pi}\int_{-1/\varepsilon}^{1/\varepsilon} dk\,\cos(kx) = \frac{1}{2\pi}\int_{-1/\varepsilon}^{1/\varepsilon} dk\,\mathrm{e}^{\mathrm{i}kx} \tag{6.41}$$

$$\delta(x) = \frac{1}{\pi}\frac{\varepsilon}{x^2+\varepsilon^2} = \frac{1}{2\pi}\int dk\,\mathrm{e}^{\mathrm{i}kx-\varepsilon|k|} = \frac{1}{2\pi}\int dk\,\mathrm{e}^{\mathrm{i}kx}\left(\mathrm{e}^{-\varepsilon|k|}\right). \tag{6.42}$$

Wozu mögen diese Gleichungen gut sein, darf man fragen, wo es doch auf den genauen Verlauf gar nicht ankommt? Diese Frage verdient zwei Antworten:

i) Eben weil es auf den genauen δ-Verlauf nicht ankommt, kann man sich nach Lust und Laune eine Darstellung aussuchen, um gewisse Formeln (z.B. siehe unten) zu überprüfen. Beispielsweise folgt aus jeder der obigen Darstellungen die Dimension von δ:

$$[\delta(x)] = [1/x] = [1/\varepsilon].$$

Aber auch bereits aus (6.35) oder (6.36) folgt dies natürlich.

ii) Bei irgendeiner wilden Rechnung könnte uns einer der Ausdrücke (6.37) bis (6.42) unter die Finger geraten (z.B. als Faktor in einem Integranden). Falls wir dies erkennen, dann wissen wir sofort, daß der Ausdruck bei $\varepsilon \to 0$ zu einer Deltafunktion wird und daß sich folglich das Integral über ihn in diesem Grenzfall leicht auswerten läßt. Insbesondere von (6.42) werden wir in dieser Weise noch fleißig Gebrauch machen (Kapitel 12).

In (6.42) wird der geklammerte Faktor, der **konvergenz-erzeugende Faktor**, gern weggelassen (man merkt ihn sich). Es ist übrigens unerheblich, wie man bei großen k abschneidet, d.h. für Konvergenz des Integrals sorgt. Beispiel hierfür ist (6.41).

Beim Nachprüfen der Darstellungen wird dem Leser eine gewisse Fleißarbeit aufgebürdet. Man integriere jeden der Ausdrücke (6.37) bis (6.42) über alle x (und wehe, es kommt nicht stets 1 heraus). Ansonsten ist nur noch nachzusehen (malen!), ob sich je mit $\varepsilon \to +0$ die Fläche bei Null konzentriert. Die Liste der Darstellungen läßt sich um beliebig viele Beispiele erweitern. Aus jeder gesunden Funktion $g(x)$, deren über-alle-x-Integral existiert und nicht Null ist, läßt sich nämlich eine Darstellung gewinnen:

$$\int dx\,g(x) =: J \quad,\quad \delta(x) = (1/\varepsilon J)g(x/\varepsilon). \tag{6.43}$$

Gleichung (6.43) ist sozusagen die „allgemeine δ-Darstellung". Der Anblick von (6.37) bis (6.43) mag einen anderweitig δ-geübten Leser stark beunruhigen. Er vermißt überall den vorangestellten Limes $\varepsilon \to +0$. Er fehlt mit Absicht! Das gerade ist ja unser Eigensinn, daß wir $\varepsilon \to +0$ nicht voll ausführen. Gleichung (6.36) gilt als Näherung: je kleiner ε, um so besser.

Formelsammlung

Jeder der folgenden Zusammenhänge läßt sich anschaulich verstehen und/oder rückführen auf (6.36) und/oder herleiten mittels einer der Darstellungen.

$$\delta(-x) = \delta(x) \quad , \quad \delta(ax) = \delta(x)/|a| \tag{6.44}$$

$$\delta(x^2 - a^2) = [\delta(x - a) + \delta(x + a)]/2|a| \tag{6.45}$$

$$\delta(f(x)) = \sum_n \delta(x - x_n)/|f'(x_n)| \quad (x_n \text{ sind die Nullstellen von } f) \tag{6.46}$$

$$\frac{1}{i} \int_0^\infty dk\, e^{ikx - \varepsilon k} = \frac{1}{x + i\varepsilon} = \frac{x - i\varepsilon}{x^2 + \varepsilon^2} = P\frac{1}{x} - i\pi\delta(x) \tag{6.47}$$

$$\int dx\, f(x)\, \delta'(x) = -f'(0) \quad , \quad -x\delta'(x) = \delta(x) \tag{6.48}$$

$$\int dx\, \delta(x - a)\, \delta(x - b) = \delta(a - b) \,. \tag{6.49}$$

Der Buchstabe P in (6.47) besagt, daß bei Integration über $1/x$ die dabei negativ- bzw. positiv-unendlich werdenden Flächen-Anteile gegeneinander kompensiert werden sollen:

$$\int_{-2}^5 dx\, P\frac{1}{x} := \int_{-2}^{-\varepsilon} dx\frac{1}{x} + \int_{+\varepsilon}^5 dx\frac{1}{x} =: \fint_{-2}^5 dx\frac{1}{x} \,. \tag{6.50}$$

Man sagt, man habe den **Hauptwert** (principal value) des Integrals genommen. Nur wenn die beiden ε's gleich sind, tritt Flächenkompensation ein. In (6.50) ist die handelsübliche Vorschrift für Hauptwert-Integration angegeben. Wenn wir statt dessen $P(1/x)$ durch $x/(x^2 + \varepsilon^2)$ ersetzen, wird die Flächenkompensation ebenfalls und automatisch erreicht. Diese „Einbettung" des Pols ist also eine besonders kluge Hauptwert-Beschreibung.

Stufenfunktion

Die Stufenfunktion ist die Stammfunktion der Delta-Funktion. Mit (6.35) ist das erste der folgenden Gleichheitszeichen anschaulich klar,

$$\int_{-\infty}^x dx'\, \delta(x') = \begin{cases} 0 & \text{für } x < 0 \\ 1 & \text{für } 0 < x \end{cases} =: \theta(x) \quad , \quad \theta'(x) = \delta(x) \,, \tag{6.51}$$

wobei wir der Einfachheit halber im mittleren Ausdruck der ersten Gleichung $\varepsilon = 0$ gesetzt haben. Da wir uns $\delta(x)$ „weich" denken (Bild 6-10), hat jedoch $\theta(x)$ abgerundete Ecken und keine unendliche Steigung („man sieht das lediglich kaum noch"). So kommt $\theta(x)$ in der Physik vor, etwa als Massendichte (angegeben für alle x) eines Stabes auf der rechten x-Halbachse: $\sigma(x) = \sigma_0\theta(x)$. In der Realität (Quantenmechanik) nimmt $\sigma(x)$ nach links hin nicht plötzlich den Wert Null an. $\sigma(x)$ hat *keinen* Sprung. Nun fragt einer von jenen Leuten (die eingangs schon eins verpaßt bekamen) blauäugig, welchen Wert $\theta(x)$ an der Stelle $x = 0$ habe.

Wie würden Sie antworten? Z.B. gar nicht; oder folgendermaßen: „Nehmen Sie ruhig 1/2, wenn Sie das psychisch nötig haben. Aber nun schieben Sie den Stab ein unmeßbar kleines Stück nach links, schwupp, schon hat $\sigma(0)/\sigma_0$ den Wert 1. Die Frage gibt also keinen Sinn. Nirgends in der Physik taucht sie auf."

Stufe weich und δ weich: also darf differenziert werden, um die rechte Gleichung (6.51) aus der linken zu erhalten. Auch (6.39) illustriert dies sehr schön. Aus jeder δ-Darstellung kann man eine Darstellung der Stufenfunktion θ erhalten, nämlich als die Stammfunktion der ersteren, die links Null wird. Beispiel:

$$\frac{1}{\pi}\frac{\varepsilon}{x^2+\varepsilon^2} = \partial_x\left[\frac{1}{\pi}\arctan\left(\frac{x}{\varepsilon}\right)\right] \curvearrowright \theta(x) = \frac{1}{2}+\frac{1}{\pi}\arctan\left(\frac{x}{\varepsilon}\right) .$$

Physik mit δ

Die Delta-Funktion bewältigt ein Formulierungs-Problem, nämlich wie man bei Objekten, die als unendlich dünn idealisiert wurden, weiterhin räumlich denken kann (siehe Beginn des Abschnitts). Die 3D-Massendichte einer flachen Galaxie hat die Form $\varrho(\vec{r}) = \phi(x,y)\cdot\delta(z)$. Welche Bedeutung hierbei die Funktion ϕ hat, wird sofort klar, wenn wir die Masse dM ausrechnen, die sich in einer dünnen vertikalen Säule mit Querschnitt $dx\,dy$ befindet:

$$dM = \int_V d^3r\,\varrho(\vec{r}) = dx\,dy\int dz\,\phi(x,y)\,\delta(z) = dx\,dy\,\phi(x,y) .$$

Also ist ϕ die Masse pro Fläche. In der Tat geht Gleichung (6.27), $M = \int d^3r\,\varrho(\vec{r})$, direkt in das Flächenintegral (6.21) über (man sieht es). Die 3D-Massendichte eines dünnen, auf der x-Achse liegenden Stabes ist $\varrho(\vec{r}) = \sigma(x)\delta(y)\delta(z)$. Hiermit gehen nun alle vier Gleichungen (6.27) bis (6.30) in die „Stab-Gleichungen" (6.8), (6.10) über, weil y- und z-Integrationen zusammen mit den zwei Delta-Funktionen 1 geben. Bei einer Punktmasse sind drei δ's erforderlich. Definition:

$$\delta(\vec{r}) := \delta(x)\delta(y)\delta(z) . \tag{6.52}$$

Aus (6.52) folgt

$$\int d^3r\,\delta(\vec{r}) = 1 \quad\text{und}\quad \int_V d^3r\,\delta(\vec{r}-\vec{r}_0) = \begin{cases} 1 & \text{wenn } \vec{r}_0 \text{ in } V \\ 0 & \text{sonst .} \end{cases}$$

Die Massendichte einer Punktmasse bei $\vec{r}_0$ ist also $\varrho(\vec{r}) = M\delta(\vec{r}-\vec{r}_0)$. Wenn wir dies in die allgemeine Formel (6.28) für den Schwerpunkt einsetzen, dann ergibt sich $\vec{R} = \vec{r}_0$, wie erwartet. Sind all diese Fähigkeiten von δ nicht einigermaßen eindrucksvoll?

Die Elektrodynamik (s.a. Kapitel 11) läßt sich dank δ sehr geschlossen formulieren. Sie kommt mit vier Feldern aus: $\vec{E}$, $\vec{B}$, ϱ, $\vec{\jmath}$. Man schreibe Ladungsdichte und (Ladungs-)Stromdichte für eine Punktladung q auf, die sich in bekannter Weise bewegt: $\vec{r}_0(t)$ bekannt. Wir können das:

$$\varrho(\vec{r}, t) = q\delta(\vec{r} - \vec{r}_0(t))$$
$$\vec{j}(\vec{r}, t) = \dot{\vec{r}}_0(t) \cdot q\delta(\vec{r} - \vec{r}_0(t)) \ . \tag{6.53}$$

Die zweite Gleichung wird mit §4.2 verständlich: $\vec{j} = \varrho\vec{v}$, wenn ϱ die Dichte *der* Ladungen ist, die sich mit $\vec{v}$ bewegen. Das ist hier der Fall, denn der ganze Klumpen fliegt mit $\vec{v} = \dot{\vec{r}}_0$ (und ϱ ist „weich", d.h. ein klein wenig räumlich ausgedehnt). Spielen wir doch noch ein wenig mit (6.53) und sehen uns den Strom I durch die xy-Ebene, (6.23), für den Fall an, daß die Punktladung auf der z-Achse mit v nach oben fliegt: $I = \int d^2r\, \vec{e}_3 \cdot [\vec{e}_3 vq\delta(\vec{r} - \vec{e}_3 vt)]_{z=0} = qv\delta(-vt) = q\delta(t)$. Und das gefällt. Wie krumme Koordinaten in das Argument der Delta-Funktion wandern, mögen die folgenden zwei Beispiele zeigen:

A Ladungsdichte ϱ eines mit Q homogen geladenen kreisförmigen (R) Drahtes: $\varrho(\vec{r}) = A\delta(\varrho - R)\delta(z)$ (Zylinderkoordinaten). A ist zu bestimmen aus

$$Q = \int d^3r\, \varrho(\vec{r}) = \int_0^\infty d\varrho\, \varrho \int_0^{2\pi} d\varphi \int dz\, A\delta(\varrho - R)\delta(z) = A2\pi R$$
$$\curvearrowright\ \varrho(\vec{r}) = (Q/2\pi R)\delta(\varrho - R)\delta(z) \ .$$

B Gravitationspotential einer Hohlkugel (M, R): $\varrho(\vec{r}) = C\delta(r - R)$ (Kugelkoordinaten). C ist zu bestimmen aus

$$M = \int d^3r\, \varrho(\vec{r}) = \int d\Omega \int_0^\infty dr\, r^2 C\delta(r - R) = C4\pi R^2 \ .$$

Wir erhalten $\varrho(\vec{r}) = (M/4\pi R^2)\delta(r - R)$ und haben dies in (6.30) einzusetzen:

$$V(\vec{r}) = -\gamma m \frac{M}{4\pi R^2} \int_0^\infty dr'\, r'^2 \int_0^{2\pi} d\varphi'$$
$$\cdot \int_0^\pi d\vartheta' \, \sin(\vartheta') \frac{\delta(r' - R)}{\sqrt{r^2 + r'^2 - 2rr'\cos(\vartheta')}} \ ,$$

wobei die $\vec{r}'$-Kugelkoordinaten auf die $\vec{r}$-Richtung bezogen wurden („ich rechne den V-Wert bei $\vec{r}$ aus; während dessen ist $\vec{r}$ ein fester Vektor; ich benutze ihn zur Orientierung beim Aufsammeln der d^3r'-Elemente").

Substitution: $r^2 + r'^2 - 2rr'\cos(\vartheta') =: u^2$

$$= -\frac{\gamma mM}{4\pi R^2} 2\pi R^2 \frac{1}{rR} \int_{|r-R|}^{r+R} du$$

$$\curvearrowright \quad V(\vec{r}) = \begin{cases} -\gamma mM/r & (R < r) \\ -\gamma mM/R & (r < R) . \end{cases} \tag{6.54}$$

Im Außenraum bestätigt sich (3.11). Der Innenraum hat konstantes Potential V und ist somit frei von Kräften. Auch das Innere einer geladenen Metallkugel ist feldfrei; überschüssige Ladungen stoßen sich ab und entfernen sich voneinander, bis sie an der Oberfläche festgehalten werden.

Übungs-Blatt 16

Die wohl wichtigste δ-Anwendung erwähnen wir hier nur kurz. Manche linearen Ursache-Antwort-Probleme löst man dadurch, daß man die Ursachenfunktion $u(x)$ in „punktförmige" Anteile zerlegt,

$$u(x) = \int da\, u(a)\, \delta(x - a) , \tag{6.55}$$

und dann zunächst das einfachere Hilfs-Problem mit Ursache $\delta(x - a)$ löst. Das Stichwort hierzu heißt „Greensche Funktion" (siehe Ende des nächsten Kapitels). Gleichung (6.55) ist natürlich nichts anderes als Gleichung (6.36), aber wir lesen (6.55) anders: die Funktion $u(x)$ wurde entwickelt nach den Funktionen $\delta(x - a)$, welche mit dem Parameter a kontinuierlich durchnumeriert sind. Daß hier die Koeffizienten-Funktion $u(a)$ mit der ursprünglichen zusammenfällt, ist eine Spezialität *dieser* Entwicklung. Solcherlei Worte klingen irgendwie vertraut. Wenn wir einen Vektor nach einer Basis entwickeln ($\vec{u} = c_k\, \vec{f}_k$; in Komponenten: $u_j = c_k(\vec{f}_k)_j$) und dann für $\vec{f}_k$ die kartesischen Einheitsvektoren $\vec{e}_k$ wählen, dann lautet die Entwicklung

$$u_j = c_k(\vec{e}_k)_j = c_k \delta_{kj} = c_j .$$

In diesem Falle stimmen also ebenfalls die Koeffizienten mit den Komponenten („Funktionswerten") überein. Eine Funktion läßt sich also begreifen als ein „Vektor", dessen Komponenten kontinuierlich mit x numeriert sind. $\delta(x - a)$ ist die x-te Komponente des a-ten „Einheitsvektors". Orthonormierungs-Relation ist $\int dx\, \delta(x - a)\delta(x - b) = \delta(a - b)$, d.h. (6.49). Offenbar ist die Delta-Funktion das Analogon zum Kronecker-Symbol. Die Summe beim Skalarprodukt-Bilden ist zu $\int dx$ geworden. Angenommen, ein Operator X hat die $\delta(x - a)$ als Eigenfunktionen: $X\delta(x - a) = a\delta(x - a)$, dann zeigt die folgende einzeilige Rechnung, wie er auf eine beliebige Funktion wirkt:

$$Xu(x) = X \int da\, u(a)\, \delta(x - a) = \int da\, u(a)\, a\, \delta(x - a) = xu(x) . \tag{6.56}$$

Er multipliziert sie also mit ihrem Argument x (und somit gibt es ihn). Wir sind unversehens mitten in die Quantenmechanik geraten: X ist der **Orts-Operator**, und (6.55) ist die Entwicklung nach den Eigenfunktionen des Orts-Operators (sie

„spannen den Hilbertraum auf"). Als eine überschaubare erste Einführung in die Quantenmechanik empfiehlt sich übrigens Kapitel 11 in *Margenau/Murphy*. Der Gedanke „Funktion = Vektor" ist so schön (und für die Physik so wertvoll), daß wir ihn in Kapitel 12 [um (12.9) und (12.26) herum] erneut aufgreifen „müssen".

– – –

Der normale Bürger glaubt, er könne addieren. Nun, wenn er den Stoff dieses Kapitels beherrscht, dann mag er das sagen dürfen.

Bei einem so „einfachen" Kalkül wie dem Addieren war nicht zu erwarten, daß wir in Richtung Natur-Verstehen sehr wesentlich vorankommen. Es gab jedoch ein immer wiederkehrendes Thema in der Orgelmusik der Integrale: das Gravitationspotential, d.h. das Aufsammeln infinitesimaler Fernwirkungen räumlich verteilter Ursachen. Ist das nicht schon „Theorie der Kräfte"? – Ein Zipfel davon. In Kapitel 8 werden wir nämlich in der Lage sein, aus (6.30) die „erste Maxwell-Gleichung" herzuleiten. Auch andere Gleichungen (siehe unten) könnte man schon als typisch elektrodynamisch ansprechen. Die Tür zur Theorie der Kräfte hat sich einen Spalt breit aufgetan.

Es war einmal, da begannen die „Din-A7-Zettel" zu entstehen (ab Ende von Kapitel 3). Seitdem treiben sie ihr Wesen zwischen Notizen und Briefmarken im Taschenkalender oder wo das Geld ist. Manche vergehen, und andere kommen hinzu. Das jüngste Exemplar mag folgendermaßen aussehen und bis in ferne elektromagnetische Zeiten leben:

$$V = -\gamma m \int d^3 r' \varrho(\vec{r}\,')/|\vec{r} - \vec{r}\,'|$$

Hohlkugel : $\quad V = -\gamma m M/r \quad$ bzw. $\quad /R$

$$I = \int_S d\vec{f} \cdot \vec{j} \quad , \quad Q = \int_V d^3 r \, \varrho$$

Pktldg : $\quad \varrho = q\delta(\vec{r} - \vec{r}_0) \quad , \quad \vec{j} = \vec{v}_0 q\delta(\vec{r} - \vec{r}_0)$

7. Über das Lösen von Bewegungsgleichungen

Mit dem Wort „Bewegungsgleichung" benennt man in etwa alles, was (zu bekannter Gegenwart) die Zukunft einer Physik regiert: „Zukunfts-Gleichung". Man erwartet, daß die unbekannten Funktionen oder Felder in zeitabgeleiteter Form enthalten sind. Newton ist die Bewegungsgleichung der Mechanik, Maxwell die der Elektrodynamik, Schrödinger die der Quantenmechanik und Dirac die der relativistischen Quantenmechanik. Aber auch die phänomenologischen Raten-Gleichungen einer chemischen Reaktion oder eines biologischen Wachstums sind Bewegungsgleichungen. Im folgenden wird nur auf gewöhnliche Differential-gleichungen eingegangen und auch dazu nur in Ausschnitten (lange Titel sind verdächtig).

Wer die eine oder andere Newtonsche Bewegungsgleichung mittels Ansatz bewältigt hat, der erwartet vielleicht eine systematische Darstellung der Lösungs-Methodik. Er wird sein Leben lang enttäuscht. Es gibt sie nicht. Die Kunst des Wahrsagens ist nur wenig entwickelt. Die entsprechende Mathematik freut sich über Klassifizierungen und Existenz-Beweise. Aber im konkreten Fall stehen wir da wie beim Integrieren: $F' = f$, $F = ?$. Was ist in einer solchen Situation zu tun? Es ist Erfahrung zu sammeln, der Dgl-Typ zu erkennen, Spürsinn für Lösbarkeit zu entwickeln, und ein Mindest-Repertoire zusammenzustellen. Das Kapitel wird kurz.

7.1 Terminologie

Funktionen $y(x)$ werden gesucht, die eine Gleichung (Dgl) lösen, in der x-Ableitungen von y vorkommen. Die höchste vorkommende Ableitung heißt **Ordnung** n der Dgl (siehe Unterabschnitt „Vorhersage der Zukunft" in Kapitel 3). Die Dgl enthalte also gerade noch $y^{(n)}(x)$. Die Dgl ist **linear**, wenn y und ihre Ableitungen nur in erster Potenz enthalten sind. Sie heißt **gewöhnlich**, wenn sie nur Ableitungen nach einer Variablen enthält. Die unbekannte Funktion in einer **partiellen** Dgl hängt von wenigstens zwei Variablen ab, und die Ableitungen nach diesen treten auf. Wir wollen annehmen, daß unsere gewöhnliche Dgl in einer nach $y^{(n)}(x)$ aufgelösten Form vorliegt. Andernfalls heißt sie **implizit**. Die allgemeine gewöhnliche lineare Dgl n-ter Ordnung lautet also

$$y^{(n)}(x) + f_{n-1}(x)\, y^{(n-1)}(x) + \ldots + f_1(x)\, y'(x) + f_0(x)\, y(x) = f(x)$$

$$\text{oder (mit } f_n(x) \equiv 1): \qquad \sum_{\nu=0}^{n} f_\nu(x)\, \partial_x^\nu y(x) = f(x)$$

$$\text{oder kurz:} \qquad\qquad L_n y = f \,. \tag{7.1}$$

Die Funktionen f (mit oder ohne Index) seien bekannt. Die rechte Seite heißt **Inhomogenität** der Dgl. Eine lineare Dgl ist **homogen**, falls $f \equiv 0$. Eine n-parametrige Schar von Lösungen nennt man **allgemeine Lösung** der Dgl. Bei nichtlinearen Dgln kann es einzelne **singuläre** Lösungen geben, die nicht in der allgemeinen Lösung enthalten sind (siehe Fall $< 9 >$). Funktionen $y_1(x)$, $y_2(x)$, $y_3(x)$, $\ldots$ (z.B. verschiedene Lösungen einer Dgl) heißen **linear unabhängig** genau dann, wenn das Null-Setzen ihrer LK Null-Koeffizienten erzwingt:

$$C_1 y_1(x) + C_2 y_2(x) + \ldots \equiv 0 \quad \curvearrowright \quad C_1 = C_2 = \ldots = 0 \,.$$

Der Begriff wird also genauso wie bei Vektoren verwendet (siehe Ende von Kapitel 1).

Vokablen lernt man am besten anhand konkreter Situationen. Z.B. ist die Bewegungsgleichung $\ddot{x} = -\omega^2 x$ des 1D harmonischen Oszillators vom Typ $y'' + \omega^2 y = 0$. Sie ist gewöhnlich, linear, zweiter Ordnung, homogen und hat $L_2 = \partial_x^2 + \omega^2$. Ihre allgemeine Lösung ist $C_1 \cos(\omega x) + C_2 \sin(\omega x)$. Die beiden Lösungen $y_1 = \cos(\omega x)$ und $y_2 = \sin(\omega x)$ sind linear unabhängig, aber die drei Funktionen $e^{i\omega x}$, $\cos(\omega x)$, $\sin(\omega x)$ sind es nicht.

Drei Sätze zur gewöhnlichen linearen Dgl:

Die homogene Dgl $L_n y = 0$ hat genau n linear unabhängige Lösungen (wir bezeichnen sie mit $y_1(x), \ldots, y_n(x)$) (7.2)

Die allgemeine Lösung der homogenen Dgl $L_n y = 0$ ist $C_1 y_1(x) + \ldots + C_n y_n(x)$. (7.3)

Die allgemeine Lösung der inhomogenen Dgl $L_n y = f$ ist $y_0(x) + C_1 y_1(x) + \ldots C_n y_n(x)$, (7.4)
wobei $y_0(x)$ eine spezielle Lösung von $L_n y = f$ ist.

Diese drei Behauptungen beziehen sich auf ein x-Intervall, in dem die bekannten Funktionen $f, f_0, \ldots, f_{n-1}$ harmlos sind und insbesondere nicht ∞ werden (andernfalls nennt man eine solche Dgl **singulär**). Das Intervall enthalte den Ursprung (andernfalls führen wir mit $x - a =: \tau$ eine neue Variable ein, siehe Fall $< 2 >$). Zur homogenen Dgl $L_n y = 0$ kann man nun auf folgende n verschiedene Weisen bei $x = 0$ Startwerte (Anfangs-„Ort", Anfangs-„Geschwindigkeit" usw.) festlegen:

$$\begin{pmatrix} y(0) \\ y'(0) \\ y''(0) \\ \vdots \\ y^{(n-1)}(0) \end{pmatrix} = \begin{pmatrix} 1 \\ 0 \\ 0 \\ \vdots \\ 0 \end{pmatrix}, \begin{pmatrix} 0 \\ 1 \\ 0 \\ \vdots \\ 0 \end{pmatrix}, \dots, \begin{pmatrix} 0 \\ \vdots \\ \vdots \\ 0 \\ 1 \end{pmatrix}.$$

Also gibt es mindestens die sich hieraus entwickelnden n linear unabhängigen Lösungen der homogenen Dgl. Da L_n linear ist, erfüllt auch (7.3) diese Dgl. Der Startwerte-„Vektor" von (7.3) hat die Komponenten C_1 bis C_n, ist also der einer beliebigen Lösung (irgendwie muß sie ja durch 0 gehen). Damit verstehen wir (7.2): mindestens n, aber jede weitere ist LK. Die LK in (7.3) ist in der Tat eine n-parametrige Schar. Singuläre Lösungen (Fall $< 9 >$) gibt es (Zitat) bei linearen Dgln *nicht*. Um schließlich (7.4) zu verstehen, sehen wir uns den Unterschied zwischen einer beliebigen Lösung y der inhomogenen Dgl zu einer (irgendwie konstruierten oder z.B. geratenen) speziellen Lösung y_0 an. Er erfüllt $L_n(y - y_0) = f - f = 0$. Der allgemeinste Unterschied ist folglich durch (7.3) gegeben. Der Satz (7.4) stimmt.

7.2 Zehn Fälle

Man unterschätze Fallstudien nicht. Sie bilden das Repertoire, das Wahrnehmungs-Raster, das Waffen-Arsenal. Mitunter (und hier besonders) ist man mit einfachem, handlichem Werkzeug besser ausgerüstet als mit aufwendigen Apparaten. Wir sehen uns teils konkrete Beispiele, teils allgemeinere Dgl-Typen an. Manche sind linear, manche nicht (wobei dann auch obige 3 Sätze nicht mehr gelten). Aber wir beginnen (fünfmal) linear.

$<1>$ **Potenz-Ansatz:** $\quad x^2 y'' - 2xy' + 2y = 0$

Diese Dgl ist linear, homogen, hat $L_2 = x^2 \partial_x^2 - 2x \partial_x + 2$ und als Besonderheit in jedem Term so viele x-Potenzen wie Ableitungen.

Ansatz: $\quad y = x^\lambda \curvearrowright$

$$x^\lambda[\lambda(\lambda - 1) - 2\lambda + 2] = 0 \quad, \quad \lambda^2 - 3\lambda + 2 = 0 \quad, \quad \lambda_1 = 1 \quad, \quad \lambda_2 = 2 \, .$$

Der Satz (7.2) besagt, daß wir nicht weiter zu suchen brauchen. Und nach (7.3) ist $y = C_1 x + C_2 x^2$ die allgemeine Lösung.

$<2>$ **Neue Variable:** $\quad x^2 y'' - 2xy' + 2y = 0 \quad, \quad 0 < x$

Das ist die Dgl von Fall $< 1 >$, jedoch sei x positiv. Wir setzen

$$x = e^{\tau} \ , \quad y(x) \equiv y\big(e^{\tau}\big) \equiv u(\tau) \equiv u(\ln(x)) \quad \curvearrowright$$

$$\partial_x = (1/x)\partial_{\tau} = e^{-\tau}\partial_{\tau} \ ,$$

$$L_2 = e^{2\tau}\, e^{-\tau}\, \underbrace{\partial_{\tau}\, e^{-\tau}}_{= \ -e^{-\tau} + e^{-\tau}\partial_{\tau}}\, \partial_{\tau} - 2\partial_{\tau} + 2 = \partial_{\tau}^2 - 3\partial_{\tau} + 2$$

$$\curvearrowright \quad u'' - 3u' + 2u = 0 \ .$$

Versteht man dies? Eine neue Variable τ wurde eingeführt (Substitution!) und sodann eine neue Funktion $u(\tau)$, die die Werte von $y(x)$ nur mit anderer „Geschwindigkeit" durchläuft. Aus der Dgl für y muß sich nun eine Dgl für u gewinnen lassen. Also differenziert man mal die Identität in der ersten Zeile nach $x : y'(x) = u'(\tau)(1/x)$. Aber dies läßt sich eleganter formulieren, nämlich als Operator-Identität (zweite Zeile). Man kann sie direkt aus $x = e^{\tau}$ gewinnen, indem man „laut" dazu spricht: „Ableiten nach x ist dasselbe wie Ableiten nach τ mal τ nach x". Man darf auch sagen, Ableiten nach τ ist dasselbe wie Ableiten nach x mal x nach τ. An der überklammerten Stelle wurde die Produktregel bedacht ($e^{-\tau}$ ist nur einer von zwei Faktoren). Um eine neue Variable einzuführen, kann man sich irgendeinen (monotonen) x-τ-Zusammenhang ausdenken. Nur wird damit meist leider die u-Dgl komplizierter. Im vorliegenden Falle waren wir sehr schlau, denn die entstandene u-Dgl hat nur noch konstante Koeffizienten. Wie man sie löst, zeigt Fall $< 3 >$.

$<3>$ Exponential-Ansatz: $\quad m\,\ddot{x} = -\kappa x - R\dot{x}$

Das ist die Bewegungsgleichung eines 1D harmonischen Oszillators mit v-Reibung. Bild 7-1 zeigt, daß recht verschiedene Physiken durch diese Gleichung regiert werden können.

Ohne Reibung würde der Oszillator mit der Kreisfrequenz $\omega_0 = \sqrt{\kappa/m}$ schwingen. Also setzen wir $\kappa =: m\omega_0^2$ sowie (weil ebenfalls praktisch) $R =: 2m\gamma$:

$$\big(\partial_t^2 + 2\gamma\partial_t + \omega_0^2\big)\, x(t) = 0 \ .$$

Ansatz: $x = e^{\omega t}$; $\omega^2 + 2\gamma\omega + \omega_0^2 = 0$, $\omega = -\gamma \pm \sigma$, $\sigma := \sqrt{\gamma^2 - \omega_0^2}$.
Hiermit folgt die allgemeine Lösung

$$x = C_1\, e^{-(\gamma-\sigma)t} + C_2\, e^{-(\gamma+\sigma)t} \ . \tag{7.5}$$

Auf dem Wege zu (7.5) haben wir uns $\gamma > \omega_0$ vorgestellt (aperiodischer Fall).

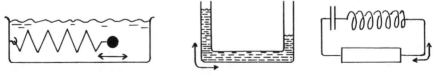

Bild 7-1. Drei scheinbar sehr verschiedene Schwingungsvorgänge, die der gleichen Dgl folgen

Falls nun $\gamma < \omega_0$, dann sind die Lösungen der quadratischen ω-Gleichung komplexwertig, nämlich $\omega = -\gamma \pm \mathrm{i}\sqrt{\omega_0^2 - \gamma^2}$ (bitte zur Probe einsetzen!). Obige Rechnung bleibt richtig, wenn man $\sqrt{-1} = \pm\mathrm{i}$ setzt. Und das geht in Ordnung, weil beide Vorzeichen sinnvoll sind. Mittels Euler-Formel (5.15) folgt nun die gedämpfte Schwingung

$$x = \left[C_1 \cos\left(\sqrt{\omega_0^2 - \gamma^2}\; t \right) + C_2 \sin\left(\sqrt{\omega_0^2 - \gamma^2}\; t \right) \right] \mathrm{e}^{-\gamma t} . \tag{7.6}$$

Da kommt ein Wanderer des Wegs und spricht: „Ich setze nun genau $\gamma = \omega_0$. Dann ist $\omega = -\gamma$ und es gibt nur eine Lösung, ha ha ha," – Nein, guter Mann, dies würde Satz (7.1) widersprechen, und den hatten wir verstanden. Es gibt eine zweite Lösung. Lediglich der e-Ansatz liefert sie nicht (so nicht). Was tun? – nachdenken! Kein Experiment kann entscheiden, ob genau $\gamma = \omega_0$ ist. Also interessiert uns nur, was aus z.B. (7.6) wird, wenn γ gegen ω_0 geht. Die Wurzel wird klein, bis der Sinus (für alle physikalisch interessierenden Zeiten t) durch den ersten Reihen-Term ersetzt werden kann. Sodann kann die kleine Wurzel mit einem genügend großen C_2 zu einer neuen Konstanten D zusammengefaßt werden:

$$x = \left(C_1 + Dt \right) \mathrm{e}^{-\gamma t} \quad \left(\omega_0 = \gamma \right) . \tag{7.7}$$

Gemäß (7.3) *ist* das die allgemeine Lösung zu $\gamma = \omega_0$. Der Leser zeige, daß (7.7) auch aus (7.5) folgt. Wer noch mehr Durchblick verlangt, der kann der Dgl die Gestalt $[(\partial_t + \gamma)^2 + (\omega_0^2 - \gamma^2)]x = 0$ geben und sich dadurch anregen lassen, zu der neuen Funktion $u := \mathrm{e}^{\gamma t} x$ überzugehen – aber das lernen wir ja erst im Fall $< 4 >$.

$<4>$ **Neue Funktion:** $\quad y'(x) + P(x)\, y(x) = Q(x)$

Das ist die allgemeine lineare Dgl erster Ordnung. P und Q seien gegebene Funktionen. Wir wollen den Satz (7.4) ausnutzen und suchen darum zuerst die (es gibt nur eine) Lösung $y_1(x)$ der homogenen Dgl:

$$y' + Py = 0 \quad , \quad y'/y = \partial_x \ln(y) = -P \quad , \quad \ln(y) = - \int_{x_0}^x dx'\, P(x') + C \; ,$$

$$y = \left(\mathrm{e}^C \right) \exp\left[- \int_{x_0}^x dx'\, P(x') \right] \;\curvearrowright\; y_1(x) = \exp\left[- \int_{x_0}^x dx'\, P(x') \right] \; ,$$

denn nach (7.3) ist die Festlegung eines y_1-Vorfaktors reine Definitionssache. Für x_0 darf man sich irgendeinen festen x-Wert im betrachteten Intervall ausdenken. Die allgemeine Lösung (letzte Zeile links) der homogenen Dgl scheint nun zwei beliebig wählbare Konstanten, $C_1 = \mathrm{e}^C$ und x_0, zu enthalten, muß aber andererseits eine einparametrige Schar sein. „Zum Glück" läßt sich jedoch eine x_0-Abänderung in C_1 absorbieren (man schreibt ja auch nicht $C_1 = ABCD$, um dann von vier Konstanten zu reden). Das war nur Vorarbeit. Jetzt kehren wir zur ursprünglichen inhomogenen Dgl zurück. Wenn wir irgendeinen Zusammenhang zwischen $y(x)$ und einer neuen Funktion $u(x)$ herstellen, dann wird sich stets die y-Dgl in eine u-Dgl umrechnen lassen. Setzen wir beispielsweise $y =: 1/u$, dann ist $y' = -u'/u^2$ und es entsteht mit $u' - Pu = -Qu^2$ eine kompliziertere, nämlich nichtlineare Dgl (die sogenannte Bernoullische, siehe *Bronstein*). Hinter „neue Funktion" verbirgt sich ein überaus vielseitiges Spielzeug. Die gute Idee (im vorliegenden Falle) ist der folgende y-u-Zusammenhang:

$$y(x) =: u(x)y_1(x) \quad \curvearrowright \quad u'y_1 + uy_1' + Puy_1 = u'y_1 = Q \ , \quad u' = Q/y_1 \ ,$$

$$u = \int_{x_1}^x dx'\, Q(x')/y_1(x') + D \quad \curvearrowright \quad y_0(x) = y_1(x) \int_{x_1}^x dx'\, Q(x')/y_1(x') \ .$$

Nach (7.4) ist also $y = y_0 + C_1 y_1$ die allgemeine Lösung. Ausführlich und zusammenfassend:

$y' + Py = Q$ hat die allgemeine Lösung

$$y = \exp\left[-\int_{x_0}^x dx'\, P(x')\right] \left(C_1 + \int_{x_1}^x dx'\, Q(x') \exp\left[+\int_{x_0}^{x'} dx''\, P(x'')\right]\right) . \tag{7.8}$$

Auch eine x_1-Abänderung läßt sich in C_1 absorbieren. Wenn man die Lösung einer Dgl so angeben kann, daß „nur noch" gewöhnliche Integrale auszuführen bleiben, dann sagt man (vor lauter Freude), sie sei „gelöst" oder man habe sie „integriert". Der Leser versteht nun auch, weshalb dieses dringliche Kapitel so spät kommt: es hatte auf Integrale gewartet.

<5> Variation der Konstanten: $\quad y''(x) + a(x)\, y'(x) + b(x)\, y(x) = f(x)$

Bei linearen Dgln zweiter Ordnung ohne vereinfachende Besonderheiten beginnt der Ernst des Lebens. Anders als bei $< 4 >$ lassen sich die Lösungen (nun gibt es zwei) der homogenen Dgl im allgemeinen nicht mehr angeben. *Wenn* man aber wenigstens eine Lösung der homogenen Dgl kennt, dann führt das folgende Verfahren zur Lösung auch der *in*homogenen Dgl. Den Namen hat es von einer Vorgehensweise bekommen, bei welcher man die Kenntnis der beiden homogenen Lösungen unterstellt und sodann mit $y(x) = u_1(x)y_1(x) + u_2(x)y_2(x)$ zwei neue Funktionen einführt, also sozusagen die Konstanten in (7.3) mit x variieren läßt. Es geht jedoch viel besser.

Wir benötigen die Kenntnis von nur *einer* der beiden homogenen Lösungen: $y_1(x)$. Wie bei $< 4 >$ führen wir per $y(x) =: y_1(x)u(x)$ eine neue Funktion u ein. Nun ist u.a. $\partial_x^2(y_1 u)$ auszurechnen. Bei mehrfacher Ableitung eines Produktes geht es binomisch zu,

$$\partial_x^n(fg) = \left(\partial_x^{\text{vorn}} + \partial_x^{\text{hinten}}\right)^n (fg) \ ,$$

denn die Klammer kann man nun auspotenzieren als stünde $a + b$ darin (das vordere ∂ wirke nur auf f, das hintere nur auf g). Also ist $\partial_x^2 y_1 u = y_1'' u + 2y_1' u' + y_1 u''$. Unsere Dgl wird damit zu $y_1 u'' + 2y_1' u' + y_1'' u + ay_1 u' + ay_1' u + by_1 u = f$

$$\curvearrowright \quad u'' + \left(a + 2y_1'/y_1\right)u' = f/y_1 \ ,$$

denn alle u-Terme fielen heraus, weil y_1 die homogene Dgl löst. Natürlich setzen wir nun $u' =: v$ und bekommen $v' + Pv = Q$. Damit ist das Problem auf (7.8) zurückgeführt.

Nur weniges hiervon soll man sich wirklich merken. Im konkreten Falle (Beispiel: $\ddot{x} + \omega^2 x = k(t)$) soll sich ein wohliges Gefühl einstellen, wenn man sieht, daß die zu lösende Dgl linear ist (wenigstens was!). Sodann soll man die homogene Dgl anblicken, ob man über diese etwas weiß (oh ja: $x_1(t) = e^{i\omega t}$). Schließlich soll die Hand nicht anders können, als $x = x_1 u$ zu Papier zu bringen. Das genügt, denn nun läuft die Rechnung wie von selbst.

Ist die lineare Dgl von vornherein homogen (und ist y_1 bekannt), so liefert obiges Verfahren die zweite Lösung y_2. Ist sie n-ter Ordnung, so führt es auf eine lineare Dgl $(n-1)$-ter Ordnung.

<6> Trennung der Variablen: $y'(x) = f(x)\,g(y)$

Die vereinfachende Besonderheit dieser Dgl ist die Produktform der rechten Seite. Da g beliebig von der unbekannten Funktion y abhängen darf, betreten wir hiermit das Land der nichtlinearen Dgln. Der Lösungsweg ist wunderbar einfach. Wir lesen y' als dy/dx und „trennen":

$$\frac{dy}{g(y)} = dx\, f(x) \ \curvearrowright \ \int_{y(x_0)}^{y} dy' \frac{1}{g(y')} = \int_{x_0}^{x} dx'\, f(x') \ .$$

Nach Auswertung der beiden Integrale weiß man, wie y von x abhängt. Speziell zu $f \equiv 1$ kennen wir den Trick bereits von (6.11). Bei obigem Einzeiler war das „Integrale drüber werfen" ganz vernünftig. Im konkreten Fall jedoch (f und g explizit gegeben) sieht man besser gleich nach, ob man die Stammfunktionen $H(y)$ von $1/g(y)$ und $F(x)$ von $f(x)$ angeben kann, denkt dann wie folgt

$$y'/g(y) = y'H'(y) = \partial_x H(y) \overset{!}{=} f(x) = \partial_x F(x) \ \curvearrowright \ H(y) = F(x) + C$$

und ist fertig. Fall $<6>$ war einfach *und* wichtig.

<7> Reduktion der Ordnung: $y'' = f(y, y')$

Besonderheit ist, daß die Variable x nicht vorkommt. Der Lösungs-Trick besteht darin, vorübergehend y' als Funktion von y anzusehen:

$$y' =: p(y) \ , \quad y'' = p'(y)\,y' = pp' \ , \quad pp' = f(y, p) \ .$$

Dies ist nur noch eine Dgl erster Ordnung für die Funktion $p(y)$. Falls man sie lösen kann, erhält man $y(x)$ aus $y' = p(y)$ via $<6>$. Die allgemeine Lösung y hat wieder zwei Konstanten, weil bereits $p(y)$ eine enthält.

Obiges Verfahren ist irgendwie interessant. Würde nämlich die Funktion f nicht von y' abhängen, dann hätten wir an $m\ddot{x} = K(x)$ gedacht, mit $\dot{x}$ multipliziert (d.h. mit y') und den Energiesatz hergeleitet. Dieser ist eine Dgl mit $\dot{x}$

und somit ebenfalls erster Ordnung. Man kann sich nun fragen, wie wohl der Energiesatz herauskommt, wenn wir der $p(y)$-Methode folgen. $p(y)$ entspricht $v(x)$. Also ist $\ddot{x} = \dot{v} = v'(x)\,\dot{x} = vv'$, und wir erhalten

$$mvv' = \partial_x\left(mv^2/2\right) = K(x) = -\partial_x V(x) \ \curvearrowright\ mv^2/2 + V(x) = E\ .$$

Das geht aber schön! Vielleicht sollte diese Version der Energiesatz-Herleitung (Newton selbst statt Newton mal v; in 3D: mal $\vec{e}_v$ statt mal $\vec{v}$) mehr unter die Leute gebracht werden.

Der Vollständigkeit halber sei hier noch die recht banale Reduktion der Ordnung bei der Dgl $y'' = f(x, y')$ erwähnt: man setze $y' = u$.

<8> Umwandlung in Dgl-System: $y^{(n)} = f(y^{(n-1)}, \ldots, y', y;\ x)$

Eine Dgl n-ter Ordnung läßt sich stets in ein System aus n Dgln erster Ordnung überführen – worüber der Computer hoch erfreut ist. In der obigen Dgl setzt man einfach

$$
\begin{array}{llll}
y' = u_1 & & y' = u_1 \\
y'' = u_2 & \text{und überführt} & u_1' = u_2 \\
\vdots & \text{sie damit in} & u_2' = u_3 \\
& \text{das System} & \vdots \\
\vdots & & u_{n-2}' = u_{n-1} \\
y^{(n-1)} = u_{n-1} & & u_{n-1}' = f\big(u_{n-1}, \ldots, u_1, y;\ x\big)
\end{array}
$$

für die n unbekannten Funktionen $y, u_1, \ldots, u_{n-1}$. Auch der umgekehrte Weg von Dgl-System erster Ordnung zu einer einzigen Dgl höherer Ordnung ist stets möglich.

Zur Illustration überführen wir die Dgl von Fall $< 5 >$ in ein System:

$$y' = z\ ,\ y'\qquad - z = 0$$
$$z' + by + az = f\ ,\ \text{ oder}:\ \vec{y}\,'(x) + \mathbf{P}(x)\vec{y}(x) = \vec{Q}(x)\ .$$

$\mathbf{P}$ ist Matrix. Vorsichtshalber sei angemerkt, daß (7.8) zu dieser Vektor-Version *nicht* mehr die Lösung ist.

<9> Singuläre Lösung: $(y')^2 = 4y$

Da, wie die Dgl zeigt, y nicht negativ sein kann, dürfen wir die Wurzel ziehen:

$$y'/2\sqrt{y} = \partial_x\sqrt{y} = \pm 1\ \curvearrowright\ \sqrt{y} = \pm x + C\ .$$

Die allgemeine Lösung ist also $y = (x + C)^2$. Bild 7-2 zeigt die Schar dieser Funktionen. Sie hat eine **Einhüllende**, nämlich die x-Achse. An jedem Punkt der Einhüllenden sind Anstieg und Funktionswert mit der Dgl verträglich. Auch die einhüllende Kurve sollte somit die Dgl lösen. Im vorliegenden Falle ist sie

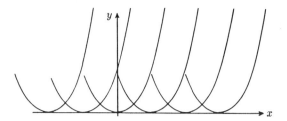

durch $y(x) \equiv 0$ gegeben. Und in der Tat erfüllt sie die Dgl, obwohl sie durch keine Konstanten-Wahl aus der allgemeinen Lösung erhalten werden kann:

$$\textit{Alle } \text{Lösungen} = \left\{ \begin{array}{c} \text{alle jene, die in} \\ \text{der allgemeinen Lösung} \\ \text{enthalten sind} \end{array} \right\} + \left\{ \begin{array}{c} \text{eventuelle} \\ \text{singuläre} \\ \text{Lösungen} \end{array} \right\}$$

Wer ein Kriterium für das Nicht-Auftreten einer singulären Lösung sucht bzw. dafür, daß eine Lösungs-Kurve keine solche berührt, sei auf die Literatur verwiesen („Lipschitz-Bedingung", siehe z.B. *Erwe*, BI-TB Nr. 19).

Wenn man anfängt, sich zu Bild 7-2 einen realen Vorgang vorzustellen, dann beginnt es weh zu tun. Jene Regel, wonach Dgl und Start-Daten (hier: $y(0)$) die Zukunft festlegen (also y zu $0 < x$), ist uns (zu recht!) vertraut geworden. Jedoch zu genau $y(0) = 0$ erfüllt hier sowohl $y = x^2$ (angepaßte allgemeine Lösung) als auch $y \equiv 0$ (singuläre Lösung) beide Vorgaben. Das System weiß nicht, welcher Kurve es folgen soll. Noch schlimmer, wenn es z.B. der x-Achse folgt, dann kann es spontan jederzeit doch noch in einen rechten Parabel-Ast einmünden. Eine Regel kann Ausnahmen haben. Dies ist eine.

Um diese bittere Wahrheit weiter auszukosten, übersetzen wir sie nun vollends in Realität. In der Form $y' = 2\sqrt{|y|}$ hat unsere Dgl die allgemeine Lösung $(x + C)|x + C|$ (malen!) und weiterhin die singuläre Lösung $y \equiv 0$. Setzen wir $x = \omega t$ und $v(t) := v_0 (1 - \omega t - y(\omega t))$, dann entsteht die v-Dgl

$$m\dot{v} = -mv_0\omega\left(1 + 2\sqrt{|1 - \omega t - v/v_0|}\right) ,$$

während sich $y(0) = 0$ in $v(0) = v_0$ übersetzt. Das ist die Bewegungsgleichung einer Magnetschienenbahn (Masse m), die ab Zeit $t = 0$ gebremst wird und deren Bordcomputer genau die angegebene Brems-Kraft einstellt. Folgt nun die Bahn der angepaßten allgemeinen Lösung

i) $v = v_0(1 - \omega t - \omega^2 t^2)$ und kommt zur Zeit $t_1 = (1/\omega)2/(1 + \sqrt{5})$ zum Stehen oder folgt sie der singulären Lösung

ii) $v = v_0(1 - \omega t)$ mit Stillstands-Zeit $t_2 = 1/\omega$ oder folgt sie ein Stück weit (ii) und schert dann aus (zu einer Zeit t_0) in

iii) $v = v_0(1 - \omega t - [\omega t - \omega t_0]^2)$ mit Stillstand zwischen t_1 und t_2??

Alle drei Versionen erfüllen die Dgl und haben $v(0) = v_0$. Also sind alle drei Aussagen richtig?? Es klingt wie ein übler April-Scherz, mit dem man gestandene Deterministen schwer verwirren will. Es folgt jetzt nicht etwa eine Auflösung des Paradoxons (Unfähigkeit des Autors ist nicht ausgeschlossen), sondern nur ein wenig Trost. Alle drei v's sind zwar Lösungen dieses Problems. Aber man darf fragen, ob denn obige Bewegungsgleichung genau *so* realisiert werden kann. Sobald man die Dgl infinitesimal abändert, z.B. in $y' = 2(y^2 + \varepsilon^2)^{1/4}$, existiert die singuläre Lösung schon nicht mehr, und die angepaßte allgemeine Lösung durchläuft die vormaligen Gefahrenstellen ohne Mehrdeutigkeiten. Kurz, es bedarf schon einiger krimineller Energie, wenn man die genannte Regel ins Wanken bringen will.

Übungs-Blatt 17

<10> **Greensche Funktion:** $L_n y(x) = f(x)$

Man lese f als Ursache und y als Antwort und erinnere sich der Kommentare zu (6.55). Die Antwort $G(x, a)$ auf die „elementare" Ursache $\delta(x - a)$ nennt man Greensche Funktion. Sie hängt von der Variablen x und vom Ursachen-Parameter a ab. Wenn es gelingt, in einem x-Intervall B (x in B, a in B) das folgende Hilfsproblem zu lösen,

$$L_n G(x, a) = \delta(x - a) , \tag{7.9}$$

dann erhält man in B aus der G-Kenntnis auch die Lösung zu allgemeiner Inhomogenität f:

$$\int_B da\, f(a)\, L_n G(x, a) = \int_B da\, f(a)\, \delta(x - a) \,,\quad L_n \int_B da\, f(a)\, G(x, a) = f(x)$$

$$\curvearrowright \quad y(x) = \int_B da\, f(a)\, G(x, a) \,. \tag{7.10}$$

Setzt man also die Gesamt-Ursache $f(x)$ aus elementaren Ursachen zusammen $[f(x) = \int da\, f(a)\delta(x - a)$, siehe (6.55)], dann ist auch die Gesamt-Antwort y aus den entsprechenden elementaren Antworten G zusammengesetzt, und zwar mit gleichem Gewicht $f(a)$: Superposition. Meist sucht man nur nach einer speziellen Lösung G von (7.9). Mit dieser ergibt sich aus (7.10) eine spezielle Lösung y_0 der inhomogenen Dgl $Ly = f$, und dann macht sich Satz (7.4) nützlich. In der Regel kann man übrigens G aus den linear unabhängigen Lösungen der homogenen Dgl $Ly = 0$ konstruieren.

Wie und ob all dies funktioniert, sehen wir uns anhand des bereits gelösten Falles < 4 > zu $P(x) \equiv \gamma$ an:

$\dot{v} + \gamma v = k(t) =$ Kraft/Masse , $L_1 = \partial_t + \gamma$, Bereich B ist

die positive t-Halbachse, (7.9): $(\partial_t + \gamma)G(t, a) = \delta(t - a)$.

Rechts und links der Stelle $t = a$ muß G die homogene Dgl lösen, d.h. die Form const $\cdot\, e^{-\gamma t}$ haben. Wenn t durch a geht, muß G springen; Sprunghöhe 1 (damit beim Ableiten der Stufe $\delta(t - a)$ entsteht). Wir sind soweit:

$$G(t, a) = e^{-\gamma t} \left[A + e^{\gamma a} \theta(t - a) \right] .$$

Wenn wir dies in (7.10) einsetzen, ergibt sich

$$v = e^{-\gamma t} \int_0^\infty da\, k(a) \left[A + e^{\gamma a} \theta(t - a) \right] = e^{-\gamma t} \left(C + \int_0^t da\, k(a) e^{\gamma a} \right) .$$

Es kommt also tatsächlich (7.8) heraus.

Die Greensche Funktion hat sich hier im einfachsten Gewande vorgestellt. In und um (7.9) und (7.10) wurde eigentlich gar nichts Spezielles über den Operator L vorausgesetzt. Also sind Verallgemeinerungen möglich (siehe z.B. Abschnitt 8.4 und 12.3). Dank Green lassen sich die Maxwellgleichungen („zu gegebenen Quellen") allgemein lösen (!). Und in heutiger Vielteilchen- und Feldtheorie leisten Greensche Funktionen unschätzbare Dienste.

Wenn Sie eine gewöhnliche Differentialgleichung mit all Ihrer 10-Fall-Erfahrung nicht lösen können und wenn das auch nicht unter Kombination mehrerer solcher „Methoden" gelingt, dann kommen noch Reihen-, Fourier- und andere Entwicklungen, allgemeinere Ansätze und Störungsrechnung in Betracht. Auch empfiehlt sich ein Blick in die Literatur, etwa in die hervorragende Sammlung gelöster Fälle in *Kamke*, Band 1 („Differentialgleichungen, Lösungsmethoden und Lösungen"). Wenn aber alles nichts hilft (und auch von einem Computer die gewünschte Sorte Antwort nicht zu erwarten ist), dann ist die Dgl zu schwer. Die zu behandelnde Physik muß also vorher stärker vereinfacht werden. Man lerne, das zu tun, was möglich ist. Freiheit ist Einsicht in die Notwendigkeit (Karl Marx).

— — —

Mehr zum Umgang mit Bewegungsgleichungen zu lernen, das brannte seit dem Newton-Kapitel 3 auf der Haut. Entsprechend sind wir noch einmal sehr dem dortigen deterministischen Weltbild verfallen (s. Ende von Kapitel 3). Ein wenig mag nun klarer sein, inwiefern Physik Kunst ist, Kunst des Möglichen natürlich, und Kunst des Wahrsagens.

Erwin Schrödinger „Die Besonderheit des Weltbilds der Naturwissenschaft"
Aufsatz 1947 (In: „Was ist ein Naturgesetz?" Oldenbourg 1979)

... das Prophezeien, das Vorhersagen von Beobachtungen ist uns bloß das Mittel, zu prüfen, ob das Bild, das wir uns machten, auch stimmt.

„Nun schön", versetzt der Positivist, „gar so viel Unterschied ist nicht zwischen uns; vorausgesetzt, daß ihr ehrlich bleibt und unter Bild oder Gestalt bloß die gesamte Zuordnung und Gliederung wirklicher oder möglicher Beobachtungsposten versteht, ohne grundsätzlich unbeobachtbare Zutaten, Phantasiegebilde, die ihr euch zurecht macht, um die Wirklichkeit, wie ihr es nennt zu *erklären*. Aber ich kenne euch. Ihr neigt vielmehr dazu, nicht die Tatsachen selber, sondern gerade jene Hilfskonstruktionen für das zu halten und auszugeben, was ihr ‚gefunden' hättet, für die eigentliche Errungenschaft. Und da mache ich nicht mit. Sondern was nicht direkten Bezug auf mögliche Sinneswahrnehmung hat, muß fortbleiben." ...

Die schärfste Formulierung der Gesetze physikalischer Abläufe geschieht durch Differential-gleichungen, gewöhnliche, wenn es sich um ein System mit endlich viel Bestimmungsstücken, z.B. Massenpunkte, handelt, partielle im Fall von Kontinuen. In dieser klaren mathematischen Fassung vollzieht sich am reinlichsten die Scheidung zwischen dem, was von der theoretischen Aussage erfaßt wird, und dem, worüber etwas auszusagen man gänzlich verzichtet. Solche Gleichungen beschreiben nämlich ihre Natur nach ganz genau den Ablauf, der auf einen gegebenen Anfangszustand des Systems folgt, diesen selbst aber lassen sie vollständig offen; welche Anfangszustände in der Natur verwirklicht sind, darüber wird nichts behauptet, im Prinzip gilt jeder beliebige als möglich. Im einzelnen Anwendungsfall muß man vorerst einmal „in der Natur" nachsehen, welcher vorliegt.

Sommersemester

8. Felder

Aufbruch zu neuen Ufern. Auch die „zweite Hälfte der Realität" muß ihre eigenen Prinzipien haben. Es muß Bewegungsgleichungen geben, insbesondere für die Felder $\vec{E}$ und $\vec{B}$ in der Lorentzkraft (3.2). Während wir dieses Ziel verfolgen, werden uns ungewohnte neue Strukturen begegnen. Zuerst sind die Kalküle dieser Strukturen zu erarbeiten. Und dann – so sagt unsere Erfahrung aus den ersten drei Kapiteln – werden wir beim Blick auf die first principles der Elektrodynamik (Kapitel 11) das Gefühl haben, als hätten wir sie soeben selbst erfunden. Sie sind die elegante Fassung all dessen, was experimentell über $\vec{E}$, $\vec{B}$ bekannt ist.

An einem warmen Herbsttag liegt ein Kornfeld in der Sonne. Die Anzahl der Halme pro Fläche ist nicht überall gleich: $\sigma(x, y)$. Auch stehen die Ähren unterschiedlich hoch: $h(x, y)$. Etwas Wind kommt auf. Wir sehen wellenförmige Bewegungen: $\vec{h}(x, y, t)$. Das Wort „Feld" entstammt also der Umgangssprache. Wir benötigen es allgemeiner und genauer:

Feld = etwas ($\vec{r}$, t) .

Dieses „etwas" ist quantitativ und hat Zahlenwerte. Zu jedem Zahlenwert muß sich sagen lassen, ob er in einem gedrehten Koordinatensystem der gleiche ist oder wie er ggf. verändert wahrgenommen wird (mit 5 Mark sind Sie dabei, und zwar unabhängig von Ihren Koordinatenachsen; also ist 5 DM ein Skalar). Folglich ist „etwas" stets Komponente eines Tensors, oder besser: wir verstehen „etwas" als Tupel zueinander gehörender Komponenten. Somit ist ein Feld stets entweder ein **Skalarfeld** oder ein **Vektorfeld** oder ein **Tensorfeld** höherer Stufe. Im folgenden werden die Anfänge dessen behandelt, was die Mathematiker Tensoranalysis nennen, oder bescheidener: Vektoranalysis. Beispiele für Skalarfelder sind Temperatur $T(\vec{r}, t)$ der Luft, Druck $p(\vec{r}, t)$ einer Schallwelle, Gravitationspotential $V(\vec{r}, t)$ eines sich bewegenden Sterns und jede Dichte $\varrho(\vec{r}, t)$. Beispiele für Vektorfelder sind Kraftfeld $\vec{K}(\vec{r}, t)$, elektrisches Feld $\vec{E}(\vec{r}, t)$, Magnetfeld $\vec{B}(\vec{r}, t)$, die Geschwindigkeit $\vec{v}(\vec{r}, t)$ einer Gas- oder Wasser-Strömung und jede Stromdichte $\vec{j}(\vec{r}, t)$. Beispiel für ein Tensorfeld ist der Leitfähigkeits-Tensor, wenn jemand das Metall verbiegt, verdreht oder drückt und ihm dann im Laufe der Zeit die Arme erlahmen: $\sigma(\vec{r}, t)$. Wir werden nur Skalar- und Vektorfelder untersuchen und sie bei allgemeingültigen Überlegungen mit $\phi(\vec{r}, t)$ bzw. $\vec{A}(\vec{r}, t)$ bezeichnen. Da die Abhängigkeit von der Zeit t im folgenden noch nicht interessieren wird, lassen wir sie der Einfachheit halber weg: alles gilt auch *mit t*.

In diesem Kapitel sind wir ausschließlich an der Frage interessiert, wie man ein gegebenes Feld *lokal* charakterisieren kann. Wir setzen uns an einen Raumpunkt $\vec{r}$, betrachten nur die infinitesimale Umgebung dieses Punktes und wollen etwas über das Feld *dort* aussagen. Daß Aussagen über lokale Zusammenhänge etwas mit Ableitungen zu tun haben, ist sehr natürlich. Es würde uns jedoch sehr wundern, wenn hierbei auch Integrale auftauchen sollten. Und so wundern wir uns denn darüber, wie in einigen Lehrbüchern (den meisten?) die Begriffe von §§8.2 und 8.3 (und mitunter sogar die Maxwell-Gleichungen) nichtlokal eingeführt werden, finden das schlimm – und machen es anders.

8.1 Gradient und Nabla

Ein Skalarpotential $\phi(\vec{r})$ sei gegeben. Wir denken am besten zweidimensional und deuten ϕ als Höhenprofil eines Berges. An einer bestimmten Stelle $\vec{r}$ kann man fragen, wie steil er ist, in welcher Richtung es am steilsten nach oben geht, welcher Tensor die Krümmungsverhältnisse beschreibt (Ebene tangential an den Berg legen und Höhendifferenzen wie Potentialminimum behandeln) und so weiter. Aber zu einer lokalen Charakterisierung des Berges bei $\vec{r}$, die mit *ersten* Ableitungen von ϕ zu tun hat, dazu fällt uns (wie wir auch nachdenken) als schlimmste Frage nur die folgende ein: „Wie steil geht es nach oben, wenn wir in einer bestimmten 'Himmelsrichtung' vorankommen wollen?" (im Berg-Beispiel liegt $\vec{r}$ in der xy-Ebene). Die Antwort heißt **Richtungsableitung** und ergibt sich per Rechnung:

$$\vec{r}(s) = \vec{r} + s\vec{e} \quad , \quad \text{d.h.} \quad x(s) = x + se_1 \quad , \quad y(s) = \ldots \quad \curvearrowright$$

$$\begin{aligned} \partial_s \phi|_{\vec{e}} &:= \partial_s \phi(\vec{r}(s))|_{s=0} \\ &= e_1 \partial_x \phi + e_2 \partial_y \phi + e_3 \partial_z \phi = \vec{e} \cdot \operatorname{grad} \phi \, . \end{aligned} \tag{8.1}$$

Der Gradient ist ein alter Bekannter: (3.8). Aus (8.1) kann man nun schön seine Eigenschaften ablesen, indem man (8.1) zu verschiedenen Richtungen $\vec{e}$ betrachtet. Die größte ϕ-Zunahme ergibt sich, wenn $\vec{e}$ und $\operatorname{grad}\phi$ die gleiche Richtung haben. Also gibt der Gradient die Richtung an, in der die ϕ-Werte am stärksten anwachsen. Bewegung auf einer Äqui-ϕ-Fläche (d.h. keine ϕ-Änderung) liegt vor bei Orthogonalität von $\vec{e}$ und $\operatorname{grad}\phi$. Also steht der Gradient (bei $\vec{r}$) senkrecht auf der Äqui-ϕ-Fläche (durch $\vec{r}$).

Ein Tensor macht aus einem Vektor einen Vektor. Ein Integral macht aus einer Funktion eine Zahl. Ein linearer Operator darf also ruhig aus dem Raum der Patienten herausführen. Auch der Gradient ist ein linearer Operator, und er macht aus einem Skalarfeld ein Vektorfeld. Da nun ein Operator links vor den Patienten gehört, müssen wir wohl wie in der folgenden Gleichung (8.2) verfahren:

$$\overset{=}{|}\ \begin{pmatrix} \text{Einheitsvektor in Richtung} \\ \text{der maximalen } \phi\text{-Zunahme} \end{pmatrix} \cdot \begin{pmatrix} \text{diese maximale} \\ \text{Zunahme} \end{pmatrix}$$

$$\overset{=}{|}\ \left(\partial_x \phi,\ \partial_y \phi,\ \partial_z \phi \right) \tag{8.2}$$

$$\text{grad}\ \phi\ \overset{=}{|}\ \left(\partial_x,\ \partial_y,\ \partial_z \right)\phi = \nabla \phi$$

$$\text{Nabla-Operator} := \nabla := \left(\partial_x,\ \partial_y,\ \partial_z \right).$$

In dem Moment also, in dem der Operator bei der Gradient-Operation isoliert betrachtet wird, gibt man ihm einen anderen Namen. Zu dieser Namensänderung ist man nicht gezwungen, aber sie stellt sich als recht sinnig heraus. Beispielsweise können wir jetzt sagen, daß ein Skalarfeld linear in ∇ nur ein einziges lokales Charakteristikum habe, nämlich den Gradienten.

Nabla ist ein Vektor

Zunächst ist ∇ nur ein Operator-Tripel. Das Wort „Vektor" verlangt bekanntlich viel mehr, nämlich daß

$$\left(\partial_{x'},\ \partial_{y'},\ \partial_{z'} \right) =: \nabla' = D\nabla \tag{8.3}$$

gilt. Gleichung (8.3), falls gültig, ist eine Operator-Identität. Zwei Operatoren sind (per definitionem) gleich, wenn sie bei Anwendung auf sämtliche Elemente des Anwendungs-Raumes das gleiche liefern. Unsere Frage läßt sich also in der Form $\nabla' \phi \overset{?}{=} D\nabla \phi$ zum Leben erwecken. Wenn man das Koordinatensystem dreht, behält ein Skalarfeld seine Werte, sie werden lediglich anderen (gestrichenen) Ortsvektor-Komponenten zugeordnet: $\phi(x_j) = \phi((D^{\mathrm{T}})_{jk} x'_k)$. Hiermit erhalten wir

$$\partial_{x'_l} \phi = \left(D^{\mathrm{T}} \right)_{jl} \partial_{x_j} \phi = D_{lj} \partial_{x_j} \phi.$$

Rechts und links können wir ϕ (da beliebig) wieder weglassen. Damit ist (8.3) hergeleitet. Nabla ist also ein Vektor ganz im Sinne der Definition (4.14). In (4.14) wird von Zahlen-Tripeln geredet; wir lernen, daß sich (4.14) zwanglos auf Operator-Tripel verallgemeinern läßt. Wir wollen vereinbaren, daß man keinen Pfeil über ∇ zu setzen braucht. Steht er nicht eigentlich schon da? (Suchbild: oberer Querstrich und ein Stückchen des rechten Schrägstriches).

Nabla in Kugelkoordinaten

Wenn man (8.2) in der Form $\nabla = \overline{e}_1 \partial_x + \overline{e}_2 \partial_y + \overline{e}_3 \partial_z = \overline{e}_j \partial_{x_j}$ aufschreibt, dann wird klar, wie man ∇ auf eine beliebige orthonormale Basis beziehen kann. Rechts hinter dem jeweiligen Einheitsvektor steht die Ableitung nach dem Weg in dessen Richtung. Diese Basis darf sich ruhig von Raumpunkt zu Raumpunkt allmählich verändern. Das passiert zum Beispiel, wenn alle Erdenbürger ihre z-Achse nach „oben" (d.h. in radiale Richtung) legen, die x-Achse nach Süden und die y-Achse nach Osten. Wenn man verreist, ändern die entsprechenden Basisvektoren ständig ihre Richtung:

$$\vec{e}_\vartheta = (\ \cos(\vartheta)\cos(\varphi)\ ,\ \cos(\vartheta)\sin(\varphi)\ ,\ -\sin(\vartheta)\ )$$
$$\vec{e}_\varphi = (\ -\sin(\varphi)\ ,\ \cos(\varphi)\ ,\ 0\ ) \qquad\qquad (8.4)$$
$$\vec{e}_r = (\ \sin(\vartheta)\cos(\varphi)\ ,\ \sin(\vartheta)\sin(\varphi)\ ,\ \cos(\vartheta)\ ) = \vec{r}/r\ .$$

Alles in (8.4) ist direkt anschaulich. Aber man kann auch jeden dieser drei Einheitsvektoren als Kreuzprodukt der beiden anderen erhalten. Wenn man nun ein infinitesimales Stück nach Osten reist, dann ändert sich nur φ (r, ϑ bleiben fest), und man legt den Weg $r\sin(\vartheta)\,d\varphi$ zurück. Nach Süden ändert sich nur ϑ, und der Weg ist $r\,d\vartheta$. Nabla hat also in Kugelkoordinaten die folgende Gestalt:

$$\nabla = \vec{e}_r\partial_r + \vec{e}_\vartheta\,\frac{1}{r}\,\partial_\vartheta + \vec{e}_\varphi\,\frac{1}{r\sin(\vartheta)}\,\partial_\varphi\ . \qquad\qquad (8.5)$$

Die Einheitsvektoren in (8.5) hängen von den Variablen ab und müssen folglich stets links von den Differentiationen bleiben.

Wir sind stolz darauf, (8.5) durch reines Nachdenken gefunden zu haben. Wer lieber rechnet, der hat zwei Möglichkeiten. Er kann (8.5) auf $\phi(x,y,z)$ anwenden („zum Leben erwecken"), die Kugelkoordinaten (6.32) für die Argumente einsetzen und dann fleißig die Kettenregel bedienen sowie (8.4), bis schließlich $\vec{e}_j\partial_{x_j}\phi$ entstanden ist. Er kann sich aber auch die Drehmatrix D für den Umstieg auf das $\vec{e}_\vartheta$-$\vec{e}_\varphi$-$\vec{e}_r$-System ausrechnen (als Produkt zweier D's) und dann (8.3) in der Form $\nabla = D^{\mathrm{T}}\nabla'$ bemühen. Gleichung (8.5) stimmt. Wichtiger mag sein, die zu (8.5) führenden Gedanken zu üben (und sie hin und wieder ohne Vorlage aufzuschreiben; samstags in Zylinderkoordinaten).

In praxi muß man auf (8.5) nur relativ selten zurückgreifen. Wenn eine kugelsymmetrische Situation vorliegt, „muß" man an Kugelkoordinaten denken. Aber es ist ein zweiter (mitunter vermeidbarer) Schritt, auch noch die variable Basis (8.4) einzuführen. Es soll z.B. (Billig-Beispiel) der Gradient eines kugelsymmetrischen Potentials $\phi(r)$ ausgerechnet werden. Gleichung (8.5) zeigt, daß

$$\mathrm{grad}\,\phi(r) = \nabla\phi(r) = \vec{e}_r\phi'(r)\ .$$

Aber wozu erst (8.5) in Erinnerung rufen (d.h. sich erneut herleiten), es geht ja auch kartesisch. Wir können das im Kopf. Aber wozu Kopfrechnen, es geht ja auch anschaulich: Einheitsvektor in Richtung des steilsten Anstieges ($\pm\,\vec{r}/r$) mal Betrag dieses Anstieges ($\pm\,\phi'(r)$). Fertig!

Ausgleichsvorgänge in Materie

Eine recht typische Anwendung findet der Gradient als Ursache-Vektor bei der phänomenologischen Beschreibung von Ausgleichsvorgängen. Es liegt ein Gefälle vor und ist Ursache dafür, daß etwas fließt. In den drei folgenden physikalisch recht verschiedenen Fällen ist je eine Stromdichte der Antwort-Vektor.

153

Und jeder der drei Faktoren ist eigentlich ein Tensor zweiter Stufe, den wir hier der Einfachheit halber als proportional 1 ansehen:

Energie-Stromdichte	$\vec{h} = -\kappa \cdot \mathrm{grad}\, T$	(8.6)
Teilchen-Stromdichte	$\vec{j}_T = -D \cdot \mathrm{grad}\, n_T$	(8.7)
Ladungs-Stromdichte	$\vec{j} = \sigma \cdot \vec{E} = -\sigma \cdot \mathrm{grad}\, \phi$.	(8.8)

Zu (8.6) versetze man sich in das Innere einer Herdplatte, die sich abkühlt. κ heißt Wärmeleitfähigkeit. Bei (8.7) befinden Sie sich in der Wandung Ihrer vergoldeten Armbanduhr. Jeder Atomkern hat zwar seine Gleichgewichts-Position, aber hin und wieder kommt es schon vor, daß zwei Kerne ihren Platz tauschen. Dabei verbreiten sich die Gold-Kerne allmählich mehr und mehr im Wirtsmetall: Gold-Teilchen strömen pro Zeit durch Fläche. n_T ist ihre Teilchenzahl pro Volumen. Jedoch wenn im Panzerschrank der Bank ein Goldstück fehlt, dann können Sie den Diffusions-Argumenten des Angestellten getrost entgegenhalten, daß doch wohl die Diffusions-Konstante D einen viel zu kleinen Zahlenwert habe (immerhin, ein guter Anwalt bei Gericht ...). Alle drei Vorgänge (8.6) bis (8.8) bedürfen der Materie, in der sie stattfinden, und dominierender Reibung gegenüber Trägheitseffekten (sie ersetzen Newton in diesem Grenzfall). κ oder D oder σ auszurechnen, gehört zu den schwierigeren Aufgaben der Quanten-Statistik von Festkörpern. Es ist wichtig, zu wissen, *daß* so etwas geht (mindestens im Prinzip, aber nicht nur). Es gibt stets einen Weg von phänomenologischen Gleichungen zu harter Physik und zurück.

In (8.8) wurde unterstellt, daß das elektrische Feld $\vec{E}$ ein Potential hat. Es heißt **Skalarpotential** und ist wegen $\vec{K} = q\,\vec{E}$ und $\vec{K} = -\mathrm{grad}\, V$ das Potential pro Probe-Ladung: $V = q\phi$. V-Unterschied ist Arbeit und

$$\phi\text{-Unterschied} =: \text{Spannung}, \quad \vec{E} = -\mathrm{grad}\, \phi . \tag{8.9}$$

Greifen Sie nun mit feuchten Fingern in die Steckdose, auf daß die ϕ-Differenz einen bleibenden Eindruck hinterlasse. Eine Punktladung Q am Ursprung hat das Skalarpotential

$$\phi = \frac{1}{4\pi\varepsilon_0} \frac{Q}{r} . \tag{8.10}$$

Auf eine Probeladung q wird also die (falls $qQ > 0$) abstoßende Kraft $\vec{K} = q\,(-\mathrm{grad}\, \phi) = \vec{e}_r (1/r^2) q Q / 4\pi\varepsilon_0$ ausgeübt. Hieran sieht man, daß der seltsame Faktor ε_0 lediglich die Maßeinheit der Ladung festlegt. Sie dürfen $\varepsilon_0 = 1$ setzen. Im heute üblichen SI-System arbeitet man mit $\varepsilon_0 = 8.854 \ldots \times 10^{-12} \mathrm{C}^2\mathrm{m}^{-2}\mathrm{N}^{-1}$ und darf teilhaben an der geistigen Umnachtung, die diese Wahl unverkennbar begleitet hat (Agrarbeschluß der Europäischen Gemeinschaft). Der Ausdruck (8.10) heißt **Coulomb**-Potential.

8.2 Rotation

Wir gehen nun daran, Vektorfelder lokal zu untersuchen. Malen ist immer gut, und nach einiger solcher Tätigkeit werden Sie wohl recht sicher darin sein, daß ein Feld $\vec{A}(\vec{r})$ an einer Stelle $\vec{r}$ eigentlich nur zwei lokale Besonderheiten (linear in ∇) haben kann. Das Feld „strömt" bei $\vec{r}$, und in dieser Strömung dreht sich ein toter Wasserfloh (Bilder 8-1 a und b). Er hat eine Winkelgeschwindigkeit, und somit ist die Stelle $\vec{r}$ durch einen Vektor (die Rotation) charakterisierbar. Wenn die Strömung „zunimmt" (Bild 8-1 c), wird der Wasserfloh gedehnt. Die „Floh-Dehnung" ist bereits das gesuchte zweite Charakteristikum eines Vektorfeldes. Nun ist jedoch Wasser leider nahezu inkompressibel. Darum deuten wir Bild c lieber als Stromdichte eines Gases. Bei Bild c nimmt die Gas-Dichte überall ständig ab. Diese Verdünnung hat keine Richtung. Also kann man der Stelle $\vec{r}$ einen Skalar (die Divergenz) zuordnen. Auch das Feld in Bild d hat überall positive „Verdünnung", denn die Pfeile müßten ja nach außen hin kürzer werden, wenn pro Zeit durch jede Kugeloberfläche die gleiche Anzahl Gasteilchen fließen würde. Damit ist das Wichtigste schon verraten. In diesem und dem nächsten Abschnitt geht es darum, die genannten beiden Vektorfeld-Merkmale präzise zu fassen und sie auch ausrechnen zu können.

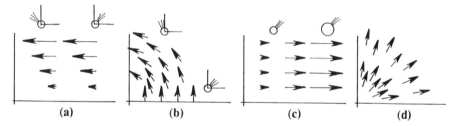

Bild 8-1. Typische Beispiele für die zwei Möglichkeiten, ein Vektorfeld lokal zu charakterisieren

Ein Vektorfeld $\vec{A}(\vec{r})$ sei gegeben. Seine drei Komponenten sind also als Funktionen von x, y, z bekannt. Um $\vec{A}$ im Modellversuch darzustellen (Gedanken-Experiment), setzen wir $\vec{A} = \alpha \vec{v}$ und lassen Wasser mit der Geschwindigkeit $\vec{v}(\vec{r})$ strömen. Das geht immer. Das Wasser sei total inkompressibel. Falls $\vec{A}$ mit „Verdünnung" verbunden ist, dann müssen wir pro Volumen Wasser zuführen (bzw. absaugen, siehe §8.3). In 2D ist das einfach: bei Bild 8-1 c quillt Wasser aus dem Sandboden, und auf Bild 8-1 d regnet es (in der Mitte stark, nach außen weniger). Der „tote Wasserfloh" sei infinitesimal klein. Er befindet sich gerade an der Stelle $\vec{r}$, die wir untersuchen wollen. Seine Winkelgeschwindigkeit $\vec{\omega}$ bezieht sich auf ein mitfahrendes Koordinatensystem (Ursprung im Floh) dessen Achsen stets parallel zu den ursprünglichen bleiben (wie bei der Gondel eines Riesenrades). Niemand schäme sich all dieser Anschaulichkeiten, zumal sie jetzt Präzision erreicht haben!

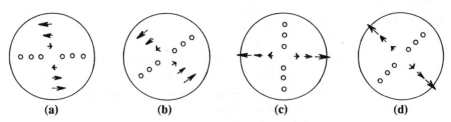

Bild 8-2. Die vier Vektorfelder von Bild 8-1 unter einer mitfahrenden Lupe

Definition der Rotation: rot $\vec{A}(\vec{r}) := \alpha\,2\,\vec{\omega}(\vec{r})$.   (8.11)

Der Sinn hinter dem Faktor 2 wird sich bald erweisen. Der Faktor α überträgt lediglich $\vec{A}$- auf $\vec{v}$-Dimension, d.h. es ist rot $\vec{v} = 2\vec{\omega}$.

Bei $\vec{r}$ fließt das Wasser mit $\vec{v}(\vec{r})$. Ein Stück $d\vec{r}$ davon entfernt hat es Geschwindigkeit $\vec{v}(\vec{r} + d\vec{r})$. Die Drehung $\vec{\omega}$ kann nur mit der Differenz $d\vec{v} = \vec{v}(\vec{r} + d\vec{r}) - \vec{v}(\vec{r})$ zu tun haben. Bild 8-2 zeigt unter der Lupe, wie diese $d\vec{v}$'s aussehen (Kringel := Nullvektor). Durch jede „Lupe" in Bild 8-2 sieht man eine Stelle rechts oben ($\vec{r} = (a, a, 0)$) im entsprechenden Bild 8-1.

Wenn wir nun $d\vec{v}$ studieren, dann muß sich $\vec{\omega}$ erhalten lassen. Haben wir $\vec{\omega}$, dann sagt (8.11) wie die Rotation von $\vec{A}$ per Rechnung zu erhalten ist. Der Reihe nach:

$$d\vec{v} = \big(\; v_1(\vec{r} + d\vec{r}) - v_1(\vec{r}) \;,\; \dots \;,\; \dots\; \big)$$

$$= \big(\; dx\,\partial_x v_1 + dy\,\partial_y v_1 + dz\,\partial_z v_1 \;,\; dx\,\partial_x v_2 + \;\dots\; ,\; \dots\; \big)$$

$$=: V\,d\vec{r} \quad \text{mit}$$

$$V = \begin{pmatrix} \partial_x v_1 & \partial_y v_1 & \partial_z v_1 \\ \partial_x v_2 & \partial_y v_2 & \partial_z v_2 \\ \partial_x v_3 & \partial_y v_3 & \partial_z v_3 \end{pmatrix} = \underbrace{\frac{1}{2}(V + V^{\mathrm{T}})}_{=:\,S} + \underbrace{\frac{1}{2}(V - V^{\mathrm{T}})}_{=:\,A} \qquad (8.12)$$

$$d\vec{v} = d\vec{v}_S + d\vec{v}_A \;,\quad d\vec{v}_S := S\,d\vec{r} \;,\quad d\vec{v}_A := A\,d\vec{r} \;.$$

Der Anteil $d\vec{v}_S$ trägt nichts zur Drehung bei, denn auf den Hauptachsen von S fließt Wasser nur nach innen oder außen (s. a. §8.3). Nur der Anteil $d\vec{v}_A$ hat mit Drehung zu tun. Wenn wir die A-Elemente wie folgt bezeichnen:

$$A = \begin{pmatrix} 0 & -(\partial_x v_2 - \partial_y v_1)/2 & (\partial_z v_1 - \partial_x v_3)/2 \\ \dots & 0 & -(\partial_y v_3 - \partial_z v_2)/2 \\ \dots & \dots & 0 \end{pmatrix}$$

$$=: \begin{pmatrix} 0 & -\omega_3 & \omega_2 \\ \omega_3 & 0 & -\omega_1 \\ -\omega_2 & \omega_1 & 0 \end{pmatrix} ,$$

dann können wir auf (4.21) zurückgreifen und $d\vec{v}_A = \vec{\omega} \times d\vec{r}$ schreiben. Das nun sind gerade die Geschwindigkeiten der Punkte eines starren Körpers. In infinitesimaler $\vec{r}$-Umgebung bewegt sich also das Wasser, als wäre es gefroren zu einem Stück Eis. Und das soeben definierte $\vec{\omega}$ ist die Winkelgeschwindigkeit, die wir suchen. Damit haben wir die rechte Seite von (8.11) rückgeführt auf Ableitungen von $\vec{v}$:

$$\text{rot } \vec{v} = 2\vec{\omega} = \left(\ \partial_y v_3 - \partial_z v_2\ ,\ \partial_z v_1 - \partial_x v_3\ ,\ \partial_x v_2 - \partial_y v_1\ \right).$$

Der Faktor 2 in (8.11) hat seine Schuldigkeit getan. Er hat Faktoren $1/2$ vertilgt, die andernfalls die Berechnungs-Vorschrift verunzieren würden. Wir multiplizieren noch mit α und fassen zusammen:

$$
\begin{aligned}
\text{rot } \vec{A}(\vec{r}) &= \left(\ \partial_y A_3 - \partial_z A_2\ ,\ \partial_z A_1 - \partial_x A_3\ ,\ \partial_x A_2 - \partial_y A_1\ \right) \\
&= \nabla \times \vec{A}(\vec{r}) \\
&= \text{Wirbelfeld von } \vec{A} \\
&= \text{doppelte Winkelgeschwindigkeit eines} \\
&\quad \text{ infinitesimalen Objektes bei } \vec{r}, \text{ wenn}
\end{aligned}
\tag{8.13}
$$

$\vec{A}$ ein Geschwindigkeitsfeld wäre.

Wie schön (8.13) funktioniert, zeigen die folgenden Beispiele.

Beispiele zur Rotation

A Linkes Ufer der Elbe (Bild 8-1 a): $\vec{v}(\vec{r}) = \gamma(\ -y\ ,\ 0\ ,\ 0\ )$,

$$\text{rot } \vec{v} = (\ 0\ ,\ 0\ ,\ 0 - \partial_y(-\gamma y)\ ) = \gamma \vec{e}_3.$$

Natürlich war uns schon vorher klar, daß $\vec{\omega}$ nach oben zeigt (rechte Hand) und daß es hier gar nicht von $\vec{r}$ abhängt. Räumlich konstant sind hier auch die Matrizen

$$V = \gamma \begin{pmatrix} 0 & -1 \\ 0 & 0 \end{pmatrix}, \quad S = \frac{\gamma}{2}\begin{pmatrix} 0 & -1 \\ -1 & 0 \end{pmatrix} \text{ und } A = \frac{\gamma}{2}\begin{pmatrix} 0 & -1 \\ 1 & 0 \end{pmatrix}.$$

S ist also nicht Null. Und deshalb zeigt auch Bild 8-1 a keine reine $\vec{\omega} \times d\vec{r}$-Strömung. Vielmehr ist der Strömung $d\vec{v}_A = \gamma(-dy, dx)/2$ noch die wirbelfreie Strömung $d\vec{v}_S = \gamma(-dy, -dx)/2$ überlagert (malen!).

B Zirkulare Strömung von Bild 8-1 b. Alle Pfeile sind gleich lang, und wir unterstellen, daß sie keine z-Abhängigkeit haben:

$$\vec{v} = v_0 \vec{e}_\varphi = v_0(\ -y\ ,\ x\ ,\ 0\ )/\sqrt{x^2 + y^2} = v_0(\ -y/\varrho\ ,\ x/\varrho\ ,\ 0\ ),$$
$$\text{rot } \vec{v} = v_0(\ 0\ ,\ 0\ ,\ \partial_x(x/\varrho) - \partial_y(-y/\varrho)\ ) = \vec{e}_3 v_0/\varrho.$$

Es war nicht nötig, die ersten beiden Komponenten auszurechnen, denn daß sie verschwinden, ist anschaulich klar! Die vorliegende Symmetrie legte Zylinderkoordinaten nahe; ϱ ist eine. Wer jedoch in variablenabhängige Dreibeine vernarrt ist, der hätte die folgende Rechnung veranstaltet. Sie hat ihre Tücken (?):

$$\nabla \times \vec{v} \underset{I}{\overset{=}{\mp}} \left(\vec{e}_\varrho \partial_\varrho + \vec{e}_\varphi (1/\varrho) \partial_\varphi + \vec{e}_3 \partial_z \right) \times v_0 \vec{e}_\varphi$$
$$\overset{=}{\pm} (v_0/\varrho) \vec{e}_\varphi \times \partial_\varphi \vec{e}_\varphi = \vec{e}_3 v_0/\varrho .$$

C Wirbelfreie zirkulare Strömung: $\vec{v}(\vec{r}) = f(\varrho)\,(-y,\,x,\,0)$,

$$\varrho := \sqrt{x^2 + y^2} \quad , \quad \text{rot } \vec{v} = \left(0\,,\,0\,,\,\partial_x(xf) + \partial_y(yf) \right) = \vec{e}_3(2f + \varrho f') \overset{!}{\equiv} 0 .$$

Die zu lösende homogene Dgl verlangt nach Potenzansatz (Fall $< 1 >$ in Kapitel 7). Er liefert $f = C/\varrho^2$ als allgemeine Lösung und folglich

$$\vec{v}(\vec{r}) = \vec{e}_\varphi C/\varrho . \tag{8.14}$$

Gleichung (8.14) besagt, daß die Pfeile nach außen hin kürzer werden müssen, und zwar genau reziprok mit dem Abstand, damit der Paternoster senkrecht bleibt. Der Leser möge (8.14) auch in Zylinderkoordinaten herleiten. Es versteht sich, daß direkt an der z-Achse die Wirbelfreiheit nicht mehr aufrechterhalten werden kann (wenn man nicht gerade $C = 0$ setzen will). Somit handelt es sich um die Strömung der Nordsee um ein langes vertikales Rohr, das sich (nicht zu schnell) dreht. Aus dessen Geschwindigkeit am Rand (bei Radius R) läßt sich die Konstante C bestimmen. Weit draußen merkt das Wasser nichts mehr vom Rohr. Das ist plausibel [und tatsächlich löst (8.14) die sogenannte Navier-Stokes-Gleichung für inkompressible zähe Flüssigkeiten: *Landau-Lifschitz* VI, §18].

D Ein Beispiel für Formeln, die man jederzeit selbst endecken kann:

$$\text{rot}\,(\phi \vec{A}) = \overset{\downarrow}{\nabla} \times \overset{\downarrow}{\phi} \vec{A} + \overset{\downarrow}{\nabla} \times \phi \overset{\downarrow}{\vec{A}} = (\text{grad}\,\phi) \times \vec{A} + \phi\,\text{rot}\,\vec{A} .$$

Markierungen, die angeben „was" „nur worauf" wirken soll, sind sehr praktisch. Im ersten Term durften wir den Skalar ϕ tatsächlich wie eine Zahl an $\times$ vorbeischieben und im zweiten gar ganz nach links.

E Wie man nachrechnet, daß $2\vec{\omega}$ (sofern räumlich konstant) das Wirbelfeld von $\vec{\omega} \times \vec{r}$ ist:

$$\nabla \times (\vec{\omega} \times \vec{r}) \underset{}{\overset{=}{\mp}} \vec{\omega}(\nabla \vec{r}) - \vec{r}\,(\overset{\downarrow}{\nabla} \overset{\downarrow}{\vec{\omega}}) = \vec{\omega}(\nabla \vec{r}) - (\vec{\omega}\nabla)\vec{r}$$
$$\overset{=}{\mp} \vec{\omega}\left(\partial_x x + \partial_y y + \partial_z z \right) - \left((\vec{\omega}\nabla)x \,,\, (\vec{\omega}\nabla)y \,,\, (\vec{\omega}\nabla)z \right)$$
$$\overset{=}{\pm} 3\vec{\omega} - \vec{\omega} = 2\vec{\omega} .$$

Übungs-Blatt 18

8.3 Divergenz

Ein Vektorfeld $\vec{A}(\vec{r})$ sei gegeben. Zur Darstellung im Modellversuch nehmen wir das gleiche Ideal-Wasser wie im vorigen Abschnitt, setzen aber $\vec{A} = \alpha\vec{j}$, wobei $\vec{j}$ die Teilchen-Stromdichte des Wassers sein soll (Anzahl pro Zeit und Fläche). Ein $\vec{A}$-Feld mit „Verdünnung" erfordert, daß das Wasser räumlich ausgedehnte **Quellen** hat. Wir stellen uns am besten ∞ viele infinitesimale Gartenschläuche vor, so dünn und glatt, daß sie die Strömung gar nicht stören, und so viele, daß kein Raumbereich unter Verdünnungs-Erscheinungen zu leiden beginnt. Durch diese können wir notfalls auch Wasser dort absaugen, wo „negative Quellen" (**Senken**) erforderlich sind. Ein wenig science fiction muß schon einmal erlaubt sein. Wenn denn also das Feld $\vec{A}$ präzise als Stromdichte nachgebaut ist, dann sehen wir nun sehr genau nach, wieviele Teilchen pro Zeit und pro (kleines) Volumen an der Stelle $\vec{r}$ zugeführt werden. Diese Zufuhr ist als Anzahl pro Volumen und Zeit anzugeben, hat also Dimension Dichte/Zeit. Wir bezeichnen sie mit mit $\dot{\varrho}_Q$. Der Index Q steht für das Wort Quelle. $\dot{\varrho}_Q$ ist dort groß, wo $\vec{A}$ starke „Verdünnung" aufweist. Auf einem experimentellen und anschaulichen Niveau haben wir damit das gesuchte Maß gefunden.

Definition der Divergenz: $\operatorname{div}\vec{A}(\vec{r}) := \alpha\dot{\varrho}_Q(\vec{r})$.   (8.15)

Wenn $\vec{A} = \vec{j}$, dann ist $\alpha = 1$ und (8.15) besagt $\operatorname{div}\vec{j} = \dot{\varrho}_Q$. Die lokale Analyse des vorigen Abschnitts enthält nun bereits alles Notwendige, um die rechte Seite von (8.15) auf Ableitungen von $\vec{j}$ rückzuführen. In (8.12) ist lediglich $\vec{v}$ durch $\vec{j}$ zu ersetzen. Der Anteil $d\vec{j}_A = A\,d\vec{r}$ erfordert keine Quellen. Der interessante Anteil ist jetzt $d\vec{j}_S = S\,d\vec{r}$. Wie er aussieht, zeigt Bild 8-3, und zwar im Hauptachsen-System von S:

$$d\vec{j}_S = \begin{pmatrix} \lambda_1 & 0 & 0 \\ 0 & \lambda_2 & 0 \\ 0 & 0 & \lambda_3 \end{pmatrix} d\vec{r} = \begin{pmatrix} \lambda_1 dx \\ \lambda_2 dy \\ \lambda_3 dz \end{pmatrix} .$$

Durch die rechte Wand fließen pro Zeit $dy\,dz\,dj_1$ Teilchen; durch die linke gar keine. Teilen wir die gesamte Anzahl der pro Zeit entweichenden Teilchen durch das punktierte Volumen, dann ergibt sich:

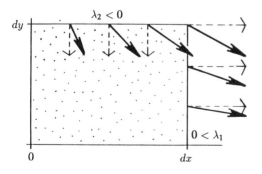

Bild 8-3. Infinitesimales Volumen an einer Stelle mit positiver Divergenz. Pro Zeit und Volumen müssen Teilchen produziert werden

$$\dot\varrho_Q = \frac{dy\,dz\,dj_1 + dx\,dz\,dj_2 + dx\,dy\,dj_3}{dx\,dy\,dz} = \lambda_1 + \lambda_2 + \lambda_3 = \mathrm{Sp}(S)\ .$$

Zum letzten Gleichheitszeichen erinnern wir uns daran, daß die Spur nichts von einer Drehung des Koordinatensystems bemerkt. Der Strich an S wurde also absichtsvoll vergessen. Wenn wir noch bemerken, daß der antisymmetrische Tensor A spurfrei ist, daß also $\mathrm{Sp}(S) = \mathrm{Sp}(V)$, dann führt uns (8.12) schließlich auf

$$\mathrm{div}\,\vec{\jmath} = \dot\varrho_Q = \mathrm{Sp}(S) = \mathrm{Sp}(V) = \partial_x j_1 + \partial_y j_2 + \partial_z j_3\ .$$

Wir multiplizieren noch mit α und fassen zusammen:

$$
\begin{aligned}
\mathrm{div}\,\vec{A}(\vec{r}) &= \partial_x A_1 + \partial_y A_2 + \partial_z A_3 \\[4pt]
&= \nabla \cdot \vec{A}(\vec{r}) \\[4pt]
&= \mathrm{Sp}\big(\partial_{x_j} A_k\big) \\[4pt]
&= \text{Quellenfeld von } \vec{A} \\[4pt]
&= \text{erforderliche Teilchenzufuhr pro Zeit und} \\
&\quad\ \text{Volumen bei } \vec{r}, \text{ wenn } \vec{A} \text{ die Teilchenstrom-} \\
&\quad\ \text{dichte einer inkompressiblen Flüssigkeit wäre} \\[4pt]
&= \text{negative zeitliche Änderung der} \\
&\quad\ \text{Teilchendichte (,,Verdünnung``), wenn} \\
&\quad\ \vec{A} = \vec{\jmath} \text{ und nichts zu- oder abgeführt wird} \\[4pt]
&= \text{Feldlinien-Anfangspunkt-Dichte}
\end{aligned}
\tag{8.16}
$$

Aus den anschaulichen Bedeutungen der Divergenz folgt, daß sie ein Skalarfeld ist. Andererseits hat sie die Form eines Skalarproduktes aus Nabla und $\vec{A}$. Wer will, darf nun *hieraus* schließen, daß ∇ ein Vektor ist und daß somit die entsprechende Betrachtung in §8.1 unnötig war – einverstanden.

Die letzte Zeile von (8.16) redet von **Feldlinien**. Das sind Wege im Raum die sich ergeben, wenn man stets den Pfeilen folgt. Wir vereinbaren überdies, daß die Anzahl der Feldlinien pro Fläche (senkrecht zu Ihnen) proportional zur Feldstärke sein soll. Bei großer Feldstärke muß man also die Feldlinien entsprechend eng malen. Wie kann das gehen – etwa bei Bild 8-1 c? Ab und zu muß eine neue Feldlinie beginnen! Und das ist schön, denn nun kann man die ,,Brauselöcher`` sehen (Bild 8-4), durch die Wasser zugeführt wird. Das Quellenfeld $\nabla \cdot \vec{A}$ ist proportional zur Dichte dieser Brauselöcher.

Beispiele zur Divergenz

A Nach rechts expandierendes Gas (Bild 8-4 c): $\vec{\jmath} = \gamma\,(x,0,0)$

$\quad \mathrm{div}\,\vec{\jmath} = \partial_x(\gamma x) = \gamma \quad$ (konstante Dichte von Brauselöchern)

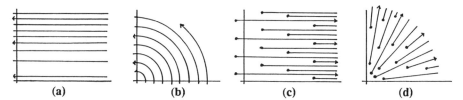

Bild 8-4. Feldlinien-Darstellung der vier Vektorfelder von Bild 8-1. Positive Feldlinien-Anfangspunkt-Dichte bei positiver Divergenz

B Zylindersymmetrisch radiale Strömung von Bild 8-4 d. Die Pfeile seien gleich lang und mögen nicht von z abhängen:

$$\vec{\jmath} = j_0\,\vec{e}_\varrho = j_0\,(\,x/\varrho\,,\,y/\varrho\,,\,0\,)$$

$$\operatorname{div}\vec{\jmath} = j_0\big(\partial_x(x/\varrho) + \partial_y(y/\varrho)\big) = j_0\,(2/\varrho - 1/\varrho) = j_0/\varrho\,.$$

(Der „Regen" auf Bild d nimmt nach außen hin ab). Bei kugelsymmetrischer radialer Strömung erhält man $\operatorname{div}(\vec{r}/r) = 3/r - 1/r = 2/r$.

C Quellenfreie radiale Strömung: $\vec{\jmath}(\vec{r}) = f(r)\vec{r} = (xf,\,yf,\,zf)$

$$\operatorname{div}\vec{\jmath} = \partial_x(xf) + \ldots = 3f + rf' \stackrel{!}{=} 0\,.$$

Potenzansatz liefert $f = C/r^3$ und folglich

$$\vec{\jmath}(\vec{r}) = \vec{e}_r\,C/r^2\,. \tag{8.17}$$

Die Quellenfreiheit läßt sich am Ursprung nicht aufrechterhalten. Beim Lösen obiger Dgl haben wir uns ja auch vorgestellt (unbewußt?), daß r echt größer als Null ist. Gleichung (8.17) gilt außerhalb einer kugelförmigen Brause in der Nordsee. Wir hätten (8.17) auch leicht erraten können: die gleiche Menge Wasser muß pro Zeit durch jede Kugeloberfläche, und deren Fläche ist proportional zum Radius-Quadrat. Auch das elektrische Feld $\vec{E} = -\operatorname{grad}(Q/r)$ einer Punktladung Q zeigt diese $1/r^2$-Abhängigkeit. Eigenartig: $\vec{E}$ sieht genau *so* aus, als würde etwas aus der Ladung Q herausströmen, was dann durch jede Kugeloberfläche hindurch müßte. „Wo Ladung, da Brauselöcher?" Wir kommen hierauf zurück.

D $\operatorname{div}(\vec{A} \times \vec{B}) \underset{\text{I}}{=} \nabla \cdot (\vec{A} \times \vec{B}) = (\overset{\downarrow}{\nabla} \times \overset{\downarrow}{\vec{A}}) \cdot \vec{B} + (\overset{\downarrow}{\vec{B}} \times \overset{\downarrow}{\nabla}) \cdot \vec{A}$
$\underset{\text{II}}{=} \vec{B} \cdot \operatorname{rot}\vec{A} - \vec{A} \cdot \operatorname{rot}\vec{B}\,.$

Kontinuitätsgleichung

Die drittletzte und die vorletzte Version von (8.16) handeln von zwei extrem verschiedenen Situationen. Einmal ist $\operatorname{div}\vec{\jmath} = \dot{\varrho}_Q$ (so haben wir's gelernt), und zum anderen ist $\operatorname{div}\vec{\jmath} = -\dot{\varrho}$ (so hätten wir's auch lernen können). In der Natur sind im allgemeinen beide Mechanismen am Werke, so daß $\operatorname{div}\vec{\jmath} = -\dot{\varrho} + \dot{\varrho}_Q$.

Dabei denken wir etwa an die Wassermoleküle in der Atmosphäre: ihre Disso-
ziation durch Sonnenlicht ist z.B. ein negativer Beitrag zu $\dot{\varrho}_Q$. Jedoch scheinen
manche Größen (wie Energie oder Ladung) total nicht entstehen oder vergehen
zu können (jedenfalls nach allem, was wir heute von der Natur wissen). Man
sagt dann, sie sind **erhalten** (Energieerhaltung, Ladungserhaltung). Der extreme
Fall $\dot{\varrho}_Q \equiv 0$ trifft dann in Strenge zu.

Genau dann, wenn etwas, was pro Volumen

gedacht werden kann, erhalten ist, gilt $\dot{\varrho} + \text{div}\,\vec{\jmath} = 0$.   (8.18)

Gleichung (8.18) ist ein lokaler Erhaltungssatz. Er gilt zwischen Ladungs-
Stromdichte und Ladungsdichte in der infinitesimalen Umgebung eines jeden
Punktes der Welt. Bezüglich Ladung ist (8.18) eines der heute bekannten obersten Prinzipien. Wehe, wenn (8.18) nicht eine der elektromagnetischen Grundgleichungen ist oder aus diesen flugs hergeleitet werden kann. Es sei erwähnt,
daß (8.18) unverändert auch Relativitätstheorie und Quantentheorie übersteht und
in der heutigen Elementarteilchen-Theorie ihren Platz hat. Vielleicht darf man
sagen, die Kontinuitätsgleichung (8.18) sei die wichtigste partielle Differentialgleichung der Physik. Nur eines stört: sie enthält mehr als nur eine unbekannte
Funktion und bedarf darum noch anderer Regierungsmitglieder.

Als der Abschnitt 8.3 begann, wurde die schöne Vorstellung vom sich aus-
dehnenden Wasserfloh nicht wieder aufgegriffen. Warum nur. Es lag doch nahe,
$\vec{A} = \alpha\vec{v}$ beizubehalten und nun als zweites lokales Charakteristikum eines Vektorfeldes $\vec{A}$ einfach die relative zeitliche Änderung $\dot{V}/V$ eines gedachten, infinitesimal kleinen Volumens V aufzuschreiben: $\dot{V}/V =: \text{div}\,\vec{v}$. Hierbei ist die
Wandung von V an den Teilchen festgemacht (genauer: an solchen, welche ge-
rade die Geschwindigkeit $\vec{v}(\vec{r}, t)$ der Strömung haben). In V befindet sich also
im Laufe der Zeit stets die gleiche (mittlere) Anzahl N von Teilchen. Diese
mögen nämlich weder entstehen noch vergehen können. $N/V = \varrho(\vec{r}, t)$ ist ihre
Dichte. Daß nun $\dot{V}/V$ in der Tat die gleiche Divergenz-Operation definiert wie
(8.15), das zeigt die folgende Rechnung:

$$\varrho\frac{\dot{V}}{V} = N\frac{\dot{V}}{V^2} = -\partial_t\frac{N}{V} = -\partial_t\varrho(\vec{r}(t), t)$$
$$= -\vec{v}\cdot\boldsymbol{\nabla}\varrho - \dot{\varrho} = \varrho\boldsymbol{\nabla}\vec{v} - \boldsymbol{\nabla}(\varrho\vec{v}) - \dot{\varrho} = \varrho\boldsymbol{\nabla}\vec{v} \ ,\qquad\qquad\text{qed.}$$

Der Zugang $\dot{V}/V$ zur Divergenz ist also möglich, naheliegend und lehrreich.
Aber er wird bei der Untersuchung von $\vec{\jmath} = \varrho\vec{v}$ arg anstrengend. Das war der
Grund.

8.4 Nabla mal Nabla

In den vergangenen drei Abschnitten haben wir anschauliche Fragestellungen mühsam bis zum Kalkül verfolgt. Etwas wunderbar Einfaches ist dabei herausgekommen: $\nabla\phi$, $\nabla \times \vec{A}$ und $\nabla \cdot \vec{A}$. Wir hätten also auch spielen können, um sodann die Bedeutung unserer Erfindungen nachträglich zu untersuchen. Dieser Weg empfiehlt sich jetzt bei der Untersuchung zweifacher ∇-Anwendungen. *Eine* ∇-Anwendung kann aus einem Skalarfeld nur ein Vektorfeld machen, aber aus einem Vektorfeld ein anderes Vektorfeld *und* ein Skalarfeld. Für „Nabla zum Quadrat" gibt es also die folgenden fünf Möglichkeiten:

$$
\begin{array}{lll}
\text{Skalar} & \longrightarrow \text{Vektor} & \longrightarrow \text{Vektor} \\
& & \searrow \text{Skalar} \\
\text{Vektor} & \longrightarrow \text{Vektor} & \longrightarrow \text{Vektor} \\
& & \searrow \text{Skalar} \\
& \searrow \text{Skalar} & \longrightarrow \text{Vektor}
\end{array}
$$

Wir sehen sie uns der Reihe nach an.

$$\nabla \times (\nabla\phi) = (\nabla \times \nabla)\phi = \text{rot grad } \phi \equiv 0 \, . \tag{8.19}$$

Gleichung (8.19) kann auch als Operator-Identität gelesen werden: $\nabla \times \nabla \equiv 0$. Die Null beruht gemäß $(\nabla \times \nabla)_3 = \partial_x \partial_y - \partial_y \partial_x$ auf der Vertauschbarkeit der Differentiationen (man schreibe sich einmal diesen doppelten Differentialquotienten hin). Aber was bedeutet die Null? Ein Gradientenfeld ist automatisch wirbelfrei. Wenn eine Kraft ein Potential hat, dann hat sie also automatisch keine „Ringelrum-Anteile". Wir hatten uns die entsprechende Energiesatz-Katastrophe schon einmal zu Bild 3-4 überlegt. Aber hier nun ist es per Rechnung herausgekommen: $\vec{K} = -\text{grad}\, V \curvearrowright \text{rot}\, \vec{K} = 0$. Schön wäre, wenn auch aus der rechten Seite die linke folgen würde. Es ist so (siehe §8.5).

$$\nabla \cdot (\nabla\phi) = (\nabla \cdot \nabla)\phi = \Delta\phi = \text{div grad } \phi \, . \tag{8.20}$$

Die Bildung $\Delta = \nabla \cdot \nabla = \partial_x^2 + \partial_y^2 + \partial_z^2$ heißt **Laplace**-Operator und ist eine wichtige Angelegenheit (siehe unten). Wieder erzählt uns die rechte Seite, was er mit Physik zu tun haben könnte. Wenn man sich für die Quellen eines elektrischen Feldes interessiert („Wo Ladung, da Brauselöcher?") und wenn $\vec{E}$ ein Potential ϕ hat, dann sind diese Quellen per $\text{div}\, \vec{E} = -\text{div grad}\, \phi = -\Delta\phi$ direkt gleich der negativen „mittleren Krümmung" von ϕ.

$$
\begin{array}{l}
\nabla \times (\nabla \times \vec{A}) = \nabla(\nabla \cdot \vec{A}) - (\nabla \cdot \nabla \vec{A}) = \text{rot rot } \vec{A} \\[2mm]
\qquad\qquad \text{grad div } \vec{A} - \Delta \vec{A} =
\end{array} \tag{8.21}
$$

Wichtig hieran ist die zweite Zeile, nämlich daß die „unangenehme" rot rot-Bildung durch zwei angenehmere ausgedrückt werden kann [siehe auch (8.23)].

Wenn der skalare Laplace-Operator ein Vektorfeld vor sich sieht, dann wird er natürlich komponentenweise angewendet: $\Delta \vec{A} := (\Delta A_1, \Delta A_2, \Delta A_3)$.

$$\nabla \cdot (\nabla \times \vec{A}) = (\nabla \times \nabla) \cdot \vec{A} = \text{div rot } \vec{A} \equiv 0 \ . \tag{8.22}$$

Ein Wirbelfeld ist also automatisch quellenfrei. Auch diese Folgerung, $\vec{B} = \text{rot } \vec{A} \curvearrowright \text{div } \vec{B} = 0$, werden wir versuchen umzukehren (siehe §8.5). Man verzeihe den Vorgriff: es gibt ein reines Wirbelfeld in der Natur, das Magnetfeld $\vec{B}$; und div $\vec{B} = 0$ ist die dritte Maxwellgleichung.

$$\nabla(\nabla \cdot \vec{A}) = \text{grad div } \vec{A} \ . \tag{8.23}$$

Zu dieser Bildung ist nichts Besonderes zu sagen. Falls man über rot $\vec{A}$ schon etwas weiß, kann man mittels (8.21) wieder Laplace ins Spiel bringen. Der Leser hat bemerkt, wie wichtig es hier ist, Klammern zu setzen und manchmal auch Skalarprodukt-Punkte. Das Unglück „$\nabla(\nabla \cdot \vec{A}) = \nabla\nabla \vec{A} = \Delta \vec{A}$" kann dann nicht passieren.

„Das mag ja alles ganz hübsch aussehen", meldet sich hier eines jener nützlich-boshaften Subjekte zu Wort, „aber die Behauptung (8.22) ist doch irgendwie unglaublich. Ich nehme einen Kochtopf mit Wasser und rühre so um, daß das Wasser nach oben hin immer schneller umläuft. Von der Seite sehe ich die Strömung Bild 8-1 a. Die Pfeile des Feldes rot $\vec{v}$ zeigen zylindrisch-radial nach außen. Da ihr Betrag mit der Entfernung von der Topf-Achse zunimmt, ist div rot $\vec{v} \neq 0$." Selbst wenn uns hierzu ein (naheliegendes) Gegenargument einfällt, bleiben Zweifel an „genau Null" in (8.22). Also rechnen wir. Wäre das Wasser gefroren, dann wäre $\vec{v} = \gamma(y, -x, 0)$ sein Geschwindigkeitsfeld. Nun lassen wir den Vorfaktor γ nach oben hin zunehmen:

$$\vec{v} = \alpha z (y, -x, 0), \ \text{rot } \vec{v} = \alpha \nabla \times (yz, -xz, 0) = \alpha(x, y, -2z)$$
$$\curvearrowright \ \text{div rot } \vec{v} = \alpha + \alpha - 2\alpha = 0 \ .$$

„ – Oh". So lernt der Mensch. (Bei Bertolt Brecht heißt es: „So lernt der Mensch, indem er sich ändert".) Gelernt haben wir hier übrigens auch, daß beide Formulierungen, ∇, $\nabla \cdot$, $\nabla \times$ einerseits und grad, div, rot andererseits, ihren Sinn haben. Die erste unterstützt das Rechnen, die zweite das Nachdenken und die Anschauung. Man verwende sie beide.

Laplace in Kugelkoordinaten

Nabla in Kugelkoordinaten kennen wir schon. Also rechnen wir

$$\Delta = \nabla \cdot \nabla = \left(\vec{e}_r \partial_r + \vec{e}_\vartheta \frac{1}{r} \partial_\vartheta + \vec{e}_\varphi \frac{1}{r \sin(\vartheta)} \partial_\varphi \right) \cdot$$
$$\cdot \left(\vec{e}_r \partial_r + \vec{e}_\vartheta \frac{1}{r} \partial_\vartheta + \vec{e}_\varphi \frac{1}{r \sin(\vartheta)} \partial_\varphi \right)$$

aus. Das sind 9 Terme. Jeder Differenzier-Operator in der linken Klammer sieht nicht nur das Feld ganz rechts, auf das der gesamte Operator Δ in Gedanken anzuwenden ist, sondern auch die Variablen in der zweiten Klammer. Kombinieren wir z.B. den zweiten Term der ersten Klammer mit dem ersten der zweiten, dann ist

$$\bar{e}_\vartheta \frac{1}{r}\partial_\vartheta \cdot \bar{e}_r \partial_r = \frac{1}{r}\bar{e}_\vartheta \cdot \left(\overset{\downarrow}{\partial}_\vartheta \overset{\downarrow}{\bar{e}}_r \right)\partial_r + \frac{1}{r}\bar{e}_\vartheta \cdot \bar{e}_r \partial_\vartheta \partial_r$$
$$= \frac{1}{r}\bar{e}_\vartheta \cdot \bar{e}_\vartheta \partial_r = \frac{1}{r}\partial_r \ ,$$

denn $\partial_\vartheta \bar{e}_r = \partial_\vartheta(\sin(\vartheta)\cos(\varphi), \sin(\vartheta)\sin(\varphi), \cos(\vartheta)) = \bar{e}_\vartheta$, siehe (8.4). Solcherart Vorsicht vorausgesetzt, ist die gesamte Rechnerei nur eine Übung im Differenzieren. Das Resultat ist

$$\Delta = \underbrace{\partial_r^2 + \frac{2}{r}\partial_r}_{=: \ \Delta_r} + \frac{1}{r^2}\partial_\vartheta^2 + \frac{\cos(\vartheta)}{r^2 \sin(\vartheta)}\partial_\vartheta + \frac{1}{r^2 \sin^2(\vartheta)}\partial_\varphi^2 \ .$$

(8.24)

Der spezielle Fall, daß man Δ nur auf ein kugelsymmetrisches Feld $\phi(r)$ anwendet, ist besonders wichtig. Man darf dann Δ durch Δ_r ersetzen, und es lohnt sich, Δ_r zuerst weiter umzuformen:

$$\Delta_r = \frac{1}{r}\big(r\partial_r + 1\big)\partial_r + \frac{1}{r}\partial_r = \frac{1}{r}\partial_r r \partial_r + \frac{1}{r}\partial_r = \frac{1}{r}\partial_r\big(r\partial_r + 1\big)$$
$$\curvearrowright \quad \Delta_r = \frac{1}{r}\partial_r^2 r \ .$$

(8.25)

Gleichung (8.25) ist meist besonders günstig. Auch $\Delta_r = (1/r^2)\partial_r r^2 \partial_r$ ist richtig, aber oft besonders ungünstig. In Büchern und Formelsammlungen wird leider meist nur die in (8.24) angegebene Δ_r-Version bedacht.

Übungs-Blatt 19

Wo Ladung, da Brauselöcher

Wir beginnen speziell mit dem Coulomb-Feld und interessieren uns für seine Quellen. Dazu ist offenbar $\mathrm{div}[-\mathrm{grad}(1/r)] = -\Delta(1/r)$ auszurechnen. Mittels (8.25) ergibt sich $\Delta(1/r) = (1/r)\partial_r^2 \, 1 = 0$. Aber dies ist ein haarsträubendes Resultat. Überall strömt Wasser nach außen, aber das Quellenfeld soll Null sein. Wo ist der Fehler? Es gibt zwei Möglichkeiten:

I. Wir arbeiten mit einer r-Halbachse. Genau bei $r = 0$ läßt sich der Differentialquotient von ∂_r nicht mehr hinschreiben. Δ in Kugelkoordinaten ist nicht in der Lage, ein Feld bei *Durchgang* durch den Ursprung zu analysieren. Der kartesische Laplace hingegen, der kann das. Wenden wir nun brav $\Delta = \partial_x^2 + \partial_y^2 + \partial_z^2$ auf $1/r$ an, dann kommt leider ebenfalls Null heraus. Möglichkeit I scheidet also aus [Vorsicht: bei anderen $(r = 0)$-Seltsamkeiten trifft sie zu. Es war also richtig, an sie zu denken].

II. Die Raumfunktion $1/r$ ist pathologisch am Ursprung. Spazieren wir auf der x-Achse durch den Ursprung $(r = |x|)$, dann bilden die Werte $1/r$ eine unendlich hohe Spitze. Wir haben zu erklären, was ∂_x bei $x = 0$ bedeuten soll. Wir haben einmal das Zauberwort gelernt (Kapitel 5, §5.1), das hier zutrifft: von der physikalischen Seite her einbetten! Das heißt hier, daß die $(1/r)$-Spitze ein wenig abzurunden ist (bald wird klarer werden, daß dies physikalisch Sinn macht und einer etwas ausgedehnten Ladung entspricht).

Man kann $1/r$ auf viele Weisen abrunden. Wir wählen die folgende Einbettung:

$$\chi(r) = \frac{1}{\sqrt{r^2 + \varepsilon^2}}, \quad \text{so daß } \chi(0) = \frac{1}{\varepsilon} \quad \text{und} \quad \lim_{\varepsilon \to 0} \chi(r) = \frac{1}{r}.$$

Das Feld χ ist in Ursprungnähe völlig harmlos. Es mündet bei $r \to 0$ horizontal ein, hat also keine Spitze. Jetzt macht es keinen Unterschied mehr, ob Δ kartesich oder in Kugelkoordinaten benutzt wird. Beide Δ-Versionen erfassen die starke räumliche Krümmung bei $r \gtrsim 0$ richtig:

$$\text{div } [-\text{grad } \chi] = -\Delta\chi = -\frac{1}{r}\partial_r^2 \left(\frac{r}{\sqrt{}} \right) = -\frac{\varepsilon^2}{r}\partial_r \left(\frac{1}{\sqrt{}} \right)^3$$

$$= 3\varepsilon^2 \left(1/\sqrt{r^2 + \varepsilon^2} \right)^5 =: \mu(r).$$

Bei jedem festen $r \neq 0$ drückt der Limes $\varepsilon \to 0$ die Funktion $\mu(r)$ auf den „haarsträubenden" Wert Null. Gehen wir aber mit r in das Innere der ε-Kugel, dann kommt ein riesiges Quellenfeld $(3/\varepsilon^3$ bei $r = 0)$ zum Vorschein, das sich bei $\varepsilon \to 0$ auf einen Punkt zusammenzieht. Quellstärke $O(1/\varepsilon^3)$ mal Volumen $O(\varepsilon^3)$ gibt $O(1)$. Wir erwarten also, daß const $\cdot \mu(r)$ eine Darstellung der räumlichen Deltafunktion ist:

$$\int d^3r\, \mu(r) = 4\pi \int_0^\infty dr\, r^2 (-\Delta\chi) = -4\pi \int_0^\infty dr\, r\partial_r^2 (r\chi)$$

$$= 4\pi \int_0^\infty dr\, \partial_r(r\chi) = 4\pi \qquad \begin{aligned} u &= r & v' &= \partial_r^2(r\chi) \\ u' &= 1 & v &= \partial_r(r\chi) \end{aligned}$$

$$\curvearrowright \qquad \mu(r) = 4\pi\delta(\vec{r}).$$

Bei der Integral-Auswertung wurde die konkrete χ-Gestalt gar nicht ausgenutzt. Das ist sehr beruhigend, denn es besagt, daß sich die Deltafunktion bei jeder Einbettung ergibt. Zwei andere Abrundungen, mit denen man gut rechnen kann, sind $\chi = (1 - e^{-r/\varepsilon})^3/r$ und $\chi = \theta(\varepsilon - r)/\varepsilon + \theta(r - \varepsilon)/r$.

Wir fassen zusammen:

$$\Delta \frac{1}{r} := \lim_{\varepsilon \to 0} \Delta \frac{1}{\sqrt{r^2 + \varepsilon^2}} = -4\pi \delta(\vec{r}) .$$ (8.26)

Gleichung (8.26) ist zunächst eine nützliche Formel. Wir können aber auch leicht zum physikalischen Ausgangspunkt zurückkehren, indem wir (8.26) mit $-Q/4\pi\varepsilon_0$ multiplizieren:

$$\text{div} \left[-\text{grad} \frac{1}{4\pi\varepsilon_0} \frac{Q}{r} \right] = \frac{1}{\varepsilon_0} Q \delta(\vec{r})$$

oder: $\text{div}(\vec{E}(\vec{r})$ einer Punktladung$) = (1/\varepsilon_0) \cdot (\varrho(\vec{r})$ dieser Punktladung$)$.

Wo Ladung, da Brauseloch. Oder: wo die Ladungsdichte Null ist, entstehen keine $\vec{E}$-Feldlinien. Nun wettet schon niemand mehr dagegen, daß obiger Zusammenhang auch für eine ausgedehnte Ladungsdichte $\varrho(\vec{r})$ und ihr $\vec{E}$-Feld gilt. Um den Nachweis dafür anzutreten, bauen wir einfach $\varrho(\vec{r})$ aus Punktladungen auf,

$$\varrho(\vec{r}) = \int d^3 r' \varrho(\vec{r}') \, \delta(\vec{r} - \vec{r}') ,$$

und setzen für die „elementare Ursache" $\delta(\vec{r} - \vec{r}')$ ihren Zusammenhang (8.26) mit der zugehörigen Antwort ein, am besten in der Form

$$\Delta \left[-\frac{1}{4\pi} \frac{1}{|\vec{r} - \vec{r}'|} \right] = \delta(\vec{r} - \vec{r}') .$$ (8.27)

Nun ziehen wir Δ vor das Integral, multiplizieren mit $1/\varepsilon_0$ und erhalten

$$\text{div} \, \vec{E} = \text{div}(-\text{grad} \, \phi) = -\Delta \phi = \varrho(\vec{r})/\varepsilon_0$$ (∗)

mit

$$\phi(\vec{r}) = \frac{1}{4\pi\varepsilon_0} \int d^3 r' \frac{\varrho(\vec{r}')}{|\vec{r} - \vec{r}'|} .$$ (8.28)

Die Gleichungskette (∗) war dabei von rechts nach links entstanden. (∗) ist das, was wir zeigen wollten: das Quellenfeld von $\vec{E}$ ist (bis auf ε_0) die Ladungsdichte. Unterwegs haben wir die Greensche Funktion des Laplace-Operators kennengelernt, nämlich als die eckige Klammer in (8.27), und wir sind auch ebenso vorgegangen wie zu Fall $< 10 >$ in Kapitel 7. Natürlich ist (8.28) das Analogon zum Gravitationspotential (6.30). Beim Umsteigen von „Gravi-Statik" zu Elektrostatik hat man übrigens nur und genau folgendes zu tun:

$$V(\vec{r}) \to \phi(\vec{r}) \ , \quad -\gamma m \to 1/4\pi\varepsilon_0 \ , \quad \text{Massendichte} \ \to \ \text{Ladungsdichte} .$$

Natürlich war (∗) auch auf folgende Weise zu erhalten: Man schreibt sich die Überlagerung (8.28) von Coulomb-Potentialen auf, wendet $-\Delta$ darauf an (d.h.

bildet div $\vec{E}$), läßt Δ an $1/|\vec{r} - \vec{r}'|$ hängen bleiben und benutzt nun ganz trocken (8.26) als mathematische Formel.

div $\vec{E} = \varrho/\varepsilon_0$ ist die erste Maxwellgleichung (es gibt vier, siehe Kapitel 11). Bei unserem momentanen Kenntnisstand erscheint sie wie eine nebensächliche andere Formulierung der Coulomb-Formel $\vec{E} = -\text{grad}(Q/4\pi\varepsilon_0 r)$. Jedoch gilt diese nur im elektrostatischen Fall. Wenn sich Ladungen beschleunigt bewegen, ist sie falsch. Auch (8.28) ist dann falsch und ebenso die inneren beiden Ausdrücke in (∗). Aber die erste Maxwellgleichung div $\vec{E} = \varrho/\varepsilon_0$ bleibt richtig! Wieviel Mut mag wohl vor 125 Jahren dazu gehört haben, diese Behauptung zu wagen. Mit viermal soviel Mut beginnt Kapitel 11.

8.5 Drei Theoreme

Theorem 1: Wenn ein Feld $\vec{E}(\vec{r})$ in einem einfach-zusammenhängenden Gebiet keine Wirbel hat, dann kann es in diesem Gebiet als Gradientenfeld geschrieben werden (d.h. es hat ein Potential)

$$\text{rot } \vec{E}(\vec{r}) \equiv 0 \quad \curvearrowright \quad \vec{E}(\vec{r}) = -\text{grad } \phi(\vec{r}) \,. \tag{8.29}$$

Einfach-zusammenhängend heißt ein Volumen, wenn man jede in ihm liegende geschlossene Kurve auf einen Punkt zusammenziehen kann. Die Luft in einem Ballon hängt einfach zusammen, nicht aber jene in einem Fahrradschlauch. Zum Beweis von (8.29) sehen wir zuerst die infinitesimale Umgebung eines bestimmten Punktes an und legen oBdA (ohne Beschränkung der Allgemeinheit) den Ursprung dorthin. Keine Rotation heißt $\vec{\omega} = 0$ und somit $A = 0$ in (8.12): $\vec{E}(\vec{r}) = \vec{E}(0) + S\vec{r}$ ($\vec{r}$ sei infinitesimal klein). Das Potential dieses Feldes $\vec{E}$ ist $\phi(\vec{r}) = -\vec{E}(0) \cdot \vec{r} - \vec{r}S\vec{r}/2$. Was man sogar explizit aufschreiben kann, das gibt es. Um ϕ im ganzen Gebiet anzugeben, benutzen wir das „Arbeit"-Integral $\phi(\vec{r}) = -\int_0^{\vec{r}} d\vec{r}' \cdot \vec{E}(\vec{r}')$. Es hängt nicht vom Kurvenverlauf ab. Wenn man nämlich die Kurve an einer Stelle infinitesimal ausbeult, dann ist der Unterschied ein geschlossenes Arbeit-Integral in einem Bereich, in dem (wie oben gezeigt) ein Potential existiert. Beinahe geht sogar im Fahrradschlauch noch alles gut (sofern $\vec{E}$ wirbelfrei). Aber wenn man durch den Schlauch hindurch einmal herum integriert (bei z.B. ständig parallelem $\vec{E}$), dann kann man ein mehrwertiges ϕ erhalten. Man schneide den Schlauch kaputt und verklebe die Enden.

Theorem 2: Wenn ein Feld $\vec{B}(\vec{r})$ in einem einfach-zusammenhängenden Gebiet keine Quellen hat, dann kann es in diesem Gebiet als Wirbelfeld geschrieben werden (d.h. es hat ein **Vektorpotential**):

$$\text{div } \vec{B}(\vec{r}) \equiv 0 \quad \curvearrowright \quad \vec{B}(\vec{r}) = \text{rot } \vec{A}(\vec{r}) \,. \tag{8.30}$$

Die Analogie zu (8.29) ist unverkennbar. Also möchte man auch den Beweis analog führen. Lokal ist $\vec{B}(\vec{r}) = \vec{B}(0) + S\vec{r} + \vec{\omega} \times \vec{r}$, und wir wissen, daß div $\vec{B} = 0$ zu Sp$(S) = 0$ führt. Ein Vektorpotential hierzu ist

$$\vec{A}(\vec{r}) = \vec{B}(0) \times \vec{r}/2 - \vec{r} \times S\vec{r}/3 - \vec{\omega}r^2/2 \,. \tag{8.31}$$

Wenn man (8.31) nachprüft, d.h. rot $\vec{A}$ ausrechnet, bekommt man $\vec{B}$ erst dann heraus, wenn man Sp$(S) = 0$ ausnutzt (so muß das sein). Als nächstes möchten wir ein im ganzen Gebiet gültiges $\vec{A}(\vec{r})$ angeben, und zwar möglichst als wegunabhängiges Kurvenintegral, damit man jeden Winkel des Gebietes zwanglos erreichen kann. An dieser Stelle wird die Angelegenheit schwierig. Vielleicht gibt es eine solche $\vec{A}$-Darstellung, vielleicht auch nicht (dem Autor ist das unklar). Statt dessen behelfen wir uns mit dem folgenden Ausdruck:

$$\vec{A}(\vec{r}) = \frac{1}{2} \left(-\int_0^y dy' B_3(x,y',z), + \int_0^x dx' B_3(x',y,z), \right.$$

$$\int_0^y dy' \left[B_1(x,y',z) + B_1(0,y',z) \right] \tag{8.32}$$

$$\left. -\int_0^x dx' \left[B_2(x',y,z) + B_2(x',0,z) \right] \right) \,.$$

Wenn man von (8.32) die Rotation bildet, kommt $\vec{B}$ heraus, und wieder lassen sich unerwünschte Terme erst mittels div $\vec{B} = 0$ vertreiben. Die Integrale in (8.32) verlangen, daß das Gebiet die z-Achse enthält. Senkrecht zu dieser kann es beliebig ausgebeult sein. Natürlich kann man die z-Achse auch verschoben oder gedreht anbringen. Aber die volle Allgemeinheit des zusammenhängenden Gebietes erreichen wir mit (8.32) nicht. Schlimm? Es ist hinreichend glaubwürdig, daß das Theorem (8.30) allgemein gilt. Ferner sind Gebiets-Berandungen reichlich künstlich. Man weiß stets, wie sich $\vec{B}$ über diese hinaus verhält. Dies genüge zum Beweis von (8.30). Etwas anderes an (8.32) tut wirklich weh, nämlich die explizit koordinatenabhängige, nicht-vektorielle Formulierung (sie findet sich auch bei *Großmann* und *Bourne-Kendall*).

Der geneigte Leser hat (8.31) und (8.32) nachgeprüft und natürlich unverzüglich auch den Versuch unternommen, aus (8.32) im lokalen Spezialfall (8.31) zu erhalten, – ohne Erfolg. Der Grund hierfür ist harmlos: es gibt viele Felder $\vec{A}$, die alle das gleiche Wirbelfeld $\vec{B}$ haben. Die Fragestellung „rot $\vec{A} = \vec{B}$ bekannt, $\vec{A} = ?$ " hat also keine eindeutige Antwort. Wenn zwei Studenten I und II ihre $\vec{A}$-Resultate (zum gleichen $\vec{B}$) miteinander vergleichen, dann regen sie sich nicht weiter auf, sondern bilden zunächst die Differenz der Rotationen,

$$\text{rot}(\vec{A}_\text{I} - \vec{A}_\text{II}) = 0 \,,$$

und schließen über Theorem 1, daß der Unterschied ein Gradientenfeld sein müsse:

$$\vec{A}_{\text{I}}(\vec{r}) = \vec{A}_{\text{II}}(\vec{r}) + \text{grad}\,\chi(\vec{r})$$

mit beliebigem skalarem Feld $\chi(\vec{r})$. Zu einem anderen erlaubten $\vec{A}$-Feld überzugehen, nennt man Um-**Eichen**. Die genannte Wahlmöglichkeit heißt **Eich-Freiheit**. Und wenn man sich festlegt (meist durch Angabe von div $\vec{A}$, siehe Theorem 3), dann arbeitet man in einer bestimmten **Eichung**. So ist z.B. (8.31) in der Eichung div $\vec{A}$ = 0 angegeben (**Coulomb**-Eichung). Das Feld $\vec{B}$ merkt nichts von einer Umeichung: es ist **eichinvariant**. Wir können diese Angelegenheit (sie hat eine hochaktuelle Variante in der modernen Physik) vorerst als Nebensache abtun: auch im Potential V oder $\phi = V/q$ ist ja eine Konstante frei und bekanntlich uninteressant.

Gleichung (8.32) sollte (nach all der Schelte) auch ein wenig Positives bieten dürfen. Wenn etwa $B_3 \equiv 0$ ist, die $\vec{B}$-Pfeile also nur in der xy-Ebene liegen, dann hat (8.32) nur eine dritte Komponente. Das ist sehr anschaulich. Wasser fließt mit „Geschwindigkeit" $\vec{A}$ nach oben. Wenn wir nun die Länge der $\vec{A}$-Pfeile x-y-abhängig variieren, gibt es Winkelgeschwindigkeit $\vec{\omega} = \vec{B}/2$ senkrecht zur z-Achse. Das paßt zusammen. Dank (8.32) finden wir also zur Anschauung zurück. Diese kann man in konkreter Situation wie folgt aktivieren: Wirbelstärke gegeben, Feld gesucht / Wirbelfeld vorstellen (viele winzige Schaufelräder mit gegebener Achse) / Ansatz für Feld / von diesem die Rotation ausrechnen / Konstanten anpassen oder ggf. Dgln für im Ansatz enthaltene Funktionen lösen. Dies ist der gute Weg in einfachen Fällen. Wenn z.B. die Lösung $\vec{A}$ von rot $\vec{A} = (0,0,B_0)$, B_0 = const, gesucht wird, dann „sehen" wir Schaufelräder mit vertikaler Achse, die sich alle gleich schnell drehen. Das Wasser kann somit (1. Möglichkeit) wie ein starrer Körper fließen (Eis: $\vec{\omega} \times \vec{r} = B_0 \vec{e}_3 \times \vec{r}/2$) oder auch (2. Möglichkeit) wie in Bild 8-1a (beliebig um z-Achse gedreht). Resultat:

Mögliche Vektorpotentiale von $\vec{B} = B_0 \vec{e}_3$ = const

sind $\vec{A}_{\text{I}} = B_0 (-y , x , 0)/2$ und $\vec{A}_{\text{II}} = B_0 (0 , x , 0)$. $\qquad$ (8.33)

Die „Kreuzeichung" $\vec{A}_{\text{I}}$ folgt auch aus (8.31) und (8.32). Und $\vec{A}_{\text{II}}$ ist schön einfach. Zu (8.33) ist übrigens $\vec{A}_{\text{I}} = \vec{A}_{\text{II}} + \text{grad}(-xyB_0/2)$.

Theorem 3: Im unendlich ausgedehnten 3D-Raum wird ein Feld $\vec{A}(\vec{r})$ (das mindestens wie $1/r^2$ abfällt) durch seine (ganz im Endlichen liegenden) Quellen und Wirbel eindeutig festgelegt:

$$\left. \begin{array}{l} \text{div } \vec{A} = Q(\vec{r}) \\ \text{rot } \vec{A} = \vec{W}(\vec{r}) \end{array} \right\} \quad \curvearrowright \quad \left\{ \begin{array}{l} \text{es gibt nur} \\ \text{eine Lösung } \vec{A}(\vec{r}) \end{array} \right\} . \qquad (8.34)$$

Gleichung (8.34) behauptet zweierlei: „es gibt" und „nur eine". Die beste Sorte Existenzbeweis ist allemal jene, bei der man das, was da angeblich existiert, sogar hinschreibt. Wir spalten oBdA das $\vec{A}$-Feld in zwei Anteile so auf, $\vec{A}(\vec{r}) =$

$\vec{E}(\vec{r}) + \vec{B}(\vec{r})$, daß der eine keine Wirbel und der andere keine Quellen hat. Die beiden Teilprobleme nennen wir **Elektrostatik** bzw. **Magnetostatik**. Ihre Lösung läßt sich fertig angeben:

$$\left.\begin{array}{l} \mathrm{div}\ \vec{E} = Q \\ \mathrm{rot}\ \vec{E} = 0 \end{array}\right\} \quad \curvearrowright \quad \vec{E} = -\mathrm{grad} \int d^3 r' \frac{Q(\vec{r}\,')}{4\pi|\vec{r} - \vec{r}\,'|} \tag{8.35}$$

$$\left.\begin{array}{l} \mathrm{div}\ \vec{B} = 0 \\ \mathrm{rot}\ \vec{B} = \vec{W} \end{array}\right\} \quad \curvearrowright \quad \vec{B} = \mathrm{rot} \int d^3 r' \frac{\vec{W}(\vec{r}\,')}{4\pi|\vec{r} - \vec{r}\,'|} \ . \tag{8.36}$$

Gleichung (8.35) ist nichts anderes als (8.28), also wohlbekannt und bereits nachgeprüft. Gleichung (8.36) hat wegen $\nabla \cdot (\nabla \times = 0$ keine Quellen. Um die Wirbelstärke zu verifizieren, machen wir von (8.21), $\nabla \times (\nabla \times = \nabla(\nabla \cdot - \Delta$, Gebrauch. Der Laplace-Term gibt bereits das gewünschte Resultat [nämlich mittels (8.27)]. Also müßte der $\nabla(\nabla \cdot = \mathrm{grad}\,\mathrm{div}$-Term verschwinden. Er ist tatsächlich Null, nämlich aufgrund eines Integralsatzes (dem Gaußschen) aus dem nächsten Kapitel. Es versteht sich, daß wir zu dessen Beweis nicht etwa (8.36) verwenden dürfen.

Wir fragen nun nach der Eindeutigkeit von (8.35), (8.36). Wenn es neben jeweils dem angegebenem Feld noch ein anderes gäbe, dann müßte es sich um ein Feld $\vec{C}(\vec{r})$ unterscheiden, das im ganzen Raum die beiden Gleichungen div $\vec{C} \equiv$ 0 und rot $\vec{C} \equiv 0$ erfüllt. Sie lassen sich leicht in eine einzige Dgl zweiter Ordnung überführen (Rotation der zweiten bilden und (8.21) ausnutzen): $\Delta \vec{C} = 0$. Jede $\vec{C}$-Komponente für sich muß also die **Laplace-Gleichung** erfüllen, über deren Lösung in einem Raumbereich V (mit Rand) man folgendes weiß:

Die Lösung ϕ von $\Delta\phi = 0$ hat nirgends in V ein Maximum oder Minimum. Die größten und kleinsten ϕ-Werte liegen am Rand. (8.37)

Hätte nämlich ϕ ein Maximum, dann wäre dort $(\partial_x^2 + \partial_y^2 + \partial_z^2)\phi$ negativ und die Laplace-Gleichung verletzt, qed. Diese Weisheit interessiert uns nun für den ganzen Raum. An dessen „Rand" soll nach den Voraussetzungen von Theorem 3 das Feld ϕ verschwinden. Auch die Differenz etwaiger zweier solcher Felder wird dort Null. Der größte und kleinste Wert von z.B. C_1 ist Null, sagt (8.37). Folglich ist überhaupt $C_1 \equiv 0$ und das Theorem (8.34) bewiesen.

Am Abend im Lehnstuhl und und bei Rückblick auf (8.30) und (8.36) meldet sich eine unangenehme Frage. Warum nur haben wir uns bei Theorem 2 so angestrengt, wo uns doch (8.36) die dort gesuchte Rotations-Darstellung klar vor Augen führt!? Der Punkt ist, daß für Theorem 2 die Quellenfreiheit nur in einem endlichen Raumbereich V gefordert war. Theorem 2 leistet also *mehr* als mit (8.36) zu erhalten ist. Außerhalb von V kann der Teufel los sein. Über diesen „Teufel außerhalb" darf man sogar beliebig verfügen, z.B. wenn man die Eichung (8.33) benutzt, um etwa ein Atom im Magnetfeld quantenmechanisch zu behandeln. Das ist praktisch. Wenn Sie hingegen mehr philosophisch werden, die Gültigkeit der dritten Maxwellgleichung div $\vec{B} = 0$ im ganzen Weltraum reklamieren und sich vorstellen, es gäbe ein statisches Welt-$\vec{W}(\vec{r}) = \text{rot } \vec{B}$ (man kennt es nur nicht), dann gibt in der Tat (8.36) die gesuchte Existenz-Antwort auch für ein endliches Gebiet.

Übungs-Blatt 20

Wäre Theorem 3 nicht bekannt gewesen, dann hätten wir es aufgrund anschaulicher Überlegungen gefunden. Wir befinden uns tief im Inneren der unendlich ausgedehnten ruhenden Nordsee. Nun mögen Brauselöcher und Schaufelräder in Aktion treten. Das Wasser weiß jetzt genau, wie es zu strömen hat. Diese Strömung kann man nur von außen beeinflussen, etwa indem man den Golfstrom überlagert oder die Erde rotieren läßt. Um entsprechende statische elektrische oder Magnetfelder zu erzeugen, müßten weit draußen riesige Kondensatoren und Spulen stehen. Genau solche Bosheiten verbietet Theorem 3 von vornherein. Niemand rührt und braust am Rand des Weltalls.

$$- - -$$

Das Unternehmen, Felder zu verstehen, hat eine erste kritische Phase erreicht. Am Anfang stand die Umkehr einer Fragestellung. Wir kannten Felder und konnten sie per Meßvorschrift definieren [siehe Text unter (3.2)], aber wir hatten ihnen nur die Nebenrolle zugedacht, einem Teilchen bei $\vec{r}$ zu erzählen, wie es sich zu beschleunigen habe: Feld als Ursache und Teilchenverhalten als Antwort. Eine vollständige Zukunft-Vorhersage verlangt, auch umgekehrt zu gegebenen Teilchen-Positionen das räumliche und zeitliche Verhalten der Felder bestimmen zu können. Teilchen als Ursache und Feld als Antwort.

Bisher haben wir uns sehr zurückhaltend nur auf räumliches Feldverhalten konzentriert. Keine Zeitabhängigkeit heißt **Statik**. Alle Teilchenpositionen zu kennen, ist äquivalent zu bekannter Ladungsdichte $\varrho(\vec{r})$. Diesen Spezialfall der Elektrostatik haben wir behandelt: (8.28) bzw. (8.35) war die Lösung. Wovon die Lösung? Wenn Sie sagen, hier seien doch nur Coulomb-Potentiale superponiert, dann können Sie noch eine (kurze) Weile Anhänger der „Fernwirkungstheorie" bleiben, wonach die Kraft zwischen zwei Teilchen nichts Reales ist, was tatsächlich den Raum erfüllt. Wenn Sie (8.35) als Lösung der links in (8.35) stehenden zwei Gleichungen verstehen, dann dürften Sie bereits zu einem Anhänger der „Nahwirkungstheorie" werden. Durch diese zwei Gleichungen wird ja von Raumpunkt zu Raumpunkt festgelegt, wie sich das Feld zu verändern hat: da ist wirklich etwas, und es gehorcht einer Natur-Mathematik. Um es kurz zu machen, die Nahwirkungstheorie gewinnt. Wer dies nicht glauben möchte, der wird spätestens dann bekehrt, wenn elektromagnetischem Feld eine Energie pro Volumen zugeordnet werden muß (indem man die Energiedichte-Kontinuitätsgleichung herleitet) – oder wenn man ihn in die Sonne legt, bis er zugibt, daß ihm warm wird (Licht ist Feld).

Im vergangenen Kapitel gab es hin und wieder Anspielungen auf Physiken, die der arme Leser nicht vollständig kennt (Hydrodynamik, Elektrodynamik). Man lasse sich nicht bange machen. Zunächst waren Definitionen (z.B. von rot und div) zu begreifen, und das wird in der Regel durch einen realen Bezug erleichtert. Auch bei den drei Theoremen kommt es in erster Linie darauf an, sie (irgendwie!) in Erinnerung zu behalten. So haben wir zwar die Bezeichnung $\vec{B}$ nur an Stellen benutzt, wo es sich um ein Magnetfeld handeln kann. Der entsprechende mathematische Zusammenhang kann aber auch mit anderer Buchstaben-Bedeutung eine Rolle spielen. Beispielsweise antwortet (8.36) sowohl auf div $\vec{B} = 0$, rot $\vec{B} = \vec{j}/c^2\varepsilon_0$, $\vec{B} = ?$ als auch auf div $\vec{A} = 0$, rot $\vec{A} = \vec{B}$, $\vec{A} = ?$.

Angenommen, unser momentaner Kenntnisstand wäre auch jener der Menschheit. Von Ihnen, der Sie auf der Höhe der Zeit sind, wird nun erwartet, daß Sie auf einer Frühjahrs-Tagung der Deutschen Physikalischen Gesellschaft über den Stand der elektromagnetischen Theorie berichten. Vermutlich räumen Sie Theorem 3 einen zentralen Platz ein, schlagen die Struktur

$$\text{div } \vec{E} = \varrho/\varepsilon_0 + ? \;, \quad \text{div } \vec{B} = 0 \;\; [\,?\,]$$

$$\text{rot } \vec{E} = ? \;, \qquad \text{rot } \vec{B} = (\text{Stromdichte?}) + ?$$

vor und kommentieren die Fragezeichen. Jenes in eckigen Klammern ist eine Herausforderung an die Experimentierkunst (so ist es heute noch, aber die Null steht). Zu jenem in der runden Klammer führen Sie Beispiele vor [wie gut etwa die zirkulare Strömung (8.14) zum Magnetfeld um einen vertikalen stromdurchflossenen Draht passen würde oder wie aus (8.36) das Magnetfeld einer Spule folgt]. Zu den restlichen drei Fragezeichen betonen Sie schließlich, daß, bitte sehr, nicht etwa alle drei entfallen dürfen. Es soll sich ja um echte Bewegungsgleichungen für Felder handeln, d.h. zeit-abgeleitete Terme sind noch unterzubringen! So weit sind wir.

Die Natur kennt $\vec{r}$-t-abhängige, also grundsätzlich kontinuierliche Objekte. Ab Quantentheorie werden auch Teilchen durch Felder beschrieben. Dann kann man sagen, die Natur kennt *nur* kontinuierliche Objekte. So weit sind wir noch nicht.

9. Integralsätze

Die wenigen Weisheiten in diesem kurzen Kapitel verdienen kaum eine eigene Überschrift. Jedoch sollten integrale Zusammenhänge weder die lokalen Überlegungen des vorigen Kapitels belasten noch die Physik der zwei nächsten. So mag denn die Kunst des Addierens erneut ihre eigene Harmonie entfalten (und der §6.4 eine Fortsetzung bekommen). Zuerst werden jene Integralsätze (Gauß und Stokes), die man kennen muß, isoliert voneinander betrachtet und begründet. Sie sind angenehm einfach. Beispiele belegen ihren Nutzen. Am Ende zeigt sich, daß alle Integralsätze nur Abwandlungen eines einzigen sind (den wir schon kennen) und daß sie aus diesem hergeleitet werden können.

9.1 Gauß und Stokes

Wir kennen schon einen Integralsatz, einen „nullten". Wir schreiben ihn erneut auf:

$$\int_a^b dx\, \partial_x F(x) = F(b) - F(a) \ . \tag{6.5}$$

„Integral über Ableitung von etwas gibt dieses 'etwas' am Rand" ist sein Thema. Wir kennen inzwischen andere Sorten Rand und können mittels Nabla räumlich ableiten. Nach Abwandlungen von (6.5) zu suchen, liegt also nahe: Thema und Variationen. Eine erste sinnvolle Abwandlung ergibt sich, wenn wir in (6.5) $F(t) = \phi(\vec{r}(t))$ setzen, wobei es sich bei $\vec{r}(t)$ um irgendeine Raumkurve handelt, die bei $\vec{r}(a) =: \vec{r}_1$ beginnt und bei $\vec{r}(b) =: \vec{r}_2$ endet. Aus (6.5) mit t statt x wird dann

$$\int_a^b dt\, \partial_t \phi(\vec{r}(t)) = \int_a^b dt\, \dot{\vec{r}} \cdot \nabla \phi = \phi(\vec{r}_2) - \phi(\vec{r}_1)$$

oder kurz:

$$\int_1^2 d\vec{r} \cdot \operatorname{grad} \phi = \phi(2) - \phi(1) \ . \tag{9.1}$$

Gleichung (9.1) gilt, weil dabei lediglich die x-Achse von (6.5) zu einer Kurve gekrümmt wurde oder: weil (bei Potential-Existenz) das Arbeit-Integral (6.12) auch räumlich den Potential-Unterschied liefern muß oder: weil beim Addieren aller kleinen Höhenzunahmen $d\vec{r}\cdot\mathrm{grad}\,\phi = ds\cdot\partial_s\phi|_{\overrightarrow{e}}$ [vgl. (8.1)] längs irgendeines Weges der gesamte Höhenunterschied herauskommen muß. Der Integralsatz (9.1) ist also sehr selbstverständlich und hat keinen besonderen Namen.

Gauß

$$\int_V d^3r\,\mathrm{div}\,\vec{E} = \oint_S d\vec{f}\cdot\vec{E}\,. \tag{9.2}$$

Beim Nachdenken darüber, was (9.2) aussagt, bringt sich mit Nachdruck die (bekanntlich perfekte) Übersetzung von $\vec{E}$ in eine Teilchen-Stromdichte in Erinnerung. Der Übersetzungsfaktor α kürzt sich auf beiden Seiten. Gemäß Divergenz-Definition $\mathrm{div}\,\vec{j} = \varrho_Q$ steht nun links in (9.2) die in V pro Zeit zugeführte Anzahl von Teilchen. Da es sich um die Teilchen eines total inkompressiblen „Wassers" handelt, müssen ebensoviele Teilchen pro Zeit durch die Oberfläche S von V entweichen. Diese Anzahl pro Zeit (= Teilchen-Strom I durch S) steht nun in der Tat auf der rechten Seite von (9.2). Also stimmt (9.2) und ist direkte Folge unserer anschaulichen Divergenz-Definition. Offenbar kann ruhig V auch mehrfach zusammenhängen oder Spitzen haben usw.

Stokes

$$\int_S d\vec{f}\cdot\mathrm{rot}\,\vec{B} = \oint_C d\vec{r}\cdot\vec{B}\,. \tag{9.3}$$

Dieser Sachverhalt scheint etwas mehr Raffinesse zu enthalten. Natürlich soll C die geschlossene Randkurve der Fläche S sein. Aber S darf gewölbt sein. Zum Verstehen von (9.3) – egal, ob nun anschaulich oder per Rechnung – ist sehr hilfreich, daß man die Fläche S unterteilen kann (Bild 9-1). Die linke Seite von

Bild 9-1. Zum Beweis von Stokes' Satz durch Zerlegung in ebene Rechtecke

(9.3) bemerkt nichts, wenn man S zerschneidet. Zur Randkurve C kommen an der Schnittlinie zwar zwei gegenläufige neue Stücke hinzu, aber ihre Beiträge zur rechten Seite von (9.3) kompensieren sich. Gilt also Gleichung (9.3) für zwei Teilflächen von S, dann gilt sie auch für S. Wir unterteilen weiter, bis S nur noch aus Kacheln besteht, die so klein sind, daß sie beliebig genau als eben angesehen werden dürfen. Für ein ebenes Rechteck (oBdA in der xy-Ebene) rechnen wir die linke Seite von (9.3) ein Stück weit aus:

$$\int_0^a dx \int_0^b dy (\partial_x B_2 - \partial_y B_1) = \int_0^a dx\, B_1(x, 0, 0) + \int_0^b dy\, B_2(a, y, 0)$$

$$- \int_0^a dx\, B_1(x, b, 0) - \int_0^b dy\, B_2(0, y, 0),$$

und sehen, daß die rechte Seite herauskommt. Gleichung (9.3) stimmt für jede Kachel in Bild 9-1 und folglich auch für die Wandung S des Badezimmers samt ihren Wölbungen und Kanten. Man kann (9.3) auch auf rein anschaulichem Wege entdecken (während man einen Teller Suppe umrührt). Dies sei dem Leser überlassen.

Gleichung (9.1) und (9.3) haben gemeinsam, daß man auf der linken Seite den Verlauf der Kurve bzw. Fläche abändern kann (Rand fest), ohne daß der Wert der rechten Seite davon betroffen wäre. Wieso verschwindet der dabei auf der linken Seite entstehende Unterschied? (*Feynman II*, Kapitel 2). Dieser Unterschied ist

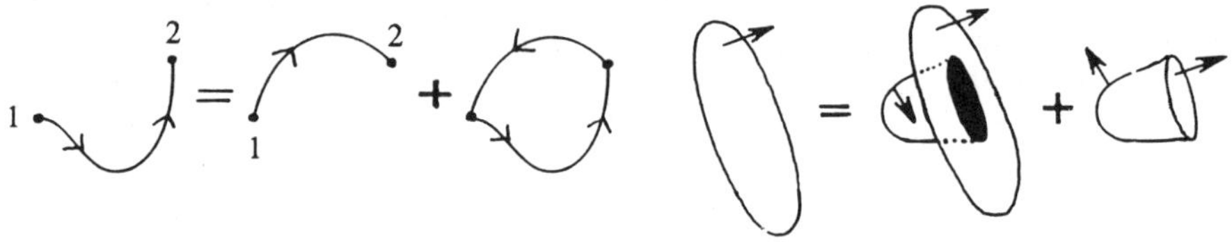

Bild 9-2. Zu Feynmans Tests der Integralsätze beim Schließen einer Kurve bzw. eines Volumens

nach Bild 9-2 ein geschlossenes Kurven- bzw. Flächenintegral. In dem Moment, in dem man links in (9.1) die Kurve schließt, läßt sich (9.3) anwenden:

$$\oint_C d\vec{r} \cdot \text{grad}\, \phi = \int_S d\vec{f} \cdot \text{rot grad}\, \phi = 0.$$

Und in dem Moment, in dem man links in (9.3) die Fläche schließt (den Luftballon zuschnürt), trifft (9.2) zu:

$$\oint_S d\vec{f} \cdot \text{rot}\, \vec{B} = \int_V d^3r\, \text{div rot}\, \vec{B} = 0.$$

9.2 Anwendungsbeispiele

Bei geeignetem Integranden bieten Gauß und Stokes die Möglichkeit, Information von innen auf den Rand abzuwälzen. Ob ein solcher formaler Schritt die zu behandelnde Physik voranbringt, ist jeweils eine offene Frage. Mitunter (siehe folgende Beispiele) wird sogar im ersten Schritt ein lokaler Zusammenhang zunächst überintegriert und dadurch im allgemeinen zunächst Information verloren. In solchen Fällen ist man entweder tatsächlich an „globalen" Aussagen interessiert (Beispiel A), oder man weiß aus anderen Gründen (meist Symmetrie,

176

Beispiele B und C) so viel, daß gar kein Informationsmangel eintritt. Dies zur Warnung.

A Verzweigungsregel. Wir integrieren die Kontinuitätsgleichung $\dot{\varrho} + \operatorname{div}\vec{j} = 0$ über irgendein zeitunabhängiges Volumen V, benutzen Gaußens Satz und erhalten die **integrale** Kontinuitätsgleichung

$$\partial_t \int_V d^3r\,\varrho + \oint_S d\vec{f} \cdot \vec{j} = 0\,.$$

Wenn nun in V nur dünne Drähte liegen (Bild 9-3), so daß sich in V keine nennenswerte elektrische Ladung anhäufen kann (Kapazität Null), dann verschwindet der erste Term. Der zweite Term wird zur Summe der elektrischen Ströme, die durch diese Drähte fließen (positiv, wenn nach außen). Also gilt

$$\sum_j I_j = 0$$

und heißt Kirchhoffs Verzweigungsregel. Sie war – niemand lasse sich beirren – schon vorher anschaulich klar. Es ging darum, Gauß zu illustrieren.

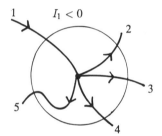

Bild 9-3. Kirchhoffs Verzweigungsregel ist direkte Folge von Ladungserhaltung

B Platten-Kondensator. Wir integrieren $\operatorname{div}\vec{E} = \varrho/\varepsilon_0$ über irgendein Volumen V, benutzen erneut Gauß und erhalten die integrale erste Maxwell-Gleichung

$$\oint_S d\vec{f} \cdot \vec{E} = \frac{1}{\varepsilon_0} \int_V d^3r\,\varrho\,.$$

Eine Chance, aus dieser Gleichung etwas Lokal-Gescheites herauszulesen, bietet sich nur in einfachen Fällen, wie z.B. dem folgenden. Die vertikalen parallelen ebenen Metallplatten eines Kondensators seien ∞ ausgedehnt, um d voneinander entfernt und mit Ladung pro Fläche $\sigma = Q/F$ bzw. $-Q/F$ versehen. Bild 9-4 zeigt nur ein Stück der rechts unteren Quadranten der beiden Ebenen (zeigt man alles, sieht man nichts mehr). Falls wir wissen, daß das Feld $\vec{E}$ nur eine x-Komponente hat und außerhalb des Kondensators verschwindet, dann können wir V so wählen, daß $\vec{E}$ auf S nur entweder parallel oder senkrecht steht, nämlich als Trommel mit Deckfläche S_0, welche die Ladung σS_0 einschließt:

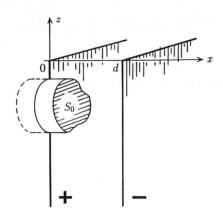

$$0 + 0 + ES_0 = \frac{1}{\varepsilon_0}\sigma S_0 \quad \curvearrowright \quad \vec{E}_{\text{innen}} = (\sigma/\varepsilon_0, 0, 0) = -\text{grad}(-x\sigma/\varepsilon_0)$$

$$\curvearrowright \text{ Kapazität } C := \text{Ladung/Spannung} = Q/(\sigma d/\varepsilon_0) = \varepsilon_0 F/d. \tag{9.4}$$

Der Rechenaufwand war gering. Ferner ist obige Argumentations-Kette sehr üblich. Aber um *die* naheliegende Verfahrensweise handelte es sich nicht. Wenn man so viel über $\vec{E}$ schon weiß, dann empfiehlt sich ein Ansatz:

$$\vec{E} = (f(x), 0, 0), \text{ div }\vec{E} = \partial_x E_1 = f'(x) = \sigma\delta(x)/\varepsilon_0 \quad \text{(innen und links)}$$

$$\curvearrowright f(x) = (\sigma/\varepsilon_0)\theta(x) + C, \ f(x < 0) = C = 0, \ \curvearrowright \text{ obiges } \vec{E}\text{-Feld}.$$

Es ist übrigens bei allen Gauß-Stokes-Anwendungen dieses Typs so, daß man auch mit Ansatz zum Ziel kommt. Der Ansatz-Weg mag ein wenig mehr Mühe machen, ist aber in der Regel viel instruktiver. Andere elektrostatische Beispiele, die Gauß-Anwendung erlauben, sind der homogen geladene gerade Draht und kugelförmige Ladungsverteilungen.

C Magnetfeld um geraden stromdurchflossenen Draht. Wir vertrauen (Vorgriff) dem Herrn Maxwell, daß rot $\vec{B} = \vec{\jmath}/c^2\varepsilon_0$ die Grundgleichung der Magnetostatik ist, integrieren sie über eine (zunächst beliebige Fläche) S, benutzen (9.3), d.h. Stokes, und erhalten die integrale vierte Maxwell-Gleichung im statischen Fall

$$\oint_C d\vec{r} \cdot \vec{B} = \frac{1}{c^2\varepsilon_0} \int_S d\vec{f} \cdot \vec{\jmath}.$$

Wir „wissen", daß das Magnetfeld um einen vertikalen, ∞ langen Draht (entlang z-Achse) überall in $\vec{e}_\varphi$-Richtung zeigt. Also wählen wir die Randkurve C als Kreis mit Radius ϱ um die z-Achse, damit auf C stets $d\vec{r} \parallel \vec{B}$ ist. Auf der rechten Seite ergibt sich der Strom (mal $1/c^2\varepsilon_0$), der nach oben durch den Draht fließt:

$$2\pi\varrho B(\varrho) = \frac{1}{c^2\varepsilon_0}I \quad \curvearrowright \quad \vec{B} = \vec{e}_\varphi \frac{I}{2\pi c^2\varepsilon_0}\frac{1}{\varrho}. \tag{9.5}$$

Wie sich (9.5) mit Ansatz ergibt, zeigt die Rechnung vor (8.14). Man darf sich den Draht auch dick vorstellen und mit der Kreisschleife C in das Innere des Drahtes wandern. Eine andere schöne Stokes-Anwendung bietet sich z.B. anhand einer parallel stromdurchflossenen dicken ebenen Metallplatte.

Räumliche Partielle Integration

Beispiel:

$$\int_V d^3r\, \vec{A} \cdot \mathrm{grad}\, \phi = \int_V d^3r[\mathrm{div}(\vec{A}\,\phi) - \phi\,\mathrm{div}\,\vec{A}\,]$$

$$= \oint_S d\vec{f} \cdot \vec{A}\,\phi - \int_V d^3r\,\phi\,\mathrm{div}\,\vec{A}$$

Auch die „eindimensionale" partielle Integration (6.13) war nur eine Umformungsmöglichkeit – manchmal sinnvoll, manchmal nicht. Wenn das Produkt $\vec{A}\,\phi$ der beiden Felder am Rand verschwindet (etwa weil sich V über den ganzen Raum erstreckt und eine im Endlichen stattfindende Physik behandelt wird), dann haben wir

$$\int_V d^3r\, \vec{A} \cdot \boldsymbol{\nabla}\phi = -\int_V d^3r\,\phi\,\boldsymbol{\nabla} \cdot \vec{A}$$

oder kurz: $\boldsymbol{\nabla} = -\overset{\uparrow}{\boldsymbol{\nabla}}$. Letztere „Schnellmethode der partiellen Integration" ist natürlich mit *wenn* (kein Randbeitrag) und *aber* (Produkt-Version von ∇ intakt lassen!) zu verzieren.

Als es im vorigen Kapitel das Theorem 3 zu beweisen galt, hatten wir die Frage aufgeschoben, weshalb der unerwünschte Term

$$\mathrm{div} \int d^3r'\, \frac{\vec{W}(\vec{r}\,')}{|\vec{r} - \vec{r}\,'|} = \int \boldsymbol{\nabla} \cdot \left(\vec{W}\frac{1}{|\;|}\right) = \int \vec{W} \cdot \overset{\downarrow}{\boldsymbol{\nabla}} \frac{\overset{\downarrow}{1}}{|\;|} = -\int \vec{W} \cdot \boldsymbol{\nabla}'\frac{1}{|\;|}$$

verschwindet. Jetzt können wir antworten. Der erste Schritt ist Beispiel für die „Schnellmethode":

$$-\int d^3r'\, \vec{W}(\vec{r}\,') \cdot \boldsymbol{\nabla}' \frac{1}{|\vec{r} - \vec{r}\,'|} = \int d^3r'\, \frac{1}{|\vec{r} - \vec{r}\,'|}\,\boldsymbol{\nabla}' \cdot \vec{W}(\vec{r}\,') = 0\,,$$

$$\text{weil} \quad \boldsymbol{\nabla} \cdot \vec{W} = \mathrm{div}\,\mathrm{rot}\,\vec{B} = 0\,, \qquad\qquad \text{qed.}$$

Wir haben Gauß und Stokes im Griff und können uns nun – nicht ohne eine gewisse gelöste Heiterkeit – ansehen, wie andere Literaturen die Divergenz und die Rotation ihren Lesern beibringen:

$$\mathrm{div}\,\vec{E} := \lim_{V \to 0} \frac{1}{V} \oint_S d\vec{f} \cdot \vec{E}\,,$$

$$\mathrm{rot}\,\vec{B} := \vec{e} \cdot \max\left\{\lim_{S \to 0} \frac{1}{S} \oint_C d\vec{r} \cdot \vec{B}\right\}\,, \quad \vec{e} \perp S\,,$$

wobei das Maximum bezüglich aller Orientierungen $\bar{e}$ der kleinen, bei $\bar{r}$ angebrachten Fläche S zu suchen ist. Werden nun hierdurch wirklich „unsere" Bildungen div und rot definiert? Nach Umformung der rechten Seiten mittels Gauß bzw. Stokes sieht man, daß dem so ist.

Alle Integralsätze folgen aus einem

– und dieser eine ist der „nullte": (6.5). Der erste Schritt auf diesem Wege in Richtung Vereinheitlichung erfolgte bereits bei der Herleitung von (9.1). Im zweiten Schritt, der nun natürlich von (9.1) ausgeht, werden wir eine Weggabelung erreichen.

Wir überziehen zunächst eine ebene Fläche S (mit Normalenvektor $\bar{n}$) äquidistant (Abstand da) mit Linien in Richtung $\bar{e}$. Gleichung (9.1) liefert für jeden Streifen

$$da \int_1^2 (ds\,\bar{e}) \cdot \operatorname{grad} \phi = \phi(2)\,da - \phi(1)\,da \ .$$

Am rechten Ende (Bild 9-5) kann da durch $d\bar{r} \cdot (\bar{n} \times \bar{e})$ ersetzt werden (am linken Ende ist dies $-da$), wobei $d\bar{r}$ das entsprechende Stückchen der Randkurve C von S bezeichnet. Addition ergibt

$$\bar{e} \cdot \int_S df \operatorname{grad} \phi = \bar{e} \cdot \oint_C d\bar{r} \times \bar{n}\phi \ . \tag{$*$}$$

($*$) ist keine erfreuliche Gleichung, weil S eben ist und $\bar{e}$ in S liegen muß. Aber ($*$) markiert die angekündigte Weggabelung.

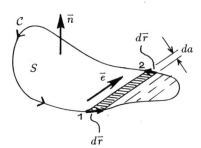

Bild 9-5. Ebene Fläche als Ausgangspunkt bei der Herleitung aller Integralsätze aus einem

Abzweigung 1: Um die genannte $\bar{e}$-Beschränkung loszuwerden, legen wir viele Flächen S äquidistant übereinander und erhalten

$$\bar{e} \cdot \int_V d^3r\, \boldsymbol{\nabla}\phi = \bar{e} \cdot \oint_S d\bar{f}\ \phi \ .$$

Hierin ist jetzt $\bar{e}$ ein völlig beliebig wählbarer Einheitsvektor. Also darf man ihn auf beiden Seiten weglassen. Auch das Skalarfeld ϕ ist beliebig und darf somit rechts und links entfallen. Das Resultat ist eine vektorielle Operatoridentität:

$$\int_V d^3r \, \nabla \dots = \oint_S d\overline{f} \dots \tag{9.6}$$

Das gefällt. An Stelle der Punkte darf man ein Skalar- oder Vektorfeld einfügen. Im Vektorfeld-Falle ist man frei in der Wahl der Produktart (Skalar- oder Kreuzprodukt). Damit ist klar, daß der Gaußsche Satz (9.3) ein Spezialfall von (9.6) ist.

Abzweigung 2: (∗) bietet noch eine andere Möglichkeit, auf beiden Seiten $\overline{e}$ wegzulassen. Würde auf beiden Seiten von (∗) der jeweilige Skalarprodukt-Partner von $\overline{e}$ bereits automatisch in S liegen, dann könnten wir zweidimensional denken und das obige auf (9.6) führende Argument in der S-Ebene wiederholen. Auf der rechten Seite von (∗) ist dies bereits der Fall. Auf der linken Seite erreichen wir es mit der Umformung

$$\overline{e} \cdot \operatorname{grad} \phi = \overline{e} \cdot \left[\operatorname{grad} \phi \, (\overline{n}^2) - \overline{n} \, (\overline{n} \cdot \operatorname{grad} \phi) \right] = \overline{e} \cdot \left[(\overline{n} \times \operatorname{grad} \phi) \times \overline{n} \right] ,$$

bei welcher $\overline{e} \cdot \overline{n} = 0$ ausgenutzt wurde. Damit wird (∗) zu

$$\int_S (d\overline{f} \times \operatorname{grad} \phi) \times \overline{n} = \oint_C d\overline{r} \, \phi \times \overline{n} .$$

Darf man nun $\times \overline{n}$ auf beiden Seiten weglassen? Im allgemeinen nicht, aber hier schon. Hier stehen nämlich die Kreuzprodukt-Partner von $\overline{n}$ senkrecht auf $\overline{n}$, so daß wir nach dem Motto $\overline{n} \times (\overline{a} \times \overline{n}) = \overline{a} - \overline{n}(\overline{a} \cdot \overline{n}) = \overline{a}$ verfahren können. Schließlich fällt ϕ, da beliebig, und wir bekommen

$$\int_S d\overline{f} \times \nabla \dots = \oint_C d\overline{r} \dots . \tag{9.7}$$

Es versteht sich, daß auch noch die lästige Beschränkung auf ebene Fläche jetzt entfallen kann, nämlich via Bild 9-1. Nimmt man insbesondere den vektoriellen Operator (9.7) im Skalarprodukt mit einem Feld $\overline{B}$ und formt $(d\overline{f} \times \nabla) \cdot \overline{B}$ in $d\overline{f} \cdot (\nabla \times \overline{B})$ um, dann folgt Stokes' Satz (9.3).

Das Ziel ist erreicht. Alle Integralsätze hängen aneinander. Sollte es weitere geben, dann vertrauen wir darauf, daß sie sich ohne viel Federlesens aus den genannten herleiten lassen. Beispielsweise haben wir mit der „zweiten Greenschen Formel" (*Bronstein*)

$$\int_V d^3r \, (\phi \Delta \chi - \chi \Delta \phi) = \oint_S d\overline{f} \cdot (\phi \nabla \chi - \chi \nabla \phi)$$

$$= \oint_S df (\phi \overline{n} \cdot \operatorname{grad} \chi - \chi \overline{n} \cdot \operatorname{grad} \phi)$$

keine Probleme und sehen auch, wie dabei eine Richtungsableitung ins Spiel kommt (nämlich jene nach außen und auf der Oberfläche im letzten Ausdruck).

– – –

Dieses Kapitel war eine Abschweifung. Man hat Gedanken, verfolgt einen solchen, ästhetisiert damit herum, findet ihn immer amüsanter, verbeißt sich darin ... und schon treibt man Tage und Nächte höchst irrelevante Dinge (wie etwa den letzten Unterabschnitt). Nun gut, wem sollte es schon erlaubt sein, über Relevanz zu entscheiden, dem TÜV etwa? Die Medaille hat zwei Seiten. Daß der Einzelne hin und wieder über Sinn und Effizienz seiner Mühen nachfühlt, seine Verantwortlichkeiten überdenkt, das ist natürlich nötig (manchmal bitter nötig). Nein, nein, nicht an anderer Leute Nötigkeiten war jetzt zu denken (ertappt, – die eigenen bitte!). Dies zeigt die Kehrseite. Hoffentlich führt nicht die heute übliche Elite-Abneigung zu mehr und mehr Reglementierung des Denkens. Man kann es letztlich umbringen, und manche Zonenrandgebiete der Erde zeigen, wie das funktioniert. Elite ist etwas Wunderbares. Wenn es in unserer großen Familie einen besonders begabten Pianisten gibt, dann freuen wir uns, fördern das Talent und treten selbst ein wenig zurück.

10. Diffusion und Wellen

Diesen Titel könnte ein Buch haben. Die folgenden Seiten zeigen, wie schnell ein Buch in die Bibliothek zurückwandert, wenn man im Banne einer bestimmten Idee steht und nur die einschlägigen Passagen heraussucht. Der Gedanke, der uns hier (fast engstirnig) verfolgen wird, ist folgender: Wie kann es sein, daß es Zukunfts-Gleichungen auch für Felder gibt? Bislang sind wir nur mit einer einzigen Sorte Zukunfts-Regie vertraut, nämlich mit jener durch Newton. Gäbe es auch eine andere, dann wäre dies ziemlich aufregend. Es gibt. Aber in diesem Kapitel bleiben wir noch beim Newton-Typ – und bekommen dennoch Felder-Bewegungsgleichungen aufs Papier. Die genannte „Aufregung" wird also etwas hinausgezögert.

In diesem Kapitel und in dem nächsten (Kapitel 11) wollen wir Feld-Gleichungen nur aufstellen und dabei die allerwichtigsten partiellen Differential-gleichungen der Physik kennenlernen. Sollten uns ganz nebenbei auch spezielle strenge Lösungen derselben in den Schoß fallen, dann wird das hilfreich sein. Aber eine mächtige Methode, solche Gleichungen zu lösen, folgt erst in Kapitel 12.

10.1 Diffusion = Wärmeleitung

Was Diffusion ist, wurde schon einmal erklärt [in §8.1, unter (8.8) im Text]. Die ganze Pein, ob und wie die Details eines solchen Vorgangs in eine einzige phänomenologische Konstante gepreßt werden können, interessiert hier nicht. Ein Vorgang *sei* durch (8.7), d.h. $\vec{j} = -D \cdot \operatorname{grad} n$, beschreibbar, und die Teilchen-dichte $n(\vec{r}, t)$ eines erhaltenen Materials sei wohldefiniert. Bild 10-1 zeigt in 1D eine solche „Gold-Atome-Verteilung" mit Pfeilen, in deren Richtung wir Strom-dichte $\vec{j}(r, t) = \vec{e}_1 j_1(x, t)$ erwarten. Gleichung (8.7) lesen wir als Newton bei dominierender Reibung:

$$m\dot{\vec{v}} + \gamma\vec{v} \approx \gamma\vec{v} = \overrightarrow{\text{Kraft}} = -(\text{Volumen pro Teilchen}) \cdot \text{Druckgradient} .$$

Also ist (8.7) bereits die „Theorie der Teilchenbewegung". Nur die „Theorie der Kraft" fehlt noch, d.h. ein Rückschluß der Art, daß gegebene Stromdichte $\vec{j}$ ihrerseits n reguliert. Wir sehen in Bild 10-1, in welchen Regionen sich $n(\vec{r}, t)$ erhöht, nämlich dort, wo die $\vec{j}$-Pfeile ihre Richtung umkehren (von rechts nach

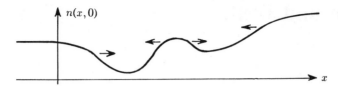

Bild 10-1. Eine Teilchendichte von Goldatomen, die in x-Richtung variiert und sich folglich zeitlich verändern wird

links bei wachsendem x). Unausweichlich ist die Kontinuitätsgleichung die gesuchte vervollständigende Gleichung:

$$\left.\begin{array}{l} \dot{n} + \operatorname{div} \vec{j} = 0 \\ \vec{j} = -D \operatorname{grad} n \end{array}\right\} \quad \curvearrowright \quad (\partial_t - D\Delta)\, n(\vec{r}, t) = 0 \,. \tag{10.1}$$

Links stehen 4 Gleichungen für 4 Unbekannte. Bei Einsetzen der unteren in die obere wurden 3 auf einen Schlag eliminiert. Das Resultat (10.1) paßt bestens in unsere Leitphilosophie. Ist nämlich einmal (z.B. bei $t = 0$) die Verteilung $n(\vec{r}, 0)$ bekannt, dann folgt Zeitschritt für Zeitschritt die Zukunft: $n(\vec{r}, dt) = n(\vec{r}, 0) + dt\, D\Delta n(\vec{r}, 0)$.

Gleichung (10.1) ist eine lineare homogene partielle Dgl zweiter Ordnung. Es ist eine Gleichung für eine Unbekannte. Man kann sagen, daß (10.1) zu einer sehr bescheidenen und phänomenologisch betriebenen Physik eine „vollständige Theorie" sei. Da linear, erlaubt sie Superposition. Dies wird in Kapitel 12 ausgenutzt werden. Gleichung (10.1) ist angenehm einfach. Anhand von (10.1) kann man lernen, was ein Separationsansatz ist (siehe Übungen). Physikalisch jedoch arbeitet (10.1) im Grenzfall starker Reibung, bedarf eines Mediums und ist somit weit davon entfernt, eine Grundgleichung zu sein. Damit kommen wir einem Relativitäts-Theoretiker zuvor, der an (10.1) sofort beanstandet hätte, daß Orts- und Zeitableitungen nicht in gleicher Potenz auftreten. Er hätte recht: (10.1) ist „nicht relativistisch invariant".

Übungs-Blatt 21

Wärmeleitung

Der Versuch liegt nahe, auch (8.6), d.h. $\vec{h} = -\kappa \operatorname{grad} T$, in analoger Weise zu vervollständigen. Dazu deuten wir Bild 10-1 um und denken uns die Temperatur in einem homogenen Medium über dem Ort aufgetragen. In Richtung der Pfeile strömt Energie (pro Zeit und Fläche). $\varepsilon(\vec{r}, t)$ sei die Energie pro Volumen. Falls Energie etwas Erhaltenes ist, gilt

$$\left.\begin{array}{l} \dot{\varepsilon} + \operatorname{div} \vec{h} = 0 \\ \vec{h} = -\kappa \operatorname{grad} T \end{array}\right\} \quad \curvearrowright \quad \partial_t \varepsilon = \kappa \Delta T \,.$$

Offenbar fehlt uns noch ein Zusammenhang $\varepsilon(T)$ zwischen der Energiedichte des Mediums und der Temperatur, die es hat. Diese Kurve zu errechnen, ist Standardaufgabe der Statistischen Physik. Hier genügt uns, daß man sie experimentell aufnehmen kann, indem man einen großen Klotz des Mediums erwärmt und aufpaßt, wieviel Energie dabei hineinwandert (Bild 10-2). Wenn die bei Wärmeleitung betrachteten Temperaturunterschiede klein sind, können wir die $\varepsilon(T)$-Kurve am Arbeitspunkt linearisieren (Taylor und Abbruch):

$$\varepsilon(T) = \varepsilon(T_0) + (T - T_0)\varepsilon'(T_0) \curvearrowright \dot{\varepsilon} = \varepsilon'(T_0)\dot{T} .$$

Mit Bezeichnung $\kappa/\varepsilon'(T_0) =: D$ folgt

$$(\partial_t - D\Delta)T(\vec{r}, t) = 0 ,$$

d.h. erneut (10.1): Wärmeleitung ist Diffusion.

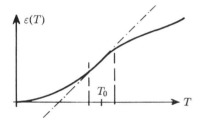

Bild 10-2. Energiedichte eines Mediums als Funktion der Temperatur. Arbeitspunkt

Quantenmechanik

Keine Sorge, wir schauen nur einmal einem solchen älteren Knaben (im z.B. 5. Semester) über die Schulter, was der wohl für Gleichungen durch die Gegend schiebt:

$$i\hbar\partial_t\psi = \left[-(\hbar^2/2m)\Delta + V(\vec{r})\right]\psi \tag{10.2}$$

$$i\hbar\gamma^0\partial_t\psi = \left(-i\hbar c\vec{\gamma} \cdot \nabla + mc^2\right)\psi . \tag{10.3}$$

Sieh an, Laplace und Nabla gibt es immer noch. Setzen wir in (10.2) das Potential $V(\vec{r})$ Null, dann steht die Diffusionsgleichung (10.1) da. Alles, was wir zum Umgang mit (10.1) lernen werden (Übungen, Kapitel 12), wird also von weiterreichender Bedeutung sein. „Alter Tee", sagen wir also zu dem Obengenannten. Aber nun bekommen wir Fürchterliches zu hören über die Deutung des Teilchen-Felds $\psi(\vec{r}, t)$, über den Effekt der Zahl i, über die (4 × 4)-Matrizen γ und darüber, daß die Dirac-Gleichung (10.3) relativistisch invariant sei, die Schrödinger-Gleichung (10.2) aber nicht und folglich falsch. „Danke, das genügt".

Ladungsausgleich bei geringer Leitfähigkeit

Wenn wir (8.8), d.h. $\vec{j} = \sigma \vec{E}$, mit der Kontinuitätsgleichung kombinieren (diesmal mit jener für Ladungserhaltung), wird als dritter Zusammenhang einer zwischen Feld $\vec{E}$ und Ladungsdichte ϱ benötigt. Wir kennen diesen Zusammenhang, div $\vec{E} = \varrho/\varepsilon_0$ (1. Maxwell-Gleichung), und erhalten:

$$\left.\begin{array}{l} \dot{\varrho} + \operatorname{div}\vec{j} = 0 \\ \vec{j} = \sigma \vec{E} \\ \operatorname{div} \vec{E} = \varrho/\varepsilon_0 \end{array}\right\} \curvearrowright \partial_t \varrho(\vec{r},t) = -(\sigma/\varepsilon_0)\varrho(\vec{r},t)$$

$$\curvearrowright \varrho(\vec{r},t) = \varrho(\vec{r},0)\,e^{-(\sigma/\varepsilon_0)t}. \tag{10.4}$$

Beachtung der speziellen Umstände, unter denen (10.4) gilt, ist in besonderem Maße notwendig. Von den drei links stehenden Gleichungen gilt die obere immer, die untere so gut wie immer (in unserem nieder-energetischen täglichen Leben) und die mittlere so gut wie nie. Zuallererst müssen wir uns in das Innere eines homogenen leitenden Mediums begeben. In diesem sind bei Start bewegliche Ladungen verteilt. Nun fließt Strom $\vec{j}$. Strom macht Magnetfeld $\vec{B}$. $\vec{B}$ krümmt die Bahn der Ladungen, und schon sind $\vec{E}$ und $\vec{j}$ nicht mehr parallel (Hall-Effekt). Es gibt zwei Möglichkeiten, die $\vec{B}$-Effekte loszuwerden. Zu streng kugelsymmetrischer Start-Anordnung kann sich kein Magnetfeld ausbilden (im Moment genüge die Anschauung: es weiß nicht, wohin es zeigen sollte). Als Beispiel hierfür diene die Entladung eines Kugelkondensators bei leitender Substanz zwischen den metallischen Kugelflächen. Die andere Möglichkeit ist, für vernachlässigbar schwaches Magnetfeld zu sorgen, indem wir σ genügend klein wählen ($\vec{B}$ ist $\sim v$, ebenso die Lorentzkraft, $\curvearrowright$ quadratisch kleiner Effekt). Gleichung (10.4) gilt also im Grenzfall geringer Leitfähigkeit. Schließlich gibt es noch einen ganz anderen Umstand, der die Gültigkeit von (10.4) einschränkt. Wir hatten unterstellt, daß σ nicht vom Ort $\vec{r}$ abhängt (auch nicht von der Zeit). Hört das Medium aber irgendwo auf, dann sinkt σ dort auf Null. Gleichung (10.4) gilt dann nur im Inneren, und auf dem Rand kann sich Ladung anhäufen.

10.2 Wellengleichung

Was mag in einem Kubikmeter Luft vor sich gehen, während man ihn von links höflich anredet und der Schall rechts wieder herauskommt? Luft enthält Teilchen. Ein gedachtes kleines Volumen dV, das sich mit den in ihm enthaltenen Teilchen mitbewegt, ändert seine Geschwindigkeit nur, wenn die Summe der auf es wirkenden Kräfte nicht Null ist, d.h. wenn ein Druck-Gradient vorliegt. Schall ist Newton. Man muß nicht zum Küchengeschirr greifen, um „Kraft gleich Masse mal Beschleunigung" zu demonstrieren. Mit sanfter Musik geht es auch.

Schall ist Newton *ohne* Reibung. Kein Wattebausch bremse die Teilchen, und es gebe auch keine Betonwand, durch die die Luft zu diffundieren hätte.

Verglichen mit den bisherigen extremen Reibungs-Phänomenen, liegt jetzt der entgegengesetzte Grenzfall vor. Entsprechend erwarten wir, daß

$$\partial_t \vec{j} \sim \operatorname{grad} p \sim \operatorname{grad} n \quad (n = \text{Teilchendichte}) .$$

Weiter unten untersuchen wir diese Vermutung genauer. Im Moment sind wir für Detailpflege viel zu aufgeregt:

$$\left.\begin{array}{l} \dot{n} + \operatorname{div}\vec{j} = 0 \\ \dot{\vec{j}} = -c_S^2 \operatorname{grad} n \end{array}\right\} \quad \curvearrowright \quad \left(\partial_t^2 - c_S^2 \Delta\right) n(\vec{r}, t) = 0 . \tag{10.5}$$

In der links-unteren Gleichung wurde der Proportionalitätsfaktor willkürlich mit c_S^2 bezeichnet. Um $\vec{j}$ zu eliminieren, mußten offenbar beide Gleichungen vorbehandelt werden: Zeitableitung der oberen und Divergenz der unteren. Gleichung (10.5) ist die **Wellengleichung**.

Gleichung (10.5) ist lineare homogene partielle Dgl zweiter Ordnung. Da sie (im Unterschied zur Diffusionsgleichung) zwei Zeitableitungen enthält, muß man bei Start sowohl $n(\vec{r}, 0)$ als auch $\dot{n}(\vec{r}, 0)$ kennen, um die Zukunft der Teilchendichte vorhersagen zu können:

$$\dot{n}(\vec{r}, dt) = \dot{n}(\vec{r}, 0) + dt\, c_S^2 \Delta n(\vec{r}, 0)$$

$$n(\vec{r}, dt) = n(\vec{r}, 0) + dt\, \dot{n}(\vec{r}, 0) .$$

Wir kennen bis jetzt zwei Feldgleichungen mit gleicher Potenz von Orts- und Zeitableitungen, nämlich die Kontinuitätsgleichung und die Wellengleichung. Letzten Endes ist es dieser Umstand, der beiden Gleichungen ein Überleben ermöglicht, wenn uns die unerbittliche Natur zu einer Revision unserer „kindlichen" Raum-Zeit-Vorstellungen zwingen wird (manche Leute meinen ja, Einstein sei einer lyrischen Anwandlung gefolgt, und es sei an der Zeit, hin und wieder eine andere Anwandlung zu publizieren). Die Wellengleichung, da linear, erlaubt Superposition. Bei Addition einer Lösung von (10.5) zu irgendeiner anderen (10.5)-Lösung entsteht also wieder eine Lösung von (10.5). Die schamlose Ausnutzung dieses Umstandes erleben Sie bei nahezu jeder Fernseh-Diskussion. Wenigstens ein abschließendes „Wir bitten die Superpositionen zu entschuldigen" wäre dort angebracht.

Allgemeine Lösung der 1D-Wellengleichung

Sie lesen richtig. Normal erscheint uns, daß man die Lösung einer Zukunfts-Gleichung in ausgewählt einfachen Situationen finden kann. Es gibt jedoch auch den exzellenten Glücksfall, daß sich sogar die allgemeine Lösung aufschreiben läßt. Eindimensionale Schallausbreitung liegt in der Nähe einer sehr großen ebenen Lautsprecher-Membran vor oder in großer Entfernung von der Schallquelle in einem hinreichend kleinem Raumbereich. Die Wellen sind dann in guter Näherung eben, übrigens im gleichen Sinne, wie uns die Erdkugel als eben erscheint. In solchen Situationen sucht man $n(x, t)$ und kann Δ durch ∂_x^2 ersetzen. Die Wellengleichung (10.5) wird dadurch sehr einfach, und ihre allgemeine Lösung paßt daneben:

$$\ddot{n} - c_S^2\, n'' = 0\,, \quad n(x,t) = f\big(x - c_S t\big) + g\big(x + c_S t\big)\,. \tag{10.6}$$

Die Nachprüfung von (10.6) gelingt im Kopf. f und g sind beliebige Funktionen. Wegen $n(x,0) = f(x) + g(x)$ und $\dot{n}(x,0) = -c_S\partial_x[f(x) - g(x)]$ kann an beliebige Startvorgaben angepaßt werden (darum „allgemeine" Lösung). Man kann n und $\dot{n}$ an unendlich vielen „Stellen x" vorgeben, und entsprechend enthält (10.6) „zwei mal unendlich viele" Konstanten. Das paßt. Wenn man sich f z.B. als Gaußfunktion denkt und $g \equiv 0$ setzt, dann zeigt (10.6), daß das ganze Funktionsgebirge nach rechts wandert, nämlich mit Geschwindigkeit c_S. Genau jetzt begreifen wir die Bedeutung der Konstanten c_S [und warum sie bei (10.5) als Quadrat eingeführt wurde]. c_S ist die **Schallgeschwindigkeit.**

Mancher Leser mag sich darüber ärgern, daß ihm (10.6) fertig zubereitet vorgesetzt wurde. Wie hätte man diese Lösung finden können? Wenn wir der Wellengleichung die Form $(\partial_t - c_S\partial_x)(\partial_t + c_S\partial_x)n = 0$ geben und wenn $c_S\partial_x$ eine Konstante wäre, dann könnten wir

$$\partial_t n + \big[c_S\partial_x\big]n = 0 \;\curvearrowright\; n(x,t) = e^{-[c_S\partial_x]t}n(x,0)$$

behaupten. Dies ist sogar richtig. Ein Operator im Argument einer Funktion ist nämlich harmlos, wenn man die Funktion durch ihre Reihe definiert:

$$e^{-ct\partial_x} f(x) = \sum_{n=0}^{\infty} \frac{1}{n!}\big(-ct\partial_x\big)^n f(x) = \sum_{n=0}^{\infty} \frac{1}{n!} f^{(n)}(x)(-ct)^n = f(x - ct)\,.$$

Dabei haben wir uns im letzten Schritt der Taylorreihe (5.18) erinnert. Also löst $\exp(-c_S t\partial_x)n(x,0) = n(x - c_S t,0)$ die 1D-Wellengleichung. Offenbar haben wir hiermit die Funktion f in (10.6) gefunden. Der g-Anteil folgt aus $(\partial_t - c_S\partial_x)n = 0$. Mit dieser Betrachtung war eine wichtige Entdeckung verbunden, nämlich wie der **Translationsoperator** dargestellt werden kann:

$$T_a f(x) := f(x + a)\,, \quad T_a = e^{a\partial_x}\,. \tag{10.7}$$

Links steht, wie er definitionsgemäß auf eine beliebige Funktion wirken soll, und rechts seine e-Darstellung. Gleichung (10.7) ist nichts anderes als eine elegante Formulierung der Taylor-Reihe.

Obige Einsicht, daß man manchmal – wenngleich mit großer Vorsicht und Rückversicherung – Operatoren wie Zahlen behandeln kann, ist einigermaßen aufregend. Wir haben „Blut geleckt" und sehen nun auch in der Diffusionsgleichung (10.1) den Term $D\Delta$ als „Konstante" an:

$$n(\vec{r},t) = e^{Dt\Delta} n(\vec{r},0)\,. \tag{10.8}$$

Es ist alles in Ordnung! Gleichung (10.8) ist die formale Lösung der Diffusionsgleichung zu gegebener Start-Dichte [und der zeitabhängigen Schrödingergleichung (10.2) zu gegebener Start-Wellenfunktion]. Jedoch geht es jetzt nicht so blank weiter [wie oben mit (10.7)]. Schön wäre, wenn wir irgendwie $n(\vec{r},0)$ in Anteile so zerlegen könnten, daß sich Δ bei Anwendung auf einen solchen Anteil durch eine Zahl (den Eigenwert) ersetzt. Das ist in der Tat möglich und geschieht im Fourier-Kapitel 12. Daß die Idee nicht leer ist, zeigt das folgende Beispiel:

$$n(\vec{r},t) = e^{Dt\Delta}[1 - \cos(\vec{k}\cdot\vec{r})] = 1 - e^{-Dtk^2}\cos(\vec{k}\cdot\vec{r}) \to 1 \ (t \to \infty) \ .$$

Bereiche anfangs geringer Dichte füllen sich also, und die Berge schmelzen ab. Diffusion gleicht aus.

Schwingende Saite

Eine dünne Saite mit linearer Massendichte σ ist bei $x = -\infty$ eingespannt und wird bei $x = +\infty$ mit Kraft K gezogen. Wenn man sie transversal auslenkt (Bild 10-3), und zwar sehr wenig (y klein), dann erfährt ein Segment dx die Kraft $\vec{K}(x+dx) - \vec{K}(x)$. Da $(1,y')/\sqrt{1+y'^2}$ der Einheitsvektor in $\vec{K}$-Richtung ist, haben wir ferner:

$$\vec{K}(x) = K \cdot (1, y') + O(y'^2) \ .$$

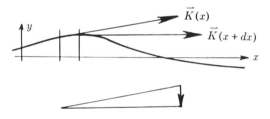

Bild 10-3. Die zwei Kräfte ($-\vec{K}(x)$ und $\vec{K}(x+dx)$) auf ein Segment einer gespannten Saite

Newton lautet also

$$(\sigma\, dx)\ddot{y} = dx\, \partial_x K_2(x) = dx\, K\, y'' \ .$$

Somit folgt erneut die 1D-Wellengleichung mit speziell

$$c_S = \sqrt{K/\sigma} \ . \tag{10.9}$$

Da die Wellengleichung das Geschehen lokal regiert, gilt sie selbstredend auch für eine Saite, die z.B. bei $x = 0$ und $x = L$ eingespannt ist. Es kommen dann lediglich die Randbedingungen $y(0,t) \equiv 0$ und $y(L,t) \equiv 0$ hinzu.

An (10.9) lernen wir, daß sich die Ausbreitungsgeschwindigkeit in einem Medium durch die „mikroskopischen" Details desselben (hier: σ und K) ausdrücken läßt. Man muß nur wirklich von den Grundgleichungen (hier: Newton) ausgehen. Dies erinnert uns daran, daß eine solche Bemühung zu Schall durch Luft noch aussteht.

Schallgeschwindigkeit in Gasen

Der folgende Nachtrag zu (10.5) paßt nicht besonders gut zum momentanen „roten Faden". Wir bleiben darum sehr knapp.

Das Gas enthalte nur eine Sorte Teilchen mit Masse m. ϱ sei die Teilchendichte. In $dV = dF\,ds$ sind $\varrho\,dV$ Teilchen. Die dünnen Linien in Bild 10-4 zeigen Äqui-p-Flächen. Die Erdanziehung wird einbezogen, damit zu sehen ist, wie sich hier die Betrachtung zur barometrischen Höhenformel von §5.2 verallgemeinert. Newtons Bewegungsgleichung lautet

$$(\varrho\,dF\,ds\,m)\ddot{\vec{r}}_0 = dF\,(-\text{grad}(p)ds) - \left(mg\vec{e}_3\right)\varrho\,dF\,ds .$$

Auf der linken Seite versuchen wir, $\ddot{\vec{r}}_0$ mit $\dot{\vec{v}}$ zu verbinden. Das infinitesimale Volumen dV bewegt sich im Strömungsfeld $\vec{v}(\vec{r},t)$:

$$\dot{\vec{r}}_0 = \vec{v}\left(\vec{r}_0,t\right) , \ \ddot{\vec{r}}_0 = \partial_t\vec{v}\left(\vec{r}_0(t),\,t\right) = \partial_t\vec{v}\left(\vec{r}_0,\,t\right) + \left(\dot{\vec{r}}_0\cdot\nabla\right)\vec{v}(\vec{r},t)\big|_{\vec{r}=\vec{r}_0} .$$

Nur wenn wir linear rechnen (in allen Schall-bedingten kleinen Abweichungen vom Gas-Gleichgewicht), folgt also das gewünschte $\ddot{\vec{r}}_0 = \dot{\vec{v}}$. Wenn nicht nur nach der **expliziten** Zeitabhängigkeit von $\vec{v}(\vec{r}_0,t)$ zu differenzieren ist, sondern auch nach der im ersten Argument „versteckten" (man schreibt besser alle Abhängigkeiten explizit hin, siehe oben), dann spricht man gern von der „**totalen** Ableitung" und schreibt (um sich daran zu erinnern) gedruckte d's. ∂_t meint dann nur noch die Ableitung nach dem zweiten, expliziten Argument von $\vec{v}(\vec{r},t)$. Im obigen Falle ist

$$d_t = \partial_t + (\vec{v}\cdot\nabla) . \tag{10.10}$$

Auf Newtons linker Seite (nach Teilen durch $m\,dF\,ds$) steht jetzt $\varrho\dot{\vec{v}}$. Wegen $\partial_t(\varrho\vec{v}) = \varrho\dot{\vec{v}} + \dot{\varrho}\vec{v} \approx \varrho\dot{\vec{v}}$ (erneute lineare Näherung) kann endlich die Teilchenstromdichte ins Spiel gebracht werden: $\varrho\vec{v} = \vec{j}$. Damit erhält Newton die folgende Gestalt:

$$\dot{\vec{j}} = -(1/m)\,\text{grad}\,p - g\varrho\vec{e}_3 .$$

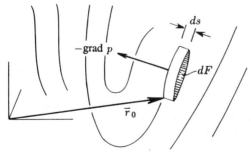

Bild 10-4. Trommelförmiges Volumen auf einer Fläche gleichen Gasdruckes

Wir wenden uns nun Newtons rechter Seite zu. Auch hier müssen wir, um konsequent zu sein, in den Schall-bedingten kleinen Abweichungen linear bleiben: $p(\varrho) = p(\varrho_0 + n) \approx p(\varrho_0) + np'(\varrho_0)$, wobei n die Abweichung von der Gleichgewichtsdichte ϱ_0 sei. Nach Einsetzen erhält Newton rechts zwei „große" Terme und zwei n-Terme. Weil ohne Schall keine Stromdichte vorhanden und $n = 0$ ist, müssen sich die beiden großen Terme kompensieren: $\partial_z p(\varrho_0(z)) = -mg\varrho_0(z)$. Dies war gerade der Ausgangspunkt bei der Herleitung der barometrischen Höhenformel in §5.2. Bezüglich Schall bleiben die folgenden zwei Gleichungen übrig:

$$\dot{n} + \operatorname{div} \vec{\jmath} = 0 \ , \ \dot{\vec{\jmath}} = -(1/m)\operatorname{grad}\left(np'(\varrho_0)\right) - gn\vec{e}_3 \ .$$

Das sind nicht genau die beiden links in (10.5) stehenden Gleichungen. Dies wollten wir noch sehen: Gravitation macht tatsächlich die schöne Wellengleichung (10.5) ein wenig kaputt. Bei den Frequenzen, auf die unsere Ohren ansprechen ($c_S\omega \gg g$), ist der Unterschied allerdings ganz unwichtig. Lassen wir also noch den g-Term weg und ziehen $p'(\varrho_0(z))$ bei $z = z_0 = $ Ohrhöhe vor den Gradienten. Dann ergibt sich (10.5) mit expliziter Formel für die Schallgeschwindigkeit:

$$c_S = \sqrt{p'(\varrho_0)/m} \ . \tag{10.11}$$

Gleichung (10.11) ist mit einem Warnschild zu versehen. Um $p'(\varrho_0)$ am Arbeitspunkt ϱ_0 auszurechnen, darf man als p-ϱ-Zusammenhang nicht blind die Zustandsgleichung heranziehen. Letztere gilt, wenn das System überall eine von außen („Wärmebad") vorgegebene gleiche Temperatur hat. Eine Schallwelle ist aber so schnell, daß für Temperaturausgleich (zwischen wärmerer Ebene bei höherer Dichte und kälterer Ebene) gar keine Zeit bleibt. Der Vorgang läuft im wesentlichen „adiabatisch" ab. Falls $pV^\gamma = $ const gilt, ergibt sich $c_S^2 = \gamma p/m\varrho$.

Gleichung (10.11) paßt zu anschaulichen Vorstellungen. Träge Teilchen machen den Schall langsam. Er wird hingegen schnell bei großer „Steifigkeit" des Materials (große p-Antwort auf kleine Dichte-Änderung). Darum kann man sein Gegenüber durch eine Betonwand auch tatsächlich schneller erreichen. Das Telefon allerdings, das funktioniert anders.

--- ---

Auch die Zukunft von Feldern wird durch Bewegungsgleichungen festgelegt. Man mag hier einwenden, daß mit dieser Aussage doch wohl ein wenig geschummelt werde. Es sei hier doch letzten Endes nur Newton auf Systeme aus vielen kontinuierlich verteilten Teilchen angewandt worden. Wirklich Neues habe man dabei nicht gelernt. Der Einwand ist leider berechtigt. Wir haben allerdings Erfahrungen gesammelt, wie Felder-Zukunfts-Gleichungen aussehen *können*, welcher Art die Anfangsbedingungen sind und wie sich die Zukunfts-Regie in Zeitschritte auflösen läßt. Da stehen wir also mit all unserer Erfahrung aus den Kapiteln 8 bis 10 und warten auf etwas echt Neues.

11. Maxwell

Das First Principle, welches Gegenwart und Zukunft der elektromagnetischen Felder regiert, besteht aus vier Gleichungen. James Clark Maxwell hat sie um 1863 aufgestellt und untersucht. Er hat sie weder hergeleitet noch „verstanden", denn beides ist nicht möglich (siehe Beginn des dritten Kapitels). Sie sind nicht vollständig, werden es aber in Kombination mit Newtons Bewegungsgleichung in der Form (3.2). Die vier Maxwell-Gleichungen lauten:

$$\operatorname{div} \vec{E} = \frac{1}{\varepsilon_0}\varrho \qquad (11.1)\,, \qquad \operatorname{div} \vec{B} = 0\,, \qquad\qquad (11.3)$$

$$\operatorname{rot} \vec{E} = -\dot{\vec{B}} \qquad (11.2)\,, \qquad \operatorname{rot} \vec{B} = \frac{1}{c^2\varepsilon_0}\vec{j} + \frac{1}{c^2}\dot{\vec{E}}\,. \qquad (11.4)$$

Die Gleichungen (11.1–4) bilden einen Satz von vier linearen partiellen Differentialgleichungen erster Ordnung. Sie enthalten zwei Konstanten. Von der Konstanten ε_0 wissen wir schon [Text unter (8.10)], daß durch ihre Wahl die Maßeinheit der Ladung festgelegt wird. Damit sind Ladungsdichte ϱ (der Welt) und Ladungs-Stromdichte $\vec{j}$ (der Welt) wohldefiniert. Die beiden Felder $\vec{E}$ und $\vec{B}$ (der Welt) sind es ebenfalls, nämlich via (3.2) (siehe Text dort). Also bleibt für die Konstante c (der Welt) keine Wahl mehr. Sie ist eine **Naturkonstante**. Ihre physikalische Bedeutung wird bald klar, nämlich in dem Moment, wo sich aus (11.1–4) **Licht** ergibt.

Die Gleichungen (11.1–4) haben die Struktur, welche auf der „DPG-Frühjahrstagung" am Ende von Kapitel 8 vorgeschlagen wurde. In den Gleichungen (11.2) und (11.3) bleiben die Felder unter sich. Man nennt sie die **homogenen** Maxwell-Gleichungen [schaffen Sie in (11.2) den $-\dot{\vec{B}}$-Term in Gedanken nach links]. Entsprechend sind (11.1) und (11.4) die **inhomogenen** oder auch **materiellen** Maxwell-Gleichungen. Wenn es hingegen um die Zukunfts-Regie geht, dann gehören offenbar (11.2) und (11.4) zusammen.

Die Gleichungen (11.1–4) erlauben Fragestellungen aller Art, aber eine Sorte Frage ist besonders typisch (wir wollen sie „enge Fragestellung" nennen): ϱ und $\vec{j}$ gegeben, welche Felder $\vec{E}$, $\vec{B}$ folgen aus (11.1–4)? Wenn man sich anstrengt, diese enge Frage präzise zu formulieren, dann zerfällt sie in zwei verschiedene:

	gegeben		gesucht		
enge Frage 1 (Statik)	$\varrho(\vec{r})$	$,\ \vec{j}(\vec{r})$	$\vec{E}(\vec{r})$	$,\ \vec{B}(\vec{r})$	(11.5)
enge Frage 2 (Zukunft)	$\varrho(\vec{r},t)$ $\vec{E}(\vec{r},0)$	$,\ \vec{j}(\vec{r},t)$ $,\ \vec{B}(\vec{r},0)$	$\vec{E}(\vec{r},t)$	$,\ \vec{B}(\vec{r},t)$	(11.6)

Auf beide Fragen antwortet (11.1–4) eindeutig; jedenfalls wenn am Rand des Weltalls niemand rührt und braust oder gar einlaufende Kugelwellen produziert. Obige Unterscheidung gibt es in allen Physiken. Bei Newton lautet Frage 1, an welchen Stellen $\vec{r}_0$ der Ortsvektor des Massenpunktes keine Zeitabhängigkeit habe (Antwort: wo $\vec{K} = 0$ ist, d.h. am Potentialminimum). In der Quantenmechanik führt Frage 1 zur sogenannten stationären Schrödingergleichung (und macht eine Menge Arbeit). Rubrik (11.6) ist das **Anfangswertproblem**. Es ist angenommen, daß bereits in aller Zukunft ϱ und $\vec{j}$ bekannt sind (darum „eng"), obwohl auch sie sich in Wirklichkeit erst via Newton, (3.2), bestimmen, d.h. im Einklang mit den Feldern $\vec{E}$, $\vec{B}$. Mitunter muß man mächtig nachdenken, ob und warum und wie sehr man diese Konsistenz im konkreten Falle verletzen darf. So wird zum Beispiel beim Fernsehsender ständig von Menschenhand dafür gesorgt, daß die Sendeleistung nicht zusammenbricht.

Das Gleichungssystem (11.1–4) ist falsch. Aber die Maxwell-Gleichungen sind „viel weniger falsch" als Newton. Sie haben die Relativitätstheorie überdauert (oder besser: sie enthalten diese), wurden in der Quantentheorie nur mit anderer Deutung der Objekte $\vec{E}$, $\vec{B}$ versehen, und erfuhren erst vor weniger als 20 Jahren eine Vereinheitlichung (unification) mit der sogenannten schwachen Wechselwirkung. Sie gelten also heute (wie ja auch Newton) nur in einem Grenzfall.

11.1 Erste Folgerungen

Statik

Keines der in (11.1–4) enthaltenen Felder ändere sich mit der Zeit, $\vec{E}$ nicht, $\vec{B}$ nicht und ϱ, $\vec{j}$ nicht (aber es darf Strom fließen). Also entfallen die beiden gepunkteten Terme. Was jetzt die Gleichungen (11.1), (11.2) enthalten und bestimmen, hat keine Auswirkung mehr auf (11.3), (11.4) und umgekehrt. Die statischen Maxwell-Gleichungen entkoppeln in zwei Paare. Für den Fall, daß die enge Frage (11.5) gestellt ist und ϱ, $\vec{j}$ bekannt sind, kennen wir sogar schon die Lösung! Gleichungen (8.35) und (8.36) beantworten (11.5).

Man kannte die beiden statischen Gleichungspaare schon vor Maxwell. Es gab elektrische Kräfte und magnetische Kräfte, aber erst durch Maxwell wurden sie zu Bestandteilen einer einheitlichen Struktur (deren Harmonie im Moment noch nicht gut zu sehen ist). So geht denn die erste „unification of forces" in das vorige Jahrhundert zurück. In den Neunzehnhundertsiebzigern gab es zwei weitere solcher unifications, und an der vierten wird gearbeitet. Mindestens diese vierte muß es noch geben: unification 1) elektrische mit magnetischen Kräften, 2) beide mit schwacher Wechselwirkung, 3) diese drei mit starker Wechselwirkung, 4) diese vier mit Gravitation.

Man könnte irrtümlich meinen, in Elektrostatik und Magnetostatik gehe es nur noch um die Auswertung von (8.35) und (8.36). Das wäre so, wenn tatsächlich stets ϱ und $\vec{\jmath}$ bekannt wären, sich also stets nur die enge Frage (11.5) stellen würde. Wenn man jedoch z.B. einen endlich großen Plattenkondensator aufstellt und Gleichspannung anlegt, dann sind sowohl $\vec{E}$ als auch ϱ unbekannt. Statt dessen weiß man, daß in einem Stück Metall überall gleiches Potential ϕ herrscht, denn bei ϕ-Änderung wären wegen $-\operatorname{grad}\phi = \vec{E} \sim \vec{K} \neq 0$ die Ladungen noch nicht im Gleichgewicht. Wir sehen, daß bereits bei solchen Problemen zugleich Maxwell *und* Newton (hier je im Statik-Falle) am Werke sind.

Kontinuitätsgleichung aus Maxwell

In einem Nebensatz vor (11.1–4) stand eine sehr starke Behauptung, beängstigend stark, nämlich daß Maxwell und Newton [mit Lorentzkraft: (3.2)] zusammen vollständig seien. Dies bedeutet, daß die Welt der mechanisch-elektromagnetischen Vorgänge durch die genannten fünf Gleichungen regiert wird und keine weiteren Gleichungen. Alle Weisheiten der genannten Welt folgen aus diesen fünf. Es ist nicht erlaubt, flugs noch das eine oder andere „Gesetz" hinzuzufügen. Wenn etwa jemand bei der Behandlung eines optischen Problems (Optik gehört vollständig in die genannte Welt) plötzlich das „Huygens'sche Prinzip" aus dem Hut zaubert, dann treibt er Götzendienst. Man frage ihn nach seinem Verhältnis zu Telepathie, Wünschelrute, Tachyonen-Motor und Uri Geller. Wirft er uns dann Exorzismus vor, dann nicken wir wortlos und wenden uns ab.

Ob Ladung entstehen oder vergehen kann, ist eine rein elektromagnetische Fragestellung. Also *muß* die Kontinuitätsgleichung (8.18) in (11.1) bis (11.4) enthalten sein. Sie ist:

$$\operatorname{div} \quad (11.4) \quad \curvearrowright \quad 0 \;=\; \operatorname{div}\vec{\jmath} + \varepsilon_0 \operatorname{div} \dot{\vec{E}}$$
$$\partial_t \quad (11.1) \quad \curvearrowright \quad \;=\; \operatorname{div}\vec{\jmath} + \dot{\varrho} \,, \qquad \text{qed.}$$

Coulomb aus Maxwell

Wir wissen längst, wie man das Coulomb-Feld $\vec{E} = (Q/4\pi\varepsilon_0)\vec{e}_r/r^2$ oder das Coulomb-Potential $\phi = (Q/4\pi\varepsilon_0)/r$ aus $\operatorname{div}\vec{E} = (Q/\varepsilon_0)\,\delta(\vec{r})$, $\operatorname{rot}\vec{E} = 0$, erhalten kann. Uns stehen sogar mehrere mögliche Antworten zur Verfügung: (i) wir wählen für $\delta(\vec{r})$ eine r-abhängige Darstellung [z.B. jene vor (8.26)] und arbeiten mit Ansatz $\vec{E} = f(r)\vec{r}$, (ii) wir kennen (oder konstruieren) die Greensche Funktion von Δ: (8.26), (iii) wir benutzen Theorem 3 und werten das Integral (8.35) aus, oder (iv) wir legen eine Kugel um den Ursprung und benutzen Gauß:

(9.2). Mit dieser Erinnerung an unsere Vorkenntnisse verbindet sich ein besonderes Anliegen. Der Leser möge bitte jetzt (falls nicht schon geschehen) seine Werte-Skala umsortieren! Maxwell steht oben und Coulomb ist Folgerung. Diese Umsortierung schafft nicht nur Einheit (was Grund genug wäre), sondern sie ist auch sachlich geboten, da Coulombs Gültigkeit begrenzt ist (s.a. Text am Ende von §8.4).

6 Unbekannte, 8 Gleichungen ?

Komponentenweise gelesen, besteht (11.1–4) aus acht Gleichungen. Aber bei der engen Frage werden nur die sechs unbekannten Funktionen $\vec{E}$, $\vec{B}$ gesucht. Eine solche Ungereimtheit löst Alarm aus. Irgendwie muß sich (11.1–4) in sechs wesentliche und zwei trivial erfüllte Gleichungen zerlegen lassen. Wirkliche Bewegungsgleichungen sind nur (11.2) und (11.4). Versuchen wir also einmal, nur mit diesen sechs auszukommen. Dann sehen wir uns aufgefordert, (11.1) und (11.3) herzuleiten. Ladungserhaltung betrifft bei der engen Frage nur die Eingaben (nicht die Unbekannten), darf also zusätzlich verwendet werden:

$$\text{div} (11.4) \quad \text{und} \quad \dot{\varrho} + \text{div}\,\vec{j} = 0 \;\curvearrowright\; \partial_t \big[\, \text{div}\,\vec{E} - \varrho/\varepsilon_0 \,\big] = 0$$

$$\text{div} (11.2) \;\curvearrowright\; \partial_t [\, \text{div}\,\vec{B}\,] = 0 \,.$$

Wenn also zu Urzeiten einmal (11.1) und (11.3) erfüllt waren, dann ist dies bis heute so geblieben. Wir leben in einer Welt mit den speziellen „Anfangsbedingungen" (11.1) und (11.3). Mit dieser Erklärung von „$6 \neq 8$" sind wir zufrieden. Auch zur Bewegung eines Teilchens zählen wir ja drei Newtonsche Gleichungen und nicht zusätzlich die Anfangsbedingungen. Es kann aber nichts schaden, die zutreffenden „Welt-Anfangsbedingungen" stets mit anzugeben. Und darum bleiben wir bei (11.1) bis (11.4).

Eindeutigkeit

Theorem 3, (8.34), gibt die *Ja*-Antwort im Statik-Spezialfall. Bei allgemeiner Zeitabhängigkeit sind aber die vier Gleichungen (11.1–4) miteinander verkoppelt. Die folgende Konsistenz-Betrachtung macht klar, daß die enge Frage auch dann noch eine eindeutige Antwort hat. Wir starten mit einer „nullten Näherung" für das Magnetfeld eines konkreten Problems (z.B. mit einer grob qualitativen Vorstellung, wie es aussehen könnte): $B^{(0)}(\vec{r}, t)$. Natürlich sorgen wir dafür, daß es divergenzfrei ist, also (11.3) erfüllt, und daß es physikalisch vernünftiges Verhalten bei $r \to \infty$ zeigt. Mit diesem Magnetfeld und wegen Theorem 3 haben (11.1), (11.2) eine eindeutige Lösung. In (11.4) sind nun alle Terme bekannt. Und natürlich ist (11.4) nicht erfüllt oder nicht ganz erfüllt. Also wandeln wir $\vec{B}^{(0)}$ ein wenig ab und durchlaufen den Kreislauf erneut – so lange, bis (11.4) erfüllt ist.

Nun könnten noch verschiedene Start-$\vec{B}$'s zu diskret verschiedenen Resultat-$\vec{B}$'s führen. Aber nur eines dieser denkbaren Resultate hätte die Eigenschaft, sich kontinuierlich an den statischen Grenzfall anzuschließen. Dies klingt recht plausibel und soll uns vorerst genügen. Genauere Überlegung würde uns im Moment überfordern. Es sei aber darauf verwiesen, daß die Maxwell-Gleichungen zur engen Frage allgemein lösbar sind (!): siehe Gleichung (11.19).

Potentiale, die stets existieren

Aus (11.3) und Theorem 2 folgt, daß $\vec{B}$ stets ein Vektorpotential $\vec{A}$ hat. Wir setzen $\vec{B} = \text{rot } \vec{A}$ in (11.2) ein, $\text{rot}(\vec{E} + \partial_t \vec{A}) = 0$, und schließen mit Theorem 1, daß $\vec{E} + \partial_t \vec{A}$ ein Skalarpotential hat:

$$\vec{E} = -\text{grad } \phi - \partial_t \vec{A} \ , \ \ \vec{B} = \text{rot } \vec{A} \ . \tag{11.7}$$

Gleichung (11.7) führt die 6 Unbekannten $\vec{E}$, $\vec{B}$ auf 4 zurück, nämlich ϕ, $\vec{A}$, und dies hat enorme Vereinfachungen zur Folge.

Eichfreiheit

Zu gegebenen Feldern $\vec{E}$, $\vec{B}$ liegen die Potentiale ϕ, $\vec{A}$ nicht eindeutig fest. Wir haben das schon einmal irgendwo bemerkt (bei Theorem 2), als wir zu $\vec{A}$ den Gradienten einer beliebigen Funktion $\chi(\vec{r})$ addierten. Hier verallgemeinern wir nur auf $\chi(\vec{r}, t)$. Die Abänderung (Umeichung) der Potentiale

$$\phi_{\text{neu}} = \phi_{\text{alt}} - \partial_t \chi \ , \ \ \vec{A}_{\text{neu}} = \vec{A}_{\text{alt}} + \text{grad } \chi \tag{11.8}$$

hat keine Änderung der Felder $\vec{E}$, $\vec{B}$ zur Folge. Die elektromagnetische Realität (11.7) ist unter der Eichtransformation (11.8) invariant. Man sieht, daß das stimmt.

Integrale Maxwell-Gleichungen

Mittels Gauß und Stokes, d.h. (9.2) und (9.3), kann man (11.1–4) leicht eine integrale Form geben:

$$\oint_S d\vec{f} \cdot \vec{E} = \frac{1}{\varepsilon_0} \int_V d^3 r \, \varrho \quad , \qquad \oint_S d\vec{f} \cdot \vec{B} = 0$$

$$\oint_C d\vec{r} \cdot \vec{E} = -\partial_t \int_S d\vec{f} \cdot \vec{B} \ , \tag{11.9}$$

$$\oint_C d\vec{r} \cdot \vec{B} = \frac{1}{c^2 \varepsilon_0} \int_S d\vec{f} \cdot \vec{j} + \frac{1}{c^2} \partial_t \int_S d\vec{f} \cdot \vec{E} \ .$$

Damit (11.9) gilt, müssen die beteiligten Volumina, Flächen und Kurven unbeweglich im Raum hängen. Die Formulierung (11.9) ist nur selten von Wert. Schon in Kapitel 9 wurde davor gewarnt, sich auf das Überintegrieren von Feldgleichungen etwas einzubilden. Local is beautiful. Jedoch ist (leider) auch die Behauptung richtig, daß man (11.1–4) aus (11.9) herleiten könne, nämlich indem man V bzw. S auf einen beliebig gewählten Punkt zusammenzieht.

11.2 Licht

Es gibt einen Problem-Typ, der sich mit den Maxwell-Gleichungen besonders angenehm behandeln läßt. Ein Experimentalphysiker will für irgendwelche Zwecke ein ganz bestimmtes elektrisches Feld (oder Magnetfeld) herstellen und fragt nun, welche Ladungen er mindestens anzubringen habe und welche Ströme er mindestens fließen lassen müsse. Auch welches Magnetfeld dann automatisch beteiligt ist, interessiert ihn. Es handelt sich um die Umkehr der engen Frage. Diese Umkehrung gibt es auch zu Newton, wenn man ein bestimmtes $\vec{r}(t)$ herstellen will und danach fragt, welches Kraftfeld dazu erforderlich sei. Dort wie hier ist die Antwort einfach. $\vec{E}(\vec{r}, t)$ ist bekannt. Also gewinnt man sofort aus (11.1) die Ladungsdichte, aus (11.2) ein (möglichst einfaches) Magnetfeld $\vec{B}(\vec{r}, t)$, welches (Kontrolle!) natürlich (11.3) zu erfüllen hat, und schließlich aus (11.4) die erforderliche Stromdichte. Fein.

Das elektrische Feld

$$\vec{E} = (\, 0\, ,\, 0\, ,\, f(x - vt)\,) \tag{11.10}$$

soll hergestellt werden. Die Funktion $f(x)$ möge nach rechts und links auf Null abfallen und um $x = 0$ herum positiv sein. Bei (11.10) handelt es sich also um eine in yz-Richtung unendlich ausgedehnte Schicht, in der $\vec{E}$ nach oben zeigt. Diese Schicht bewegt sich mit Geschwindigkeit v nach rechts. In der folgenden Rechnung ist $f(x - vt)$ kurzerhand mit f abgekürzt:

(11.1): $\quad \partial_z f = 0 \curvearrowright \varrho = 0$

(11.2): $\quad (\, \partial_y f\, ,\, -\partial_x f\, ,\, 0\,) = -\vec{e}_2 f' = \partial_t \vec{e}_2 f/v \overset{!}{=} -\partial_t \vec{B}$

$\qquad\quad \vec{B} = -\vec{e}_2 f/v$

(11.3): $\quad \partial_y f = 0 \quad (\,?-!\,)$

(11.4): $\quad \vec{j} = c^2 \varepsilon_0 \operatorname{rot} \vec{B} - \varepsilon_0 \dot{\vec{E}} = -c^2 \varepsilon_0 \vec{e}_3 f'/v + \varepsilon_0 \vec{e}_3 v f' \curvearrowright$

$$\vec{j}(\vec{r}, t) = -\vec{e}_3 \frac{c^2 \varepsilon_0}{v} \left(1 - \frac{v^2}{c^2} \right) f'(x - vt)\, . \tag{11.11}$$

Gemäß (11.11) muß der Raum mit vertikalen Drähten erfüllt werden, durch die Computer-gesteuert Strom geschickt wird, nämlich in der Schicht (dort wo sie gerade ist) links nach unten und rechts nach oben (Bild 11-1). Muß man wirklich?? Wenn wir uns (11.11) gemütlich ansehen, die Augen wischen und noch einmal hinsehen, dann kommt uns ein wunderbarer Gedanke. Wozu denn Drähte aufbauen: bei genau $v = c$ ist kein Strom erforderlich. Das Feld (11.10) fliegt *von alleine*. Wir haben soeben **Licht** entdeckt.

Die Naturkonstante c gibt also an, wie schnell elektromagnetische Felder durch Vakuum fliegen können:

$$c = \textbf{Lichtgeschwindigkeit} \approx 300\,000\,\text{km/s} = 3 \times 10^8\,\text{m/s}\,.$$

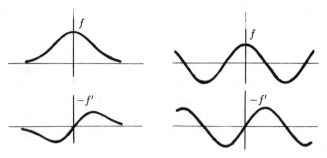

Bild 11-1. Elektrische Feldstärke ($\sim f$) einer mit $v < c$ fliegenden Schicht und die dazu erforderliche Stromdichte ($\sim -f'$)

Wenn man geeignet Spiegel anbringt, fliegt Licht in einer Sekunde ungefähr 7 mal um die Erde. Wenn Sie den Auto-Scheinwerfer einschalten, haben Sie sich nach einer siebentel Sekunde im Rückspiegel.

Wir kehren zu $v < c$ zurück und überlegen erneut, wie man z.B. zu $f(x) \sim \cos(kx)$ die nun erforderliche Stromdichte (11.11) irgendwie realisieren könnte. Immerhin hat sie die gleiche Periode und Frequenz wie das Licht. Wir müßten etwa Elektronen durch ein entsprechendes elektrisches Feld beschleunigen und bremsen. Ein solches Feld ist bereits da! Wenn unsere $\vec{E}$-Feld-Welle durch ein Medium geht, in dem es (schwach gebundene) Elektronen gibt, dann verursacht das Feld eine phasenverschobene Stromdichte (Bild 11-1 rechts), und zu einer geeignet zu wählenden Geschwindigkeit v stimmt sie mit (11.11) überein. Damit haben wir eine erste grobe Vorstellung davon, weshalb die (Phasen-)Geschwindigkeit des Lichtes von c abweichen kann, wenn es durch ein Medium fliegt.

Darf man $v > c$ wählen? Aber gewiß doch! Man muß den Leuten zwischen Hannover und Braunschweig natürlich vorher genau sagen, wann sie wieviel Strom gemäß (11.11) durch ihre vertikalen Drähte zu jagen haben. Die $\vec{E}$-Schicht fliegt dann tatsächlich mit Über-Lichtgeschwindigkeit nach Braunschweig. Information ist jedoch hierbei nicht mitgeflogen, vielmehr war diese schon vorher an den entsprechenden Stellen. Es ist so ähnlich wie bei Hase und Igel („Ich bin schon da."). Wenn man äquidistant viele Leute in eine Reihe stellt und sie zu bestimmten Zeiten ein Fähnchen heben läßt, dann kann man leicht jede beliebige Geschwindigkeit $> c$ des Fähnchen-Maximums erreichen. Keine Kunst.

Licht ist frei fliegendes elektromagnetisches Feld. Es ist wirklich schade um das schöne kurze Wort „Licht", wenn es bei Frequenzen weit unterhalb des Sichtbaren klammheimlich aus dem Verkehr gezogen wird. Vom ZDF geht Licht aus ebenso wie von der Sonne (andere Ähnlichkeiten sind rein zufällig).

Ebene elektromagnetische Welle

Es sei noch einmal besonders betont, daß das ebene nach rechts fliegende Licht (11.10) *jede* Form $f(x)$ haben kann. Obige Rechnung zeigte das. Besonders häufig wird jedoch Licht von Sendern erzeugt (auch solchen in der Natur), die periodisch arbeiten (wenigstens einige Zeit lang). Der trigonometrische Spezialfall $f(x) = E_0 \cos(kx)$ ist darum besonders wichtig. Wir legen die x-Achse in Richtung eines Vektors $\vec{k}$ (**Ausbreitungsvektor** oder **Wellenvektor**) und formulieren das, was wir zwischen (11.10) und (11.11) gelernt haben, vektoriell:

$$\vec{E} = \vec{E}_0 \cos(\vec{k}\,\vec{r} - \omega t) \quad , \quad \omega = ck$$
$$\vec{B} = \frac{1}{c}\frac{\vec{k}}{k} \times \vec{E} \quad\quad , \quad \vec{E}_0 \perp \vec{k} \; . \tag{11.12}$$

Die Wellenlänge ist $\lambda = 2\pi/k$, denn auf einer „Fotografie" von (11.12) (d.h. bei festem t) haben zwei Kosinus-Bergrücken diesen Abstand. ω ist die Kreisfrequenz, denn an einer bestimmten Stelle [(11.12) bei festem $\vec{r}$] wird eine Ladung mit dieser Kreisfrequenz in $\vec{E}$-Richtung hin- und hergezogen. Nur zu $\vec{E}_0 \perp \vec{k}$ löst (11.12) die erste Maxwell-Gleichung (nachprüfen!). Und nur zu $\vec{B} \perp \vec{E}$ (welche Maxwell-Gleichung?!) und $\vec{B} \perp \vec{k}$ (welche Maxwell-Gleichung?!) kann der ganze „Raumkreuzer" Bild 11-2 durch das Vakuum fliegen. Den Einheitsvektor $\vec{e}$ in $\vec{E}$-Richtung, $\vec{E}_0 =: E_0\,\vec{e}$, nennt man **Polarisationsvektor**. Er steht also stets senkrecht auf der Ausbreitungsrichtung.

Inwiefern ist das unendlich ausgedehnte Gebilde (11.12) real? Es ist nährungsweise real, nämlich im gleichen Sinne wie bei eindimensionalem Schall. Auch Licht wird „immer ebener", je weiter man sich vom Sender entfernt (mit seinem Kubikmeter, in dem man das Licht untersucht und auf den sich das Wort „eben" bezieht). Ferner wird (11.12) beiderseits einer großen ebenen Platte ausgesendet, in der periodisch Strom hin- und herfließt (Platten-Sender).

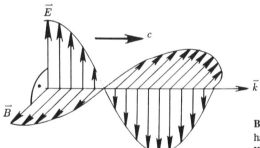

Bild 11-2. Richtungsverhältnisse in einer harmonischen ebenen elektromagnetischen Welle

Wellengleichung aus Maxwell

Im Vakuum (keine Teilchen, d.h. kein $\varrho, \vec{j}$) lauten die Maxwell-Gleichungen

$$\mathrm{div}\,\vec{E} = 0 \quad (1') , \quad\quad \mathrm{div}\,\vec{B} = 0 \quad\quad\quad (3')$$
$$\mathrm{rot}\,\vec{E} = -\partial_t\,\vec{B} \quad (2') , \quad \mathrm{rot}\,\vec{B} = (1/c^2)\partial_t\,\vec{E} \quad (4') \tag{11.13}$$

und zeigen Gleichberechtigung von $\vec{E}$ und $\vec{B}$ (wer Lust hat, führe das komplexe Feld $\vec{E} + \mathrm{i}c\,\vec{B} =: \vec{G}$ ein). Wir versuchen, $\vec{B}$ zu eliminieren, und haben dazu offenbar rot$(2')$ und $\partial_t\,(4')$ zu bilden:

$$\text{rot rot } \vec{E} = -\partial_t \,\text{rot } \vec{B} = -(1/c^2)\partial_t^2\,\vec{E}$$
$$= \text{grad div } \vec{E} - \Delta\,\vec{E} = -\Delta\,\vec{E}\ .$$

In der zweiten Zeile wurde zuerst (8.21) benutzt und danach $(1')$. Der Leser möge auch $\vec{E}$ eliminieren. Das Resultat ist:

$$\Box := \frac{1}{c^2}\partial_t^2 - \Delta\ , \qquad \Box\,\vec{E} = 0\ ,\ \ \Box\,\vec{B} = 0\ . \tag{11.14}$$

Der Operator links heißt **Quabla**, **Box** oder **D'Alembert**-Operator. Beide Felder erfüllen also die Wellengleichung (10.5), nur tritt jetzt c an die Stelle der Schallgeschwindigkeit. Das war zu erwarten.

Gleichung (11.14) ist ein nützlicher Anhaltspunkt, wenn man sich nicht nur für ebene Wellen interessiert, sondern allgemein für die Eigeninitiative, die Felder miteinander im Vakuum entwickeln können. Wenn Felder „frei fliegen", dann tun sie dies mit Geschwindigkeit c.

Vorsicht ist geboten. Unterwegs von (11.13) nach (11.14) ging Information verloren: die Richtungen von $\vec{E}$ und $\vec{B}$ werden durch die Wellengleichung (11.14) nicht mehr festgelegt. Man kann sich überlegen (oder auch bis zum Fourier-Kapitel 12 damit warten), daß man $\Box\,\vec{E} = 0$ um $(1')$ ergänzen muß (um ein erlaubtes $\vec{E}$ zu erhalten) und daß für das begleitende $\vec{B}$-Feld schließlich $(2')$ und $(3')$ heranzuziehen sind.

Superposition

Wenn ein Felder-Paar $\vec{E}$, $\vec{B}$ die Vakuum-Gleichungen (11.13) erfüllt und ein anderes $(\vec{E}'$, $\vec{B}')$ ebenfalls, dann erfüllt auch das Paar $\vec{E} + \vec{E}'$, $\vec{B} + \vec{B}'$ die Gleichungen (11.13). Grund hierfür ist, wie wir ja bereits wissen, die Linearität von (11.13). Ein Lichtstrahl schert sich nicht darum, ob er von einem anderen gekreuzt wird. Auch die Nähe der Platten eines Kondensators oder der Polschuhe eines Magneten beeindruckt ihn nicht im geringsten. Wir können ihm sogar ein Elektron oder ein Proton in den Weg halten („halten" = festhalten). Nun drängt sich der Gedanke auf, daß ja auch die vollständigen Maxwell-Gleichungen (11.1–4) linear seien und daß man folglich mit Quadrupeln $\vec{E}$, $\vec{B}$, $\varrho, \vec{\jmath}$ ebenso verfahren könne wie eingangs mit Feld-Paaren. Das ist richtig. Aber genau hier ist auch die Gefahrenstelle der Superposition. Wenn man das Elektron total „festgenagelt" hätte (in praxi kann man es höchstens stark an einen Kern binden), so daß es durch die Lorentzkraft [mit $\vec{E}$ und $\vec{B}$ aus (11.12)] nicht beschleunigt werden könnte, dann würde der Lichtstrahl nichts bemerken. Wenn er aber die Teilchen beschleunigt, dann werden diese ihrerseits Felder verursachen. Also ist allemal Newton der Bösewicht. Kaum läßt man ihn gewähren, macht er die Superposition kaputt.

Maßsysteme

Neben dem hier benutzten SI-System ist ein anderes Maßsystem weit verbreitet, das Gauß'sche System. Hierfür gibt es einen guten Grund, nämlich Standhaftigkeit [gegenüber „Agrarbeschlüssen der EG", siehe Text unter (8.10)]. Wer vom SI-System zum Gauß-System übergehen will, der setze

$$\varepsilon_0 = 1/4\pi \quad \text{und} \quad c\vec{B}_{\text{SI}} = \vec{B}_{\text{Gauß}} \,. \tag{11.15}$$

Man beachte, wie einfach hiermit das Coulomb-Potential (8.10) aussieht: $\phi = Q/r$. Die Vakuum-Gleichungen (11.13) zeigen, daß Gauß die Gleichberechtigung der beiden Felder auch dimensionsmäßig herstellt.

Am Beginn dieses Kapitels hatten wir uns überlegt, daß man nur die Konstante ε_0 wählen (und damit die Ladungseinheit festlegen) kann. Daß (11.15) aus zwei Schritten besteht, erscheint also im ersten Moment rätselhaft. Die Antwort ist einfach. Wir hatten nämlich auch gesagt, daß die Felder durch die Lorentzkraft (3.2) festgelegt seien. Offenbar wird diese Festlegung im Gauß-System ein wenig anders vorgenommen: $m\ddot{\vec{r}} = q(\vec{E} + (\vec{v}/c) \times \vec{B})$. Man sieht erneut, daß nun $\vec{E}$ und $\vec{B}$ gleiche Dimension haben.

Die zwei Schritte (11.15) kann man mühelos in allen bisherigen und künftigen Gleichungen vornehmen. Der SI-Mensch findet also leicht den Weg zum Gauß-System. Ein Gauß-Mensch hingegen hat es schwer, denn in seinen Gleichungen gibt es keinen Parameter, der ihm den Weg nach SI weist. Für sein Mehr an Schreibarbeit hat der SI-Mensch diesen Trost wohl verdient.

Alle Maßsysteme (darunter auch zwei nicht mehr gebräuchliche) unterscheiden sich voneinander nur durch die Ladungs-Einheit (Konstante L) und dadurch, wie das Magnetfeld relativ zum elektrischen festgelegt wird (Konstante M):

$$
\begin{aligned}
m\ddot{\vec{r}} &= q(\vec{E} + \vec{v} \times M\vec{B}) \\
\operatorname{div}\vec{E} &= L\varrho \,, & \operatorname{div}(M\vec{B}) &= 0 \\
\operatorname{rot}\vec{E} &= -\partial_t(M\vec{B}) \,, & \operatorname{rot}(M\vec{B}) &= \frac{1}{c^2}L\vec{j} + \frac{1}{c^2}\partial_t\vec{E}
\end{aligned}
\tag{11.16}
$$

	SI-System	Gauß-System	natürliche Einheiten	
L	$1/\varepsilon_0$	4π	1	(11.17)
M	1	$1/c$	1	

Zur Ladungs-Festlegung genügt die in (11.16) punktiert eingerahmte Information (am besten via Punktladung, $\varrho = Q\delta(\vec{r})$ und gleich große Probeladung $q = Q$). Die natürlichen Einheiten werden in der Quantenfeldtheorie bevorzugt, wobei man noch $c = 1$ setzt, d.h. auch die bisher unangetasteten mechanischen Einheiten (m, kg, s) abändert und eine Zeit durch die Länge angibt, die das Licht in ihr zurücklegt.

Übungs-Blatt 23

Feld enthält Energie

Licht ist Feld, und Sonnenlicht macht warm. Muß sich das Feld bewegen, um Energie zu enthalten? Hängt auch zwischen den Platten eines Kondensators Energie im Raum? Wieviel Energie ist in einem (gedachten) Volumen Feld enthalten? Wir erinnern uns daran, wie wir erstmals etwas zu Papier bekamen, was sich sodann „Energie" nennen ließ. Wir hatten die Bewegungsgleichung (damals: Newton) mit der einmal-weniger-abgeleiteten Unbekannten multipliziert, weil dabei die Zeitableitung einer neuartigen Bildung entstehen mußte. Es ist irgendwie faszinierend, wie diese Idee auch bei den Maxwell-Gleichungen funktioniert:

$$\varepsilon_0 c^2 \vec{B} \cdot (11.2) - \varepsilon_0 c^2 \vec{E} \cdot (11.4) \qquad \curvearrowright$$

$$\varepsilon_0 \vec{E} \cdot \dot{\vec{E}} + \varepsilon_0 c^2 \vec{B} \cdot \dot{\vec{B}} = -\vec{j} \cdot \vec{E} + \varepsilon_0 c^2 [\vec{E} \cdot (\nabla \times \vec{B}) - \vec{B} \cdot (\nabla \times \vec{E})]$$

$$= -\vec{j} \cdot \vec{E} - \varepsilon_0 c^2 \nabla \cdot (\vec{E} \times \vec{B}),$$

$$\partial_t \left[\frac{1}{2} \varepsilon_0 \left(\vec{E}^2 + c^2 \vec{B}^2 \right) \right] + \mathrm{div} \left[\varepsilon_0 c^2 (\vec{E} \times \vec{B}) \right] = -\vec{j} \cdot \vec{E} =: \dot{U}_Q :$$

$$\left. \begin{array}{rl} \mathrm{div}\, \vec{S} + \dot{U} & = \dot{U}_Q \\[4pt] \text{Energiedichte} = U & = \dfrac{\varepsilon_0}{2} \left(\vec{E}^2 + c^2 \vec{B}^2 \right) \\[6pt] \text{Energie-Stromdichte} = \textbf{Poynting-}\text{Vektor} = \vec{S} & = \varepsilon_0 c^2 (\vec{E} \times \vec{B}). \end{array} \right\} \quad (11.18)$$

Der Ausdruck $-\vec{j} \cdot \vec{E}$ ist positiv, wenn Ladungen gegen ein elektrisches Feld strömen. Mittels $\vec{j} = \varrho d\vec{r}/dt$ können wir ihn als Arbeit pro Zeit und pro Volumen lesen, d.h. als die (positiv gezählte) Abnahme der mechanischen kinetischen Energie der Teilchen (pro Zeit und pro Volumen), d.h. als Zunahme der im Feld enthaltenen Energie, d.h. als äußeres Feld-Energie-Quellenfeld oder Feld-Energie-Produktionsrate durch Umwandlung aus mechanischer Energie [(siehe auch Text vor (8.18)]. Die Deutung der anderen Terme in (11.18) ist nun erzwungen. Allerdings erzählt uns (11.18) nur, daß U die Feldenergie ist, die man zeitlich verändern kann. Wer will, darf an weitere Energiedichte $U_0(\vec{r})$ glauben, die wir nicht umwandeln können. Ebenso ist zusätzliche Energie-Stromdichte $\vec{S}_0(\vec{r}, t)$ denkbar, die man jedoch wegen $\mathrm{div}\, \vec{S}_0 = 0$ nirgends umwandeln und ins Netz einspeisen kann. Wir fassen zusammen. Innerhalb der mechanisch-elektromagnetischen Welt gilt Energie-Erhaltung. Damit, daß sie und wie sie aus den first principles der genannten Welt folgt, haben wir eine wichtige Entdeckung gemacht.

Zu (11.18) könnten (und müßten) nun viele eingängige Beispiele studiert werden. Aber irgendwo wird dabei der Rahmen dieses Buches gesprengt. Er ist bereits reichlich strapaziert. Im folgenden und letzten Unterabschnitt werfen wir einen Blick über diesen Rahmen hinaus.

Die Lösung der Maxwell-Gleichungen

Wenn man die Antwort auf die allgemeine enge Frage zu raten hätte, würde man wohl zunächst von der Kenntnis der Lösung im statischen Fall ausgehen und (8.35, 36) mit (11.7) kombinieren. Wenn nun $\varrho(\vec{r}, t)$ und $\vec{\jmath}(\vec{r}, t)$ von der Zeit abhängen, dürfte man zum Beobachtungs-Zeitpunkt t Felder vorfinden, die ein wenig früher verursacht wurden (denn „Was frei fliegt, fliegt mit c!"). Also schreiben wir auf:

$$
\begin{aligned}
\phi(\vec{r}, t) &= \frac{1}{4\pi\varepsilon_0 c} \int d^3r \, \frac{c\varrho(\vec{r}\,', t - |\vec{r} - \vec{r}\,'|/c)}{|\vec{r} - \vec{r}\,'|} \\
c\,\vec{A}(\vec{r}, t) &= \frac{1}{4\pi\varepsilon_0 c} \int d^3r \, \frac{\vec{\jmath}(\vec{r}\,', t - |\vec{r} - \vec{r}\,'|/c)}{|\vec{r} - \vec{r}\,'|} \,.
\end{aligned}
\tag{11.19}
$$

Man mag es unglaublich finden, aber (11.19) stimmt! In der Literatur findet man (11.19) unter **retardierte Potentiale** oder unter **kausale** Lösung der Maxwell-Gleichungen. Der Leser kann versuchen, (11.19) nachzuprüfen (das ist ein wenig schwierig, aber es geht). Besser ist natürlich eine niet- und nagelfeste Herleitung. Das dabei benötigte Handwerkszeug wird im nächsten Kapitel erarbeitet.

Gleichung (11.19) spielt eine zentrale Rolle in der Elektrodynamik. Insbesondere gibt (11.19) erschöpfend darüber Auskunft, wodurch und wie elektromagnetische Wellen entstehen. Gleichung (11.19) enthält und löst das Ausstrahlungsproblem. Damit haben wir das ZDF im Griff, die Entstehung von Röntgen-Licht, die Strahlung aus Beschleunigungsanlagen und vieles andere mehr. Beschleunigte Ladungen strahlen. Dies war ein Blick in die Ferne. Er bietet eine verstehbare Welt, und das gibt ein gutes Gefühl.

– – –

Auf den wenigen Seiten dieses Kapitels ist ungeheuer viel passiert. Es ist wieder einmal an der Zeit (wie am Ende des Newton-Kapitels), die Essenz auf eine Seite DIN A4 zu schreiben, aus der dann bekanntlich ein DIN-A7-Zettel wird. Wir haben sozusagen das „Gehirn" kennengelernt, das sämtliche elektromagnetischen Vorgänge steuert (besser: die mechanisch-elektromagnetischen, und Newton gehört zum Gehirn). Würden wir von hier aus ins Detail gehen und zahlreiche Anwendungen untersuchen, dann würde sich ein Semester füllen. In der Regel geschieht dies in einer der Kurs-Vorlesungen in Theoretischer Physik. Lehrbücher der Elektrodynamik sind leider häufig umgekehrt organisiert und erreichen die Einheit aller dieser Vorgänge (d.h. die Maxwell-Gleichungen) erst „irgendwo auf Seite 300". Das Eindrucksvolle dieses Gebietes ist aber gerade die Systematik, mit der „das Gehirn" bis in die Verästelung der Anwendungen hinein alles unter Kontrolle behält. Es ist im übrigen eine gute Gewohnheit, bei jeder Anwendung stets alle fünf Gleichungen (11.1–4) und (3.2) zu befragen und ggf. zu rekapitulieren, wie etwaige angewandte Formeln aus diesen folgen.

Vielleicht (die Gedanken sind frei) ist eine weitere Kritik hilfreich, nämlich an manchen Lehrbüchern, welche (11.1–4) und die „Maxwell-Gleichungen in Materie" (MiM) nicht genügend trennen. Die MiM sehen so ähnlich wie (11.1–4) aus, enthalten aber neuartige Felder $\vec{D}$ statt $\vec{E}$ in (11.1) und $\vec{H}$ statt $\vec{B}$ in (11.4), gelten für Felder in Medien mit idealisierten Eigenschaften und arbeiten mit veränderter Bedeutung von $\varrho, \vec{\jmath}$ (als Dichte und Stromdichte von zusätzlichen „freien" Ladungen). Der Leser ahne bereits anhand dieser Worte, was hier los ist. Die MiM sind phänomenologische Gleichungen, grobe Näherungen, zu deren (meist heuristisch vorgetragener) Begründung Kenntnisse aus dem Bereich der Quanten-Statistik der kondensierten Materie erforderlich sind. Gleichung (11.1–4) hingegen sind first principles und gelten somit in Medien *auch*. Aus diesen (woraus sonst?) kann man die MiM (unter haarigen Zusatzannahmen) herleiten. Ein ansprechender Kommentar hierzu findet sich im Taschenbuch von *Mitter*. Äußerst konsequent verfahren *Landau* und *Lifschitz* [Ausarbeitung von (11.1–4) in Band II, aber MiM in Band VIII], nicht aber das Standard-Lehrbuch von *Jackson*.

„Gott sprach $\quad \text{div}\,\vec{E} = 0 \,, \qquad \text{div}\,\vec{B} = 0$

$\text{rot}\,\vec{E} = -\partial_t\,\vec{B} \,, \quad \text{rot}\,\vec{B} = \partial_t\,\vec{E}/c^2 \quad$ und es ward Licht",

stand einmal beim hiesigen Kolloquium overhead-projiziert an der Leinwand. Jedoch vermutlich stimmt es nicht. Einerseits hat er sicherlich gleich (11.1–4) gesprochen, aber andererseits kann ihm „ε_0" wahrlich nicht über die Lippen gekommen sein. Möglicherweise waren es jedoch die Gleichungen (11.16) zu $L = M = 1$, und zwar alle fünf. Diese nämlich erschaffen eine Welt, die mechanisch-elektromagnetische. Man kann diese fünf Gleichungen übrigens so umformulieren, daß nur noch eine einzige dasteht, eine Weltformel (Stichwort „Lagrangedichte"; siehe auch Ende von Kapitel 5). Wir sind zum ersten Male *fertig*. Es hätte ja sein können, daß wir lange Zeit nichts entdeckt hätten, was im Widerspruch zu dieser Weltformel gestanden hätte. Gegen Ende des vorigen Jahrhunderts sah es wohl ein wenig so aus, weshalb denn auch der Student Max Planck (sinngemäß) zu hören bekam: „Junger Mann, warum gerade Physik? Dies ist doch ein abgeschlossenes Gebiet". Damals war nicht einmal die chemische Bindung verstanden. Im Erfolgsrausch werden Mängel leicht übersehen. Inzwischen gab es einige weitere „fertig"-Erlebnisse, aber stets auch Wunden, auf die man den Finger legen konnte.

12. Fourier-Transformation

Im folgenden gewinnt der Aspekt der Machbarkeit wieder die Oberhand, etwa so stark wie im §5.3 über Potenzreihen. In der Tat wird es sich hier um eine weitere Version handeln, eine Funktion anders aufzuschreiben. Was aus diesem Blickwinkel wie eine harmlose Spielerei aussieht, stellt sich für den Betreiber von Natur-Mathematik (der z.B. die Maxwellgleichungen lösen will) als ein außerordentlich nützliches Kalkül dar.

Die eigentliche Fourier-Transformation wird erst im zweiten von drei Abschnitten behandelt. Der erste bereitet darauf vor, hat aber auch genügend eigenen Wert. Die spezifische Begleit-Philosophie bei Anwendung der Fourier-Transformation steht im dritten Abschnitt und wird anhand von Beispielen gepflegt.

12.1 Fourier-Reihe

Wir hören den lang anhaltenden Ton einer Orgel. Das Trommelfell im linken Ohr bewegt sich periodisch. Bezogen auf eine y-Achse, die senkrecht zum Trommelfell und durch dessen Mitte gelegt sei (es tut nicht weh), ist $y(t) = y(t + T)$. Das Gehirn ist in der Lage, den Orgelton in Grundton und Obertöne abnehmender Stärke aufzulösen. Notfalls idealisieren wir das Gehirn ein wenig oder ersetzen es samt Ohr durch eine Apparatur. Es kommen nur Obertöne vor, deren Frequenz ein Vielfaches der Frequenz des Grundtones ist. Hat nun das Gehirn noch *alle* in $y(t)$ enthaltene Information? Wenn *Ja*, dann liegt ein mathematischer Sachverhalt vor. Dann muß man nämlich $y(t)$ aus den Stärken von Grund- und Obertönen rekonstruieren können. Das ist die Frage. Wir formulieren sie zunächst abstrakt und ändern dabei die Bezeichung: $t \to x$, $y \to f$, $T \to L$. Bild 12-1 zeigt Trommelfell-Auslenkung f über „Zeit" x. Die Frage lautet nun folgendermaßen:

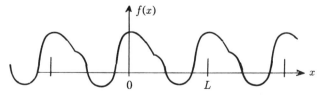

Bild 12-1. Eine L-periodische Funktion

$$f(x) = f(x+L),$$

$$f(x) \stackrel{?}{=} f_0 + \sum_{n=1}^{\infty} \left[a_n \cos\left(n\frac{2\pi}{L}x\right) + b_n \sin\left(n\frac{2\pi}{L}x\right) \right] \Bigg\} \qquad (12.1)$$

$$\stackrel{!}{=} f_0 + \sum_{n=1}^{\infty} \underbrace{\left(\frac{a_n}{2} + \frac{b_n}{2i}\right)}_{=:~c_n} e^{in(2\pi/L)x} + \sum_{n=1}^{\infty} \underbrace{\left(\frac{a_n}{2} - \frac{b_n}{2i}\right)}_{=:~c_{-n}} e^{-in(2\pi/L)x} \quad \curvearrowright$$

$$\underbrace{}_{=:~c_0}$$

$$f(x) \stackrel{?}{=} \sum_{n=-\infty}^{\infty} c_n \, e^{in(2\pi/L)x} . \qquad (12.2)$$

Mittels Euler-Formel nimmt also die Frage (12.1) die kürzere und rechentechnisch vorteilhaftere Form (12.2) an. Nehmen wir einmal an, (12.2) sei in Ordnung, das Fragezeichen sei unnötig und $f(x)$ werde durch die rechte Seite dargestellt (es gibt jedenfalls solche Funktionen). Dann möchten wir als nächstes die Koeffizienten c_n erhalten. Dies gelingt, indem wir beiderseits von (12.2) den Operator

$$P_m := \frac{1}{L} \int_0^L dx \, e^{-im(2\pi/L)x}$$

anwenden:

$$\frac{1}{L} \int_0^L dx \, e^{-im(2\pi/L)x} f(x) = \sum_n c_n \underbrace{\frac{1}{L} \int_0^L dx \, e^{i(n-m)(2\pi/L)x}}_{=:~J_{nm}}$$

$$J_{nn} = 1 \, , \quad J_{nm} = \frac{1}{L} \frac{e^{i(n-m)2\pi} - 1}{i(n-m)(2\pi/L)} = 0 \quad (n \neq m) \, ; \quad J_{nm} = \delta_{nm} \quad \curvearrowright$$

$$c_n = \frac{1}{L} \int_0^L dx \, e^{-in(2\pi/L)x} f(x) . \qquad (12.3)$$

Der Operator P_m hat also die Gabe, den m-ten Vorfaktor c_m herauszupräparieren. Aus (12.3) kann man leicht auch die Koeffizienten f_0, a_n, b_n der reellen Darstellung (12.1) erhalten:

$$f_0 = c_0 = \frac{1}{L} \int_0^L dx \, f(x) = \overline{f}$$

$$a_n = c_n + c_{-n} = \frac{2}{L} \int_0^L dx \, f(x) \cos\left(n\frac{2\pi}{L}x\right) \qquad (12.4)$$

$$b_n = i(c_n - c_{-n}) = \frac{2}{L} \int_0^L dx \, f(x) \sin\left(n\frac{2\pi}{L}x\right) .$$

Offenbar ist f_0 der Mittelwert der Funktion f, und dies ist sehr plausibel. Ist die Funktion f eine Konstante, dann verschwinden alle Koeffizienten a, b. Ist sie andererseits durch z.B. $f(x) = \cos(6\pi x/L)$ gegeben, dann verschwindet f_0

sowie alle a_n, b_n (nachrechnen?!) – bis auf a_3. Der Integrand (12.4) von a_3 kann durch 1/2 ersetzt werden, so daß sich erwartungsgemäß $a_3 = 1$ ergibt. Modifiziert man nun dieses f ein klein wenig, dann weicht a_3 nur wenig von 1 ab, und alle anderen Koeffizienten sind klein.

Bis hierher haben wir (12.2) als Annahme behandelt und uns vorgestellt, daß sie zutrifft. Wenn sie nicht zutreffen sollte (wer weiß), dann können wir dennoch die Integrale (12.3) ausrechnen, d.h. jeder gegebenen Funktion f die ∞ vielen Zahlen c_n zuordnen. Diese Zahlen c_n können wir auf der rechten Seite von (12.2) einsetzen. Dadurch wird eine neue (?) Funktion definiert:

$$f_F(x) := \sum_n c_n \, e^{in(2\pi/L)x} \ . \tag{$*$}$$

Wir nennen ($*$) die Fourier-Reihe von f (jedenfalls solange wir nicht wissen, daß ($*$) gleich f ist). Die Reihe ($*$) konvergiert, weil die Koeffizienten c_n bei großen $|n|$ stärker als $1/n$ abfallen. Man begreift dies am besten anschaulich. $f(x)$ soll natürlich eine anständige weiche Physiker-Funktion sein (zumindest zunächst). Der andere Faktor in (12.3) ist trigonometrisch (Euler-Formel) und oszilliert stark. Bei genügend großen n wird die Periode dieser Oszillationen klein gegenüber der f-Skala, und Flächenstücke entgegengesetzten Vorzeichens kompensieren sich immer besser (malen!). Weil *eine* solche Oszillation zu

$$\int_{-L/2n}^{L/2n} dx \left(a + bx + O(x^2) \right) \sin\left(n\frac{2\pi}{L}x \right) = \frac{bL^2}{2\pi n^2} + O\left(1/n^3\right)$$

führt und es n Oszillationen gibt, erwartet man zunächst $c_n = O(1/n)$. Aber bei einer periodischen Funktion ohne Sprung muß der Anstieg b das Vorzeichen wechseln. Daß letztlich $c_n = O(1/n^2)$ herauskommt, ist nun hinreichend plausibel (per Rechnung geht's übrigens auch).

Wie läßt sich herausfinden, ob $f_F(x) = f(x)$ ist? Indem man $f_F(x)$ ausrechnet und nachsieht! Dazu setzen wir (12.3) in ($*$) ein:

$$f_F(x) = \sum_n \left(\frac{1}{L} \int_0^L dx' \, f(x') e^{-in(2\pi/L)x'} \right) e^{in(2\pi/L)x} \left[e^{-\varepsilon|n|} \right] \ , \quad \varepsilon \to 0 \ .$$

In eckigen Klammern wurde (reine Willkür) ein konvergenzerzeugender Faktor hinzugefügt, der ersichtlich keinen Einfluß auf das Resultat hat, denn auch ohne ihn konvergiert ja die n-Summe schon (wie wir uns oben gerade überlegt haben). Dadurch, daß er da steht, geben wir ihm eine Chance, vielleicht später etwas zu bewirken. Leben und leben lassen. Wer ihn nicht mag, der setze im folgenden überall $\varepsilon = 0$. Als erstes vertauschen wir Summe und Integral. Hierbei leistet der konvergenzerzeugende Faktor bereits seinen ersten Hilfsdienst: *mit* ihm ist das Vertauschen unproblematisch:

$$f_F(x) = \int_0^L dx'\, f(x') K(x - x') \quad \text{mit} \quad K(x) := \frac{1}{L} \sum_n e^{in(2\pi/L)x}\, e^{-\varepsilon|n|}$$

$$= \frac{1}{L}\left(\sum_{n=0}^{\infty} u^n + \sum_{n=1}^{\infty} v^n \right)\ ,\quad u := e^{i(2\pi/L)x}\, e^{-\varepsilon}\ ,\quad v := e^{-i(2\pi/L)x}\, e^{-\varepsilon}$$

$$= \frac{1}{L}\left(\frac{1}{1-u} + \frac{v}{1-v} \right) = \frac{1}{L}\frac{1-uv}{1+uv-u-v} = \frac{1}{L}\frac{\text{sh}(\varepsilon)}{\text{ch}(\varepsilon) - \cos(2\pi x/L)}$$

$$= \frac{1}{L}\frac{\text{sh}(\varepsilon/2)\,\text{ch}(\varepsilon/2)}{\text{sh}^2(\varepsilon/2) + \sin^2(\pi x/L)} \to \frac{1}{L}\pi\delta\left(\sin\left(\frac{\pi x}{L}\right)\right) = \sum_m \delta(x + mL) \quad \curvearrowright$$

$$f_F(x) = \int_0^L dx'\, f(x') \sum_m \delta(x - x' + mL)$$

$$= f(x) \sum_m \int_{-mL}^{L-mL} dx'\, \delta(x - x') = f(x)\ .$$

Das Ziel ist erreicht. Jede periodische Physiker-Funktion kann in eine Fourier-Reihe entwickelt werden. Die „Oberton-Stärken" oder **Fourier-Koeffizienten** c_n enthalten die volle Information über $f(x)$. Die Fragezeichen an (12.1) und (12.2) können ab sofort entfallen. Gleichung (∗) ist (12.2). Darum bekam sie keinen eigenen Namen.

Der Beginn dieser Rechnung (dort, wo der **Kern** $K(x)$ eingeführt wurde) möge an die Ursache-Antwort-Beziehungen (6.55), (7.10) oder (8.28) erinnert haben. Hier ist f die Ursache, und sie steht in einem linearen Zusammenhang mit der Antwort f_F. Die response-Funktion K hängt nur vom Differenz-Argument ab (**Faltungs**-Integral) und ist sogar eine (periodisch wiederholte) Deltafunktion, weshalb sich der Zusammenhang als lokal herausstellt.

Der konvergenzerzeugende Faktor war dazu da, von obiger Rechnung mißtrauische Fragen fernzuhalten. Aber nachträglich können wir gut sehen, daß er eigentlich unnötig war. Ohne ihn wären wir bei $K(x) \equiv 0$ angekommen, ausgenommen die Stellen $x = 0,\ \pm L,\ \pm 2L, \ldots$, wo K unendlich wird. Um diese gefährlichen Stellen zu untersuchen, hätten wir x sanft an z.B. Null heranwandern lassen. Und dort wäre [vgl. (6.2)] die n-Summe zum Integral geworden:

$$K(x \to 0) \to (1/L) \int dn\, e^{in(2\pi/L)x} = (2\pi/L)\,\delta(2\pi x/L) = \delta(x)\ .$$

Bei diesem Weg leistet also die Formel (6.42) zur Delta-Funktion das Gewünschte. Man darf, wie wir sehen, mit ihr sorglos umgehen. Sie erspart uns mühsame Epsilontik. Was wir in dieser Hinsicht hier gelernt haben, läßt sich als nützliche Formel aufschreiben:

$$\frac{1}{L} \sum_{n=-\infty}^{\infty} e^{in(2\pi/L)x} = \sum_{m=-\infty}^{\infty} \delta(x + mL)\ . \tag{12.5}$$

Einige allgemeine Eigenschaften der Fourier-Reihe

Die folgenden drei Weisheiten kann man von (12.2, 12.3) bzw. (12.1, 12.4) direkt ablesen:

$$\left. \begin{array}{rcl} f(x) \text{ reell} & \longmapsto & c_{-n} = c_n^* \\ f(-x) = f(x) & \longmapsto & b_n = 0 \qquad \text{(reine Kosinus-Reihe)} \\ f(-x) = -f(x) & \longmapsto & a_n = 0, \; f_0 = 0 \quad \text{(reine Sinus-Reihe)} . \end{array} \right\} \quad (12.6)$$

Wenn die Fourier-Koeffizienten c_n von $f(x)$ bekannt sind, dann erhält man leicht auch jene der um a verschobenen Funktion, der Ableitung und einer Stammfunktion F von f:

$$f(x-a): \; e^{-in(2\pi/L)a} c_n , \quad f'(x): \; in\frac{2\pi}{L}c_n , \quad F(x): \; \frac{c_n}{in2\pi/L} . \qquad (12.7)$$

Die erste Behauptung in (12.7) folgt aus (12.2), wenn wir dort x durch $x - a$ ersetzen:

$$f(x-a) = \sum_n c_n \, e^{-in(2\pi/L)a} \, e^{in(2\pi/L)x} .$$

Die zweite Behauptung in (12.7) ergibt sich durch Differenzieren von (12.2) und die dritte durch Differenzieren der F-Reihe. Um mit den Integralen (12.3) umgehen zu lernen, rechnen wir die Koeffizienten d_n von $f(x-a)$ noch einmal etwas anders aus:

$$d_n = \frac{1}{L} \int_0^L dx \, f(x-a) \, e^{-in(2\pi/L)x} = \frac{1}{L} \int_{-a}^{L-a} dx \, f(x) \, e^{-in(2\pi/L)(x+a)}$$

$$= e^{-in(2\pi/L)a} \frac{1}{L} \int_{-a}^{L-a} dx \, f(x) \, e^{-in(2\pi/L)x} = e^{-in(2\pi/L)a} c_n ,$$

denn

$$\int_{-a}^{L-a} = \int_0^{L-a} + \int_{-a}^0 = \int_0^{L-a} + \int_{L-a}^L = \int_0^L =: \int_{(L)} ,$$

weil der Integrand periodisch ist.

Wir werden nun mutiger und bauen in $f(x)$ eine Stufe und/oder eine Deltafunktion ein. Wenn zu einer Stufe alles gut geht (die Hausübungen werden zeigen, daß dem so ist), wenn also die Funktion noch immer durch die Reihe perfekt dargestellt wird, dann können wir via (12.7) diese Stufe an eine beliebige Stelle zwischen 0 und L bringen. Mehrere Stufen lassen sich durch Addition verschiedener f's und ihrer Reihen erhalten. Wie die Koeffizienten einer Deltafunktion pro L-Intervall aussehen (und daß auch hierbei alles gut geht), zeigt (12.5). Wir fassen zusammen: auch noch Funktionen mit endlich vielen Sprüngen und/oder endlich vielen Delta-Zacken werden durch die Fourier-Reihe korrekt dargestellt.

Parsevals Theorem

$$\frac{1}{L}\int_0^L dx\,|f(x)|^2 = \frac{1}{L}\int_0^L dx \sum_n c_n\,e^{in(2\pi/L)x}\sum_m c_m^*\,e^{-im(2\pi/L)x}$$

$$= \sum_n\sum_m c_n c_m^* \delta_{nm} = \sum_n |c_n|^2 \tag{12.8}$$

Best-Approximation

Wenn eine Fourier-Reihe abgebrochen wird, also nur noch endlich viele Koeffizienten $\overline{c}_n$ enthält, dann erhebt sich die Frage, wie die $\overline{c}_n$ zu wählen sind, damit $f(x)$ möglichst gut durch die abgebrochene Reihe $f_a(x)$ approximiert wird. Wir haben zunächst zu entscheiden, was „möglichst gut" heißen soll. Ein gesundes Maß hierfür ist die mittlere quadratische Abweichung der Funktionswerte. Also verlangen wir

$$V(\overline{c}_n) := \overline{|f - f_a|^2} = (1/L)\int_0^L dx\,|f(x) - f_a(x)|^2 \overset{!}{=} \min.$$

Dabei wird das Minimum der Zahl V bezüglich der endlich vielen Variablen $\overline{c}_n$ gesucht, während $f(x)$ und ihre ∞ vielen c_n als bekannt gelten und festgehalten werden. Wir schreiben jetzt einfach $V(\overline{c}_n)$ so gescheit auf, daß man das Minimum *sehen* kann. Dabei nutzen wir (12.8) aus und bezeichnen mit (n) die Menge der Indizes, zu denen es $\overline{c}$'s gibt:

$$V(\overline{c}_n) = \frac{1}{L}\int_0^L dx\,\left(|f|^2 + |f_a|^2 - f f_a^* - f_a f^*\right)$$

$$= \sum_n |c_n|^2 + \sum_{(n)}\left(|\overline{c}_n|^2 - c_n\overline{c}_n^* - \overline{c}_n c_n^*\right)$$

$$= \sum_n |c_n|^2 - \sum_{(n)} |c_n|^2 + \sum_{(n)} |c_n - \overline{c}_n|^2 \overset{!}{=} \min.$$

Offensichtlich wird V am kleinsten, wenn die $\overline{c}_n$ genau gleich den Fourier-Koeffizienten c_n der gegebenen Funktion f sind. Schon endlich viele Terme in der Fourier-Reihe (nicht unbedingt jene zu kleinsten Indizes) stellen also eine gegebene Funktion optimal dar.

VONS von Funktionen

Hinter den bisherigen Gleichungen verbirgt sich ein weiteres Beispiel dafür, daß Funktionen „Vektoren" sein können. Wegen

$$\frac{1}{\sqrt{L}}e^{in(2\pi/L)x} =: \varphi_n(x) \quad \curvearrowright \quad \int_0^L dx\,\varphi_n^*(x)\varphi_m(x) = \delta_{nm} \tag{12.9}$$

sind die Funktionen $\varphi_n(x)$ orthonormiert (ON), wobei wir uns wie am Ende von Kapitel 6 vorstellen, daß aus der Summe beim Vektor-Skalarprodukt das Integral geworden sei. Da sich eine beliebige L-periodische Funktion nach ihnen entwickeln läßt, heißt das Funktionensystem der $\varphi_n(x)$ vollständig (V). Es ist eine Basis im Raum der L-periodischen Funktionen. $\varphi_n(x)$ ist sozusagen die x-te Komponente des n-ten Einheitsvektors. Eine andere Basis des gleichen Raumes ist $\delta(x - a)$ mit $0 \leqslant a < L$. Wegen (12.5) gilt auch

$$\sum_n \varphi_n^*(x)\varphi_n(x') = \sum_m \delta(x - x' - mL) \tag{12.10}$$

und heißt **Vollständigkeits-Relation**. Wenn wir die Gleichungen (12.2) und (12.3) „richtig" aufschreiben,

$$\psi(x) = \sum_n d_n \varphi_n(x) \,, \quad d_n = \int_0^L dx\, \varphi_n^*(x)\psi(x) \,, \tag{12.11}$$

dann zeigen sie, daß sich die Koeffizienten $d_n = \sqrt{L}\, c_n$ so wie bei Vektoren bestimmen. Parsevals Theorem (12.8) lautet jetzt

$$\int_0^L dx|\psi(x)|^2 = \sum_n |d_n|^2 \,. \tag{12.12}$$

Wenn $\psi(x)$ normiert ist, d.h. die linke Seite von (12.12) eins ist, dann ist auch der Koeffizienten-Vektor auf eins normiert. Wir sind unversehens in die Quantenmechanik geraten. Dort werden Quadrate der Entwicklungs-Koeffizienten als Wahrscheinlichkeiten interpretiert: damit die Gesamtwahrscheinlichkeit 1 ist ($\hat{=}$ 100%), muß ψ normiert sein. Wenn man $\psi(a)$ (oder $\langle a|\psi\rangle$) als a-te Komponente des ψ-Vektors bezüglich Basis $\delta(x - a)$ ansieht, dann ist d_n (oder $\langle n|\psi\rangle$) die n-te Komponente des gleichen Vektors zur Basis $\varphi_n(x)$ (oder $\langle x|n\rangle$). Sind die einen auf eins normiert ($\langle\psi|x\rangle\langle x|\psi\rangle = 1$), dann sind es auch die anderen ($\langle\psi|n\rangle\langle n|\psi\rangle = 1$). Die Gleichungen (12.11) schreibt Paul Dirac als

$$\langle x|\psi\rangle = \langle x|n\rangle\langle n|\psi\rangle \,, \quad \langle n|\psi\rangle = \langle n|x\rangle\langle x|\psi\rangle \quad (\langle n|x\rangle = \langle x|n\rangle^*)$$

und verweist dabei auf Einsteins Summenkonvention. Damals in Kapitel 6 waren die $\delta(x - a)$ Eigenfunktionen des Orts-Operators: hier sind nun die $\varphi_n(x)$ als Eigenfunktionen von $-\mathrm{i}\partial_x$ zu Eigenwerten $n2\pi/L$ hinzugekommen. Für jeden, der den Hunger nach expliziten Beispielen in der Quantentheorie durchlitten hat, sind (12.9) bis (12.12) wahre Leckerbissen.

Anwendungsbeispiel zur Fourier-Reihe

Ein gedämpfter 1D-harmonischer Oszillator wird von einer periodischen Kraft $K(t)$ angetrieben. Wir wählen v-proportionale Reibungskraft $-\gamma m v$ und setzen $\kappa =: m\omega_0^2$ sowie $K(t) =: mk(t)$:

$$\ddot{x}(t) + \gamma \dot{x}(t) + \omega_0^2 x(t) = k(t) = k(t + T) = \sum_n k_n \, \mathrm{e}^{\mathrm{i}n\omega t} \,, \quad \omega := \frac{2\pi}{T} \,.$$

Da die periodische Kraft „schon immer" wirkt, ist in der Auslenkung $x(t)$ kein Einschwing-Anteil mehr enthalten. Also ist $x(t) = x(t + T)$, und wir dürfen $x(t) = \sum_n c_n \, \mathrm{e}^{\mathrm{i}n\omega t}$ (gesucht: c_n) in die obige Bewegungsgleichung einsetzen:

$$\sum_n \mathrm{e}^{\mathrm{i}n\omega t} \left\{ c_n \left[-n^2\omega^2 + \gamma \mathrm{i}n\omega + \omega_0^2 \right] - k_n \right\} = 0 \,.$$

Hieraus folgt, daß die geschwungene Klammer für alle n verschwindet. Um dies einzusehen, wenden wir entweder den Operator P_m an oder wir verweisen darauf, daß die Funktionen $\exp(\mathrm{i}n\omega t)$ linear unabhängige Basis-„Vektoren" sind. Das Problem, $x(t)$ zu finden respektive die c_n, ist nun ungemein einfach geworden. Es lautet

$$c_n [\quad] = k_n \quad \curvearrowright \quad c_n = k_n / [\quad] \,.$$

Also bestand das Lösen der Bewegungsgleichung am Ende darin, durch die eckige Klammer zu teilen! Mit den nun bekannten Koeffizienten ergibt sich

$$x(t) = \sum_n \frac{k_n}{[-n^2\omega^2 + \gamma \mathrm{i}n\omega + \omega_0^2]} \, \mathrm{e}^{\mathrm{i}n\omega t} \,. \tag{12.13}$$

Wie so oft, ist man mit der ersten Version eines Resultates noch nicht zufrieden. An (12.13) lassen sich drei mögliche Mängel erkennen und beheben.

Gleichung (12.13) enthält die Koeffizienten k_n. Statt nun diese zu jeder gegebenen Kraft $k(t)$ erneut mittels (12.3) auszurechnen, können wir auch versuchen, den allgemeinen $x(t)$-$k(t)$-Zusammenhang herzustellen. Dazu müssen wir (12.3) in (12.13) einsetzen:

$$x(t) = \sum_n \frac{1}{[\quad]} \mathrm{e}^{\mathrm{i}n\omega t} \frac{1}{T} \int_0^T dt' \, \mathrm{e}^{-\mathrm{i}n\omega t'} \, k(t')$$

$$= \int_0^T dt' \, \chi(t - t') k(t') \,. \tag{12.14}$$

Dies ist wieder ein Faltungs-Integral. $k(t)$ ist die Ursache, $x(t)$ ist die Antwort und

$$\chi(t) = \frac{1}{T} \sum_n \frac{1}{[\quad]} \mathrm{e}^{\mathrm{i}n\omega t}$$

ist die Antwort- oder Responsefunktion.

Man darf mit (12.13) auch unzufrieden sein, weil die Kunstzahl i darin auftritt. Natürlich muß der Ausdruck (12.13) reell sein, da er eine meßbare Größe angibt. Auch das formale Erfordernis (12.6), $c_{-n} = c_n^*$ ist offenbar erfüllt. Nach einigen recht naheliegenden Umformungen fällt i in der Tat heraus (ungerader Summand gibt Null). Das reelle Resultat ist

$$x(t) = \frac{1}{\kappa}\overline{K(t)} + \sum_{n=1}^{\infty} \frac{2r_n}{\sqrt{(\omega_0^2 - n^2\omega^2)^2 + n^2\gamma^2\omega^2}} \cos\left(n\omega t + \varphi_n - \alpha_n\right), \qquad (12.15)$$

wobei

$$\sin(\alpha_n) := \frac{n\gamma\omega}{\sqrt{}}, \quad \cos(\alpha_n) := \frac{\omega_0^2 - n^2\omega^2}{\sqrt{}} \quad \text{und} \quad k_n = r_n\,\mathrm{e}^{\mathrm{i}\varphi_n} = k_{-n}^* = r_{-n}\,\mathrm{e}^{-\mathrm{i}\varphi_{-n}}$$

gesetzt wurde. In (12.15) sind ω_0 und γ feste Daten des Oszillators, während r_n, φ_n und $\omega = 2\pi/T$ die äußere Kraft charakterisieren. Wir variieren ω („Durchstimmen"). Immer, wenn ein Vielfaches von ω gleich der Eigenfrequenz ω_0 des Oszillators ist, wird gemäß (12.15) die Amplitude der Schwingung nur noch durch die (z.B. sehr kleine) Dämpfung γ endlich gehalten: **Resonanz**. Wenn man unendlich langsam hin und her zieht ($\omega \to 0$), bleiben die Amplituden endlich und $x(t) \to k(t)/\omega_0^2$, wie zu erwarten war. Plausibel ist auch, daß bei $\omega \to \infty$ jede Amplitude gegen Null geht, weil dann die Masse m nicht mehr folgen kann.

Übungs-Blatt 24

Es gibt noch eine dritte Unzufriedenheit mit obigem Beispiel. An dem Oszillator „durfte" nur mit einer periodischen Kraft gezogen werden. Aber in der Wirklichkeit kann man ihn natürlich ohne weiteres auch nicht-periodisch anregen. Dieser Gedanke und die Hoffnung, auch dann noch ebenso schön rechnen zu können, führen uns in den nächsten Abschnitt.

12.2 Fourier-Transformation

Eine Funktion $f(x)$, die physikalische Bedeutung hat, fällt in der Regel für große $\pm x$ auf Null ab. Notfalls muß man den interessierenden Vorgang aus genügend großer Entfernung betrachten und sich alle unbeteiligten Objekte aus dem Weltall herausgekehrt denken. Auch eine Funktion der Zeit fällt auf Null ab, wenn man nur genügend weit in die Zukunft blickt und auch die ganze Vorgeschichte des Vorgangs einbezieht (indem man z.B. darüber nachdenkt, wie eine Masse eine bestimmte „Start"-Geschwindigkeit v_0 erreicht haben könnte). Die so zubereitete Physik läßt sich gemäß Bild 12-2 ganz im Inneren eines genügend großen Periodizitätsintervalls unterbringen. Daß sie sich außerhalb desselben periodisch wiederholt, ist unerheblich.

Fourier-Reihe → Fourier-Transformation

Daß man nach Bild 12-2 jegliche Physik als Fourier-Reihe behandeln kann, ist sehr beruhigend. Es so zu tun, wäre aber unpraktisch. Die Größe des L-

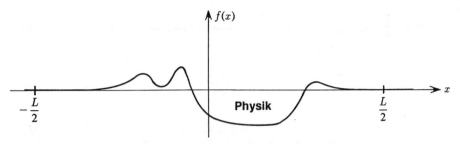

Bild 12-2. Wie man irgendeiner realen Physik stets eine Periode geben kann

Intervalls ist ersichtlich nicht festgelegt. Wir dürfen also den Grenzübergang $L \to \infty$ betrachten ($f(x)$ bleibt fest) und nachsehen, wie sich (12.3) und (12.2) dabei verhalten. Die n-Abhängigkeit der Koeffizienten

$$\left(L c_n\right) = \int_{-L/2}^{L/2} dx \, f(x) \, \mathrm{e}^{-\mathrm{i}n(2\pi/L)x}$$

wird immer schwächer. Schließlich ist in

$$f(x) = \frac{1}{2\pi} \sum_n \frac{2\pi}{L} \left(L c_n\right) \mathrm{e}^{\mathrm{i}n(2\pi/L)x}$$

der Übergang von Summe zu Integral erlaubt, d.h. $\sum_n \to \int dn$. Nach Substitution $n2\pi/L =: k$ sowie mit Bezeichnung $L c_n =: \widetilde{f}(k)$ erhalten wir die **Fourier-Transformation**

$$f(x) = \frac{1}{2\pi} \int dk \, \widetilde{f}(k) \, \mathrm{e}^{\mathrm{i}kx} \tag{12.16}$$

und ihre Umkehrung

$$\widetilde{f}(k) = \int dx \, f(x) \, \mathrm{e}^{-\mathrm{i}kx} \; . \tag{12.17}$$

Wenn man in diesem Kapitel alle Vorbereitungen, Nachbereitungen und Ausarbeitungen wegläßt, dann reduziert sich seine Essenz auf diese beiden Gleichungen (!). Im Unterschied zum Orgelton enthält ein Geräusch alle Töne, und darum ist eine nicht-periodische Funktion nach harmonischen Funktionen aller Frequenzen zu entwickeln. $\widetilde{f}(k)$ heißt **Fourier-Transformierte** von f oder schlicht Koeffizientenfunktion. Manchmal ist statt $\widetilde{f}(k)$ die Bezeichnung FT($f(x)$) praktisch.

Die Idee, die Fourier-Transformation aus der Fourier-Reihe entstehen zu lassen, ist übrigens *Mathews/Walker* entnommen. Hinsichtlich mathematischer Ausrüstung ist dieses Buch sozusagen die „Physik mit Blei für Fortgeschrittene".

Fourier-Transformation direkt

Wer den speziellen Zugang nicht mag, der uns soeben zu (12.16) und (12.17) geführt hat, der darf ihn vergessen. Man kann nämlich diesen Zusammenhang auch direkt erfinden, und zwar in völliger Analogie zum §12.1. Angenommen (12.16) ist in Ordnung. Wir wenden beiderseits den Operator

$$P(q) := \int dx\, e^{-iqx}$$

an und erhalten

$$\int dx\, e^{-iqx} f(x) = \int dk\, \widetilde{f}(k)\frac{1}{2\pi}\int dx\, e^{i(k-q)x} = \int dk\, \widetilde{f}(k)\,\delta(k-q) = \widetilde{f}(q)\,.$$

Dies setzen wir nun auf der rechten Seite von (12.16) ein, nennen das Resultat $f_F(x)$ und rechnen mittels Delta-Formel (6.42) nach, daß zwischen $f_F(x)$ und $f(x)$ kein Unterschied besteht:

$$f_F(x) = \frac{1}{2\pi}\int dk\, e^{ikx}\int dx'\, e^{-ikx'} f(x')$$

$$= \int dx'\, f(x')\frac{1}{2\pi}\int dk\, e^{ik(x-x')} = \int dx'\, f(x')\,\delta(x-x') = f(x)\,.$$

Damit alle diese Integrale existieren und vertauscht werden können, genügt zunächst eine hinreichend starke Null-Asymptotik von $f(x)$ und der erneute Hinweis auf „anständige weiche Physiker-Funktion". Bald wird aber klar werden, daß wir letzten Endes nur das Nicht-Anwachsen von $f(x)$ bei $|x|\to\infty$ benötigen.

Beispiel Kastenfunktion

$$f(x) = \theta(x) - \theta(x-a)$$

$$\widetilde{f}(k) = \int_0^a dx\, e^{-ikx} = \frac{1}{-ik}\left(e^{-ika} - 1\right) = e^{-ika/2}\, 2\frac{\sin(ka/2)}{k} \qquad (12.18)$$

Oder:

$$\widetilde{f}(k) = e^{-ika/2}\int_{-a/2}^{a/2} dx\, e^{-ikx} = e^{-ika/2}\, 2\int_0^{a/2} dx\, \cos(kx) = \ldots\,.$$

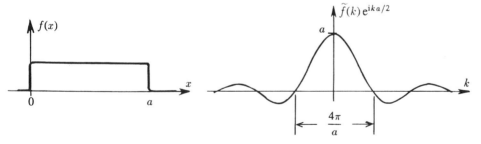

Bild 12-3. Kastenfunktion und Betrag ihrer Fourier-Transformierten

Wenn man die Fourier-Transformierte $\widetilde{f}(k)$ einer Funktion ausgerechnet hat, ist natürlich stets die Probe aufs Exempel zu empfehlen, ob denn auch wirklich via (12.16) die ursprüngliche Funktion wieder herauskommt:

$$f(x) \overset{?}{=} \frac{1}{\pi} \int dk \, e^{-ika/2} \, \frac{\sin(ka/2)}{k} \, e^{ikx}$$

$$= \frac{1}{2\pi i} \int dk \frac{1}{k} \left(e^{ikx} - e^{ik(x-a)} \right) =: h(x)$$

$$h'(x) = \frac{1}{2\pi} \int dk \left(e^{ikx} - e^{ik(x-a)} \right) = \delta(x) - \delta(x-a)$$

$$\curvearrowright \qquad h(x) = C + \theta(x) - \theta(x-a) = f(x) \,, \quad \text{qed} \,,$$

denn daß $C = 0$ ist, entnimmt man direkt dem Integral zu $x \to \infty$. Das war ein schönes Beispiel zur Kunst des Integrierens.

Die Funktion $f(x)/a$ hat Fläche eins, wird bei $a \to 0$ zu einer Delta-Funktion und hat dann, wie wir von (12.18) ablesen, die Fourier-Transformierte

$$\lim_{a \to 0} \widetilde{f}(k)/a = 1 \,.$$

Wenn wir zur Probe in (12.16) einsetzen, steht genau (6.42) da:

$$f(x) = \delta(x) \text{ hat } \widetilde{f}(k) \equiv 1 \,, \text{ und } f(x) \equiv 1 \text{ hat } \widetilde{f}(k) = 2\pi\delta(k) \,. \qquad (12.19)$$

Die Fourier-Transformation erlaubt (wie schon die Fourier-Reihe) endlich viele Delta-Zacken und endlich viele Sprünge. $f(x)$ darf bei $x \to \pm\infty$ sogar gegen eine Konstante gehen (*gleiche* Konstante bei $-\infty$ und $+\infty$), wenn diese Sättigung als Grenzfall einer abfallenden Funktion begriffen werden kann. Hier ist Physik im Spiel. Wenn diese Physik auch im Raum der abfallenden Funktionen Sinn hat, dann gilt (12.19) und ist nichts anderes als eine angenehm einfache Notation der Verhältnisse am Rand dieses Raumes. So arbeiten wir ja auch mit der Deltafunktion.

Beispiel Gauß-Funktion

$$f(x) = A e^{-\alpha x^2}$$

$$\widetilde{f}(k) = \int dx \, A e^{-\alpha x^2} e^{-ikx} = A \int dx \, e^{-\alpha x^2} \cos(kx)$$

$$= A \sum_{n=0}^{\infty} \frac{1}{(2n)!} (-k^2)^n (-\partial_\alpha)^n \int dx \, e^{-\alpha x^2} \,, \quad \int dx \, e^{-\alpha x^2} = \sqrt{\pi/\alpha}$$

$$(-\partial_\alpha)^n \alpha^{-1/2} = \frac{(2n-1)!!}{2^n} \alpha^{-n-1/2} = \frac{(2n)!}{4^n n!} \sqrt{\frac{1}{\alpha}} \left(\frac{1}{\alpha} \right)^n$$

$$= A\sqrt{\frac{\pi}{\alpha}} \sum_{n=0}^{\infty} \frac{1}{n!} \left(-\frac{k^2}{4\alpha} \right)^n = A\sqrt{\pi/\alpha} \, e^{-k^2/4\alpha} \,, \qquad (12.20)$$

wobei $(2n-1)!! := 1 \cdot 3 \cdot 5 \cdot \ldots \cdot (2n-1)$

Die Fourier-Transformierte einer Gauß-Funktion ist also wieder eine Gauß-Funktion. Dieser Sachverhalt ist einmalig und ihre Spezialität.

Wegen ihrer Details war die auf (12.20) führende Rechnung zwar unwiderstehlich, aber man kann ahnen, daß es auch einen harmonischeren Weg gibt. Wir nehmen im Ausgangs-Integral erst einmal eine Verschiebung um c vor und lassen dann c auf dem Einheitskreis der komplexen c-Ebene vorsichtig bis nach $c = ik/2\alpha$ wandern:

$$\int dx\, e^{-\alpha x^2}\, e^{-ikx} = e^{-k^2/4\alpha} \int dx\, e^{-\alpha(x-c+ik/2\alpha)^2} = e^{-k^2/4\alpha} \int dx\, e^{-\alpha x^2} .$$

Dabei sorgte der Faktor $e^{-\alpha x^2}$ ständig für Konvergenz des Integrals. „Deformation des Integrationsweges" sagt man hierzu in der Funktionentheorie.

Einige allgemeine Eigenschaften der Fourier-Transformation

Da man die Fourier-Transformation aus der Fourier-Reihe hervorgehen lassen kann, verwundert es nicht weiter, daß auch deren Eigenschaften (12.6) bis (12.12) ihr Analogon haben:

$$f(x) \text{ reell} \;\longleftrightarrow\; \widetilde{f}(-k) = \widetilde{f}(k)^*$$

$$f(-x) = \pm f(x) \;\longleftrightarrow\; \widetilde{f}(-k) = \pm\widetilde{f}(k) , \text{ d.h. reine } \left\{ \begin{array}{c} \cos \\ \sin \end{array} \right\} \text{-Entwicklung} .$$

In Tabellen werden häufig nur reine Kosinus- und Sinus-Transformationen angegeben. Wir zerlegen dann die gegebene Funktion in ihren geraden und ungeraden Anteil, $f(x) = g(x) + u(x)$, und erhalten $\widetilde{f}(k)$ gemäß

$$\widetilde{f}(k) = \int dx[g(x) + u(x)]e^{-ikx} = \int dx\, g(x)\cos(kx) - i \int dx\, u(x)\sin(kx) .$$

Parseval:

$$\int dx\, |f(x)|^2 = \int dx\, \frac{1}{2\pi} \int dk\, \widetilde{f}(k)e^{ikx} \frac{1}{2\pi} \int dq\, \widetilde{f}^*(q)\, e^{-iqx}$$

$$= \int dk\, \left| \frac{1}{\sqrt{2\pi}} \widetilde{f}(k) \right|^2 \tag{12.21}$$

VONS:

$$\frac{1}{\sqrt{2\pi}} e^{ikx} =: \varphi_k(x) \;\curvearrowright\; \int dx\, \varphi_k^*(x)\varphi_q(x) = \delta(k - q) \tag{12.22}$$

$$f(x) = \int dk\, \frac{1}{\sqrt{2\pi}} \widetilde{f}(k)\, \varphi_k(x) , \quad \frac{1}{\sqrt{2\pi}} \widetilde{f}(k) = \int dx\, \varphi_k^*(x)f(x) .$$

Räumliche Fourier-Transformation

$$f(x, y, z) = \frac{1}{2\pi} \int dk_1 \underbrace{\tilde{f}(k_1, y, z)} e^{ik_1 x}$$

$$= \frac{1}{2\pi} \int dk_2 \underbrace{\tilde{\tilde{f}}(k_1, k_2, z)} e^{ik_2 y}$$

$$= \frac{1}{2\pi} \int dk_3 \tilde{\tilde{\tilde{f}}}(k_1, k_2, k_3) e^{ik_3 z}$$

$$\curvearrowright \qquad \varrho(\vec{r}) = \left(\frac{1}{2\pi}\right)^3 \int d^3k \, \tilde{\varrho}(\vec{k}) e^{i\vec{k}\vec{r}}$$

$$\tilde{\varrho}(\vec{k}) = \int d^3r \, \varrho(\vec{r}) e^{-i\vec{k}\vec{r}} \, . \tag{12.23}$$

Raumzeitliche Fourier-Transformation

$$\vec{E}(\vec{r}, t) = \left(\frac{1}{2\pi}\right)^4 \int d^3k \, d\omega \, \vec{\tilde{E}}(\vec{k}, \omega) e^{i\vec{k}\vec{r} - i\omega t}$$

$$\vec{\tilde{E}}(\vec{k}, \omega) = \int d^3r \, dt \, \vec{E}(\vec{r}, t) e^{-i\vec{k}\vec{r} + i\omega t} \, . \tag{12.24}$$

Die Entwicklung der Zeitabhängigkeit wird also gern mit dem „falschen" Vorzeichen definiert, weil damit (12.24) eine Entwicklung nach ebenen Wellen ist (Euler-Formel!), welche in Richtung von $\vec{k}$ laufen. Es handelt sich um reine Konvention.

Übungs-Blatt 25

12.3 Anwendungsbeispiele

Die Fourier-Transformation einer Funktion ist nur bei bestimmten (meist linearen) Problemen vorteilhaft, führt dann aber meist zu durchschlagendem Erfolg. Die folgenden Fall-Studien sollen einerseits zeigen, unter welcher Begleitmusik und mit welcherart Geschick sie anzuwenden ist. Zum anderen wollen wir etwas Spürsinn dafür erwerben, unter welchen Umständen Aussicht auf Erfolg besteht. In der Regel besteht die Prozedur aus den folgenden Schritten:

| Oberwelt | Gleichungen für gesuchte Funktionen f sind zu lösen, aber dies erscheint „zu schwer". Ist f (oder sind die f's) im ganzen Raum (d.h. auf beidseitig ∞ langer x-Achse bzw. Zeit-Achse bzw. ...) definiert oder definierbar? Ist Abfall auf Null im Unendlichen zu erwarten, oder genügen spezielle solche Lösungen? Gegebenenfalls ist das Modell auf den ganzen Raum zu erweitern (siehe unten). |

Abstieg

Man setze $f = \int \widetilde{f} \, e^{+i\cdots}$ in die f-Gleichungen ein und vereinfache nun die entstandenen $\widetilde{f}$-Gleichungen. Meist leistet das ein Koeffizientenvergleich: $\int dk \, e^{ikx} [\quad] \equiv 0 \curvearrowright [\quad] \equiv 0$.

Fourier- Unterwelt

Die $\widetilde{f}$-Gleichungen sind ein „Spiegelbild" des Oberwelt-Problems. Wenn man Glück hat (oder den richtigen Spürsinn hatte), dann ist das $\widetilde{f}$-Problem einfacher. Man löse es. Das „Spiegelbild" $\widetilde{f}$ der Oberwelt-Lösung ist nun bekannt.

Aufstieg

$f = \int \widetilde{f} \, e^{+i\cdots}$ ist die Oberwelt-Lösung in geschlossener Form. Nun sind die Integrale auszuwerten und/oder Spezial- und Grenzfälle zu betrachten und/oder die Zahl i zu eliminieren. Mitunter kann man, ohne die Integrale auszuwerten, das Resultat weiterer Verwendung zuführen.

Erweiterung auf ganzen Raum

Im Falle von Randwert- und Anfangswertproblemen kann die Fourier-Transformation nur helfen, wenn es gelingt, das „Geschehen jenseits des Randes" einzubeziehen. Wie dies mitunter gelingt, sehen wir uns an einem Beispiel an, bei dem die Zeitachse der „Raum" ist. Das „Geschehen jenseits des Randes" ist nun die Vorgeschichte bis zum Start bei $t = 0$. Ein Kondensator (Kapazität C) mit Ladung $Q(0) = Q_0$ entlädt sich über einen Widerstand $R : R\dot{Q}(t) + Q(t)/C = 0$. Die Lösung gelingt uns im Kopf: $Q_0 \exp(-t/RC)$. Aber nun *wollen* wir dieses Problem mittels Fourier-Transformation lösen. Es ist scheinbar nur für positive Zeiten definiert. Zu $t < 0$ ist irgendwie die Ladung auf den Kondensator gelangt: wie, dürfen wir uns ausdenken. Die Ladung Q_0 kann man mit der Gleichspannung Q_0/C auf dem Kondensator halten. Also beziehen wir die Vergangenheit dadurch ein, daß wir die Spannung U ganz langsam auf diesen Wert anwachsen lassen:

$$U(t) = \frac{Q_0}{C} \, e^{\varepsilon t} \, \theta(-t) \; .$$

Die Dgl $R\dot{Q}(t) + Q(t)/C = U(t)$ gilt nun für alle Zeiten. Wir sind sicher, daß ihre Lösung $Q(t)$ dann mit der gesuchten zusammenfällt, wenn wir (im Endresultat) $\varepsilon \rightarrow +0$ gehen lassen. Der zweite und der dritte Schritt der Standard-Prozedur (Abstieg und Lösen in der Unterwelt) lauten nun:

$$Q(t) = \frac{1}{2\pi} \int dk \, \widetilde{Q}(k) e^{ikt} \curvearrowright \left[Rik + \frac{1}{C} \right] \widetilde{Q}(k) = \widetilde{U}(k) \; , \quad \widetilde{Q} = \widetilde{U}/[\quad] \; ,$$

der Rest (Aufstieg) ist Kunst des Integrierens und wird dem Leser überlassen. Was dabei mit $\varepsilon \rightarrow +0$ herauskommt, hatten wir ja zu $t > 0$ schon notiert.

Spezielle Lösung einer inhomogenen linearen Dgl

Einen gedämpften harmonischen Oszillator mit nicht-periodischer Kraft zu behandeln, bereitet uns bereits keine Schwierigkeiten mehr. Man kann dabei nämlich völlig analog zum Anwendungsbeispiel in §12.1 vorgehen. Der Leser versuche, das Resultat anhand von (12.13) zu erraten, und rechne dann nach. Hier versuchen wir zu verallgemeinern. Der Operator L, (7.1), einer linearen Dgl habe konstante Koeffizienten, und zwar z.B. ∞ viele:

$$L = \sum_{n=0}^{\infty} c_n \partial_x^n =: L(\partial_x) \ .$$

Das Problem, eine spezielle Lösung der inhomogenen Dgl $L(\partial_x)y = f$ zu finden, kann mittels Fourier höchst elegant gelöst werden. Es muß lediglich $f(x)$ Fourier-transformierbar sein, d.h. auf der ganzen x-Achse erklärt sein und Null-Asymptotik haben:

$$L(\partial_x)\frac{1}{2\pi}\int dk\, \widetilde{y}(k)\,\mathrm{e}^{\mathrm{i}kx} = \frac{1}{2\pi}\int dk\, \widetilde{y}(k)L(\mathrm{i}k)\,\mathrm{e}^{\mathrm{i}kx} = \frac{1}{2\pi}\int dk\, \widetilde{f}(k)\,\mathrm{e}^{\mathrm{i}kx}$$

$$\curvearrowright \quad \widetilde{y}(k)L(\mathrm{i}k) = \widetilde{f}(k) \ , \quad y(x) = \frac{1}{2\pi}\int dk\, \frac{\widetilde{f}(k)}{L(\mathrm{i}k)}\mathrm{e}^{\mathrm{i}kx} \ . \tag{12.25}$$

Ob auch die Lösung (12.25) Fourier-transformierbar ist, dürfte sich bei Integral-Auswertung herausstellen (oder man weiß aus physikalischen Gründen, daß es so ist). Der entscheidende Schritt in dieser Rechnung war

$$\partial_x\, \mathrm{e}^{\mathrm{i}kx} = \mathrm{i}k\, \mathrm{e}^{\mathrm{i}kx} \quad \curvearrowright \quad L(\partial_x)\,\mathrm{e}^{\mathrm{i}kx} = L(\mathrm{i}k)\,\mathrm{e}^{\mathrm{i}kx} \ .$$

Fourier funktionierte so gut, weil die Funktionen $\exp(\mathrm{i}kx)$ allesamt Eigenfunktionen von L waren und weil sowohl Inhomogenität als auch die gesuchte Funktion nach diesen Eigenfunktionen entwickelt wurden. Das ist eine wichtige Idee. Sie hilft auch dann noch, wenn L schlimmer aussieht: etwa wenn der Leser später einmal die Schrödinger-Gleichung (10.2) zu lösen hat und dazu nach den Eigenfunktionen des Hamiltonoperators entwickelt. Wenn L einfacher aussieht, nämlich eine Matrix ist (Vektorfall), dann (zur Erinnerung) funktioniert die Idee wie folgt:

$$H\vec{u} = \vec{a} \ , \ \vec{u} = ? \ , \ \vec{u} = u_j\vec{\psi}_j \quad (H\vec{\psi}_j = \lambda_j\vec{\psi}_j \ \text{sei schon gelöst})$$

$$Hu_j\vec{\psi}_j = a_j\vec{\psi}_j \quad \curvearrowright \quad \vec{u} = \sum_j (a_j/\lambda_j)\vec{\psi}_j \ .$$

Es versteht sich, daß man mit (12.25) auch leicht die Greensche Funktion von $L(\partial_x)$ ermitteln kann. Mit Blick auf (7.9) haben wir

$$f(x) = \delta(x - a) \ , \ \widetilde{f}(k) = \mathrm{e}^{-\mathrm{i}ka} \quad \curvearrowright \quad G(x,a) = \int dk\, \mathrm{e}^{\mathrm{i}k(x-a)}\,\frac{1}{2\pi L(\mathrm{i}k)} \ .$$

Schließlich kontrollieren wir (12.25) an einem Trivialbeispiel. Wenn L der Translationsoperator ist, $L = T_a = e^{a\partial_x}$, dann kann man der Dgl $Ly = f$ ihre Lösung ansehen:

$$Ly(x) = y(x + a) = f(x) \curvearrowright y(x) = f(x - a) .$$

Gehen wir nun den Weg über (12.25), dann ist dort $L(ik) = \exp(ika)$ einzusetzen:

$$y(x) = \frac{1}{2\pi} \int dk\, \widetilde{f}(k)\, e^{ik(x-a)} = f(x - a) .\ \text{Es stimmt.}$$

Integralgleichung vom Faltungstyp

Die Integralgleichung $f(x) = h(x) - \int dy\, K(x - y) f(y)$, in welcher $h(x)$ (Inhomogenität) und $K(x)$ (Kern) bekannte und Fourier-transformierbare Funktionen seien, soll für die gesuchte Funktion $f(x)$ gelöst werden. Für den „Abstieg" können wir entweder für alle drei Funktionen die Fourier-Darstellung einsetzen oder besser gleich den Operator $P(k) = \int dx \exp(-ikx)$ auf alle Terme der Gleichung anwenden:

$$\widetilde{f}(k) = \widetilde{h}(k) - \int dx\, e^{-ikx} \int dy\, \frac{1}{2\pi} \int dq\, \widetilde{K}(q)\, e^{iq(x-y)} \frac{1}{2\pi} \int dp\, \widetilde{f}(p)\, e^{ipy}$$

$$= \widetilde{h}(k) - \int dq\, \widetilde{K}(q) \int dp\, \widetilde{f}(p)\, \delta(q - k)\, \delta(p - q) = \widetilde{h}(k) - \widetilde{K}(k)\widetilde{f}(k) .$$

Hieran lernen wir, daß ein Faltungs-Integral in der Oberwelt schlicht zum Produkt der Fourier-Transformierten in der Unterwelt wird:

$$\text{FT}\left(\int dy\, K(x - y) f(y) \right) = \widetilde{K}(k)\widetilde{f}(k) . \tag{12.26}$$

Die Lösung der Integralgleichung in der Unterwelt gestaltet sich (wieder einmal) höchst einfach: $\widetilde{f}(k) = \widetilde{h}(k)/[1 + \widetilde{K}(k)]$, und wir erhalten

$$f(x) = \frac{1}{2\pi} \int dk\, e^{ikx}\, \frac{\widetilde{h}(k)}{1 + \widetilde{K}(k)} \quad \text{als Oberwelt-Lösung.}$$

Wenn man $L := \int dy\, K(x - y)$ als Operator ansieht, der aus $f(x)$ eine andere Funktion von x macht, dann bekommt unsere Integralgleichung die Gestalt $f(x) = h(x) - Lf(x)$. Man fragt sich, ob nicht vielleicht deshalb die Lösung so leicht zu erhalten war, weil – wieder einmal – L die $\exp(ikx)$ als Eigenfunktionen hat:

$$L e^{ikx} = \int dy\, K(x - y)\, e^{iky} = \int dy\, K(-y)\, e^{ik(y+x)} = e^{ikx} \int dy\, K(y)\, e^{-iky}$$

$$= \widetilde{K}(k)\, e^{ikx} .\ \text{In der Tat, das war der Grund.}$$

Wenn man die auf (12.26) führende Rechnung auf den Fall $\vec{r}$-abhängiger oder $\vec{r}$-t-abhängiger Funktionen überträgt, passiert überhaupt nichts Neues. Die Durchführung ist eine leichte Übungsaufgabe. Man erhält

$$\mathrm{FT}\left(\int d^3r'\, dt'\, K(\vec{r}-\vec{r}\,',\, t-t')\, f(\vec{r}\,',\, t')\right) = \widetilde{K}(\vec{k},\omega)\widetilde{f}(\vec{k},\omega)\,.$$

Allgemeiner linearer Zusammenhang

Eine Ursachen-Funktion $u(x)$ sei gegeben, und es sei ferner bekannt, daß sie eine Antwort-Funktion $a(x)$ zur Folge hat, welche linear mit $u(x)$ zusammenhängt. Im ersten Moment klingt es vermessen, den allgemeinst-möglichen linearen Zusammenhang zwischen u und a zu Papier bringen zu wollen. Aber bei Vektoren ist das möglich gewesen: Gleichung (4.17). Der Zusammenhang wurde durch eine Matrix hergestellt. Also suchen wir jetzt nach dem Funktionenraum-Äquivalent einer Matrix. Der Übergang von Vektoren zu Funktionen ist uns inzwischen vertraut (Bild 12-4): der Komponenten-Index wird zur Variablen x [siehe auch Text zu (12.9) bis (12.12) und am Ende von Kapitel 6]. Nun haben die Matrix-Komponenten zwei Indizes (Bild 12-5), und folglich wird eine Matrix zu einer Funktion von zwei Variablen: $K(x,y)$. Bei einer Matrix-Anwendung wird über den zweiten Index summiert. Da Index-Summation zum Integral wird, haben wir also das Produkt von $K(x,y)$ mit $u(y)$ noch über y zu integrieren. Damit haben wir das Matrix-Anwenden in den Funktionenraum „hinübergerettet" und zugleich gelernt, wie man allgemeinst-möglich, jedoch linear, eine Antwortfunktion mit einer Ursachenfunktion verknüpfen kann:

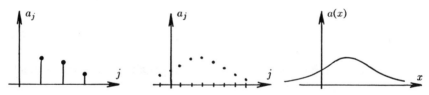

Bild 12-4. Wie aus einem Vektor eine Funktion wird

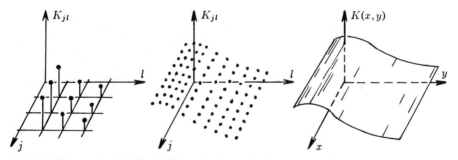

Bild 12-5. Wie aus einer Matrix der Kern eines integralen Operators wird

222

$$a(x) = \int dy\, K(x,y)\, u(y) =: Lu(x)\,. \tag{12.27}$$

Der Vorzug des Zusammenhangs (12.27) liegt darin, daß man ihn schon hinschreiben kann, bevor man irgend etwas Genaueres weiß. *Jeder* lineare Operator im Funktionenraum hat seinen Kern. Dieser gibt via (12.27) die Wirkungsweise von L an. Natürlich gehen wir unverzüglich alle uns bekannten linearen Operatoren in Gedanken durch und fragen nach ihrem Kern. Zum Beispiel hat der Translationsoperator T_a den Kern $K(x,y) = \delta(x + a - y)$. Auch der Differenzieroperator ∂_x ist linear. Er wehrt sich ein wenig, aber nicht lange:

$$\partial_x f(x) \overset{!}{=} \int dy\, K(x,y) f(y) \curvearrowright K(x,y) = \delta'(x - y)\,, \tag{12.28}$$

denn

$$f'(x) = \int dy\, \delta(x - y) f'(y) = - \int dy\, f(y) \partial_y \delta(x - y)$$
$$\overset{!}{=} \int dy\, f(y)\, \delta'(x - y) \quad \text{qed.}$$

Mitunter weiß man, daß eine um b verschobene Ursache $u(x - b)$ auch eine um b verschobene Antwort $a(x - b)$ zur Folge hat. Der Zusammenhang ist **translationsinvariant**, und in diesem Falle kann der Kern nur vom Differenz-Argument abhängen:

$$a(x - b) = \int dy\, K(x,y)\, u(y - b) \curvearrowright a(x) = \int dy\, K(\,x + b\,,\,y + b\,)\, u(y)\,,$$
$$K(\,x + b\,,\,y + b\,) = K(x,y) \curvearrowright K(x,y) = K(x - y)\,.$$

Zum letzten Schritt haben wir uns zuerst den Kern als Funktion von $x + y$ und $x - y$ gedacht und bemerkt, daß er (da b beliebig) vom ersten Argument überhaupt nicht abhängen kann. Translationsinvarianz und Linearität führen also zu Faltungsintegralen, und diese wiederum erfreuen sich an Fourier.

Wie wertvoll all dies ist, zeigt sich, wenn wir beispielsweise die Stromdichte $\vec{\jmath}(\vec{r}, t)$ untersuchen, mit der ein Medium auf ein elektrisches Feld $\vec{E}(\vec{r}, t)$ antwortet, das in ihm herrscht:

$$\vec{\jmath}(\vec{r}, t) = \vec{\jmath}_0(\vec{r}, t) + \int d^3 r' \int dt'\, \underline{\underline{\sigma}}(\,\vec{r}\,,\,\vec{r}\,'\,;\,t\,,\,t'\,)\, \vec{E}(\,\vec{r}\,'\,,\,t'\,) + \mathrm{O}(\vec{E}^2)\,.$$

Hierbei wurde lediglich unterstellt, daß $\vec{\jmath}$ eine Reihenentwicklung nach Potenzen von $\vec{E}$ hat (Vorsicht: es gibt Medien mit $\exp(1/E)$-artiger Abhängigkeit). Weitergehende Annahmen über das Medium vereinfachen nun unsere Formel weiter:

In der Regel fließt ohne Feld kein Strom: $\quad \vec{\jmath}_0(\vec{r}, t) \equiv 0$
Medium isotrop (keine Richtung auszeichnend): $\quad \underline{\underline{\sigma}} = 1 \cdot \sigma$
und homogen (z.B. kein Fremdatom enthaltend;
räumlich translationsinvariant): $\quad \sigma(\vec{r} - \vec{r}\,'; t, t')$

sich im Laufe der Zeit nicht verändernd
(zeitlich translationsinvariant): $\sigma(\vec{r} - \vec{r}\,', t - t')$

Unter diesen einschränkenden Annahmen (und wenn höhere $\vec{E}$-Potenzen vernachlässigbar klein sind) führt (12.26) auf

$$\vec{j}(\vec{k},\omega) = \tilde{\sigma}(\vec{k},\omega)\vec{E}(\vec{k},\omega) . \tag{12.29}$$

Dies ist die Verallgemeinerung von Ohms Regel (4.19) auf den Fall raumzeitlich veränderlicher elektrischer Felder. Zwar ist $\tilde{\sigma}$ weiterhin eine Funktion, die noch auf mikroskopische Berechnung wartet. Aber ansonsten sind wir ganz sauber geblieben. Unser Beispiel zeigt, welche Strenge bei Phänomenologie erreichbar ist.

Lösung der Diffusionsgleichung

Das Anfangswertproblem zu (10.1), $\dot{T} = D\Delta T$, ist allgemein lösbar. Das Temperatur-Gebirge bei Start, $T(\vec{r}, 0)$ wird als gegeben betrachtet, muß aber nicht spezifiziert werden. Da wir nicht darüber nachdenken wollen, wie dieses Startprofil entstanden ist, kommt nur die räumliche Fourier-Transformation (12.23) in Frage:

$$T(\vec{r},t) = \left(\frac{1}{2\pi}\right)^3 \int d^3k\, \tilde{T}(\vec{k},t)\,e^{i\vec{k}\vec{r}} \curvearrowright \dot{\tilde{T}} = -D\,\vec{k}^2\tilde{T} ,$$

$$\tilde{T}(\vec{k},t) = \tilde{T}(\vec{k},0)\,e^{-Dk^2t} ,$$

$$T(\vec{r},t) = \left(\frac{1}{2\pi}\right)^3 \int d^3k\, e^{-Dk^2t}\,e^{i\vec{k}\,\vec{r}}\,\tilde{T}(\vec{k},0) . \tag{12.30}$$

Natürlich kann man nun $\tilde{T}(\vec{k},0)$ in (12.30) auch noch durch $T(\vec{r},0)$ ausdrücken (Umkehrtransformation einsetzen). Dann wird (man sieht es) (12.30) zu einem Faltungsintegral. Der Kern $K(\vec{r} - \vec{r}\,', t)$ unter diesem Integral läßt sich sogar explizit ausrechnen. Sei $U(t)$ der lineare Operator (**Zeitentwicklungs-Operator**), der diesen Kern hat, dann schreibt sich das Resultat wie folgt:

$$T(\vec{r},t) = U(t)\,T(\vec{r},0) \;,\quad K(\vec{r},t) = \left(\frac{1}{4\pi Dt}\right)^{3/2} e^{-r^2/4Dt} . \tag{12.31}$$

Beim Nachrechnen von (12.31) hilft übrigens die Erkenntnis, daß das d^3k-Integral faktorisiert, nämlich in drei solche von (12.20) mit $\alpha = Dt$.

Lösung der 1D-Wellengleichung

Wir kennen die allgemeine Lösung schon: (10.6). Hier wollen wir nur sehen, wie sie mit Fourier erneut herauskommt, nämlich über die raumzeitliche Transformation (12.24):

$$\ddot{n} - c_S^2 n'' = 0 \quad , \quad n(x,t) = \left(\frac{1}{2\pi}\right)^2 \int dk\, d\omega\, \tilde{n}(k,\omega)\, e^{ikx-i\omega t} \ ,$$

$$\left[-\omega^2 + c_S^2 k^2\right]\tilde{n}(k,\omega) = 0 \ \curvearrowright\ \tilde{n} = a(k)\,\delta(\omega - c_S k) + b(k)\,\delta(\omega + c_S k) \ .$$

Diese Schlußweise ist es, die es hier zu begreifen gibt. Entweder ist $\tilde{n}$ Null oder die eckige Klammer ist es. An diesen Klammer-Nullstellen lassen wir Delta-Zacken beliebiger Stärke zu (Motto $x\delta(x) = 0$) und überzeugen uns davon, daß dies in Ordnung geht:

$$n(x,t) = \left(\frac{1}{2\pi}\right)^2 \int dk\, a(k)\, e^{ik(x-c_S t)} + \left(\frac{1}{2\pi}\right)^2 \int dk\, b(k)\, e^{ik(x+c_S t)} = (10.6) \ .$$

Fourier-Transformation → Fourier-Reihe

$$f(x) - f(x+L) = 0 \ , \ \frac{1}{2\pi}\int dk\, e^{ikx}\left[1 - e^{ikL}\right]\tilde{f}(k) = 0 \ , \ [\quad]\tilde{f} = 0$$

$$\curvearrowright\ \tilde{f}(k) = \sum_n 2\pi c_n \delta(k - n2\pi/L) \ , \ f(x) = \sum_n c_n\, e^{in(2\pi/L)x} \ .$$

Die Maxwell-Gleichungen in der Unterwelt

Hätte Jean Baptiste Joseph Fourier (1768–1830) die linearen Gleichungen (11.1–4) noch erlebt, dann wäre ihm das folgende Vergnügen zuteil geworden: Wir entwickeln alle $\vec{r}$-t-abhängigen Funktionen ($\vec{E}$, $\vec{B}$, ϱ, $\vec{j}$) gemäß (12.24). Der Operator ∂_t wandert unter das Integral bis an die e-Funktion und kann dort durch $-i\omega$ ersetzt werden. Die Operationen div und rot bleiben hingegen vor der vektoriellen $\vec{r}$-unabhängigen Fourier-Transformierten hängen:

$$\nabla\left\{{\times \atop \cdot}\right\}\vec{\tilde{E}}\,e^{i\vec{k}\,\vec{r}} = \left(\nabla e^{i\vec{k}\,\vec{r}}\right)\left\{{\times \atop \cdot}\right\}\vec{\tilde{E}} = i\,\vec{k}\left\{{\times \atop \cdot}\right\}\vec{\tilde{E}}\,e^{i\vec{k}\,\vec{r}} \ .$$

Auch Nabla kann also ersetzt werden, nämlich durch $i\,\vec{k}$. Der Koeffizienten-vergleich besteht nun wieder darin, überall die Integrale und die ebenen Wellen wegzulassen. Es geht im Kopf (und das gefällt):

$$\nabla \to i\,\vec{k} \ , \ \partial_t \to -i\omega \qquad \curvearrowright$$

$$\begin{aligned}
&i\,\vec{k}\cdot\vec{\tilde{E}} = \tilde{\varrho}/\varepsilon_0 \ , &&i\,\vec{k}\cdot\vec{\tilde{B}} = 0 \\
&i\,\vec{k}\times\vec{\tilde{E}} = i\omega\vec{\tilde{B}} \ , &&i\,\vec{k}\times\vec{\tilde{B}} = \vec{\tilde{j}}/c^2\varepsilon_0 - i\omega\vec{\tilde{E}}/c^2 \ .
\end{aligned} \qquad (12.32)$$

Die „Spiegelbild"-Maxwell-Gleichungen in der Fourier-Unterwelt sind also reine Vektorgleichungen. Wir haben keine Zeifel mehr daran, daß man sie allgemein lösen kann. Das Resultat ist (11.19). Es ist lediglich (wieder einmal) der bewußte Rahmen dieses Buches, der uns von der entsprechenden ein wenig mühsamen

Rechnung abhält. Falls sich ein unbeirrbarer Leser unverzüglich an diese Arbeit heranwagen sollte [indem er zunächst Skalar- und Kreuzprodukte von $i\,\vec{k}$ mit (12.32) bildet], dann sei ihm ein guter Rat mit auf den Weg gegeben. Er füge vorweg in der vierten Maxwellgleichung einen infinitesimalen Reibungsterm $\varepsilon\,\vec{E}$, $\varepsilon \to +0$, hinzu. Dieser sorgt dann dafür, daß vom Rand des Weltalls her keine einlaufenden Kugelwellen bis zu uns vordringen und sich darum *nur* die kausale Lösung (11.19) ergeben kann. Viel Erfolg und gute Wünsche.

Elektrostatik aus der Unterwelt

Daß und wie (12.32) funktioniert und welche Schwierigkeiten der Aufstieg in die Oberwelt bietet, läßt sich recht gut bereits am elektrostatischen Spezialfall erkennen. Wir erwarten, daß sich dabei eine neuartige Herleitung von (8.28) oder (8.35) ergibt. Gemäß (12.32) bilden die Gleichungen

$$ i\,\vec{k}\cdot\vec{E}(\vec{k}) = \tilde{\varrho}(\vec{k})/\varepsilon_0 \quad \text{und} \quad i\,\vec{k}\times\vec{E}(\vec{k}) = 0 $$

den Ausgangspunkt. Das Skalarprodukt von $i\,\vec{k}$ mit der zweiten Gleichung gibt Triviales, aber im Kreuzprodukt mit $i\,\vec{k}$ ermöglicht sie, die erste Gleichung einzusetzen:

$$ i\,\vec{k}\times(i\,\vec{k}\times\vec{E}) = i\,\vec{k}\,(i\,\vec{k}\cdot\vec{E}) + \vec{E}\,k^2 = i\,\vec{k}\,\tilde{\varrho}/\varepsilon_0 + \vec{E}\,k^2 = 0 $$

$$ \curvearrowright \quad \vec{E}(\vec{k}) = -\frac{i\,\vec{k}}{\varepsilon_0 k^2}\,\tilde{\varrho}(\vec{k}) \ . $$

Das war die Lösung des Problems (!). Keine Klimmzüge waren nötig und keine Verifizierungen. Es folgt nun „nur noch" der Aufstieg in die Oberwelt:

$$ \vec{E}(\vec{r}) = -\left(\frac{1}{2\pi}\right)^3 \int d^3k\,\tilde{\varrho}(\vec{k})\frac{1}{\varepsilon_0 k^2} i\,\vec{k}\,e^{i\,\vec{k}\,\vec{r}} \overset{?!}{=} -\nabla\phi(\vec{r}) \quad \curvearrowright $$

$$ \phi(\vec{r}) = \frac{1}{\varepsilon_0}\left(\frac{1}{2\pi}\right)^3 \int d^3k\,\frac{1}{k^2}\,e^{i\,\vec{k}\,\vec{r}} \left[\int d^3r'\,\varrho(\vec{r}')\,e^{-i\,\vec{k}\,\vec{r}'}\right] $$

$$ = \frac{1}{4\pi\varepsilon_0}\int d^3r'\,K(\vec{r}-\vec{r}')\varrho(\vec{r}') \ , $$

$$ K(\vec{r}) = \left(\frac{1}{2\pi}\right)^3 \int d^3k\,\frac{4\pi}{k^2}\,e^{i\,\vec{k}\,\vec{r}} = \frac{1}{\pi}\int_0^\infty dk \underbrace{\int_0^\pi d\vartheta\,\sin(\vartheta)\,e^{ikr\cos(\vartheta)}}_{= \int_{-1}^1 du\,e^{-ikru} = \frac{2\sin(kr)}{kr}} $$

$$= \frac{1}{r} J(r) , \quad J(r) = \frac{2}{\pi} \int_0^\infty dk \frac{\sin(kr)}{k} = \frac{1}{\pi} \int dk \frac{\sin(kr)}{k}$$

$$J'(r) = \frac{1}{\pi} \int dk \, \cos(kr) = \frac{1}{\pi} \int dk \, e^{ikr} = 2\delta(r)$$

$$J(r) = C + 2\theta(r) , \quad J(-r) = -J(r) \curvearrowright C = -1$$

$$0 < r : J(r) \equiv 1$$

$$= \frac{1}{r} , \quad \text{d.h.} \qquad \text{FT}\left(\frac{1}{r}\right) = \frac{4\pi}{k^2} . \qquad (12.33)$$

Hiermit folgt nun tatsächlich (8.28). Das Gleichungssystem (12.32) stimmt und funktioniert. Wenn man einmal von den rein technischen Details bei den Integrationen absieht, dann handelt es sich um eine sehr klare Herleitung von (8.28) bzw. des Coulomb-Potentials, welche von vornherein auch die zweite Maxwellgleichung berücksichtigt. Die Bedingung, daß die Felder im Unendlichen verschwinden, wurde per Fourier-Gebrauch automatisch einbezogen.

Übungs-Blatt 26

Gruppen- und Phasengeschwindigkeit

Dieser Abschnitt wird seine Tücken haben. Wenn man die Worte Schallwelle, Lichtwelle oder Wasserwelle hört, dann erscheint wohl als erstes die Funktion $\cos(\vec{k}\,\vec{r} - \omega t)$ vor dem geistigen Auge und sodann ein Vorfaktor, der ein Dichte-Unterschied, ein transversaler Vektor oder eine Höhe über Normalnull ist. In der Wirklichkeit ist jedoch keine Welle genau harmonisch, eben, räumlich unendlich ausgedehnt und zeitlich ewig. Sie hat Anfang und Ende. Zum Beispiel möge sie wie der „Elefant" von Bild 12-6 aussehen. Wie schnell sich ein Elefant fortbewegt (Gruppengeschwindigkeit), ist eine ganz andere Frage als jene, wie schnell ihm dabei eine Gänsehaut über den Bauch läuft (Phasengeschwindigkeit). Offenbar bedürfen diese beiden Geschwindigkeiten einer genaueren Definition. Ein realer Elefant (z.B. ein zweidimensionaler aus Pappe) hätte eine lineare Massendichte $\sigma(x,t)$ (beim 2D-Elefanten ist dies die über y integrierte Masse pro Fläche). Als „Mitte" dieser Funktion würde man per definitionem den Schwerpunkt $R(t) = \int dx \, x\sigma(x,t)/\int dx \, \sigma(x,t)$ wählen und sodann nachsehen, wie schnell er sich fortbewegt: Gruppengeschwindigkeit $v_{\text{g}}(t) := \partial_t R(t)$. Wenn es sich jedoch (wie in Bild 12-6) bei der gegebenen Funktion um die Amplitude einer Welle handelt, dann dürfen wir neu und unbeschwert darüber nachdenken, wie man dieser eine „Massendichte" zuordnen könnte. $\sigma(x,t) = f(x,t)$ wäre eine unglückliche Definition, weil dann eine bei negativen x konzentrierte Funktion mit negativen Werten eine Mitte hätte, die auf dem positiven Teil der x-Achse liegt (ganz woanders also). Was mit einer Schall- oder Lichtwelle tatsächlich

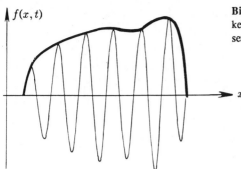

$f(x,t)$

transportiert wird, ist Energie, und diese ist proportional zum Quadrat der Amplitude [s. (11.18)]. Also setzen wir $\sigma = f^2 = |f|^2$ (da f reell) und schreiben

$$\text{„Mitte" von} f := \langle x \rangle \text{ mit } \langle \dots \rangle := \int dx \dots |f|^2 \Big/ \int dx |f|^2 \qquad (12.34)$$

$$\text{Gruppengeschwindigkeit} = v_{\mathrm{g}}(t) := \partial_t \langle x \rangle_f \ . \qquad (12.35)$$

Zu jeder Funktion $f(x,t)$, welche sogar komplexwertig sein kann, läßt sich also die Gruppengeschwindigkeit (12.35) ausrechnen, wenn nur (für alle betrachteten Zeiten t) die Integrale in (12.34) existieren. $\langle x \rangle$ nennt man auch **Erwartungswert** von x. In der Quantenmechanik ist er der mittlere Orts-Meßwert eines 1D-beweglichen Teilchens mit Zustandsfunktion f. Die Zahl $\langle x \rangle$ hängt gemäß (12.34) von einer Funktion ab: sie ist ein **Funktional**. Mit welcher Funktion sie zu bilden ist, sollte man mit einem Index angeben [wie in (12.35) geschehen]. Mindestens aber vergesse man nie, sich diesen Index hinzuzudenken, damit die leider sehr übliche Bezeichnung (12.34) keinen Schaden anrichtet.

Bis hierher ist alles ganz klar. Gleichung (12.35) ist ein solider Ausgangspunkt, läßt aber Fragen offen: Wie schnell fliegt denn nun die Mitte etwa eines Schall-Wellenzuges durch einen festen Körper, über den man ansonsten alles weiß? Hierzu sind Kenntnisse über das Medium erforderlich, in dem die Welle propagiert. Die folgenden zwei Annahmen werden uns weiterhelfen:

i) Das Medium erlaube Superposition beliebiger zwei Wellen (bei Schall im Festkörper läßt sich diese Annahme nur im Grenzfall kleiner Amplituden rechtfertigen).

ii) Das Medium ermögliche ungedämpfte harmonische stehende Wellen (eben, unendlich ausgedehnt, Wellenlänge λ, $k := 2\pi/\lambda$) und weise einer jeden eine bestimmte Kreisfrequenz $\omega(k) > 0$ zu.

Die Funktion $\omega(k)$ ist Charakteristikum des Mediums und heißt **Spektrum** der Schallwellen. Im allgemeinen ist $\omega(k) \neq \text{const} \cdot k$ (und die Wellengleichung gilt nicht). Annahme (ii) erlaubt, auf die Frequenz laufender Wellen zu schließen:

$$2\cos(kx+\alpha)\cos[\omega(k)t+\beta] = \cos[kx-\omega(k)t+\alpha-\beta]$$
$$+\cos[kx+\omega(k)t+\alpha+\beta] \ .$$

Zur Zeit $t = 0$ und bei $x = 0$ hat der erste Term die Kosinus-Phase $\alpha - \beta$. Damit man stets diese Phase sieht, d.h. damit ständig $kx - \omega(k)t = 0$ ist, muß man neben der x-Achse herlaufen, und zwar nach rechts (bzw. nach links beim zweiten Term). Eine harmonische Welle obiger Form hat also die

$$\text{Phasengeschwindigkeit } = v_{\text{ph}}(k) = \pm\omega(k)/k \, . \tag{12.36}$$

Licht durch Vakuum hat die spezielle angenehme Eigenschaft, daß Wellen aller Frequenzen wegen $\omega = ck$ die gleiche Phasengeschwindigkeit haben, nämlich $v_{\text{ph}} = c$. Ist die Wellengleichung für Schall einigermaßen gut erfüllt, dann ist wegen (10.6) auch „einigermaßen" $v_{\text{ph}} \approx c_{\text{S}}$.

Wir folgen nun der abenteuerlichen Idee, auch die Gruppengeschwindigkeit v_{g} könne mit dem Spektrum $\omega(k)$ in einem direkten Zusammenhang stehen. Nach Annahme (i) können wir rechts- und linkslaufende Wellen aller Wellenlängen und mit beliebigen Stärken und Phasen addieren:

$$f(x,t) = r(x,t) + l(x,t) \, , \quad r(x,t) = \int_0^\infty dk \, a(k) \cos[kx - \omega(k)t + \alpha(k)]$$

$$l(x,t) = \int_0^\infty dk \, b(k) \cos[kx + \omega(k)t + \beta(k)] \, .$$

Alle hierin vorkommenden Funktionen von k haben nur positives Argument. Bei negativen Argumenten dürfen wir sie eigenmächtig festlegen. Mit

$$a(-k) := a(k) \, , \quad \omega(-k) := -\omega(k) \, , \quad \alpha(-k) := -\alpha(k) \quad (0 < k)$$

bekommt der allgemeine Rechts-Läufer ein so angenehmes Äußeres,

$$r(x,t) = \frac{1}{2} \int dk \, a(k) \cos(\ldots) = \frac{1}{2} \int dk \, a(k) \, e^{i[kx - \omega(k)t + \alpha(k)]}$$

$$\pi a(k) \, e^{i\alpha(k)} =: \widetilde{r}(k) \, , \quad \widetilde{r}(-k) = \pi a(k) \, e^{-i\alpha(k)} = \widetilde{r}^*(k)$$

$$= \frac{1}{2\pi} \int dk \, \widetilde{r}(k) \, e^{i[kx - \omega(k)t]} \, ,$$

daß wir es nun wagen, seinen Erwartungswert (12.34) auszurechnen. Den Nenner $\int dx \, |r|^2$ kürzen wir vorübergehend mit N ab und beginnen mit dem Zähler:

$$N \cdot \langle x \rangle_r = \left(\frac{1}{2\pi}\right)^2 \int dx \int dk \, \widetilde{r}^*(k) \, e^{-ikx + i\omega(k)t} \, x \int dq \, \widetilde{r}(q) \, e^{iqx - i\omega(q)t}$$

$$= \left(\frac{1}{2\pi}\right)^2 \int dk \, \widetilde{r}^*(k) \, e^{i\omega(k)t} \int dq \, \widetilde{r}(q) \, e^{-i\omega(q)t} \underbrace{\int dx \, e^{-ikx} \left(-i\partial_q\right) e^{iqx}}_{}$$

$$= -i\partial_q 2\pi \delta(q - k)$$

$$\frac{1}{2\pi} \int dk \, \widetilde{r}^*(k) \, e^{i\omega(k)t} \int dq \, \delta(q-k) i\partial_q \left[\widetilde{r}(q) \, e^{-i\omega(q)t} \right]$$

$$= \frac{1}{2\pi} \int dk \, \widetilde{r}^*(k) i\partial_k \widetilde{r}(k) + t\frac{1}{2\pi} \int dk |\widetilde{r}(k)|^2 \omega'(k) \, .$$

Um auch den Nenner N zu erhalten, lasse man in obiger Rechnung überall den Faktor x weg bzw. dessen Effekt („Suchbild"!). N ist also zeitlich konstant. Der Ort $\langle x \rangle$ des „Schwerpunktes" verändert sich somit linear mit der Zeit, und die Gruppengeschwindigkeit hängt (man staune) nicht von der Zeit t ab:

$$v_g = \int dk \, \omega'(k) |\widetilde{r}(k)|^2 \Big/ \int dk \, |\widetilde{r}(k)|^2 = \langle \omega'(k) \rangle_{\widetilde{r}} \, . \tag{12.37}$$

Mit dem Resultat (12.37) sollten wir sehr zufrieden sein. $\omega'(k)$ ist eine gerade Funktion von k ($|\widetilde{r}|^2$ ebenfalls). Wenn $\omega(k)$ monoton anwächst, ist $\omega'(k)$ positiv und somit auch v_g (wenn nicht, dann nicht unbedingt). Falls das Medium einen größtmöglichen Wellenvektor k_{max} hat (bei Schall im Festkörper ist es so), dann setzen wir für $k > k_{max}$ einfach $\widetilde{r} = 0$, und alles bleibt richtig. Mit der Faktor-Funktion $\widetilde{r}(k)$ dürfen wir spielen. Wenn sie ein scharfes Maximum hat und jenseits desselben rasch auf Null abfällt, dann kann man näherungsweise die in der Regel schwach variierende Funktion $\omega'(k)$ an der Stelle des Maximums vor das Integral ziehen. Alles, was das Spektrum an $\omega'(k)$-Werten zu bieten hat, läßt sich also als Gruppengeschwindigkeit realisieren. Dies rechtfertigt *nicht* den Spruch „Die Gruppengeschwindigkeit ist die Ableitung von ω" (man hört oder liest ihn leider oft). Er gilt nur im genannten Grenzfall, und das Wörtchen „ist" macht den Skandal.

Licht durch Vakuum (aber nicht durch Medium) ist auch hinsichtlich (12.37) ein exzellenter Spezialfall, denn zu $\omega = ck$ wird $\omega'(k)$ konstant und wandert darum vor das Integral: $v_{ph} = v_g = c$.

Für die Linksläufer ergibt sich (völlig analog) das Negative von (12.37). Nun fällt allmählich auf, daß wir uns bisher feige um den allgemeinen Fall $f = r + l$ herumgemogelt haben. Er bringt über

$$N \cdot \langle x \rangle_f = \int dx \, x \, |r + l|^2 = \int dx \, x \left(|r|^2 + r^*l + rl^* + |l|^2 \right)$$

boshafte r-l-Mischterme mit nicht-linearer Zeitabhängigkeit ins Spiel, d.h. Interferenz zwischen Rechts- und Linksläufern, und macht v_g zeitabhängig. Es sei erwähnt, daß die Materiewellen der Quantentheorie nur den r-Term haben und daß darum (12.37) für sie generell gilt. Der Grund dafür ist, daß in der Schrödingergleichung nur die erste Zeitableitung steht.

Kann man „die" Phasengeschwindigkeit einer bestimmten Welle mit ihrer Gruppengeschwindigkeit vergleichen? Um *eine* wohldefinierte Phasengeschwindigkeit zu haben, muß eine Welle (Ausnahme: Licht durch Vakuum) unendlich ausgedehnt sein. Ist sie unendlich ausgedehnt, hat sie keine wohldefinierte Mitte und man kann ihre Gruppengeschwindigkeit nicht ausrechnen. Hat sie hingegen eine vernünftige Gruppengeschwindigkeit, dann besteht sie aus vielen Teil-Wellen und hat (im allgemeinen) viele Phasengeschwindigkeit*en*. Man kann nicht. Es sei denn, $\tilde{r}(k)$ hat (wieder einmal) ein scharfes Maximum bei $\langle k \rangle$ und man einigt sich darauf (üblich?), v_{ph} als die Phasengeschwindigkeit dieser einen Teil-Welle zu definieren. Wohlan, dann kann man doch.

Die Thematik war anstrengend. Es gab Fallgruben und Fußangeln. Wir schreiben sie abschließend in eine Zeile:

$$v_{\mathrm{g}} := \partial_t \langle x \rangle_f \stackrel{\text{\tiny 4}}{=} \partial_t \langle x \rangle_r = \langle \omega'(k) \rangle_{\tilde{r}} \stackrel{\text{\tiny 4}}{\approx} \omega'(\langle k \rangle) \neq \frac{\omega(\langle k \rangle)}{\langle k \rangle} \stackrel{?}{=:} v_{\mathrm{ph}} . \qquad (12.38)$$

Daß die Sache mit Gruppen- und Phasengeschwindigkeit „eigentlich ganz einfach" sei, möge bitte niemand behaupten.

Unschärferelation

Wenn man die x-Achse dehnt und dabei eine gegebene Funktion $f(x)$ immer breiter macht, d.h. $f(x/a)$ zu wachsendem a betrachtet, dann wird wegen

$$\int dx \, \mathrm{e}^{-\mathrm{i}kx} f(x/a) = a \int dx \, \mathrm{e}^{-\mathrm{i}kax} f(x) = a \tilde{f}(ak)$$

die Fourier-Transformierte immer dünner, d.h. die k-Achse schrumpft. Bild 12-3 zeigt dies am speziellen Beispiel. Ob nun Funktionen f, die ungefähr „gleich breit" sind, aber verschiedene Form haben, stets auch ein ungefähr „gleich dünnes" $\tilde{f}$ haben, bleibt vorerst fraglich. Unsere Beispiele wie etwa (12.18) und (12.20) scheinen allerdings die Regel „f breit $\curvearrowright$ $\tilde{f}$ dünn" auch in dieser Hinsicht zu erfüllen. Also beginnen wir zu spekulieren, es könne vielleicht einen generellen Zusammenhang der Form

$$f\text{-Breite} = \mathrm{const.} \, / \, \tilde{f}\text{-Breite} \qquad (???)$$

geben: wenn ja, mit welcher Konstanten?. Diese Spekulation erweist sich als falsch. Es gibt aber, wie wir gleich sehen werden, eine kleinstmögliche Konstante. Zuvor müssen wir die „Breite" einer Funktion vernünftig definieren. Die „Mitte" wurde bereits per (12.34) festgelegt. Ist der Elefant mit Massendichte $\sigma(x)$ besonders „breit" (bzw. kurz), dann ist sein Trägheitsmoment bezüglich Drehung um eine vertikale Achse durch den Schwerpunkt $\langle x \rangle$ besonders groß (bzw. klein). Wenn wir dieses Trägheitsmoment [es handelt sich um I_{33}^S in (6.9)] noch durch die Gesamtmasse teilen, dann muß ein gutes Breite-Maß entstehen. Da es so die Dimension einer quadrierten Länge hat, ziehen wir die Wurzel:

$$\text{„Breite" von } f = \Delta x := \sqrt{\langle (x - \langle x \rangle)^2 \rangle} . \qquad (12.39)$$

Die Bedeutung der gewinkelten Klammern (mit „etwas drin") geht aus (12.34) hervor. Enthalten sie eine Funktion von k, dann tritt diese an die Stelle von $\omega'(k)$ in (12.37):

$$\Delta k = \sqrt{\langle (k - \langle k \rangle)^2 \rangle} \; .$$

Statt „Breite von x" sagt man üblicherweise **Schwankung** von x oder x-**Unschärfe**. Die Bezeichnung Δx ist grausam, hat nichts mit Laplace-Operator zu tun, erfordert Hinzudenken der Funktion, mit der sie errechnet wird (oder ihr Anbringen als Index), und ist ansonsten leider üblich. Gegeben $f(x)$, dann können wir der Reihe nach die Zahlen $\langle x \rangle$ und Δx, die Funktion $\tilde{f}(k)$ und die Zahlen $\langle k \rangle$ und Δk ausrechnen. Gegeben alle unendlich vielen Funktionen $f(x)$ (für die die beteiligten Integrale existieren), dann können wir nachsehen, welchen kleinsten Wert das Unschärfe-Produkt $(\Delta x) \cdot (\Delta k)$ annimmt. Antwort: den Wert 1/2.

$$(\Delta x) \cdot (\Delta k) \geqslant \frac{1}{2} \; . \tag{12.40}$$

Wie kann man das beweisen? Zuerst vereinfachen wir das Problem. Wenn man $f(x)$ auf der x-Achse verschiebt, dann behalten sowohl Δx als auch Δk ihren Wert (eine hübsche Im-Kopf-Übung für den Leser!). Zur Untersuchung des Produktes genügen also Funktionen mit $\langle x \rangle = 0$. Überdies genügen jene mit $\langle k \rangle = 0$. Auch über die „Höhe" von f (d.h. über einen Vorfaktor) dürfen wir verfügen, z.B. so, daß $\int dx \, |f(x)|^2 = 1$. Mit diesen Vereinfachungen ist

$$(\Delta k)^2 = \frac{1}{2\pi} \int dk \, f^*(k) \, k^2 f(k) = \int dx \, f^*(x) \left(-\partial_x^2 \right) f(x) =: \langle -\partial_x^2 \rangle \; .$$

Der folgende Dreizeiler (eine partielle Integration und die Identität $\partial_x x - x \partial_x = 1$ enthaltend),

$$0 \leqslant \int dx \, \big| \big[(\Delta k)x + (\Delta x)\partial_x \big] f \big|^2$$
$$\stackrel{\mid}{=} \int dx \, f^* \big[(\Delta k)x - (\Delta x)\partial_x \big] \big[(\Delta k)x + (\Delta x)\partial_x \big] f$$
$$\stackrel{\mid}{=} (\Delta k)^2 \langle x^2 \rangle + (\Delta x)^2 \langle -\partial_x^2 \rangle - (\Delta k)(\Delta x) = 2(\Delta k)(\Delta x)[(\Delta k)(\Delta x) - 1/2] \; ,$$

ist (a) richtig, (b) kurz, (c) er beweist (12.40) und (d) er antwortet auch auf die Frage, für welche Funktionen das Gleichheitszeichen zutrifft. Da nämlich aus $0 = \int | \ldots |^2$ zwingend $| \ldots | = 0$ folgt, gilt für diese Funktionen

$$(\Delta k) \, x f + (\Delta x) f' = 0 \; , \quad \partial_x \ln(f) = -\frac{\Delta k}{\Delta x} \, x \; , \quad f = A \, e^{-x^2 (\Delta k)/2(\Delta x)} \; .$$

Da schließlich $\langle x \rangle \neq 0$ und $\langle k \rangle \neq 0$ wieder zugelassen werden kann, gilt

$$(\Delta x)_f \cdot (\Delta k)_f = 1/2 \quad \text{genau für} \quad f(x) = A \, e^{i\alpha x} e^{-\beta(x-\gamma)^2} \; , \tag{12.41}$$

d.h. für alle Gauß-Funktionen beliebiger Höhe, Breite und Zentrierung und mit x-linearem Phasenfaktor.

Allzu gern wird (12.40) in grob qualitative Argumente folgender Art umgesetzt: „Diese Funktion f ist aus Wellenzahlen aus ungefähr dem und dem (Δk)-

Intervall zusammengesetzt, also hat sie ungefähr die Breite $1/(\Delta k)$". Hier ist Vorsicht geboten. Wir vermissen insbesondere das Wort „mindestens". Gleichung (12.40) ist nur eine *Un*gleichung. Die rechte Seite von (12.40) kann den Wert 2937145 haben, und es ist kein Problem, eine entsprechende Funktion zu konstruieren (man nehme eine Kamelhöcker-Funktion und ziehe die beiden Buckel auseinander).

In der Literatur über, unter und neben der Quantentheorie wird oft viel Aufhebens um die Orts-Impuls-Unschärferelation gemacht. Mit dieser ist (12.40) tatsächlich identisch [man hat dazu lediglich (12.40) mit $\hbar$ zu multiplizieren, den „Impulsoperator" $-i\hbar\partial_x$ ins Spiel zu bringen und anders über das Resultat zu sprechen]. Jedoch spielt sie dort (weil nur Ungleichung) eine eher untergeordnete Rolle. Sie war historisch von großem Wert. Heute können wir es besser.

Bei all den Vorzügen, die der dreizeilige (12.40)-Beweis hat, hinterläßt er doch ein unangenehmes Gefühl: die Beweis-Idee fiel vom Himmel. Statt dessen wäre ein Verfahren wünschenswert, das geradewegs auf obige Dgl führt, d.h. auf eine Dgl für jene Funktion, für welche ein gegebenes Funktional minimal wird. Das gibt es und steht im nächsten Kapitel.

– – –

Felder pflegen den ganzen Raum zu erfüllen. Nie hören sie irgendwo total auf (von Modellen abgesehen) und ihre potenzartig oder exponentiell abfallenden Schwänze reichen bis nach Unendlich. Daß die Fourier-Transformation (falls anwendbar) danach verlangt, den ganzen Raum und/oder die ganze Zeit einzubeziehen, ist also ein besonders lobenswerter Zug an ihr. Sie verlangt nach Wahrheit.

Werner Heisenberg soll sinngemäß einmal gesagt haben, in seinem Leben habe er „von dieser ganzen Mathematik eigentlich nur die Fourier-Transformation gebraucht". Hübsch. Aber manchen Sprüchen sollte ein Foto beiliegen, um das gewisse Lächeln genauer ergründen zu können. Wer weiß, vielleicht enthält der obige auch einen Seitenhieb auf eine gewisse studentische Psychose, die sich dahingehend äußert, daß nichts angefaßt wird, wovon nicht vorher klar ist, ob es existiert. Indem man z.B. den Erwartungswert „anfaßt" und ihn im konkreten Fall auszurechnen versucht, wird klar, ob er existiert. Bekanntlich erfordert das Natur-Verstehen, daß sehr sauber gearbeitet wird. Ein Putzteufel jedoch, der versteht gar nichts mehr. Weshalb das Fourier-Kalkül häufig auf Hemmschwellen trifft, bleibt ein Rätsel.

Es gibt kein Verfahren, mit dem man alles machen kann. Gäbe es dies, dann hätten wir zu lernen, es zu beherrschen. Es wäre vielleicht sehr vielschichtig und würde unendlich viele „Unterwelten" enthalten. Der entsprechende Lernprozeß würde weit über ein Lebensalter hinausreichen und man würde ihn in Portionen aufteilen: erste Unterwelt im ersten Jahr. Bei Schwierigkeiten mit der Machbarkeit treten heutzutage gern Leute mit unverhohlener Freude auf den Plan. Gewiß, die Diskrepanz zwischen intellektueller Fähigkeit der Menschen und ihrer Bindung an biologisch erworbene Verhaltensmuster ist unübersehbar. Aber der Zeitpunkt, ab dem die wünschbare Balance einzuhalten gewesen wäre, dürfte Hunderte oder Tausende von Jahren zurückliegen. Heute gibt es nur noch die Flucht nach vorn: den Weg der Aufklärung, den der Beherrschung der menschlichen Anlagen durch Einsicht in Zusammenhänge und den der Bescheidenheit (einer Spezies unter vielen bewundernswerten Tieren). Es gibt Hoffnung. Sie erwächst daraus, daß wir die Harmonie von Natur und Mensch *denken* können. Mit einem Zehntel der heutigen Anzahl Erdenbürger mag sie möglich sein.

Konrad Lorenz (Der Spiegel Nr. 45, 7. November 1988):

„Die Triebausstattung des Menschen krankt daran, daß sie eine solche Hemmung [die Umwelt auszubeuten] nicht enthält. Seid fruchtbar und mehret euch, nehmet die Welt und machet sie euch untertan – das sind die Lehren, die der Mensch bekommt, und sie sind allesamt Lügen."

13. Variationsrechnung

Das Variations-Kalkül führt ein eigenwilliges Dasein. Zum einen ist es bei der Formulierung oberster Prinzipien beteiligt (Stichworte: Wirkungsintegral und Lagrangefunktion). Zum anderen werden seine eigentlichen Fähigkeiten viel zu selten gewürdigt. Wenn alle Hoffnung geschwunden ist, ein Problem vernünftig zu behandeln, dann hilft manchmal seine Umformulierung als Variationsproblem (es ist wie der Maulesel im unwegsamen Bergland, wo der Mercedes wertlos wird). Näherungsweise lösbar ist ein Variationsproblem, grob gesprochen, immer.

Eine Maschinerie $V[f(x)]$, die einem Funktionsverlauf $f(x)$ eine Zahl V zuordnet, nennt man **Funktional**. Wirft man verschiedene Funktionen der Reihe nach in das Funktional hinein, dann kommen der Reihe nach Zahlen heraus, die im allgemeinen voneinander verschieden sind. Man darf fragen, ob es unter diesen Zahlen eine kleinste oder größte gibt. Manche Funktionale haben diese Eigenschaft, andere nicht. Wenn es eine kleinste Zahl V gibt, für welche Funktion(en) wird diese erreicht? Das ist (meist) die Fragestellung.

Einfache Beispiele für Funktionale sind das bestimmte Integral (von a bis b) oder der Erwartungswert (12.34). Beide haben weder Maximum noch Minimum und sind somit in bezug auf obige Frage langweilig. Um das folgende Funktional, in welchem $g(x)$ eine gegebene quadratintegrable Funktion sei, steht es nicht viel besser:

$$V[f] := \int dx \left(f^2 - 2fg \right) = - \int dx\, g^2 + \int dx\, (f - g)^2 \stackrel{!}{=} \min .$$

Es macht uns nämlich die Antwort allzu leicht: V hat ein Minimum mit Wert $- \int dx\, g^2$ bei $f(x) \equiv g(x)$. Immerhin zeigt dieses Beispiel, daß unsere Fragestellung Sinn hat. Es versteht sich, daß man hier nur Funktionen „einwerfen" darf, welche für alle x definiert sind und für welche das Integral existiert. Solcherart Einschränkungen des Raumes der erlaubten Funktionen sind die Regel; sie sind meist anschaulich klar und schaffen keine Probleme (daneben gibt es auch „echte" Einschränkungen: Nebenbedingungen; und wie man sie bewältigt, wird Beispiel **D** zeigen).

Einem Funktional kann man unter verschiedenen Umständen begegnen. Das folgende Schema möge helfen, sie auseinanderzuhalten:

$$\text{Physik} \implies V[f] \overset{!}{=} min \underset{3}{\overset{2}{\rightleftharpoons}} \quad \text{Gleichung für } f \impliedby \text{Physik}$$

$$\Downarrow 1 \qquad \qquad \Downarrow \qquad \qquad (13.1)$$

$$\text{optimale trial function} \quad \approx \quad \text{Lösung } f$$

Bei Weg 1 sucht man nach dem V-Minimum direkt, indem man (mehr oder weniger systematisch) im Funktionsraum spazierengeht. Beste Funktion ist jene mit tiefstem V-Wert. Bei Weg 2 wird nach der exakten Lösung gesucht und dazu aus der Minimal-Bedingung eine Gleichung für f gewonnen. Dies ist in der Regel einfach, nicht unbedingt aber das Lösen dieser Gleichung. So kommen uns denn (Weg 3) allerhand Kameraden entgegen, eine schwere Gleichung mit sich schleppend, um diese in ein Funktional einzutauschen (Mercedes gegen Maulesel) und es mit Weg 1 zu versuchen: „Weg 1 geht immer".

13.1 Testfunktionen (Weg 1)

Das folgende Beispiel ist „echt", es entstammt nämlich der Quantenmechanik:

$$V[f] := \int dx \left(f'^2 + x^2 f^2 \right) \Big/ \int dx \, f^2 \overset{!}{=} \min . \tag{13.2}$$

Zweifellos ist das Funktional (13.2) nach unten beschränkt, $V \geqslant 0$, denn sowohl Zähler als auch Nenner sind additiv nur aus Quadraten zusammengesetzt (f sei reell). Nach oben ist es nicht beschränkt, denn mit steil oszillierender Funktion f läßt sich der erste Term beliebig groß machen (ohne daß dabei die anderen groß werden), und mit Kamelhöcker-Funktion und Auseinanderziehen der Höcker wird der zweite Term beliebig groß. Das Minimum von (13.2) wird gesucht. Wenn man zu einem gegebenen Funktionsverlauf die vertikale Skala ändert ($f \to Af$), dann ändert sich (13.2) überhaupt nicht. Am Minimum von V gibt es also eine ganze Menge Funktionen, die sich allerdings nur im Vorfaktor unterscheiden. Der erste Zähler-Term in (13.2) wird klein, wenn f möglichst horizontal verläuft. Dies aber mißfällt dem zweiten Term; er möchte den Funktionsverlauf möglichst nahe bei Null konzentriert wissen. Ein Kompromiß wird gesucht.

Die gesuchte V-minimalisierende Funktion $f(x)$ hat sicher nur ein Maximum (bei Null), und sie ist ansonsten so glatt und monoton wie möglich. Die „Schlichtungsverhandlungen" konzentrieren sich somit auf ihre horizontale Ausdehnung. Also füttern wir (13.2) mit Ein-Buckel-Funktionen variabler Breite:

$$f(x; \alpha) = \frac{1}{\alpha^2 + x^2} \text{ (Lorentz) und } f(x; \beta) = e^{-x^2 \beta / 2} \text{ (Gauß).}$$

Dies sind Testfunktionen, **trial functions**: „Mal sehen, wie tief man dabei mit dem V-Wert kommt". Nach Einsetzen wird das Funktional zu einer Funktion von α beziehungsweise von β. Im Lorentz-Fall (die Rechnung ist unerfreulich) ergibt sich

$$V[f(x;\alpha)] = \alpha + \frac{1}{2\alpha} =: V(\alpha) , \quad V'(\alpha) = 0 \curvearrowright \alpha_0 = \frac{1}{\sqrt{2}} , \quad V_{\min} = \sqrt{2} .$$

Im Gauß-Fall macht das Rechnen richtig Spaß:

$$V[f(x;\beta)] = (\beta^2 + 1)\frac{\int dx\, x^2 \exp(-\beta x^2)}{\int dx\, \exp(-\beta x^2)} = -(\beta^2 + 1)\, \partial_\beta \ln\left(\int dx\, e^{-\beta x^2}\right)$$

$$= -(\beta^2 + 1)\, \partial_\beta \ln(\text{const.}/\sqrt{\beta}) = \frac{\beta^2 + 1}{2}\, \partial_\beta \ln(\beta)$$

$$= \frac{\beta}{2} + \frac{1}{2\beta} =: V(\beta) , \quad V'(\beta) = 0 \curvearrowright \beta_0 = 1 ,$$

$$f(x;1) = e^{-x^2/2} , \quad V_{\min} = V(1) = 1 .$$

Es *gibt* also in beiden Fällen ein Breite-Optimum. Allerdings ist Gauß klar besser: er liefert den kleineren V-Wert. Es sei nicht verschwiegen, daß wir zufällig auch gleich die exakte Lösung (Gauß nämlich) gefunden haben. War das Zufall? Wir hatten bereits so ein gutes Gefühl und das Funktional war einfach; es war also nicht unwahrscheinlich, eventuell gleich *die* Lösung zu erwischen.

Die Verallgemeinerung obiger Verfahrensweise liegt auf der Hand. Man denke schwer darüber nach, welche qualitativen Züge die minimalisierende Funktion haben könnte oder sollte. Man parametrisiere diese Eigenschaften (vieles ist erlaubt, aber nur weniges ist gut), setze ein, rechne aus und löse das durch Nullsetzen aller Ableitungen entstehende Gleichungssystem:

$$V[f(\,x\,;\,\alpha\,,\,\beta\,,\,\ldots\,,\,\gamma\,)] =: V(\,\alpha\,,\,\beta\,,\,\ldots\,,\,\gamma\,) ,$$
$$\partial_\alpha V = 0 , \ldots , \partial_\gamma V = 0 . \tag{13.3}$$

Dieses Verfahren ist jenen Leuten auf den Leib geschneidert, die gern probieren, spielen, raten und am Objekt lernen. „Weg 1 geht immer" – aber denkt man sich besonders gute trial functions aus, dann werden z.B. die Integrale schlimm oder das Gleichungssystem will nicht mehr (so ist er nun mal, der Maulesel).

Falls sich der Leser einen Funktionenraum vorstellen kann [etwa aufgespannt durch unendlich viele Basis-Funktionen wie in (12.11) oder (12.22)], dann stellt ihm (13.3) die Haare zu Berge. Mit nur endlich vielen Parametern in der trial function kann man nur einen verschwindend kleinen Teil des Funktionenraumes erfassen. Und nur die „beste" Funktion in diesem *Teil*raum kann ermittelt werden. Wenn man bei der Konstruktion des Teilraumes sehr ungeschickt ist, dann kann es einem passieren, daß man ein Nebenminimum von V findet (falls es eines hat) oder ein Maximum (wenn man nicht nachsieht, ob die V-Werte ringsum größer sind) oder einen Sattelpunkt.

13.2 Variation gleich Null (Weg 2)

Ab sofort sei mit dem Buchstaben f die Funktion (oder die Teilmenge von Funktionen) gemeint, bei der das Funktional V seinen Minimalwert V_0 annimmt. Andere Funktionen schreiben wir als $f(x) + \eta(x)$. In unmittelbarer Umgebung des Minimums, d.h. für infinitesimal kleine Abweichungsfunktion η, wächst V an. Und zwar wächst $V - V_0$ quadratisch mit η an, denn gäbe es einen linearen Term, dann würde $\eta \to -\eta$ zu $V - V_0 < 0$ führen. Damit kennen wir die Bedingung dafür, daß bei f ein Extremum (Minimum, Maximum oder Sattelpunkt) vorliegt. Wir suchen nach einer Gleichung für f und dürfen nun hoffen (auch aus Gründen der Analogie zur Minimum-Suche einer Funktion), daß sie sich hinter dieser Bedingung verbirgt. Ihre Formulierung ist der erste Schritt: man bilde die **Variation** von V und setze sie Null:

$$\delta V := \big(V[f(x) + \eta(x)] - V[f(x)] \big)_{\text{linear in } \eta} \overset{!}{=} 0 \,. \tag{13.4}$$

Der Index „linear in η" verlangt, daß man den Ausdruck weiter umformt und dabei quadratische (und höhere) Terme in η wegläßt. Erst wenn dies geschehen ist, hat man die Variation gebildet, und erst dann darf man sie Null setzen.

Gleichung (13.4) ist die zentrale Gleichung dieses Kapitels. Offenbar verlangt sie danach, spezielle Funktionale einzugeben, wie z.B. unser Trivial-Funktional vom Kapitel-Anfang:

$$\delta V = \left(\int dx \,[(f+\eta)^2 - 2(f+\eta)\,g] - \int dx \,[f^2 - 2fg] \right)_{\text{linear in } \eta}$$

$$= \left(\int dx \,[2f\eta + \eta^2 - 2\eta g] \right)_{\text{lin} \dots} = \int dx \,[2f\eta - 2\eta g]$$

$$= 2 \int dx \, \eta(x)\,[f(x) - g(x)] \overset{!}{=} 0 \,.$$

Der nun folgende Schritt ist typisch für eine ganze Reihe von Fällen. Die Abweichungsfunktion η ist eine beliebige Funktion. Daß sie bis hierher infinitesimal war, spielt in der letzten Zeile der obigen Rechnung keine Rolle mehr, denn man könnte auf beiden Seiten mit einem beliebig großen Faktor multiplizieren. Wir begreifen, daß für alle $\eta(x)$ das Integral nur verschwindet, wenn $[f - g] \equiv 0$ ist. Wer zu dieser Schlußweise mehr Detail braucht, der setze $\eta = \varepsilon \exp(-ikx)$, schließe mittels (12.17) auf $\widetilde{f} = \widetilde{g}$ und kehre nun zurück in die Oberwelt. Dieses Argument läßt sich sehr schön folgendermaßen verallgemeinern. Da $\eta(x)$ jede Basis-Funktion des Raumes sein kann, hat $[f - g]$ nur Null-Koeffizienten. Und wer will, fügt noch hinzu: „Und die einfachste Basis, die mir einfällt, ist $\delta(x - a)$; den Rest sehe ich im Kopf."

Fünf Beispiele

A Welche kürzeste Verbindung haben die Punkte (0,0) und (a, b) in der Ebene? Wer hat da wieder gelacht?! Natürlich ist eine Gerade die kürzeste Verbindung. Jedoch: „Woher wissen Sie das? Wie kommt dies heraus?". Einfache Beispiele sind nun einmal hilfreich:

$$V[f(x)] = \int_c ds = \int_c \sqrt{dx^2 + df^2} = \int_0^a dx \sqrt{1 + f'^2} \overset{!}{=} \min .$$

Es sind nur Funktionen mit $f(0) = 0$ und $f(a) = b$ zugelassen. Folglich haben alle Abweichungsfunktionen die Eigenschaft $\eta(0) = \eta(a) = 0$, und darum hat die partielle Integration in der folgenden (13.4)-Umformung keine Randterme:

$$\delta V = \int_0^a dx \left(\sqrt{1 + (f' + \eta')^2} - \sqrt{1 + f'^2} \right)_{\mathrm{lin}\ldots} = \int_0^a dx\, \eta' \frac{f'}{\sqrt{1 + f'^2}}$$

$$= - \int_0^a dx\, \eta \left(\frac{f'}{\sqrt{1 + f'^2}} \right)' \overset{!}{=} 0 \curvearrowright \left(\frac{f'}{\sqrt{}} \right)' = 0 \curvearrowright f' = C_1$$

$$f = C_1 x + C_2 ; \quad \left.\begin{array}{l} f(0) = 0 \\ f(a) = b \end{array}\right\} \curvearrowright f(x) = \frac{b}{a} x \qquad \text{– wie erwartet.}$$

Wenn die Variation an einer „Stelle" f verschwindet, dann kann dort ein Minimum, ein Maximum oder ein Sattel vorliegen. Angenommen, weder Anschauung noch der Blick auf das Funktional würden uns verraten, was für ein Extremum gefunden wurde, dann wäre diese Frage per Rechnung zu entscheiden, nämlich indem man die **zweite Variation** bildet:

$$\delta^2 V := \text{Terme der Ordnung } \eta^2 \text{ in } V[f + \eta] . \tag{13.5}$$

Im Falle eines Minimums ist sie für alle $\eta(x)$ (außer $\eta \equiv 0$) positiv, bei Maximum negativ, und bei Sattel nimmt sie (abhängig von der η-Form) beide Vorzeichen an. Der Leser möge (13.5) zu Beispiel **A** auswerten. Man erhält

$$\delta^2 V = \frac{1}{2} \int_0^a dx \frac{\eta'^2}{(1 + f'^2)^{3/2}} = \frac{1}{2} \left(\frac{a^2}{a^2 + b^2} \right)^{3/2} \int_0^a dx\, \eta'^2 \geqslant 0$$

und somit ein Minimum.

B Brachistochrone (Bernoulli 1696). Die Form $z = -f(x) \leqslant 0$ einer reibungsfreien Rutschbahn (beginnend im Ursprung) ist gesucht, auf welcher eine Masse m (die mit Null-Geschwindigkeit im Ursprung startet) den Punkt $(a, -b)$, $0 < a, b$, in möglichst kurzer Zeit erreicht. Das Interessante an diesem Problem ist die Frage, wie es zu Papier zu bringen ist:

$$V = \int_0^? dt = \int_0^? dt\, |\dot{\vec{r}}| \frac{1}{|\dot{\vec{r}}|} = \int_c ds \frac{1}{v} = \int_0^a dx \frac{\sqrt{1 + f'^2}}{\sqrt{(2/m)(E - mgz)}} ,$$

$$E = 0 , \; z = -f \curvearrowright V = (1/\sqrt{2g}) \int_0^a dx \sqrt{1 + f'^2} / \sqrt{f} , \; f(0) = 0 , \; f(a) = b .$$

An dieser Stelle sind wir sicher, daß wir das Problem lösen können [siehe auch (13.6)]. Wie dabei eine Rollkurve (Zykloide) herauskommt, steht im *Bronstein*.

C Wirkungsintegral. Ausnahmsweise bezeichnen wir jetzt die Variable mit t, die Funktion mit $x(t)$ und das Funktional mit S. $V(x)$ sei eine gegebene bekannte Funktion:

$$S[x(t)] := \int_{t_1}^{t_2} dt \left(\frac{m}{2}\dot{x}^2 - V(x)\right) \overset{!}{=} \text{Extremum}$$

$$\delta S = \int_{t_1}^{t_2} dt \left(m\dot{x}\dot{\eta} - V'(x)\eta\right) = \int_{t_1}^{t_2} dt \, \eta \left(-m\ddot{x} - V'(x)\right) \overset{!}{=} 0$$

$$\curvearrowright \, m\ddot{x} = -V'(x) \, .$$

Das ist hübsch. Ab sofort darf nämlich nun behauptet werden, das oberste Prinzip der klassisch-mechanischen Natur sei (statt Newton) ein Variationsfunktional. *Landau/Lifschitz* beginnen Band 1 mit dieser Behauptung. Bitte sehr, sie dürfen. Auch in 3D gibt es das Funktional, und sein Integrand, die **Lagrange-Funktion**, ist dann ebenfalls $T - V$. Ein Wirkungsintegral gibt es auch zu den Maxwell-Gleichungen, auch zur Dirac-Gleichung, zur Quantenchromodynamik und zum Standardmodell.

Die zweite Variation zu obigem Wirkungsintegral ist übrigens

$$\delta^2 S = \frac{1}{2} \int_{t_1}^{t_2} dt \left(m\dot{\eta}^2 - V''(x)\,\eta^2\right) \, .$$

Wie antwortet dies auf die Frage nach Maximum, Minimum oder Sattel? Die erlaubten Funktionen η sind an den Rändern Null. Wir entwickeln sie in eine Fourier-Sinus-Reihe, konzentrieren uns auf den ersten (hier wichtigsten) Term und erkennen, daß in $\delta^2 S$ der $\dot{\eta}^2$-Term dominiert, wenn man nur die beiden Zeiten t_1 und t_2 nahe genug aneinander rückt. Bei nicht zu weit entfernten Rändern hat also die Wirkung S ein Minimum bei der real ablaufenden Bewegung $x(t)$. Dies erklärt den Ausdruck „Prinzip der kleinsten Wirkung".

Bei den drei Beispielen **A** bis **C** waren je die Funktionswerte am Rand festzuhalten ($\eta(t_1) = \eta(t_2) = 0$), und alle drei Funktionale hatten die folgende Gestalt:

$$S[x(t)] = \int_{t_1}^{t_2} dt \, L\big(\dot{x}(t), x(t), t\big) \, .$$

Der Integrand L heißt Lagrange-Funktion. Ohne zu spezifizieren, wie sie von ihren drei Argumenten (die wir 1, 2 und 3 nennen) abhängt, läßt sich die Extremwertaufgabe lösen:

$$\delta S = \int_{t_1}^{t_2} dt \left(\dot{\eta}\partial_1 L + \eta\partial_2 L\right) = \int_{t_1}^{t_2} dt \, \eta\left(-\partial_t\partial_1 L + \partial_2 L\right) \overset{!}{=} 0$$

$$\curvearrowright \, \partial_t L'^1 = L'^2 \, . \tag{13.6}$$

Das Resultat (13.6), die **Euler-Lagrange**-Gleichung, haben wir mit Absicht ein wenig unüblich aufgeschrieben. Sie pflegt nämlich Unsicherheiten beim Differenzieren auszulösen. Die Funktion L hat drei Argumente. Wenn man die Ableitung nach dem ersten bildet, dann entsteht eine andere Funktion von drei Argumenten:

$$\partial_a L(a, b, c) = L'^1(a, b, c) \ .$$

Jedoch wie die partielle Integration vor (13.6) zeigt, hat man sich beim Ableiten nach t wieder daran zu erinnern, daß in *jedem* der drei Argumente Funktionen von t stehen. Ganz ausführlich lautet also die linke Seite von (13.6) so:

$$\partial_t L'^1\big(\dot{x}(t), x(t), t\big) \ .$$

Differenzieren ist Differenzieren; man wisse stets wonach [siehe auch Text am Ende des entsprechenden Unterabschnitts in Kapitel 2 und Text um (10.10)]. Übrigens bleibt (13.6) unverändert, wenn man zu L ein totales Differential addiert,

$$L \to L + d_t F \ , \ d_t F := \partial_t F\big(\dot{x}(t) \ , \ x(t) \ , \ t\big) \ ,$$

weil dabei in $S[x(t)]$ nur konstante Randterme hinzukommen. Auch ein konstanter Faktor an L ist unwichtig.

D Nebenbedingungen. Eine Dachrinne, die möglichst viel Wasser faßt, soll gebaut werden. Es stehen Blechstreifen der Breite L zur Verfügung. Die horizontale Breite a sei fest vorgegeben (Bild 13-1) und nur noch die Form ist variabel. Wir haben es so einzurichten, daß die Querschnittfläche A möglichst groß ausfällt. Somit suchen wir das Minimum des Funktionals

$$A[f] = \int_0^a dx\, f(x) \stackrel{!}{=} \min < 0$$

unter der Nebenbedingung

$$N[f] = \int_0^a dx\, \sqrt{1 + f'^2} - L \stackrel{!}{=} 0 \ .$$

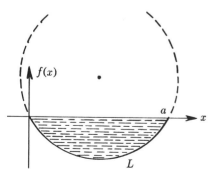

Bild 13-1. Variationsproblem mit Nebenbedingung: Dachrinne mit zu optimierendem Fassungsvermögen

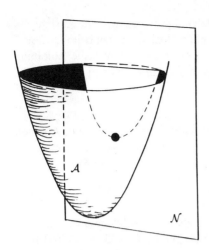

Bild 13-2. Variationsproblem mit Nebenbedingung in graphischer Analogie. Wie man den Lagrangeschen Multiplikator erfindet

Ein Kreis dürfte herauskommen (richtig). Viel interessanter ist jedoch, wie man generell Variationsprobleme mit Nebenbedingung in den Griff bekommt. Es gibt hierfür einen Trick, und diesen gilt es zu erfinden.

Durch die Nebenbedingung wird der Funktionenraum stark eingeschränkt. Nur Funktionen, die $N = 0$ erfüllen, dürfen in A eingeworfen werden. Um die Situation irgendwie anschaulich zu erfassen, denken wir uns Funktionen als Punkte der xy-Ebene und tragen ihre A-Werte nach oben auf: Bild 13-2. Der Nebenbedingung entspreche eine Gerade in der xy-Ebene (ohne die Nebenbedingung würde es beim Dachrinnen-Fall natürlich gar kein Minimum geben). Wir möchten gern ein neues Funktional $V[f]$ konstruieren, welches den tiefsten Punkt der Schnittlinie als Minimum hat, ohne daß dabei noch eine Nebenbedingung den Funktionenraum einschränkt. Also addieren wir zu A einen Term, der Abweichungen von $N = 0$ unter Strafe stellt:

$$V = A + \mu N^2 \, .$$

Je größer der Faktor μ, um so näher rückt das V-Minimum an die gewünschte Stelle. Die Idee muß gut sein. Wir lösen also das V-Problem zu einem großen noch endlichen Wert von μ, erhalten eine minimalisierende Funktion $f_\mu(x)$ und lassen dann μ gegen Unendlich gehen. Sehen wir uns an, wie es dabei zugeht:

$$\delta V = \delta A + 2\mu N \delta N = \int_0^a dx\, \eta\, (\,/\!/\!/\!/\!/ + 2\mu N \cdot \backslash\!\backslash\!\backslash\!\backslash\!\backslash\,) \stackrel{!}{=} 0$$

$$\curvearrowright \qquad /\!/\!/\!/\!/ + 2\mu N \cdot \backslash\!\backslash\!\backslash\!\backslash\!\backslash = 0 \, .$$

Nun empfiehlt es sich, dem konstanten Faktor in dieser Gleichung einen Namen zu geben, $2\mu N =: \lambda$, und ihn als weitere Unbekannte einzuführen. Simultan zu lösen sind somit die beiden Gleichungen

$$/\!/\!/\!/\!/ + \lambda \cdot \backslash\!\backslash\!\backslash\!\backslash\!\backslash = 0 \qquad (*) \qquad \text{und} \qquad N[f] = \frac{\lambda}{2\mu} \qquad (\#)$$

Sei $f(x; \lambda)$ die Lösung von (*). Setzt man sie in (#) ein, so wird (#) zu einer Gleichung für λ. Jetzt erst lassen wir den Parameter μ in Gedanken groß werden. Mit (*) passiert dabei gar nichts: λ bestimmt sich weiterhin aus (#) (vermutlich bleibt es endlich: λ = groß mal klein). Aber die Gleichung (#) vereinfacht sich unter $\mu \to \infty$ stark. Sie geht in $N[f] = 0$ über. Damit ist der Limes $\mu \to \infty$ ausgeführt. Wir haben folgendes gelernt. Zu der Gleichung für f (wie sie sich ohne Nebenbedingung ergeben würde) ist, multipliziert mit λ, die aus der Nebenbedingung resultierende Gleichung (als wäre auch $N[f]$ ein Variationsproblem) zu addieren. λ bestimmt sich nachträglich aus der Nebenbedingung. Damit ist der **Lagrangesche Multiplikator** entdeckt. Wir bringen ihn in der folgenden schönen Verpackung auf den Markt:

$$V[f(x), \lambda] = A[f(x)] + \lambda N[f(x)] \overset{!}{=} \min , \qquad (13.7)$$

wobei das Minimum von (13.7) bezüglich aller Funktionen f *und* bezüglich der gewöhnlichen Variablen λ zu suchen ist. Es ist also

$$\delta V = \delta A + \lambda \, \delta N + \delta \lambda \, N \overset{!}{=} 0$$

zu setzen, woraus die bekannte Gleichung für $f(x; \lambda)$ und die Nebenbedingung $N = 0$ folgt.

Im Fall der Dachrinne erhält man die Dgl $(f'/\sqrt{1 + f'^2})' = 1/\lambda$. Sie läßt sich mit bekannten Mitteln lösen. Für jene Lösung, welche die beiden Randbedingungen $f(0) = f(a) = 0$ erfüllt, gilt

$$\left(f(x) - \sqrt{\lambda^2 - a^2/4}\right)^2 + (x - a/2)^2 = \lambda^2 .$$

Alle $f(x; \lambda)$ sind also Kreise mit Radius λ. Erst per $N[f(x, \lambda)] = 0$ wird nun die vorgegebene Blechbreite L berücksichtigt. Man erhält daraus $\sin(L/2\lambda) = a/2\lambda$ als Gleichung für den Radius λ.

E Das Funktional (13.2) hatte uns geholfen, Weg 1 zu verstehen. Jetzt versuchen wir seine Minimalisierung in Strenge. Wir hatten gesehen, daß der f-Vorfaktor unbestimmt bleibt. Also dürfen wir ihn durch die Nebenbedingung

$$N[f] = 1 - \int dx \, f^2 = 0$$

festlegen. Mit normierten Funktionen f zu arbeiten, ist hier recht praktisch („dürfen" heißt nicht „müssen"), weil der Nenner in (13.2) entfällt. Mit (13.7) erhalten wir:

$$V = \int dx \left(f'^2 + x^2 f^2\right) + \lambda \left(1 - \int dx \, f^2\right)$$

$$\delta V = 2 \int dx \, \eta \left(-f'' + x^2 f - \lambda f\right) + \delta \lambda \left(1 - \int dx \, f^2\right) \overset{!}{=} 0$$

$$H := -\partial_x^2 + x^2 \quad \curvearrowright$$

$$Hf = \lambda f , \quad \int dx \, f^2 = 1 . \qquad (13.8)$$

Die beiden Gleichungen (13.8) gehören zusammen und bestimmen sowohl Eigenfunktionen f als auch Eigenwerte λ. Im ersten Moment meint man, die Normierung lege nur den f-Vorfaktor fest, den die Eigenwertgleichung ersichtlich unbestimmt läßt. Damit aber f normierbar ist, muß es nach beiden Seiten abfallen. Der Dgl gefällt dies gar nicht und so erlaubt sie es nur für spezielle Werte von λ (Zitat: $\lambda = 1 + 2n$ mit $n = 0, 1, 2, \ldots, \infty$). Der extremale Wert von V an den „Stellen" f_n ($H f_n = \lambda_n f_n$) ist

$$V[f_n] = A[f_n] = \int dx\, f_n H f_n = \lambda_n \int dx\, f_n^2 = \lambda_n = 2 \cdot \left(\frac{1}{2} + n \right) .$$

Man prüft leicht nach, daß (13.8) zu $\lambda_0 = 1$ durch $f_0 = \pi^{-1/4} e^{-x^2/2}$ erfüllt wird und somit zu $V_{\min} = 1$ führt. Dies paßt zu unseren trial-function-Erkenntnissen.

Der Leser hat bemerkt, daß wir im Begriff sind, gegen den harten „Rahmen dieses Buches" zu stoßen. Gleichung (13.8) ist Quantenmechanik, nämlich die stationäre Schrödingergleichung des 1D harmonischen Oszillators (wobei wir hier $\omega = 2$, $m = 1/2$ und $\hbar = 1$ gesetzt haben). λ_n sind seine Energie-Meßwerte. Daß sie äquidistant liegen, ist seine Spezialität. Wenn man die zweite Variation untersucht, zeigt sich, daß V nur zu $\lambda_0 = 1$ (Grundzustand) ein echtes Minimum hat; alle anderen Extrema ($n = 1, 2, \ldots$) sind Sättel. Das Variationsfunktional (13.2) gilt in der Form $\int \psi^* H \psi / \int \psi^* \psi$ für jedes stationäre quantenmechanische Problem. Und als auf Weg 1 die Bindungsenergie des Wasserstoffmoleküls ausgerechnet wurde, gab es in der trial function bis zu 13 Parameter.

13.3 Das inverse Problem (Weg 3)

Man schlägt sich mit einer Gleichung herum, kann sie nicht lösen und kommt irgendwann auf die Idee, es könnte doch ein Funktional geben, dessen Minimalbedingung sie darstellt. Falls man ein solches Funktional findet (d.h. falls es einen Weg 3 gibt), dann wird Weg 1 möglich, „der immer geht". Man könnte in Weg 3 das wichtigste Anliegen der Variationsrechnung sehen. Jedoch scheint darüber, wie man Funktionale aufstellt, nur wenig Weisheit zu existieren. Es gibt sie nicht zu kaufen (Funktionale ebensowenig wie Maulesel). Sie stehen in der Landschaft und sind nicht selten mit ganz wenig Mühe zu gewinnen. Hat man einmal die Idee, ein Problem könnte ein Funktional haben, schon erinnert man sich an Weg 2 und beginnt damit, ihn rückwärts zu verfolgen. Falls Weg 3 aussichtslos ist, zeigt sich dies *bald*. Ist er möglich, ist er ein vergnügliches Unterfangen.

Falls auch die 3D-Newtonsche Bewegungsgleichung aus einem Funktional folgt, dann müßte sie im letzten Schritt aus

$$\int_{t_1}^{t_2} dt\, \vec{\eta} \left[-m \ddot{\vec{r}} - \nabla V(\vec{r}) \right] = 0$$

gefolgert worden sein. Wie hierzu der vorletzte Schritt aussieht, ist wegen $V(\vec{r} + \vec{\eta}) = V(\vec{r}) + \vec{\eta} \cdot \nabla V(\vec{r}) + \dots$ beim zweiten Term bereits klar. Im ersten Term muß zuvor Gleichberechtigung von $\vec{r}$ und $\vec{\eta}$ hergestellt werden, nämlich via partieller Integration:

$$-m \int_{t_1}^{t_2} dt\, \vec{\eta} \cdot \ddot{\vec{r}} = m \int_{t_1}^{t_2} dt\, \dot{\vec{\eta}} \cdot \dot{\vec{r}} = \frac{1}{2} m\delta \int_{t_1}^{t_2} dt\, \dot{\vec{r}}^2 \curvearrowright S = \int_{t_1}^{t_2} dt\, (T - V).$$

Also ist $T - V$ auch in 3D die Lagrange-Funktion.

Alle gewöhnlichen Dgln 2. Ordnung haben ein Funktional. Der Typ $y'' = f(x, y)$ ist dabei ein relativ einfacher Spezialfall:

$$0 = \int_0^a dx[-\eta y'' + \eta f(x, y)] = \int_0^a dx\, [\eta' y' + F(x, y + \eta) - F(x, y)]_{\text{lin} \dots},$$

wobei F bezüglich der y-Abhängigkeit eine Stammfunktion von f sei: $\partial_y F(x, y) = f(x, y)$. Jetzt können wir das gesuchte Funktional leicht erraten:

$$V[y(x)] = \int_0^a dx\left[y'^2/2 + F(x, y)\right]. \tag{13.9}$$

Als nächstes möchte vielleicht jemand unverzüglich trial functions in (13.9) hineinwerfen. Hier jedoch ist Vorsicht geboten. Damit trial functions zu verläßlichen Resultaten führen, muß ein „echtes", d.h. ein absolutes Minimum vorliegen (nicht nur ein Extremum, und möglichst auch nicht nur ein Nebenminimum; falls Maximum, gehe man zum negativen Funktional über). An dieser Stelle beginnen also weitere Betrachtungen (siehe *Bronstein*) mit ungewissem Ausgang.

Besonders angenehm ist der Problem-Typ $Af = g$, wobei f gesucht wird, g gegeben ist und A ein symmetrischer linearer Operator ist, d.h. daß $Af(x) := \int dy\, K(x, y) f(y)$ mit $K(x, y) = K(y, x)$ gilt. Hieraus folgt für beliebige zwei Funktionen h, f, daß $\int hAf = \int fAh$ ist. Man sieht dies sofort ein, wenn man Funktionen als Vektoren denkt und den Kern als symmetrische Matrix. Aber man kann natürlich auch explizit nachrechnen:

$$\int hAf \;\overset{\top}{=}\; \int dx\, h(x) \int dy\, K(x, y) f(y) \;=\; \int dy\, f(y) \int dx\, K(x, y) h(x)$$
$$\overset{\bot}{=}\; \int dy\, f(y) \int dx\, K(y, x) h(x) \;=\; \int fAh.$$

Ein Funktional, das bei $Af = g$ minimal wird, erhalten wir nun folgendermaßen:

$$Af = g\,, \quad A^2 f = Ag\,,$$
$$0 \overset{\top}{=} \int \eta(2A^2 f - 2Ag) = 2 \int (A\eta)(Af) - 2 \int (A\eta)g$$
$$\overset{\bot}{=} \delta \int (Af)^2 - 2\delta \int (Af)g \quad \curvearrowright$$
$$V[f] = \int \left[(Af)^2 - 2fAg\right] = -\int g^2 + \int (Af - g)^2 \geqslant -\int g^2\,. \tag{13.10}$$

245

Gleichung (13.10) zeigt, daß V ein absolutes Minimum hat. Verschiedene Funktionale können ihr Extremum an der gleichen „Stelle" f haben. Wären wir ein klein wenig anders vorgegangen,

$$0 = \int \eta(2Af - 2g) \curvearrowright V[f] = \int (fAf - 2fg) ,$$

dann hätte sich ein weniger erfreuliches Funktional ergeben, dessen Extremum-Art unklar ist (solange genauere Angaben über den Operator noch ausstehen). Man sieht übrigens sofort, daß (13.10) auch dann ein Funktional von $Af = g$ ist, wenn A kein symmetrischer Operator ist. Um in diesem allgemeinen Falle (13.10) zu finden, hätten wir als erstes $Af = g$ mit A^T zu multiplizieren gehabt (der Kern von A^T ist jener von A mit vertauschten Argumenten).

Möge nun eine Gleichung der Form $U = 0$ identisch in x zu erfüllen sein und U irgendein über komplexwertiger Ausdruck, welcher die gesuchte Funktion $f(x)$ nichtlinear enthält. Sogar zu diesem allgemeinen Fall haben wir dank (13.10) zumindest noch die Idee

$$V[f] = \int |U|^2 \geqslant 0 .$$

Vielleicht hat dieses Funktional wenig praktischen Wert. Aber es existiert. Mit weichen Knien: auch Weg 3 geht immer. Und die Ängstlichkeiten am Beginn dieses Abschnitts 13.3 waren wohl etwas übertrieben.

Die meisten Überlegungen dieses Kapitels gelten auch für mehrdimensionale Probleme (insbesondere auch für partielle Dgln). Auf Vollständigkeit kam es nicht an, sondern nur darauf, dieses schöne Kalkül und seinen Wert zu begrei-fen. Rechtzeitig, wenn die Physik schwer wird, meldet es sich dann selbsttätig irgendwo im Hinterkopf.

— — —

Der soeben erwähnte „Hinterkopf" ist eine wundersame Einrichtung. Man hat einen halben Tag lang versucht, ein Problem zu lösen oder in den Griff zu bekommen. Es war vergebens. Enttäuscht und niedergeschlagen setzt man sich vor den gewissen Schirm oder geht zu Bett. Am nächsten Morgen sieht die Welt ganz anders aus. „Was war das eigentlich gestern für ein grausames Erlebnis?" Und auf einmal erscheint das Problem recht einfach und überschaubar, oder: auf einmal weiß man, was als nächstes zu tun ist. Der Hinterkopf hat weitergearbeitet. Man sollte mehr Vertrauen zu ihm haben. Nur eines ist schlimm: wenn er nichts hat, womit er sich beschäftigen könnte. Hat er nichts, dann tut er nichts.

In diesem Buch wird nur äußerst sparsam auf Literatur verwiesen. Ist Studium nicht das Sitzen zwischen Bergen dicker Bücher? Soll man Bücher (außer diesem) etwa meiden? Die Antwort ist nicht einfach. Wer in der Woche zwanzig Stunden Vorlesungen hört, dabei also rein rezeptiv arbeitet, dessen Gemüt braucht Ausgleich in aktiven Tätigkeiten. Ein wenig erfreulicher läßt sich bereits die Nachbereitung des Stoffes gestalten. Aber der eigentliche Ausgleich liegt natürlich in der eigenen Auseinandersetzung mit Übungsaufgaben. Wir sind nun bei etwa vierzig Stunden. Vorbereitungen und verschiedene Reibungsverluste bringen auf fünfzig. Man ist müde. Zwischen zwei Vorlesungen schafft man den Weg zur Bibliothek. Von fünf empfohlenen Büchern sind zwei zu haben. Später in der Straßenbahn blättert man ein wenig, z.B. im *berkeley* 3, liest Titel, sieht flüchtig ein paar Abbildungen, „Diese Fourier-Transformation scheint hier ja völlig mit Physik durchsetzt zu sein". Zum genaueren Lesen kommt man dann nicht mehr, und das Buch wandert zurück in die Bibliothek. Lieber Leser: (auch) das ist normal! Sie kennen nun das Buch bezüglich Aussehen, Gewicht und Gefühlseindruck. Lange Zeit später bei einer speziellen Frage zu Fourier erzählt Ihnen der bewußte Hinterkopf, daß man eigentlich mal im *berkeley* 3 nachschauen könnte. Es war also nicht umsonst.

Anders liegen die Dinge in semesterfreien Zeiten. Jetzt muß man nicht, man darf. Grob gesprochen alles, was Menschen an Wertvollem hinterlassen haben, ist aufgeschrieben oder aufgemalt oder auf Band. Man habe ein paar einschlägige Bücher – „Wer weiß, vielleicht packt es mich noch". Bleistift und Papier sind dann erforderlich – und Zeit. Auch hier gilt, daß man sich nicht entmutigen lasse, wenn die Vorsätze etwas zu hoch angesiedelt waren.

14. Wahrscheinlichkeiten

Das riesige Gebiet der Statistischen Physik nimmt seinen Ausgang bei einigen wenigen, einfachen und vergnüglichen Überlegungen zum Würfel, zum Münze-Werfen und zum Zahlenlotto. Überträgt man sie auf ein Gasteilchen, dann erfindet man mehr oder weniger zwangsläufig ein Maß für warm und kalt und nennt es „Temperatur". An der Stelle, an der wir die Richtung erkennen können, in der sich alles über Temperatur-Physik erarbeiten läßt, wird auf den „Rahmen dieses Buches" zu verweisen sein.

Wer sich nach den Anstrengungen der vergangenen 13 Kapitel eine gewisse Beziehung zur Natur-Mathematik zuspricht, der möchte wohl auf das Ansinnen, über Wahrscheinlichkeit nachzudenken, mit Empörung reagieren. „Haben wir nicht ständig an der Erkenntnis gearbeitet, daß alle (alle!) Vorgänge aufgrund einheitlicher oberster Prinzipien erklärbar und präzise vorhersagbar sind? Daß ich die letzte Übung richtig habe, mag eine Wahrscheinlichkeit von 97% haben. Daß am 30. Mai die Welt untergeht, ist unwahrscheinlich. Physik ist doch nicht ‚Blinde Kuh'!" In der Tat gibt es im folgenden auf der grundsätzlichen Seite des Natur-Verhaltens nichts Neues zu lernen. Die Teilchen in einem Kasten mit Gas oder Badewasser folgen (quanten)mechanisch-elektromagnetischen first principles. Das wissen wir. Aber die Anfangsdaten der beteiligten z.B. 10^{25} Teilchen kennen wir nicht. Wir müssen lernen, mit Unkenntnis zu leben. Die Frage ist, was für Aussagen zu gegebener Unkenntnis möglich sind. Was jener starre Körper in einem ledernen Würfelbecher treibt, bleibt weitgehend im Dunkel. Was dann aber auf dem Tresen zum Vorschein kommt, ist zu einem Sechstel von 100% eine Eins. Um einfache Beispiele für „gegebene Unkenntnis" zu konstruieren, können wir uns also der (ansonsten belanglosen) Möglichkeit bedienen, Unkenntnis künstlich herzustellen. Wir verdunkeln absichtsvoll: doch „Blinde Kuh"!

14.1 Wahrscheinlichkeit ist meßbar

Wahrscheinlichkeiten werden auf Eins normiert. Hat man eine Prozentzahl im Kopf, wie z.B. obige 97% für „Übung richtig" und 3% für „Übung falsch", dann teile man sie durch 100:

$$p_{\text{richtig}} = 0,97 , \quad p_{\text{falsch}} = 0,03 ;$$

andernfalls hätten wir einen schwachen Stand, wenn jemand bei halbe-halbe von

„45 Grad" redet oder wenn er die Sicherheit eines Ereignisses mit „90 Zentner" kommentiert. Der Buchstabe p wird gern benutzt, weil er „probability" abkürzt. So, wie die Summe aller Ereignis-Prozentzahlen 100 zu ergeben hatte, muß nun die Summe aller auf 1 normierten Wahrscheinlichkeiten 1 sein:

$$\sum_{\nu} p_{\nu} = 1 \ . \tag{14.1}$$

Gleichung (14.1) muß erfüllt sein; andernfalls hat man sich verrechnet, oder die Objekte p_{ν} können nicht als Wahrscheinlichkeiten gedeutet werden. Mitunter verwendet man (14.1), um ein letztes noch unbekanntes p zu bestimmen. Die Wahrscheinlichkeiten bei Münzwurf sind $p_1 = p_0 = 1/2$. Ein idealer Würfel hat $p_1 = p_2 = \ldots = p_6 = 1/6$. Ein „gezinkter" Würfel (Magnet eingebaut, Gartentisch aus Blech) habe $p_1 = \ldots = p_5 = 1/10$; also fällt die 6 mit Wahrscheinlichkeit $p_6 = 1 - 5 \cdot (1/10) = 1/2$. Was könnte man tun, um herauszufinden, ob ein Würfel gezinkt ist? Man würde drei Wochen lang würfeln, dabei eine Strichliste füllen, schließlich die Anzahl N_6 der Sechsen durch die Gesamtzahl N der Würfel teilen und behaupten, das sei p_6. „Zufall", sagt der Würfel-Eigentümer, woraufhin wir uns zu weiteren drei Wochen veranlaßt sehen:

$$\lim_{N \to \infty} \left(\frac{N_{\nu}}{N} \right) =: p_{\nu} \ . \tag{14.2}$$

Gleichung (14.2) zeigt, wie man die Wahrscheinlichkeit p_{ν} eines Ereignisses ν experimentell ermitteln kann. Reproduzierbarkeit der Einzelmessungen ist erforderlich; das System muß stets erneut „gleich präpariert" werden (Würfelbecher stets stark schütteln). Fazit: p_{ν} ist meßbare Größe. Die Mühsal der Experiment-Durchführung unterstreicht lediglich den Wunsch, p_{ν} auch ausrechnen zu können. In aller Regel kann man das, nämlich aufgrund der Kenntnis der unterliegenden first principles. Daß die Limes-Prozedur (14.2) funktioniert, ist uns im Moment gefühlsmäßig klar (siehe jedoch unten).

Mit idealem Würfel erhält man eine Zahl größer als 4 mit der Wahrscheinlichkeit $p_5 + p_6 = 1/3$. Das seltene Glück, zwei Sechsen hintereinander zu werfen, wird einem mit der Wahrscheinlichkeit $p_6 \cdot p_6 = 1/36$ zuteil. Die Wahrscheinlichkeit dafür, daß bei zwei Würfen mindestens eine 6 dabei ist, ist kleiner als $1/3$, nämlich $(1/6) \cdot 1 + (5/6) \cdot (1/6) = 11/36$. Es lohnt sich nicht, unter großer verbaler Anstrengung die Umstände zu beschreiben, unter denen p's zu addieren oder zu multiplizieren sind, denn man kann etwaige solche Probleme stets auf Würfel abbilden (notfalls auf mehrere und n-flächige). a Richtige beim Spiel „b aus c" hat man leider nur mit der Wahrscheinlichkeit

$$p_a = \frac{\binom{b}{a} \binom{c-b}{b-a}}{\binom{c}{b}} \ , \quad \text{wobei} \quad \binom{b}{a} := \frac{b!}{a!(b-a)!} \ . \tag{14.3}$$

Behauptung (14.3) zu testen, zu beweisen oder herzuleiten (!), das wird ausnahmsweise ganz dem Leser überlassen [siehe jedoch (14.7)]. Verdunklung ist im Sinne der Lotto-Annahmestellen, Schatzmeister und Übungsaufgaben-Produzenten.

Die mittlere Augenzahl eines idealen Würfels ist 3,5. Auch um diese Zahl zu messen und als arithmetisches Mittel zu erhalten, sind „unendlich" viele Würfel erforderlich:

$$\langle \nu \rangle = \lim_{N \to \infty} \frac{N_1 \cdot 1 + N_2 \cdot 2 + \ldots}{N} = \sum_\nu p_\nu \cdot \nu \; . \tag{14.4}$$

Dabei haben wir (14.2) verwendet und natürlich absichtsvoll die Summe nicht genauer spezifiziert. Gleichung (14.4) gilt auch für einen n-flächigen Würfel. Die Zahlen, die auf seinen n Flächen stehen, können beliebig der reellen Achse entnommen sein [insbesondere können es quantenmechanische Meßwerte sein. Ihr Mittelwert (14.4) wird dann Erwartungswert genannt. Das hatten wir doch: (12.34)!] Gleichung (14.4) ist die gleiche Mittel-Bildung wie bei Funktionen: (6.6). Wir haben lediglich die Überstreichung durch die bequemere und üblichere Klammerung $\langle \; \rangle$ ersetzt. Es versteht sich, daß wir die mittlere kubische Augenzahl erhalten, wenn wir ganz rechts und ganz links in (14.4) ν durch ν^3 ersetzen: wir schreiben einfach die Kuben der Zahlen auf die Würfelflächen. Schließlich können wir schreiben:

$$\langle f(\nu) \rangle = \sum_\nu p_\nu \cdot f(\nu)$$

$$\begin{pmatrix} \text{Mittelwert} \\ \text{einer System-} \\ \text{Eigenschaft} \end{pmatrix} = \sum_\nu p_\nu \cdot \begin{pmatrix} \text{diese Eigenschaft} \\ \text{des Systems, wenn es} \\ \text{im Zustand } \nu \text{ ist} \end{pmatrix} \tag{14.5}$$

Das ist wichtig. Gleichung (14.5) zeigt, wie man Wahrscheinlichkeiten unverzüglich zu Mittelwerten aller Art weiterverarbeiten kann. So ist zum Beispiel der Druck eines Gases ein Mittelwert, und mit (14.5) wird er ausgerechnet. Gleichung (14.1) ist Spezialfall von (14.5) zu $f(\nu) \equiv 1 : \langle 1 \rangle = 1$, $\langle \text{const} \rangle = \text{const}$. Ein anderer Spezialfall ist die Schwankung, vergleiche (6.7), d.h. die Wurzel aus der mittleren quadratischen Abweichung vom Mittelwert:

$$\Delta \nu := \sqrt{\langle (\nu - \langle \nu \rangle)^2 \rangle} = \sqrt{\langle \nu^2 \rangle - \langle \nu \rangle^2} \; . \tag{14.6}$$

Wenn man eine Häufigkeits-Verteilung skizziert, dann sollte man $\Delta \nu$ als Fehlerbalken nach rechts und links vom Mittelwert eintragen. Für den gezinkten Würfel mit $p_1 = \ldots = p_5 = 1/10$, $p_6 = 1/2$ ergibt sich

$$\langle \nu \rangle = (1/10) \cdot (1 + 2 + 3 + 4 + 5) + (1/2) \cdot 6 = 9/2 \; ,$$

$$(\Delta \nu)^2 = (1/10) \cdot ([1 - 9/2]^2 + \ldots + [5 - 9/2]^2) + (1/2) \cdot [6 - 9/2]^2$$

$$\text{oder: } (1/10) \cdot (1 + 4 + 9 + 16 + 25) + (1/2) \cdot 36 - 81/4$$

$$= 13/4 \curvearrowright \Delta \nu = \sqrt{13/4} = 2\sqrt{1 - 3/16} \approx 2 - 3/16 \approx 1,8$$

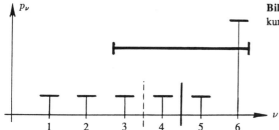

Bild 14-1. Werte, Mittelwert und Schwankung eines präparierten Würfels

und somit die Verteilung und der Fehlerbalken von Bild 14-1. An der gestrichelten Linie hätte der ideale Würfel seinen Mittelwert. Wer sich nun unseres Breitemaßes (12.39) erinnert und bei Bild 14-1 an Schwerpunkt und Trägheitsmoment von fünf leichten und einer schweren Masse denkt, der bekommt alle diese Begriffe unter einen Hut. Man unterstreicht die Gemeinsamkeiten auch gern mit dem Wort „Verteilung": Massenverteilung, Wahrscheinlichkeitsverteilung.

Relative Schwankung $\to 1/\sqrt{N}$

Wir kehren nun zu unserer p-Messung (14.2) zurück und fragen, „wie gut" z.B. p_2 nach sechswöchigem Würfeln bestimmt ist. Daß wir dabei einen idealen Würfel zugrunde legen, wird sich als eine kaum nennenswerte Einschränkung erweisen. Um die Frage „wie gut?" zu präzisieren, interessieren wir uns für die Wahrscheinlichkeit P_m dafür, daß unter 2 Millionen ($=: N$) Würfen eine bestimmte Anzahl $N_2 =: m$ von Zweien enthalten ist. Statt N-mal hintereinander den Würfelbecher zu schwingen, können wir uns auch N genaue Kopien des Würfels herstellen lassen, sie in einen großen Eimer tun, diesen schütteln und ihn dann auf das Parkett einer großen Turnhalle entleeren. Ein Kurs in rhythmischer Gymnastik legt uns schließlich die Würfel in eine Reihe (ohne einen zu verkippen und ohne auf die Zahlen zu achten). Die Wahrscheinlichkeit dafür, daß nun genau die ersten m Würfel eine Zwei zeigen (und alle anderen nicht), ist $(1/6)^m(1-1/6)^{N-m}$. Es gibt aber viel mehr Anordnungs-Möglichkeiten von m Zweien auf N „Plätzen":

$$\begin{pmatrix} \text{Anzahl der Möglichkeiten, } m \\ \text{ununterscheidbare Objekte auf } N \\ \text{numerierte Plätze zu verteilen} \end{pmatrix} = \frac{N!}{(N-m)!\,m!} = \begin{pmatrix} N \\ m \end{pmatrix}. \qquad (14.7)$$

Die erste Zwei hat N Plätze zur Auswahl, die zweite $N-1$ usw., und wir erhalten zunächst $N!/(N-m)!$ Konfigurationen von numerierten Zweien. Dabei haben wir z.B. den Fall, daß alle Zweien den linken Anfang füllen, $m!$-mal gezählt (ebenso alle anderen Fälle) – daher der zusätzliche Faktor $m!$ im Nenner von (14.7). Er bewerkstelligt den Übergang von numerierten zu ununterscheidbaren Objekten. Links in (14.7) spiele man noch ein wenig mit Worten: „aus einem Kamm mit N Zinken m derselben auszubrechen", „auf $N = 365$ Tage m Fei-

ertage zu verteilen", „an N Straßenbahnstationen m Plastikpapierkörbe zu ...".
Die gesuchte Wahrscheinlichkeit P_m erhalten wir nun zu

$$P_m = \left(\frac{1}{6}\right)^m \cdot \left(1 - \frac{1}{6}\right)^{N-m} \cdot \binom{N}{m} \ . \tag{14.8}$$

Unverzüglich ist die Probe auf Normierung geboten:

$$\sum_{m=0}^{N} P_m = \sum_{m=0}^{N} \left(\frac{1}{6}\right)^m \cdot \left(\frac{5}{6}\right)^{N-m} \cdot \binom{N}{m} = \left(\frac{1}{6} + \frac{5}{6}\right)^N = 1 \ , \qquad \text{qed.}$$

Der Mittelwert $\langle m \rangle$ muß (um alles in der Welt; wenigstens bei $N \to \infty$) den Wert $N/6$ annehmen. Wir rechnen das nach und erfinden dabei einen wunderbaren Trick zur Summen-Auswertung:

$$f(x) := \sum_{m=0}^{N} x^m \left(\frac{5}{6}\right)^{N-m} \binom{N}{m} = \left(x + \frac{5}{6}\right)^N \ , \ f(1/6) = \sum_{m=0}^{N} P_m = 1 \ ,$$

$$\langle m \rangle = \sum_{m=0}^{N} m \cdot P_m = x\partial_x f(x)|_{x=1/6}$$

$$= x\partial_x(x + 5/6)^N|_{...} = Nx(x + 5/6)^{N-1}|_{...} = N/6 \ .$$

Nun dürfte sich auch die Schwankung Δm berechnen lassen. Es wird spannend, denn wir möchten ja herausbekommen, daß sich der Fehlerbalken von $\langle m \rangle/N$, d.h. von p_2 (oder von p_6) mit wachsendem N auf Null zusammenzieht. Ein $p_6 = 1/2$ nach sechswöchigem Würfeln wäre dann ein der Gewerbeaufsicht ausreichendes Argument dafür, daß der Würfel gezinkt ist.

$$(\Delta m)^2 = \langle m^2 \rangle - \langle m \rangle^2 = (x\partial_x)^2 f(x)|_{x=1/6} - N^2/36 = \ldots = 5N/36$$

$$\curvearrowright \ \Delta m = \sqrt{5N/36} \ ,$$

$$\frac{\Delta m}{\langle m \rangle} = \sqrt{5N/36} \ \frac{6}{N} = \frac{\sqrt{5}}{\sqrt{N}} \ . \tag{14.9}$$

Die Schwankung von $m = N_2$ wird zwar wurzelartig groß, aber die **relative** Schwankung (14.9) geht gegen Null. Nur der Faktor $\sqrt{5}$ ist würfelspezifisch, die reziproke Wurzel aus N hingegen eine sehr allgemeine Eigenschaft „großer" Systeme.

Der o.g. Eigentümer des gezinkten Würfel windet sich und behauptet nun, zwar sei der Fehlerbalken nach 6 Wochen winzig, aber die Häufigkeitsverteilung über der m-Achse habe halt bei $m = N/2$ noch beachtliche Werte. Wir weigern uns, auf solchem Niveau mit ihm weiterzuverhandeln, und drücken ihm den *berkeley* 5 (statistical physics) in die Hand (mit Buchzeichen bei Appendix A.1). Dort wird nämlich die Häufigkeitskurve zu einer weichen Funktion von m verarbeitet. Sie hat (Zitat) die Form einer Gauß-Funktion, insbesondere ist

$$\frac{1}{\sqrt{2\pi}\,(\Delta m)}\,e^{-(m-\langle m\rangle)^2/2(\Delta m)^2}\,dm \tag{14.10}$$

die Wahrscheinlichkeit dafür, daß das Resultat in einem Intervall dm um m liegt. Und ein m-Wert, der in z.B. dem Intervall $(\langle m\rangle + 5\Delta m,\ \infty)$ liegt, ist nur noch mit Wahrscheinlichkeit 3×10^{-7} zu erhalten.

14.2 Entropie

Wir haben gesehen, daß man sich einen Würfel unendlich-fach kopieren muß (wenigstens in Gedanken), um die Wahrscheinlichkeiten p_ν definieren zu können. Man nennt eine solche Ansammlung von gleichpräparierten Systemen ein statistisches **Ensemble**. Neben der ganzen p-Galerie sind auch Mittelwert $\langle\nu\rangle$ und Schwankung $\Delta\nu$ gewisse Zahlen, die das Ensemble charakterisieren. Man kann sich leicht weitere solche Ensemble-typische Zahlen konstruieren, aber eine von ihnen hat überraschende und exzellente Eigenschaften

$$S := -\sum_\nu p_\nu \ln(p_\nu) \geqslant 0\ . \tag{14.11}$$

Das Zeichen $\geqslant$ gilt wegen $p_\nu \leqslant 1$, wobei man „$0\cdot\ln(0)$" als $\varepsilon\cdot\ln(\varepsilon)$ mit $\varepsilon\to +0$ zu lesen hat („von der physikalischen Seite her einbetten"!). Im extremen Fall, daß ein p Eins ist und alle anderen Null sind, erhält man also $S = 0$. Ihren Minimalwert 0 nimmt somit die Entropie im Falle der Sicherheit an: keine Unkenntnis, kein Informationsmangel, total gezinkter Würfel. Im entgegengesetzten Falle sind alle Wahrscheinlichkeiten gleich, nämlich $= 1/g$ (g = Anzahl der möglichen Resulte = 6 beim Würfel), und S nimmt dann den Wert $S_0 = \ln(g)$ an. Daß S_0 der maximale Wert von S ist, läßt sich aufgrund von $\ln(x)\leqslant x-1$ zeigen,

$$\begin{aligned}
S &= \sum p\ln(1/p) = \sum p\left[\ln(1/pg)+\ln(g)\right]\\
&\leqslant \sum p[1/pg - 1 + \ln(g)] = \ln(g) \ \curvearrowright \ S\leqslant S_0\ ,
\end{aligned} \tag{14.12}$$

wobei in der zweiten Zeile $\sum p = 1$ und $\sum 1 = g$ ausgenutzt wurde. Somit hat S seinen größten Wert bei größtmöglichem Mangel an Information. Kurz: die Entropie ist ein Maß für den Informationsmangel, für die Unkenntnis. Es kommt noch schöner. $S/\ln(2)$ ist die (mittlere) Anzahl von Ja-Nein-Fragen, die zur Kenntnis eines vorliegenden, aber unsichtbaren Resultates führen. Jemand hat einen idealen 4-flächigen Würfel bedient, hält aber sofort die Hand darüber (es ist eine Eins). 1. Frage „Ist die Zahl größer als 2,5?", Antwort „Nein", 2. Frage „Ist es eine 2?", Antwort „Nein". Jetzt wissen wir, daß es eine 1 ist. Zwei Fragen waren nötig, $S/\ln(2) = \ln(4)/\ln(2) = 2\ln(2)/\ln(2) = 2$, es stimmt. Mehr hierüber (und ein anderes schönes Beispiel) findet sich bei *Brenig* („Statistische Theorie der Wärme").

Eine andere erfreuliche Eigenschaft der Entropie ist ihre Additivität für den Fall, daß zwei „würfelnde" Systeme keinen Kontakt miteinander haben (gesamte Unordnung = Unordnung hier plus Unordnung da). Zwei Herren würfeln, einer am vorderen Ende der Theke (p's), einer am hinteren (q's, verschieden gezinkte Würfel). Die Wahrscheinlichkeit dafür, daß vorn eine 3 und hinten eine 5 fällt, ist $p_3 \cdot q_5$. Und die Entropie des Zwei-Würfel-Ensembles ist

$$
\begin{aligned}
S_{\text{gesamt}} &= -\sum_{\nu,\mu} p_\nu q_\mu \ln\big(p_\nu q_\mu\big) = -\sum_{\nu,\mu} p_\nu q_\mu \ln\big(p_\nu\big) - \sum_{\nu,\mu} p_\nu q_\mu \ln\big(q_\mu\big) \\
&= -\sum_{\nu} p_\nu \ln\big(p_\nu\big) - \sum_{\mu} q_\mu \ln\big(q_\mu\big) = S_{\text{vorn}} + S_{\text{hinten}} \,.
\end{aligned}
\tag{14.13}
$$

Die sagenumwobene Größe S wird landläufig von ebenso umwobenen Sprüchen begleitet, wie etwa, daß sie immer zunehme. Wie könnte das gemeint sein? Wir nehmen eine Münze (zweiflächiger Würfel) und legen sie mit der „1" nach oben. Die Wahrscheinlichkeit für „1 oben" nennen wir p, und jene für „0 oben" heiße q: $p(t = 0) = 1$, $q(0) = 0$. Nun hauen wir in Zeitabständen dt mit einem Hammer von unten derart gegen die Tischplatte, daß sich die Münze mit einer (ebenfalls infinitesimalen) Wahrscheinlichkeit dw umdreht: $p(dt) = 1 - dw$, $q(dt) = dw$. Wir überlassen es dem Leser (es ist viel zu schön, als daß man es ihm wegnehmen dürfte), die folgende Dgl für p herzuleiten und sie zu lösen:

$$
\dot{p} = \lambda \cdot (1 - 2p) \,, \quad \lambda := dw/dt \,, \quad \curvearrowright \quad p(t) = [1 + \exp(-2\lambda t)]/2 \,.
\tag{14.14}
$$

Hiermit kann man nun untersuchen, wie die Entropie $S = -p\ln(p) - (1 - p) \cdot \ln(1 - p)$ monoton anwächst, nämlich von $S(0) = 0$ bis zum Maximalwert $S(\infty) = \ln(2)$. So ist das gemeint. „Erschütterungen" aller Art treiben ein physikalisches System ins Gleichgewicht (sofern es nicht bereits dort ist). Die Unordnung in der Studentenbude nimmt von ganz allein zu: man kann wirklich nichts dafür.

In einschlägigen physikalischen Lehrbüchern ist noch eine Umwobenheit ganz anderer Art anzutreffen. Als Entropie wird dort die Größe $S_{\text{alt}} = k_{\text{B}} S$ angesprochen. Wer nun verzweifelt einen Sinn hinter der Konstanten k_{B} sucht, der wird enttäuscht. Es gibt keinen. Die Boltzmann-Konstante k_{B} ist „das ε_0 der Wärmelehre". $k_{\text{B}} = 1,38 \ldots \cdot 10^{-27}$ Joule/K und K = „Grad Kelvin" ist so willkürlich wie jene „90" beim rechten Winkel. Damals – anno 1990 – war die Physik noch sehr jung. Man wagte die Relikte ihrer Entstehung nicht anzutasten, und die Reformer waren noch in der Minderzahl (aus: „Geschichte der Physik", Springer 2290).

Wahrscheinlichkeitsdichte

Würfel können sehr verschieden gebaut werden. So hat z.B. ein walzenförmiger Würfel kontinuierliche Werte auf einer ringsum angebrachten Zahlenachse. Wir können auch einen Massenpunkt m zwischen reflektierenden Wänden (Abstand $6a$) auf der x-Achse hin- und herlaufen lassen und sodann mit der Hand (Handbreite a) in das Intervall $(2a, 3a)$ greifen. Da wir die Startzeit vergessen haben und einen „Punkt" nicht sehen können, erwischen wir ihn mit der Wahrscheinlichkeit $p_3 = 1/6$. Nun zwicken wir mit dünnen Fingern (Breite dx) bei x in die Achse und sind nur noch mit der folgenden Wahrscheinlichkeit erfolgreich:

$$p_x = dx/6a =: P(x)dx \ , \quad \text{hier} : P(x) \equiv 1/6a \ .$$

Wenn eine Wahrscheinlichkeit proportional zu infinitesimalem Intervall klein wird, bildet man sinnvollerweise das Verhältnis, um eine normale Funktion zu erhalten. Handelt es sich etwa um einen Floh auf einem Zwirnsfaden, der sich aufgrund gewisser Angewohnheiten gern weiter links (Futter) oder rechts (Sonne) aufhält, dann hat die Kurve $P(x)$ in der Mitte ein Minimum. Die Wahrscheinlichkeitsdichte $P(x)$ hat Dimension 1/[Intervall]. Sie ist eine Hilfsfunktion, die erst durch Multiplikation mit Intervall zum Leben einer dimensionslosen Wahrscheinlichkeit erweckt werden kann. Ein Beispiel ist die Gauß-Verteilung (14.10). Mit den Anhaltspunkten „Integral ist Summe" und „dx und $P(x)$ gehören zusammen" verstehen wir die folgenden Gleichungen:

$$\int dx \, P(x) = 1 \ , \quad \langle f(x) \rangle = \int dx \, P(x) f(x) \ ,$$

$$\text{Wahrscheinlichkeit, daß in } (a, b) = \int_a^b dx \, P(x) \ .$$

(14.15)

Beispiele für Wahrscheinlichkeitsdichten finden sich überall im täglichen Leben (man muß weder einen Floh haben, noch die Quantenmechanik anflehen: $P(x) = |\psi(x)|^2$). Eine Stahlkugel m springe verlustfrei vertikal auf einer Glasplatte: Höhe h, $E = mgh$, $V(z) = mgz$, $v = \sqrt{2g} \sqrt{h - z}$, halbe Periode $T/2 = \sqrt{2h/g}$. Die Wahrscheinlichkeit, sie in dz bei z anzutreffen, ist proportional zur Zeit, die sie in dz verweilt:

$$P(z)dz = dt/(T/2) = \sqrt{g/2h} \ (dt/dz) \, dz$$

$$\curvearrowright \ P(z) = 1/2\sqrt{h(h - z)}$$

Normierung zur Probe:

$$\int_0^h dz \, P(z) = (1/2) \int_0^1 du \, 1/\sqrt{u} = 1 \ .$$

Daß die $P(z)$-Kurve bei $z \to h$ wurzelartig singulär wird, ist plausibel, denn dort wird die Kugel unendlich langsam. Was die Quantenmechanik zu genau dem gleichen Problem (!) liefert, ist im Bild 14-2 als gestrichelte Kurve eingetragen, und zwar für einen bestimmten E-Wert (Grundzustandsenergie; zu immer höheren Energie-Eigenwerten nähert sie sich der skizzierten klassischen Verteilung).

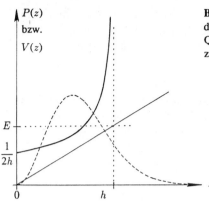

Bild 14-2. Klassische Aufenthalts-Wahrscheinlichkeits-dichte zum Freien Fall. Die gleiche Aussage seitens der Quantenmechanik (gestrichelt) im Extremfall des Grundzustandes

14.3 Maxwell-Verteilung

In einem Kasten $(1\,\mathrm{cm}^3)$ befindet sich ein Teilchen. Seine Masse m sei genügend groß (Quantenmechanik unnötig), und es sei (im Mittel) genügend langsam (Relativitätstheorie unnötig). Der Kasten klebt an der Innenwand einer großen Thermoskanne. Letztere ist gefüllt mit Badewasser und treibt im schwerelosen Raum. Das Wasser wurde einmal umgerührt und danach jahrelang in Frieden gelassen. Also nehmen wir an, es ist gleichmäßig „warm". Das Teilchen zieht in dem Kasten seine Bahn und gewinnt oder verliert ab und zu an der „wärmebewegten" Wand ein wenig Energie. Wir fragen nach der Wahrscheinlichkeit $P(\vec{p})\,d^3p$ dafür, daß es („Jahre danach") bei einem in d^3p um $\vec{p}$ liegenden Impuls angetroffen wird. Die Wahrscheinlichkeitsdichte P hängt nicht von der $\vec{p}$-Richtung ab, denn es ist keine Richtung ausgezeichnet. Sofern die Wände nur ideal spiegeln, klappen sie nur die gedachte Weiterbewegung formal nach innen. Auch die kleinen Impulsüberträge an der Wand können, da unsynchronisiert und von zufälliger Größe, keine Vorzugsrichtung etablieren. Kurz: Tetraeder- und Kugelkasten haben die gleiche Verteilung. Also schreiben wir $P(\vec{p}) = f(p^2)$. Jetzt sehen wir uns die Projektion der Teilchenbewegung auf die x-Achse an.

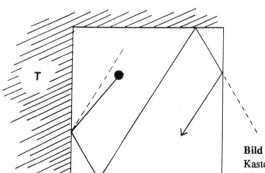

Bild 14-3. Ein klassiches Teilchen in einem Kasten am Wärmebad. Zur Herleitung der Maxwell-Verteilung

Mit welcher Wahrscheinlichkeit $g(p_1^2)\,dp_1$ eine Impuls-x-Komponente in dp_1 um p_1 liegt, hat überhaupt nichts damit zu tun, sagt Maxwell (es ist der gleiche Maxwell), wie schnell es gerade in y-Richtung ist. (Achtung, diese Behauptung kann nur im nichtrelativistischen Grenzfall aufrechterhalten werden). Also ist die gesuchte Wahrscheinlichkeit $f(p^2)\,d^3p$ das Produkt aus den drei Wahrscheinlichkeiten $g(p_j^2)\,dp_j$ $(j = 1, 2, 3)$. Wir erhalten:

$$f(p^2) = g\left(p_1^2\right) \cdot g\left(p_2^2\right) \cdot g\left(p_3^2\right) \,, \quad f(x + y + z) = g(x) \cdot g(y) \cdot g(z)$$

$$\partial_x \text{ bzw. } \partial_y : \; f'(x + y + z) = g'(x) \cdot g(y) \cdot g(z) = g(x) \cdot g'(y) \cdot g(z) \,,$$

$$g'(x)/g(x) = g'(y)/g(y) = \text{const} =: -\alpha \,, \quad g(x) = C_1 \exp(-\alpha x) \quad \curvearrowright$$

$$P(\bar{p}) = f(p^2) = C\,e^{-\beta p^2/2m} \,. \tag{14.16}$$

Die Konstante C bestimmt sich aus der Normierung $\int d^3p\,P(\bar{p}) = 1$. Im letzten Schritt zu (14.16) haben wir einigermaßen willkürlich aus der Konstanten α noch die reziproke Masse abgespalten: $\alpha = \beta/2m$. Dies hat keine Bedeutung, solange auch m eine Konstante ist. Weshalb man im Vergleich mit anderen Systemen (14.16) als Funktion der Energie (hier: $p^2/2m$) aufzufassen hat, versuchen wir weiter unten zu erklären.

Wenn das Badewasser sehr tief gefroren ist, dann sollte β sehr groß sein, damit die Wahrscheinlichkeitsdichte (14.16) nur sehr kleine Impulse favorisiert. Umgekehrt sollte es bei heißem gasförmigen Badewasser auch sehr große Impulse des Teilchens geben, d.h. β sollte dann klein sein. β ist ein Charakteristikum des Wärmebades, ein Maß für seine „Kühle". Somit ist $1/\beta =: T$ ein Maß für seine „Warmheit". Wir nennen es **Temperatur**. Da das Argument einer e-Funktion dimensionslos sein muß, ist die Temperatur in Joule zu messen: eine Wärmebad-spezifische Vergleichsenergie. Auf die altmodische Umrechnung $T_{\text{alt}} = T/k_{\text{B}}$ lassen wir uns hier nicht ein: siehe Text unter (14.14). *Ch. Kittel* („Physik der Wärme") sieht das auch so und schreibt für die Vergleichsenergie ein geschwungenes T. Wir sind nicht allein.

Unser Kasten mit einem Teilchen ist ein Thermometer. Wir können ihn in den Kochtopf tauchen oder in den Kühlschrank stellen. Nachdem er sich dort eingewöhnt hat, haben wir „nur noch" 2 Milliarden mal nachzusehen, ob der Impuls des Teilchens in einem gewählten kleinen Intervall d^3p um ein gewähltes $\bar{p}$ liegt. Division gemäß (14.2) gibt uns dann die Wahrscheinlichkeit $P(\bar{p})\,d^3p$, und via (14.16) folgt $\beta = 1/T$. Im Prinzip geht das. Aber den Protest der Krankenbrüder und Hausmänner (sowie des gleichnamigen hiesigen Wirtschaftsministers) sollten wir nicht abwarten. Es müßte doch eine physikalische Größe geben, die einerseits die Details der Maxwell-Verteilung automatisch verarbeitet und die andererseits leicht zugänglich ist. Die gibt es und heißt Druck.

Der Druck eines Teilchens

Der quaderförmige Kasten habe die Kantenlängen L_1, L_2, L_3 und somit das Volumen $L_1 L_2 L_3 = V$. Zum Zeitpunkt $t = 0$ habe das Teilchen (m) den Ort $\bar{r}$

und den Impuls $\overline{q}$ (Buchstabe q, um den Druck mit p bezeichnen zu können). Jeder „Zustand" des Kasten-Teilchen-Systems läßt sich (mit spiegelnden Wänden rückverfolgt) durch seine Startdaten $\overline{r}$, $\overline{q}$ charakterisieren. Mit Blick auf die rechte Seite von (14.5) ordnen wir nun jedem Zustand seinen Druck zu. Ein Teilchen im $\overline{r}$-$\overline{q}$-Zustand legt die Strecke L_1 in der Zeit $L_1/|v_1| = mL_1/|q_1|$ zurück und stößt somit in Zeitabständen $\Delta t = 2mL_1/|q_1|$ gegen die rechte Wand. In einem großen Zeitraum τ passiert das $\tau/\Delta t$ mal, und jedesmal wird dabei der Impuls $2|q_1|$ übertragen. Denken wir uns statt der Wand eine sehr große Masse, gegen die das Teilchen „prasselt", dann beschleunigt sich diese, und wir können die zugehörige Kraft $K(t)$ (sie besteht gemäß $K = \dot{p}$ aus vielen fast-δ-Zacken) zeitlich mitteln: Kraft gleich Summe der in τ erfolgenden Impulsüberträge, geteilt durch τ oder: $(\tau/\Delta t)2|q_1|/\tau = q_1^2/mL_1$. Druck ist Kraft pro Fläche L_2L_3, und wir erhalten:

Druck des Teilchens, wenn es im Zustand $\overline{r}$, $\overline{q}$ ist $=: p_{\overline{r},\overline{q}} = q_1^2/mV$.

Damit haben wir die runde Klammer rechts in (14.5) spezifiziert. Die Summe (über alle Zustände) wird zu Integralen über $\overline{r}$ und $\overline{q}$, und als Wahrscheinlichkeit ist $(d^3r/V)\,d^3q\,P(\overline{q})$ mit $P(\overline{q})$ aus (14.16) einzusetzen. Schließlich multiplizieren wir (14.5) vorweg mit dem Volumen V:

$$
\begin{aligned}
pV &= \int d^3r/V \int d^3q\, P(\overline{q}) \left(q_1^2/mV \right) V \\
&= 2 \int d^3q\, \mathrm{e}^{-\beta q^2/2m} \left(q_1^2/2m \right) \Big/ \int d^3q\, \mathrm{e}^{-\beta q^2/2m} \\
&= 2 \int dq_1 \left(q_1^2/2m \right) \mathrm{e}^{-\beta q_1^2/2m} \Big/ \int dq_1\, \mathrm{e}^{-\beta q_1^2/2m} \\
&= -2\, \partial_\beta \ln \left(\int dq_1\, \mathrm{e}^{-\beta q_1^2/2m} \right) = -2\, \partial_\beta \ln\left(\mathrm{const}/\sqrt{\beta}\,\right)
\end{aligned}
$$

$1/\beta = T$ $\curvearrowright$

$$
pV = T . \tag{14.17}
$$

Wem der Gang der Rechnung beängstigend vertraut erscheint, der sehe zwischen (13.2) und (13.3) nach. In der zweiten Zeile bleibt alles richtig, wenn man q_1^2 durch $q^2/3$ ersetzt. Dann steht dort bis auf den Faktor 2/3 die mittlere kinetische Energie des Teilchens. Diese ist also $(3/2)T$. Da keine potentielle Energie im Spiel ist, können wir schreiben:

$$
E = \frac{3}{2}T . \tag{14.18}
$$

Sowohl beim Druck p in (14.17) als auch bei der Energie E in (14.18) handelt es sich um Mittelwerte, die man in $\langle\ \rangle$ setzen sollte. Das ist allerdings nicht üblich („man weiß es").

Wenn es in der Natur ein Gas gäbe, dessen N Teilchen (in V) überhaupt nichts voneinander bemerken, dann würden für dieses Gas die Gleichungen

$$pV = NT \quad \text{und} \quad E = (3/2)NT$$

gelten. Es würde durch Ineinandersetzen von N Kästen (mit je einem Teilchen) in Gedanken hergestellt werden können. Jedoch dieses „ideale Gas", das gibt es *nicht*. Daß reale Gasteilchen ein Eigenvolumen haben und Kräfte aufeinander ausüben, ist dabei recht unwesentlich (beides könnte man hinweg-„idealisieren"). Nein, es ist das Pauli-Prinzip der Quantenmechanik. Teilchen bemerken einander – es sei denn, man kann sie unterscheiden, d.h. numerieren. Aber 10^{20} Teilchen, die die gleiche Masse haben und ansonsten alle voneinander verschieden sind, die lassen sich (nach derzeitiger Kenntis) im Universum nicht einsammeln. Es ist auch vorerst niemandem gelungen, Helium-Atome verschiedenfarbig anzustreichen. Hochverehrter Herr Studienrat, bitte setzen Sie Ihre Gymnasianer davon in Kenntnis, daß die beiden oben notierten und im Schulbuch eingerahmten „Gasgesetze" falsch sind. Sie verbieten sich aufgrund gestandener first principles. Als recht gute Näherungen erweisen sie sich im Grenzfall hoher Temperatur und geringer Dichte: Luft. Woher weiß man das? Von jenen Gasen, die es gibt („ideales Fermigas, ideales Bosegas"), indem man sie im genannten Grenzfall studiert.

14.4 $e^{-\beta E}$

Die Statistische Physik ist vergleichsweise reich an Weisheiten, die durch reines Nachdenken zu erlangen sind, etwa über Gedankenexperimente, sozusagen „à la Einstein". Aus dem Umstand, daß wir alles über ein Teilchen (bestimmter Masse) in einem Kasten am Wärmebad wissen, läßt sich erschließen, was *irgendeinem* Kasten-Inhalt widerfährt, wenn er bei Temperatur T im Gleichgewicht ist. Klingt das unglaublich? Allerdings ist eine Annahme im Spiel, die zu akzeptieren sein wird. Ferner verbirgt sich hinter dem Wort „Gleichgewicht" eine sehr starke Einschränkung. Wenn etwa versehentlich eine Maus in den Kasten geraten ist (bevor er luftdicht verschlossen wurde; nur noch Energie kann geringfügig durch die Wände: **Kanonisches** Ensemble), dann hat sie bald das Zeitliche gesegnet, ist irgendwann verwest, und es braucht dann wohl noch Tausende von Jahren, bis alle chemischen Substanzen und Strukturen mit gleicher Rate entstehen wie vergehen. Erst dann sind Gleichgewicht und maximale Entropie erreicht. Bei Kaffee, Luft oder Kochsalz gibt es kürzere Wartezeiten. Im Gleichgewicht muß sich auch das Wärmebad befinden (es ist „unendlich groß").

Die oben angedrohte Annahme macht eine Aussage über den Inhalt von Kästen, durch deren Wände *nichts* kann (**Mikrokanonisches** Ensemble). Im Inneren sind dann nur Vorgänge bei konstanter Energie möglich. Bei Gleichgewicht, so die Annahme, liegen verschiedene Zustände (zu dieser Energie) mit gleicher Wahrscheinlichkeit vor. Zugegeben, es ist die Quantenmechanik, die diese Sprechweise erzwingt (sowie daß man im Entartungs-Unterraum zu Ei-

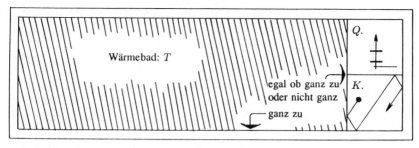

Within the figure:
Wärmebad: T

Q.

egal ob ganz zu
oder nicht ganz

ganz zu

K.

Bild 14-4. Total isolierter Kasten (mikrokanonische Verteilung) mit Wärmebad, interessierendem System Q. (kanonische Verteilung) und klassischem Teilchen (System K., Maxwell-Verteilung)

genwert E nur orthonormierte Zustände zählen darf). Vielleicht ist der Leser zu gewinnen, die Annahme als einigermaßen plausibel zu empfinden. Wenn es keinen physikalischen Grund mehr gibt, der eine „Würfelfläche" vor den anderen begünstigt, nun, dann haben sie eben alle „1/6". Auch die Maxwell-Verteilung behandelt ja die zu festem p^2 gehörigen Impulse gleich.

In einem großen Kasten (Bild 14-4) mit total undurchlässigen Wänden seien drei Systeme untergebracht: das Wärmebad, der vertraute 1-Teilchen-Kasten „K." und ein 2-Niveau-Quantensystem „Q.". Das Letztere kann nur bei Energie E_0 (Wahrscheinlichkeit p_0) oder bei Energie $E_0 + \Delta$ (Wahrscheinlichkeit p_+) dauerhaft verweilen. Wir vergleichen nun die folgenden zwei Gesamtsystem-Zustände miteinander:

1) Q. bei E_0 und K. bei $\mathcal{E} + \Delta$ 2) Q. bei $E_0 + \Delta$ und K. bei $\mathcal{E}$.

In beiden Fällen hat das Wärmebad ersichtlich die gleiche Energie. Gemäß Annahme sind die zwei Zustände gleich wahrscheinlich, und folglich gilt:

$$p_0\, e^{-\beta(\mathcal{E}+\Delta)} = p_+\, e^{-\beta\mathcal{E}} \quad \curvearrowright \quad p_+/p_0 = e^{-\beta\Delta}\,. \tag{14.19}$$

Gleichung (14.19) enthält eine Schwierigkeit: „Es gibt doch viele Teilchen-Zustände zu fester Energie, und $C \exp(-\ldots)$ ist eine Dichte!". Ja. Aber alle dadurch entstehenden Gesamtsystem-Zustände sind gleich wahrscheinlich, so daß wir uns für die Bilanz (14.19) einen K.-Zustand zur höheren Energie und einen zur tieferen herausgreifen dürfen. C kürzt sich. Der Dichte-Einwand wiegt schwerer. Wir können uns dadurch retten, daß wir die kontinuierliche Gesamtenergie des Kastens beim Zuklappen durch eine δ-Funktion festlegen, welche dann per Integration über die Maxwellverteilungen in (14.19) je den gleichen Faktor liefert. Die ehrliche Antwort ist jedoch, daß auch das Teilchen letztlich in (quantenmechanisch bestimmbaren) stationären Zuständen verweilt (nämlich mit maxwellverteilter Wahrscheinlichkeit, da sich diese im klassischen Grenzfall zu ergeben hat).

Die zwei Wahrscheinlichkeiten des Systems Q. (auf dieses kam es an!) können wir auch separat schreiben. Gleichung (14.19) und die Forderung nach Normierung auf 1 bilden zwei Gleichungen für zwei Unbekannte:

$$p_0 = (1/Z)\,\mathrm{e}^{-\beta E_0}\ ,\ \ p_+ = (1/Z)\,\mathrm{e}^{-\beta(E_0+\Delta)}\ ,$$

mit $Z = \exp(-\beta E_0) + \exp(-\beta E_0 - \beta\Delta)$. Die Verallgemeinerung auf ein Drei-Niveau-System bietet keine Probleme. Anstelle von (14.19) gibt es dann zwei voneinander unabhängige p-Verhältnisse plus die Normierung. Auch bei beliebig vielen Zuständen geht alles gut (falls entartet: ihre Energien in Gedanken als Funktion eines Parameters zusammenwandern lassen, vgl. Hauptachsentransformation). Beliebig viele Zustände beliebiger Entartung – allgemeiner geht es nicht. Q. ist *jedes* System. In seinem n-ten Zustand ist es, sofern kanonisch präpariert, mit der folgenden Wahrscheinlichkeit anzutreffen:

$$p_n = \frac{1}{Z}\,\mathrm{e}^{-\beta E_n}\ ,\quad Z = \sum_n \mathrm{e}^{-\beta E_n}\ . \tag{14.20}$$

Hat das System zur Energie E_1 z.B. drei Zustände, dann enthält die **Zustandssumme** Z den Term $\exp(-\beta E_1)$ additiv dreimal (nicht Niveaus zählen, sondern Zustände!). Bei der Maxwell-Verteilung war offen geblieben, ob das Warmheits-Maß T von der Teilchenmasse m abhängt. Die Antwort fällt jetzt leicht. Wir wählen einfach als Q.-System einen zweiten Kasten mit einer Masse m'; Resultat: $\exp(-\beta p^2/2m')$. Die Abspaltung $\alpha = \beta/2m$ vor (14.16) war also sinnvoll und sorgte für m-unabhängiges Kühle-Maß β. In (14.20) ist automatisch auch die barometrische Höhenformel (Ende von §5.2, $p \sim \rho \sim$ Wahrscheinlichkeit, jetzt 1 Teilchen) enthalten: man ersetze $E_n \to p^2/2m + V(z)$ und integriere über die Impulse. Ist das Teilchen „relativistisch", dann steht $mc^2 = \sqrt{m_0^2 c^4 + p^2 c^2}$ in (14.20).

Da sie nicht fundamental ist, darf es in der Statistischen Physik eigentlich kein first principle geben. Jedoch hat (14.20) sozusagen den Rang eines solchen. Gleichung (14.20) gilt sowohl für mikroskopische Systeme am Wärmebad als auch für ausgewachsene Suppentöpfe. Gleichung (14.20) enthält als Spezialfälle die Hohlraumstrahlung, die Fermiverteilung, die Halbleiter, die realen Gase, den Siedepunkt des Wassers, die Phasenübergänge von Eisen, die Sprungtemperaturen der Supraleiter und das frühe Universum.

Am Kapitel-Anfang hatten wir uns das Aufhören für den Augenblick verordnet, in dem wir durch das Schlüsselloch sehen können. Zugegeben, das letzte Stück war anstrengend. Niemand möge sich bedrückt fühlen ob der Fülle „unklarer" Nebenbemerkungen. Wesentlich war der Gang der Überlegungen: „wie es sein kann", daß sich bei Verdunklung der physikalischen Details dennoch alle dann interessierenden Aussagen erhalten lassen [nämlich als Mittelwerte mit (14.20)]. Wenn einmal später solche „Unglaublichkeiten" ausgiebig betrieben und angewendet werden, dann erinnere man sich: es ist eigentlich alles nur Würfeln.

Bei Lotto und Würfeln, also bei Zufalls-Spielen, wird die „Verdunklung" absichtsvoll und künstlich vorgenommen. Bei Meßresultaten der klassischen Mechanik ist sie behebbar (genauer messen!). Bei beispielsweise einem klassischen realen Gas ist sie im Prinzip behebbar (Zeit und Papier der Menschen reichen nur nicht aus). In der Quantentheorie (d.h. in der nicht-klassischen Physik, d.h. in der Natur, wie sie wirklich ist) ist sie grundsätzlich nicht behebbar. Dies ertragen zu lernen, steht noch bevor.

$$- \ - \ -$$

Es ist an der Zeit, ein Geständnis abzulegen. Dieses letzte Kapitel ging weit, weit über das hinaus, was in der zugrundeliegenden zweistündigen Vorlesung geboten werden konnte. Wenn ein Sommersemester zu Ende geht, dann ist es warm, das Fenster steht offen und das unakademische Treiben gewisser Singvögel geht einher. Kurz: die Entropie nimmt stark zu. So erschien denn „mal noch" eine Auswahl der obigen Gleichungen an einer halben Tafel. Auch das Variations-Kalkül hatte bereits unter solcherlei Kombinatorik zu leiden. Jedoch *daß* sie ein vorher festgelegtes Ende haben, die Vorlesungen, das gehört eher zu ihren positiven Aspekten. Hingegen haben Bücher weniger harte Grenzen des Wachstums, und so wuchern sie denn gern dahin und zehren an Zeit und Geld. Aller Anfang ist leicht (so begann das erste Kapitel), aber stets mißlingt das Aufhören: es ist Verrat an der Sache.

D. Maedows „Die Grenzen des Wachstums"
(Rowohlt 1973, rororo Nr. 6825, Schlußsätze)

„Was uns noch fehlt, sind ein realistisches, auf längere Zeit berechnetes Ziel, das den Menschen in den Gleichgewichtszustand führen kann, und der menschliche Wille, dieses Ziel auch zu erreichen. Ohne dieses Ziel vor Augen, fördern die kurzfristigen Wünsche und Bestrebungen das exponentielle Wachstum und treiben es gegen die irdischen Grenzen und in den Zusammenbruch."

Aldous Huxley „Zeit muß enden"
(Deutscher Taschenbuch Verlag München 1964,
dtv Nr. 222, Schlußsätze)

„... Darum haben die Tiere keine metaphysischen Sorgen. Da sie mit ihrer Physis identisch sind, *wissen* sie, daß es eine Weltordnung gibt. Wogegen die Menschen sich, sagen wir, mit dem Geldverdienen identifizieren oder mit Trinken oder Politik oder Literatur. Und nichts von alledem hat mit der Weltordnung zu tun. Also sind sie natürlich der Meinung, daß nichts sinnvoll ist." „Aber was ist da zu tun?" Sebastian lächelte, und während er aufstand, ließ er einen Finger über das Netzgitter des Lautsprechers gleiten. „Man kann entweder weiter die neuesten Nachrichten hören – und natürlich sind sie immer schlechte Nachrichten, auch wenn sie gut klingen, – oder man kann seinen Geist darauf einstellen, etwas anderes zu hören."

Hans Erich Nossack „Der Fall d'Arthez"
(Rowohlt 1971, rororo Nr. 1393/94, S. 25)

„Es geht nicht um das flüchtige Glück einer gelungenen Leistung. Genie ist die Gabe, Durststrecken schweigend zu bestehen. Wir verlassen uns ganz auf Sie."

Teil III

Übungsaufgaben

Übungsaufgaben

Dieser Teil III weist den Weg in die Wirklichkeit. Er ist kein Anhang. Hat man alle Übungsaufgaben selbständig lösen können, dann ist hinreichend sicher, daß der Stoff der Teile I und II recht gut verstanden wurde. Umgekehrt aber bietet bestes Verständnis des Stoffes der Teile I und II noch keinerlei Gewähr dafür, sich in der Wirklichkeit zurechtzufinden. Wir denken dabei z.B. an einen Fahrschüler, der seine Theorie-Stunden bewältigt hat. Er weiß, wie man einkuppelt, aber er kann es noch nicht im Schlafe – und so steht er denn mitten im Berufsverkehr friedlich auf der Kreuzung. Wieviele Erfahrungen mag wohl ein Bergsteiger, „der alles weiß", zu sammeln haben: Einschätzen von Schwierigkeit und Gefahr, Haushalten mit den eigenen Reserven, Verhalten unter Streß, Atemnot und Schneeblindheit. Einerseits gibt es also hier vieles (das Entscheidende?) zu lernen, auch und besonders über sich selbst. Andererseits ist Helfen kaum noch möglich. So sind denn nachfolgend nur Übungsaufgaben aneinander gereiht.

Die Aufgaben sind „echt": sie standen so auf Übungs-Blättern der Studienjahre 1985/86 und 1986/87, waren wöchentlich von den bis zu 200 Teilnehmern des einjährigen Kurses zu bearbeiten (zu Hause, d.h. allein) und wurden korrigiert. Ausnahmen bilden die Blätter 15 und 16. Sie fielen den üblichen Rücksichten zum Ende bzw. Anfang eines Semesters zum Opfer. Sie sind hier zwar „künstlich" eingefügt, enthalten aber „echte" Aufgaben, also solche, die einmal gestellt wurden.

Die Haus-Übungen sind Bestandteil eines Trainingsprogramms. Seine anderen Bestandteile sind: Hören der Vorlesung (alleiniges Bücher-Studium ist zu langsam), die Nacharbeit derselben (eigenes Script! – wie auch immer es ausfällt), Zu-Rate-Ziehen von Büchern und die wöchentliche Übungsstunde (am Ort ist sie 2-stündig und plenar). Wenn dieses Trainingsprogramm Erfolg haben soll, dann muß man *alle* Aufgaben lösen. Sie beschwören also ein Mindest-Engagement in Sachen Kreativität. Wieviele Denk- und Rechenfehler dabei zu beklagen sind, ist anfangs eine weit weniger wichtige Frage (man wird besser!). Wir wollen uns einen Studenten vorstellen, der diese Worte bitter ernst nimmt und die einschlägige Passage im Vorwort durchaus begriffen hat, der aber dennoch scheitert. Er leidet unter wachsenden depressiven Gefühlen oder sogar unter Mißerfolg bei der Klausur am Ende des Semesters. Woran könnte das liegen? Die Gründe mögen so verschieden sein wie die Menschen. Aber es besteht eine große Wahrscheinlichkeit dafür, daß es etwas mit **Geduld** oder mit **Selbständigkeit** zu tun hat (mindestens eines der unten aufgeführten „11 Gebote" wird also mißachtet).

Geduld heißt, daß man sich selbst Zeit gibt und Stück für Stück vorgeht. Meist versteht man die z.B. dritte Frage in einer Aufgabe erst, nachdem die ersten beiden im Detail, d.h. in Formelsprache beantwortet sind. Physik ist so „schwer", weil es so schwer ist, sich zu überwinden, ins Detail zu gehen. Hat man erst einmal ernsthaft angefangen, dann gesellt sich das Interesse gern hinzu: „es packt einen". Natürlich spielt hier auch der am Ende von Kapitel 13 erwähnte „Hinterkopf" seine Rolle. Man muß ihm eine Chance geben. Am Abend vor Ultimo „packt" nichts mehr.

Selbständigkeit ist ein delikates Thema. Es gibt Scharlatane (unter Studenten der höheren Semester) und die sagen: „Ja, ja, das kann man gar nicht allein schaffen. Wir haben es auch nicht gekonnt. Ihr müßt euch in Gruppen zusammenschließen". Nun ist hieran richtig, daß der Mensch nicht gern allein sei. Der Austausch der Gedanken und Gefühle ist wichtig, sehr menschlich (und menschenwürdig!). Aber was mag dabei herauskommen, wenn sich angehende Pianisten zum Üben zusammenfinden? Die „Musik" entsteht, wenn man sich *selbst* ans Klavier (ans Papier) setzt – weit weg von Gutachtern jeglicher Art. Und so wächst auch die Freude an der Musik. Man hat wenig Zeit im ersten Semester. Sofern die allseits gewünschten „Kleingruppen" dazu führen, daß für das, worauf es ankommt, keine Zeit bleibt, dann sind sie fehl am Platze. Wenn Sie Ihrem armen Kameraden helfen wollen, dann müssen Sie ihm verraten, wie es in Ihnen zugeht, *wie* Sie auf die erste gute Idee gekommen sind. Ihm statt dessen das Resultat Ihrer Überlegungen mitzuteilen („aah, so einfach war das"), ist ein Vergehen – und wenn Sie sich noch so schön aufgeblasen dabei vorkommen.

Jede Aufgabe endet mit einer Ziffer in eckigen Klammern. Dabei handelt es sich um eine Punktwertung. Sie bezieht sich mehr auf Mühe und Wichtigkeit und weniger auf den Schwierigkeitsgrad des „Kletterfelsens". Man suche nicht nach einem Teil IV mit den zugehörigen „Lösungen" der Aufgaben. *Ihre* Lösung ist die Lösung. Oder möchten Sie den Kletterfelsen dadurch entwerten, daß Sie überall kleine Schilder anbringen, wo linke Hand und rechter Zeh einen Halt finden? Nein, Sie wünschen sich nur eine Bestätigung Ihrer Resultate. Auch diese kann man sich meist mit großer Sicherheit selbst verschaffen, nämlich über Dimensionsprobe, Spezial- und Grenzfälle und indem man sich ein Bild davon macht, was das Resultat eigentlich aussagt, und indem man die Rechnung zurückverfolgt und kurzzuschließen versucht. Wären Resultate angegeben, dann entfiele die Notwendigkeit, dies zu tun. Niemand unterstehe sich, jemals eine Sammlung von Lösungen der nachfolgenden Aufgaben unter die Leute bringen zu wollen!

Das Für und Wider von Ratschlägen wurde schon im Vorwort erwogen. Die folgenden elf wurden den damaligen Studienanfängern als Kopie ausgehändigt. Zuhören ist manchmal schwer zu vermeiden, aber lesen muß man nicht.

1) Der Tisch ist fast leer. Niemand stört. Das Radio ist aus. Etwas zu begreifen braucht seine Zeit.

2) Griffbereit liegen: unliniertes Papier (DIN A4, gelocht für Hefter) Bleistift, Minenspitzer, Plastikradierer, durchsichtiges Lineal-Dreieck; nur Minimum an Hilfsmitteln (Vorlesungsausarbeitung, mathematisches Taschenbuch).

3) Problemstellung-Detail-Studium: jedes Wort bewerten. Was passiert qualitativ? Kann das Problem (nur) eine Lösung haben? Wie könnte die Lösung aussehen? Hierbei füllt sich ein Schmierzettel mit Skizzen, Worten und Formeln.

4) Nur einmal gründlich (statt viermal flüchtig) das Problem angehen; die „trivialen" Zwischenschritte mit zu Papier bringen: „Fußgängermethode"; alles, was durch den Bleistift geht, sollte galgensicher sein; saubere, große Skizzen.

5) So klein wie möglich schreiben (um auf einem Blatt schon maximale Übersicht zu erhalten).

6) Text in Stichworten, Zwischen-Überschriften, Zwischen-Zusammenfassungen bei längeren Rechnungen, Seiten-Numerierung, Numerierung wichtiger Gleichungen.

7) Gleichheitszeichen-Verbinden, Unterklammern, Abkürzungen aller Art, Einkreisen bei Kürzen oder Übernehmen in neue Zeile:

$$\phi(z,\alpha) = 5 \cdot \sqrt{1+z^2} \int_0^\infty dx\, e^{-\alpha x} \int dy\, \frac{y^{2+\alpha}}{y \cdot \sqrt{\alpha+z+y^2} \cdot y^{\alpha-1}}\, e^{-y^2}$$

$$= 5 \cdot \sqrt{} \cdot J \cdot \int dy\, \dots \;,\; \text{wobei} =: J = 1/\alpha \;\text{und}\; \sqrt{} := \sqrt{1+z^2}\;.$$

8) Ergebnis: ist es physikalisch vernünftig? Enthält es die denkbaren Spezialfälle richtig? Dimensionsprobe u.a.

9) Suche nach eleganterem, kürzerem, klarerem Weg. Neue Darstellung. Formulierung so, daß Schritte grade noch im Kopf nachvollziehbar. Dabei läßt sich meist der Stoff von z.B. 4 Seiten auf nur einer Seite unterbringen.

10) Bei zu schwerem Problem: wirklich bis dorthin gehen, wo es nicht weitergeht; Schwierigkeiten benennen; vielleicht ist wenigstens ein vereinfachtes Problem oder ein Spezialfall lösbar? Sind Näherungen möglich?

11) Wenn man etwas verstanden hat und es sich gut aufgeschrieben hat, dann ist man stolz und hebt es auf (im „Leitz-Ordner des Lebens").

Übungs-Blatt 1

1) Ein Tourist erklettert die Cheops-Pyramide (Höhe h, quadratische Grundfläche $2h \cdot 2h$) geradenwegs von Punkt 1 nach Punkt 2 (welcher auf halber Höhe liegt) und von dort zum Gipfel 3. Er kehrt dann von 3 direkt nach 1 zurück. Bei gleichmäßig 22 m/Min. benötigt er für den Rundkurs 28 Minuten. Wie hoch ist die Pyramide? [3]

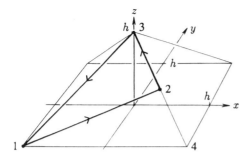

(Schreiben Sie zuerst in Komponentendarstellung die Orstvektoren der drei Punkte auf, bilden Sie dann $\vec{r}_{12}$ usw. Zu Zahlenwerten geht man übrigens erst so spät wie möglich über. Trigonometrie ist zu diesem Übungs-Blatt weder bekannt noch nützlich, noch erlaubt.)

2) Ein Luftballon mit bekannter Auftriebskraft A und Fadenlänge l ist bei $\vec{r}_1 = (-l, 0, 0)$ befestigt und soll mit einem zweiten Faden durch eine Öse bei $\vec{r}_3 = (l, 0, 0)$ zur Erde gezogen werden. Um zu begreifen, weshalb dabei stets der linke Faden reißt, errechnen wir die Einheitsvektoren $\vec{e}_F$, $\vec{e}_K$, in deren Richtung die Fadenkräfte $\vec{F}$ und $\vec{K}$ am Ballon-Fußpunkt 2 (momentane Höhe h) angreifen. $\vec{e}_F$ und $\vec{e}_K$ drücke man restlos durch das dimensionslose Verhältnis $\lambda := h/l$ aus. Welchen Betrag F hat die Kraft $\vec{F}$? Im Grenzfall geringer Höhe h vereinfacht sich unsere F-Formel, und wir sehen, was los ist. [6]

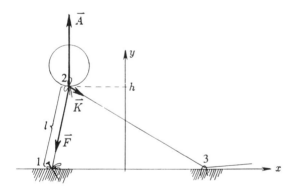

3) Das Wasser eines Flusses möge überall mit gleicher Geschwindigkeit $\vec{u} = (0, u, 0)$ strömen. Ein Fisch will geradenwegs (d.h. auf der skizzierten x-Achse) das gegenüberliegende Ufer erreichen. Mit welcher Geschwindigkeit V kommt er voran, wenn er relativ zu Wasser mit Geschwindigkeit

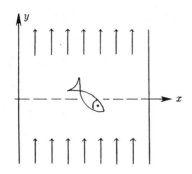

v schwimmt? Aber auch wenn er schief zur Strömung vorankommen will (x-Achse als Fisch-Bahn beibehalten; u_1, u_2, u_3 als bekannt ansehen), läßt sich V angeben. [3]

Übungs-Blatt 2

1) Auf der Rückfahrt vom Flughafen bleiben wir mit 120 km/h genau unter einer startenden Maschine, während ihr Schatten (bei Sonnenlicht-Einfall unter $\pi/4$) mit 170 km/h über die Straße gleitet. Welche Geschwindigkeit v hat das Flugzeug? Wieviele Meter gewinnt es pro Sekunde an Höhe? (2D Problem; erst Formel, Zahlen zuletzt; Trigonometrie verboten) [3]

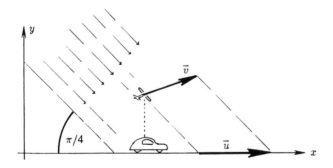

2) In der xy-Halbebene $0 < x$, in y-Richtung und im Abstand ϱ („Stoßparameter") zur y-Achse, fliegt ein Teilchen (Masse m) mit Geschwindigkeit v gegen eine harte Kugel (R, Mitte = Ursprung, $R > \varrho$) und wird dort elastisch reflektiert.

Wo ($\vec{R}$ = ?) trifft es die Kugel? Wir „erfühlen" das Reflexions'gesetz' und formulieren es vektoriell und koordinatenunabhängig. Welche Geschwindigkeit $\vec{u}$ (in Komponenten) hat m nach dem Stoß? (günstige Abkürzung $\varrho^2/R^2 =: \lambda$)

Zu jedem Ort $\vec{r}$ eines Teilchens kann man den „Drehimpuls" $\vec{L} := \vec{r} \times (m\vec{v})$ bilden, wenn bei $\vec{r}$ seine Geschwindigkeit $\vec{v}$ bekannt ist. Wir errechnen $\vec{L}$ explizit an drei Stellen: bei $(\varrho, -5R, 0)$, unmittelbar vor Reflexion und unmittelbar danach – und wundern uns. (Bis hierher keine Trigonometrie!)

Zur Kontrolle des $\vec{u}$-Resultates überlegen wir uns (je anschaulich direkt), bei welchem Stoßparameter ϱ (I) $\vec{u}$ in x-Richtung zeigt, (II) zwei gleiche positive Komponenten hat, und sehen dann nach, ob sich dies je auch aus unserer $\vec{u}$-Formel ergibt. [6]

3) Zeigen Sie, daß zwei Vektoren orthogonal sein müssen, wenn ihre Summe und Differenz gleichen Betrag haben; vereinfachen Sie $(\vec{a} + \vec{b}) \cdot [(\vec{b} + \vec{c}) \times (\vec{a} + \vec{c})]$; drücken Sie die 1. Komponente von $\vec{a} \times (\vec{b} \times \vec{c})$ explizit durch $\vec{a}$-, $\vec{b}$-, $\vec{c}$-Komponenten aus und vergleichen Sie mit $b_1(\vec{a}\,\vec{c}) - c_1(\vec{a}\,\vec{b})$; vereinfachen Sie $(\vec{a} \times \vec{b}) \cdot [(\vec{a} \times \vec{c}) \times (\vec{b} \times \vec{c})]$ und führen Sie den Sinussatz für ein ebenes Dreieck auf Vektorrechnungs-Weisheiten zurück. [3]

Übungs-Blatt 3

1) Um ein Magnetfeld $\vec{B}$ zu ermitteln, das in einem Raumbereich V überall gleiche Stärke und Richtung hat (es ist „homogen" in V und ≈ 0 außerhalb), wurden schnelle Teilchen (Ladung q) mit bekannter Geschwindigkeit $\vec{v}$ hindurchgeschossen. Aus der geringen Ablenkung wurde rückgeschlossen auf die in V wirksame Kraft $\vec{K} =: q\,\vec{k}$. Da $\vec{v}$- und $\vec{k}$-Kenntnis nur auf den zu $\vec{v}$ senkrechten Anteil $\vec{B}_\perp$ schließen läßt ($\vec{B}_\perp = ?$), wurden die Teilchen mit der gleichen Geschwindigkeit v auch noch in $\vec{k}$-Richtung geschickt. Zu der dann wirkenden Kraft $\vec{G} =: q\,\vec{g}$ wurde nur der Betrag notiert: $g = \lambda k$ (λ bekannt und $\geqslant 1$, $\vec{B} \cdot \vec{v}$ positiv). Hiermit erhalten wir schöne Formeln für $\vec{B}_\parallel$, $\vec{B}$ und B (welche nur λ, $\vec{k}$, $\vec{v}$ enthalten). Welches Feld $\vec{B}$ ergibt sich zu speziell

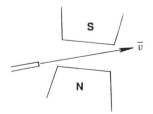

$\lambda = \sqrt{2}$, $\vec{v} = (\,1\,,\,1\,,\,0\,) \cdot c/\sqrt{8}$, $\vec{k} = (\,1\,,\,-1\,,\,0\,) \cdot B_0 \cdot c/\sqrt{8}$?

(Zur Kontrolle: man erhält $\vec{B} = (1, 1, \sqrt{2}\,) \cdot B_0/\sqrt{2}$.)

Um das Geschehen in einem günstigeren Koordinatensystem zu beschreiben, legen wir $\vec{f}_3$ in $\vec{B}$- und $\vec{f}_2$ in $(-\vec{k}\,)$-Richtung, ergänzen um $\vec{f}_1$ zu einem Rechts-VONS (Skizze!), schreiben diese drei neuen Einheitsvektoren in die Zeilen einer Matrix und bilden zur Probe deren Determinante. Welche neuen Komponenten $(v_1', v_2', v_3') =: \vec{v}'$ hat $\vec{v}$ im $\vec{f}$-System? Wenn wir nun $\vec{v}' \times \vec{B}'$ bilden, müßte $\vec{k}'$ herauskommen. Ist das der Fall? [8]

2) Die drei Orte $\vec{r}_1 = (9, 0, 0)m$, $\vec{r}_2 = (9, -1, 1)m$ und $\vec{r}_3 = (1, 2, 2)m$ legen eine Ebene fest. Welche Gleichung ($\vec{N} = ?$) hat sie? [1]

3) Ein Auto fährt mit konstanter Geschwindigkeit v auf der Landstraße $y = -a$ und wirft den Schatten einer Hausecke bei $\vec{r} = 0$ auf eine halbkreisförmige Mauer (Radius R, siehe Skizze, Lichtgeschwindigkeit $\approx \infty$). Welchen Ortsvektor $\vec{r}(t)$ hat der Schattenrand? [3]

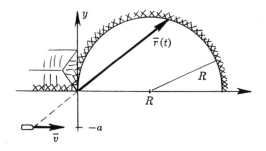

Übungs-Blatt 4

1) Es sollen Vektorfunktionen $\vec{r}(t)$ angegeben werden, deren zugehörige Bahnkurven (bzw. Kurvenstücke) die skizzierte Gestalt haben.

Welchen Ortsvektor $\vec{r}(t)$ hat (nun räumliches Problem) die punktförmige Gondel eines Riesenrades, das auf einer sich drehenden Karussell-Scheibe montiert ist? [4]

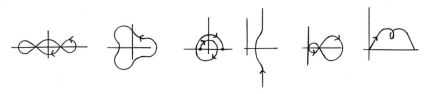

2) Ein Ballon (B) durchfliegt den Koordinaten-Ursprung zur Zeit t_0 mit konstanter Geschwindigkeit $\bar{u}$, während ein Feuerwerkskörper (F) mit $\bar{v}$ = const zu $t = 0$ durch $\bar{r}_0$ eilt.

Die Ortsvektoren $\bar{r}_B(t)$, $\bar{r}_F(t)$ kann man sofort aufschreiben. Zu welchem Zeitpunkt t_1 haben B und F ihren kleinsten Abstand $d(t_0)$, nämlich welchen? ($d(t_0) = |\ldots \times \ldots|/w$?, $\bar{w} := \bar{u} - \bar{v}$, $\bar{a} := \bar{r}_0 + \bar{u} \cdot t_0$) Wie gefährlich es hätte werden können, zeigt der Abstand b der beiden Geraden. Wir ermitteln b auf zwei Weisen:

I) Gleichung der zu $\bar{v}$ parallelen Ebene, in der B fliegt; jene der zu $\bar{u}$ parallelen Ebene, in der F fliegt; Ebenen-Abstand

II) Suche nach dem kleinstmöglichen Abstand $d(t_0)$, d.h. nach der gefährlichsten Startzeit des Ballons

(Die beiden Resultate sehen recht verschieden aus. Natürlich läßt sich zeigen, daß sie übereinstimmen!) [6]

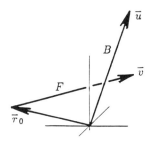

3) Das Wachstum einer Bakterien-Kultur wurde in der Form $t/t_0 = f(N/N_0)$ dokumentiert, wobei t_0 eine bekannte feste Zeit ist und N_0 die Bakterien-Anzahl zur Zeit $t = 0$. Solange die Zunahme ΔN ihrer Anzahl noch relativ klein war, wurde $t = t_0 \cdot 3\Delta N/N_0$ ermittelt. Ansonsten ergab sich $f(x \cdot y) = f(x) + f(y)$. Aus diesen (!) Angaben gewinnen wir $f'(x)$, notieren, wie sich allgemein eine kleine Zunahme dN durch das zugehörige Zeitintervall dt ausdrückt, und skizzieren den Verlauf von t/t_0 über N/N_0. [3]

(Es geht hier darum, den Differentialquotienten verstanden zu haben. $f(x)$ bleibt unbekannte Funktion mit gewissen Eigenschaften, die zur Beantwortung der Fragen ausreichen. „Höhere" Vorkenntnisse sollen also *nicht* eingebracht werden.)

Übungs-Blatt 5

1) Von einem Riesenrad (R, ω), montiert auf Karussell (Ω), kann man sich bekanntlich (siehe Übung 4/1) mit $\bar{r}(t) = R \cdot (sC, sS, 1 - c)$ durch den Raum fahren lassen, wobei $s := \sin(\omega t)$, $c := \cos(\omega t)$, $S := \sin(\Omega t)$ und $C := \cos(\Omega t)$.

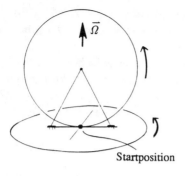

Startposition

Wenn man zuerst $\dot{\vec{r}}$, $\ddot{\vec{r}}$ bildet und daraus $v = |\dot{\vec{r}}|$ und $a = |\ddot{\vec{r}}|$, so kann man den einfachen Ausdrücken für v und a direkt ansehen (!), zu welchem (frühesten) Zeitpunkt und wo (Ortsvektor) welche maximale Geschwindigkeit erreicht wird (Resultat plausibel?!) und wo und unter welchen Umständen (Fallunterscheidung) welche größte Beschleunigung zu erleiden ist. Die Verhältnisse am höchsten Punkt werden etwas deutlicher, wenn wir dort den Krümmungsradius ϱ ermitteln sowie den Tangenten-Einheitsvektor $\vec{t}$ und die Binormale $\vec{b}$ angeben (geeignete Skizze!). Wenn wir $\Omega = \omega$ und $t = (\pi + \tau)/\omega$ setzen und $\tau \ll \pi$ zur näherungsweisen Vereinfachung von $\vec{r}(t)$ ausnutzen, dann können wir auch die Bahnkurve y über x der Gondel in Gipfel-Nähe erhalten und skizzieren.

Schließlich müßte es doch möglich sein, die Winkelgeschwindigkeit der Gondel als $\vec{\Omega} + \vec{\omega}(t)$ direkt aufzuschreiben und ihr Kreuzprodukt mit dem Abstand $\vec{r} - R\vec{e}_3$ zum Achsen-Schnittpunkt zu bilden. Ergibt sich das gewünschte Resultat? [9]

2) Ein neuartiges Bremssystem für Magnetschienenbahnen wird vom Patentamt zurückgewiesen. Nicht nur wurde der zugehörige Geschwindigkeits-Verlauf

$$v(t) = \frac{a\tau}{t} \cdot \frac{1 + \beta\tau + \beta\tau^3 + \tau/\cos(\tau)}{\tau(1 + \tau^2)/\cos(\tau) + \sqrt{\tau} \cdot \sqrt{2\tau + \tau^3 + 1/\tau}}$$

($\tau := \omega t$, $0 \leqslant t$, $0 \leqslant \beta \ll 1$) höchst laienhaft zu Papier gebracht; es wird nach starker Vereinfachung obiger Formel und Skizzieren des v-t-Verlaufs auch noch ein ernsthafter Mangel des Bremssystems deutlich. Selbst wenn letzterer durch geeignete Wahl des Parameters β eliminiert werden kann, bleibt für die Insassen der Bahn bei $a = 200\,\text{m}$ und $\omega = 0.4/s$ ($\curvearrowright v(0) = $? in km/h) eine viel zu hohe maximale Bremsbeschleunigung auszuhalten (welche? in Vielfachen von $g \approx 10\,\text{m/s}^2$). [3]

3) Ein geladenes Teilchen (Masse m, $x(0) = 0$, $\dot{x}(0) = -v_0$, $v_0 > 0$, 1D-Problem) gerät in einen Kondensator der gerade aufgeladen wird:

$$\vec{K}(t) = (\, m\kappa t\,,\, 0\,,\, 0\,)\,, \quad x(t) = ?$$

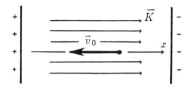

Wann ($t_1 = ?$) wird die Geschwindigkeit des Teilchens null? Dimensionsprobe! [1]

Übungs-Blatt 6

1) Eine Masse m hängt an einer (masselosen) Feder (κ, l). Die Höhe $h(t)$, bei der ihr oberes Ende am Haken eines Krans befestigt ist, hängt in bekannter Weise von der Zeit t ab; 1D-Problem.

Welcher Bewegungsgleichung folgt die z-Koordinate von m? Zu $t < 0$ befinde sich m bei $z = 0$ in Ruhe und folglich der Haken bei Höhe $h_0 = ?$ Dann aber ($0 < t$) wird er mit $h(t) = h_0 + \alpha \omega^2 t^2$ ($\omega^2 := \kappa/m$) nach oben gezogen. Wir lösen die Bewegungsgleichung mittels Ansatz. Mit welcher t-Potenz startet m? Wann ($t_1 = ?$) wird erstmals welche größte Federlänge l_1 erreicht? Eigentlich müßte bei t_1 die Beschleunigung $\ddot{z}$ am kleinsten/größten sein – ist das der Fall? Welchen Wert hat dann $\ddot{z}$? [5]

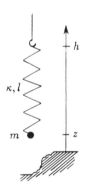

2) Wenn ein Komet K. (Masse m) ausschließlich die Gravitationskraft der Sonne S. (Masse M, punktförmig, ruhend) spürt und der kürzeste K.-S.-Abstand r_0 sowie der größte, r_1, bekannt sind, dann liefern uns die Erhaltungssätze die Geschwindigkeit v_0 am S.-nächsten Punkt und v_1 am fernsten Punkt. Auch der kleinste Krümmungsradius ϱ der K.-Bahn läßt sich leicht erhalten.

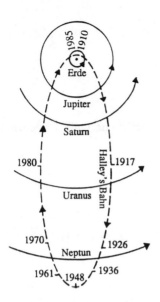

Komet Halley's lange Reise durch unser Sonnensystem. [Mit diesem Bild und seinen Daten machte am 16.11.1985 die Hannoversche Allgemeine Zeitung (HAZ) auf das Ereignis aufmerksam. Der Komet war damals mit Fernglas am Nachthimmel auszumachen.]

Welche Werte für v_0, v_1, ϱ ergeben sich mit $r_0 = 0,5\,\mathrm{AE}$, $r_1 = 35\,\mathrm{AE}$? (1 AE = Astronomische Einheit = Erde-S.-Abstand = $15 \cdot 10^7$ km, $\gamma M = 39\,(\mathrm{AE})^3/\mathrm{Jahr}^2$).

Wenn wir die Umlaufzeit T ganz grob dadurch abschätzen, daß wir K. die konstante Geschwindigkeit $(v_0 + v_1)/2$ unterstellen, mit der er zweimal die Strecke $r_1 + r_0$ zurückzulegen habe, dann steht dieses T-Resultat in ziemlichem Widerspruch zur HAZ – (in Worten:) warum? [5]

3) Eine an der Westwand eines Schlafzimmers stehende quaderförmige (mit Gucklöchern versehene) Kommode wird während einer ehelichen Auseinandersetzung zuerst in Richtung Norden aufgerichtet (siehe Skizze), dann seitlich ins Zimmer (d.h.nach Osten) abgekippt, von einem Tritt in Richtung Wand um $\pi/4$ gedreht, sodann behutsam über die Längskante aufgekippt und schließlich durch einen weiteren $\pi/4$ Tritt in ihre Ausgangsposition befördert. Währenddessen bemerkt der Hausfreund, daß eine Ecke seines Gehäuses keine Ortsveränderung erfährt. Er ordnet den 5 Drehungen Matrizen $D^{(1)}, \ldots, D^{(5)}$ zu, errechnet sich (bezogen auf sein kommodenfestes

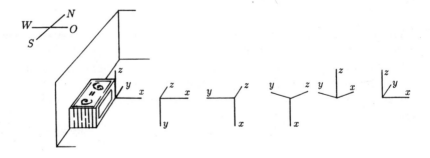

Koordinatensystem) zu jeder Situation die Komponenten des Ortsvektors der Zimmerlampe (ursprünglich $\vec{r} = (\sqrt{2}, \sqrt{2}, 2)m$) und bildet schließlich (zur Kontrolle und in der richtigen Reihenfolge) das Produkt der 5 D's. [4]

Übungs-Blatt 7

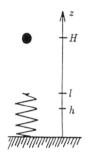

1) Viermal Energieerhaltung:

a) Aus welcher Höhe H muß man einen Stein (m, Anfangsgeschwindigkeit Null) fallen lassen, damit er eine entspannte vertikale Feder (κ, l) auf eine bestimmte gegebene Länge h komprimiert? Welche maximale Geschwindigkeit v_0 erreicht er?

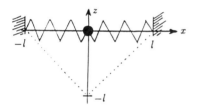

b) Masse m zwischen zwei entspannten Federn (je κ, l) in Ruhe. Wenn man nun m losläßt, möge sie bis $z = -l$ nach unten schwingen. $\curvearrowright \kappa = ?$

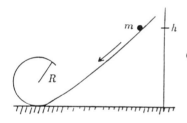

c) Aus Höhe h startend, gleitet eine Masse m reibungsfrei in eine Kreisbahn (R). Mit welcher Geschwindigkeit durchläuft sie den höchsten Punkt des Kreises?

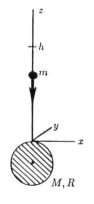

d) In großer Höhe h wird ein Stein (m) fallengelassen. Zu jeder momentanen Höhe z können wir leicht seine Geschwindigkeit v angeben, die er dort gerade hat. Wenn wir hiermit $m\dot{v}$ bilden, kommt sicherlich die Gravitationskraft wieder heraus – !? [5]

2) Nach Festlegung eines Fixstern-festen Koordinatensystems $\bar{e}_j$ werden die Terraner vom Interplanetaren Rat (IR) aufgefordert, Achse und Winkelgeschwindigkeit ihres Planeten anzugeben. Hinieden wird sofort ein erdfestes System $\bar{f}_j$ gewählt, welches zu $t = 0$ mit dem $\bar{e}_j$-System zusammenfällt und von dem aus die zeitliche Veränderung der $\bar{e}$'s (= Spalten von D) beobachtet wird:

$$D = \frac{1}{2} \begin{pmatrix} c+1 & \sqrt{2}\,s & c-1 \\ -\sqrt{2}\,s & \cdots & -\sqrt{2}\,s \\ c-1 & \cdots & \cdots \end{pmatrix}, \qquad \begin{aligned} c &:= \cos(\omega t) \\ s &:= \sin(\omega t) \end{aligned}.$$

Wir bestimmen die fehlenden Daten und berechnen zur Probe $\det(D)$ und $\mathrm{Sp}(D)$. Welche Gestalt nimmt D zu $\omega t = \pi/2$ an? Dieser Spezialfall genügt, um einen Vektor $\bar{b}$ auf der Drehachse zu bestimmen. Probe: ist $\bar{b}$ auch zu allen Zeiten Eigenvektor von D?

Einer groben Skizze entnimmt man leicht einen (einfachen) zu $\bar{d} :=$ $\bar{b}/b$ senkrechten Einheitsvektor $\bar{g}$. Die bekannte Beziehung $\bar{d} \cdot (D\bar{g} \times \bar{g}) = \sin(\omega t)$ sagt uns nun, ob wir das Vorzeichen von $\bar{d}$ etwa noch ändern müssen. $\bar{\omega} = ?$ Wie sich nun D gemäß $D_0^T \overline{D} D_0$ aus einfacheren Drehungen ($D_0 = ?$, $\overline{D} = ?$) zusammensetzen läßt, das wird dem IR ebenfalls noch mitgeteilt. [5]

3) Wenn man zwei Federn (κ_1, l_1 und κ_2, l_2) aneinander lötet (Masse der Lötstelle $m_0 = 0$), dann sollte das entstehende Gebilde wie eine „Ersatz-Feder" mit $l = l_1 + l_2$ und $\kappa = ?$ funktionieren. Wir zeigen dies auf zwei Weisen: (I) ausgehend davon, daß zu jeder Position x des Endes der rechten Feder sich stets sofort die Position y der Lötstelle einstellt, bei welcher die potentielle Energie $V(x, y)$ minimal wird; (II) durch Aufschreiben der zwei Bewegungsgleichungen für eine am Ende befestigte Masse m und eine Masse m_0 der Lötstelle, $m_0 \to 0$ und Eliminieren von y. [4]

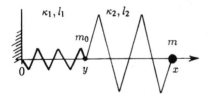

Übungs-Blatt 8

1) An einer Masse m sind zwei gleiche masselose Federn (κ, l) befestigt, je deren anderes Ende, wie skizziert, an geraden Drähten reibungsfrei gleiten kann. Der Abstand a ist bekannt; Erdanziehung in $-y$-Richtung; 2D-

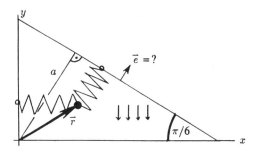

Problem. Die gesamte auf m wirkende Kraft $\vec{K}$ hängt von der Position $\vec{r}$ ab und läßt sich in der Form $\vec{K}(\vec{r}) = \vec{K}_0 - H\vec{r}$ aufschreiben: $H = ?$, $\vec{K}_0 = ?$ [3]

2) In einem Metall beobachtet man die Stromdichte $(14, 12, 0)j_0$, wenn im Inneren das elektrische Feld $(1, 0, 0)E_0$ herrscht. Jedoch ergibt sich $(12, 21, 0)j_0$ zu $(0, 1, 0)E_0$ (Skizze!) und ferner $(0, 0, 5)j_0$ zu $(0, 0, 1)E_0$. Hieraus läßt sich der Leitfähigkeitstensor σ ermitteln oder besser gleich der durch $\sigma =: H\sigma_0$ ($\sigma_0 := j_0/E_0$) definierte dimensionslose Tensor H.

Um ein besseres Koordinatensystem zu finden, betrachten wir eine Drehung D um die z-Achse (mit zunächst beliebigem Winkel). Welche Gestalt H' bekommt dann unsere dimensionslose Leitfähigkeit? Der Winkel φ [bzw. $c := \cos(\varphi)$] läßt sich nun so festlegen, daß die Nicht-Diagonal-Elemente von H' verschwinden. [Zu $\sin(2\varphi) = 24/25$ ist übrigens c entweder $\pm 4/5$ oder $\pm 3/5$.]

Welche Diagonalelemente hat dann H'? Wie sieht nun D konkret aus? Sind die D-Zeilen Eigenvektoren von H? – nämlich je zu welchem Eigenwert? In welche Richtung ($\vec{e}$, „Hauptachse") muß man also das elektrische Feld $E_0\vec{e}$ legen, damit welche Stromdichte $\vec{j}$ mit welchem maximalen Betrag beobachtet wird? [5]

3) Ein Teilchen der Masse m und Ladung q bewegt sich in einem Hochvakuum-Raumbereich, in dem überall das gleiche Magnetfeld $\vec{B}$ herrscht. Was lernt man, wenn man die Bewegungsgleichung in Richtung Energiesatz-Herleitung behandelt? Welche Gleichungen bestimmen $v_1(t)$ und $v_2(t)$ eindeutig, wenn $\vec{B} = (0, 0, B)$ und $\vec{v}(0) = (0, v_0, 0)$? ($qB/m =: \omega$). Wir erhalten $\vec{v}(t)$ mittels Ansatz, schreiben $\vec{r}(t)$ direkt darunter und legen hierbei auftretende Konstanten so fest, daß $\vec{r}(0) = 0$. Skizze! Radius der Bahn? [3]

1) $H = \begin{pmatrix} 0 & 1 \\ 1 & 0 \end{pmatrix}$, $I = \begin{pmatrix} 3 & -\sqrt{3} \\ -\sqrt{3} & 1 \end{pmatrix}$. Zu jedem dieser zwei symmetrischen Matrix-Operatoren bestimme man die zwei Eigenwerte λ_1, λ_2, die je zugehörigen Eigenvektoren $\vec{f}_1$, $\vec{f}_2$ ($\vec{f}_1 \perp \vec{f}_2$?), schreibe sie in die Zeilen einer Drehmatrix D und bilde zur Probe DHD^T bzw. DID^T. Ohne erneut zu rechnen (!): welche Eigenwerte haben $J = \begin{pmatrix} 0 & 3 \\ 3 & 0 \end{pmatrix}$ und $K = \begin{pmatrix} 5 & 1 \\ 1 & 5 \end{pmatrix}$?

Bei $\varepsilon \to 0$ werden die Matrizen $S = \begin{pmatrix} 1 & \varepsilon \\ \varepsilon & 1 \end{pmatrix}$ und $T = \begin{pmatrix} 1+3\varepsilon & 4\varepsilon \\ 4\varepsilon & 1-3\varepsilon \end{pmatrix}$ gleich; was passiert in diesem Limes mit den beiden Paaren von Eigenwerten und zugehörigen Eigenvektoren? Man zeige, daß eine Drehmatrix im allgemeinen nur $\lambda = +1$ als reellen Eigenwert hat (zuerst am Beispiel D_x, φ, dann allgemein). [6]

2) Zur Zeit $t = 0$ fliegt eine Masse m mit Geschwindigkeit $\dot{\vec{r}}(0) = \frac{v_0}{2}\begin{pmatrix} -1 \\ \sqrt{3} \end{pmatrix}$ durch den Ursprung ($\vec{r}(0) = 0$). Ihre Zukunft wird sodann durch die Newtonsche Bewegungsgleichung

$$m \cdot \ddot{\vec{r}} = -H\vec{r}, \qquad H = \frac{1}{4}\kappa \cdot \begin{pmatrix} 5 & \sqrt{3} \\ \sqrt{3} & 3 \end{pmatrix},$$

festgelegt. (Es handelt sich übrigens genau um das 2D-Problem von Übung 8/1. Nur wurde mit $\vec{r}_{alt} = \vec{r}_0 + \vec{r}_{neu}$ eine Translation des Koordinatensystems so vorgenommen, daß nun der Ursprung die Gleichgewichtslage der Masse ist.)

Wir übertragen zunächst alle obigen Angaben in ein gedrehtes System [$D = \begin{pmatrix} c & s \\ -s & c \end{pmatrix}$, Drehwinkel φ noch unbekannt], legen φ so fest, daß H' diagonal, und notieren die Diagonalelemente von H' sowie die Drehmatrix-Zeilen $\vec{f}_1$, $\vec{f}_2$. Nun sehen wir nach, ob sich diese Resultate auch strikt nach „Fahrplan" zur Hauptachsen-Transformation ergeben. Schließlich lösen wir (im gedrehten System) die Bewegungsgleichung und transformieren zurück: $\vec{r}(t) = ?$ Skizze der Bahnkurve! [6]

3) Durch masselose Drähte sind drei Kugeln starr miteinander verbunden:

$$m_1 =: m \qquad \text{bei} \qquad \vec{r}_1 = (\,1\,,\,-1\,,\,0\,)a$$
$$m_2 = 4m/3 \qquad \text{bei} \qquad \vec{r}_2 = (\,-3/4\,,\,0\,,\,0\,)a$$
$$m_3 = 6m \qquad \text{bei} \qquad \vec{r}_3 = (\,0\,,\,1/6\,,\,0\,)a\,.$$

Wo liegt der Schwerpunkt $\vec{R}$ dieses Systems? Welchen Trägheitstensor I hat es? Unter Hinweis auf eine der obigen Übungen können wir sofort die in der xy-Ebene liegenden zwei Hauptachsen skizzieren und (an ihnen) die zugehörigen Haupt-Trägheitsmomente (:= I-Eigenwerte) notieren. [3]

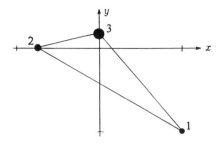

Übungs-Blatt 10

1) Die Intensität I einer Spektrallinie wurde als Funktion der Licht-Frequenz
$\nu = 1/T = \omega/2\pi$ in Absorption gemessen. Dabei ergab sich
$I = I_0 \cdot f\left(\frac{\omega - \omega_0}{\omega_0}\right)$ mit den folgenden verläßlichen Werten der Funktion $f(x)$:

$$f(0) = 2 \ , \ f(1) = 1 \ , \ f(2) = 2 \ , \ f(3) = 3 \ .$$

Der Experimentator weiß ferner, daß es sich (nach Abzug einer Konstanten) um eine Lorentz-Kurve bestimmter Breite, Höhe und Zentrierung handelt. „Vier nichtlineare Gleichungen für vier Unbekannte", murmelt er erschrocken. Aber dann fällt ihm ein einleuchtendes Symmetrie-Argument ein. Wie sieht also das Bildungsgesetz der Funktion $f(x)$ explizit aus? Man skizziere Sättigungsgerade, Meßpunkte und qualitativ die Lorentz-Kurve. [3]

2) In einer Neonröhre habe ein Proton (Masse m) gerade so viel Energie, wie notwendig ist, um das Zentrum einer positiven Raumladung mit Potential
$V(x) = V_0 - \alpha \cdot x^2$ zu erreichen. Bekannt ist auch $x(0) = -a$. $x(t) = ?$

Man skizziere x über t. Natürlich führte hier Energiesatz-Ausnutzung direkt und schnell zum Ziel. Aber auch über Bewegungsgleichung (?!), Anfangsbedingung*en* und Ansatzlösung muß sich das gleiche $x(t)$ erhalten lassen. [3]

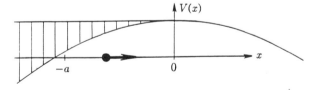

3) Wenn man ein Elektron an der Hand nimmt und im oberen Teil der skizzierten Schaltung einmal im Kreis an den Ausgangspunkt zurück führt, dann müssen sich alle Potential-Unterschiede zu Null addiert haben:

$$-\frac{1}{C_1} \cdot Q_1 + R \cdot I_1 - \frac{1}{C_3} \cdot Q_3 = 0 \ .$$

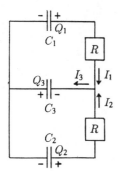

Zum unteren Teil gilt eine analoge Gleichung. $Q_j(t)$ ist die Ladung auf der $+$-Seite des j-ten Kondensators: $I_j(t) = -\dot{Q}_j(t)$. Am Anfang sei $Q_1(0) = Q_2(0) =: Q_0$, $Q_3(0) = 2Q_0$. Wegen $I_1 + I_2 = I_3$ erhalten wir schnell eine für alle Zeiten gültige Beziehung zwischen den Q's und schließlich:

$$\vec{Q} := \begin{pmatrix} Q_1 \\ Q_2 \end{pmatrix}, \quad \dot{\vec{Q}} = -H\vec{Q}, \quad H = ?$$

Der Einfachheit halber setzen wir nun $2C_1 = 2C_2 = C_3 =: C$ und lösen das Problem: $\vec{Q}(t) = ?$ [5]

Übungs-Blatt 11

1) Die skizzierte masselose Feder (κ, l) drückt gegen ein Lineal (Länge b, masselos), das an der Wand lehnt und seinerseits eine Masse m beschleunigt; keine Reibung; die Lineal-Enden bleiben auf der z- bzw. x-Achse; Feder genau bei Höhe l befestigt; $\dot{x}(0) = 0$, $x(0) = a$. Welcher Bewegungsgleichung folgt m, und welche Lösung $x(t)$ hat sie? [3]

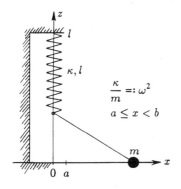

2) Auf der x-Achse bewegt sich ein Teilchen (m) im Potential

$$V(x) = \kappa a^2 f\left(\frac{x}{a}\right) \text{ mit } f(s) := \frac{-1}{1 + \mathrm{ch}(s)} = \frac{-2e^s}{(e^s + 1)^2} = \partial_s \left(\frac{2}{e^s + 1}\right).$$

Sind die letzten zwei Gleichheitszeichen berechtigt? Man skizziere f über s. Wir entwickeln f um $s = 0$ bis (mit) zum s^2-Term, und zwar (a) ausgehend vom ersten Ausdruck und (b) durch Entwickeln der Klammer im letzten. In dieser Näherung können wir der Bewegungsgleichung ansehen, mit welcher Kreisfrequenz ω das Teilchen kleine Schwingungen $(x \ll a)$ ausführt. [4]

3) Reihe als Ansatz. Zu der anharmonischen Schwingung

$$\ddot{x} = 6\omega^2(1/a)x^2 - 8\omega^2(1/a^2)x^3 \ , \ x(0) = a \ , \ \dot{x}(0) = 0$$

sollen die Koeffizienten c_0 bis c_4 von

$$x = c_0 + c_1 t + c_2 t^2 + c_3 t^3 + c_4 t^4 + \ldots$$

bestimmt werden. Wenn wir dies zuerst in die Anfangsbedingungen einsetzen und sodann $\ddot{x}$ bilden, dann können wir auf der rechten Seite der Bewegungsgleichung ziemlich faul werden. Das x-Resultat bis mit t^4 läßt *erraten*, wie die geschlossene Form für $x(t)$ aussieht (Probe!). Wir bilden und skizzieren noch das Potential $V(x)$ der obigen Kraft $(m := 1)$, geben die Energie E des Teilchens an – und verstehen nun das seltsame Verhalten von $x(t)$ bei $t \to \infty$. [4]

Übungs-Blatt 12

1) Ein Meteorit (m) nähert sich der Erde (M, R) mit so großer Geschwindigkeit $(\dot{x}(0) = -v_0, \ x(0) = a)$, daß seine kinetische Energie im Bereich $R < x < a$ stets viel größer als die durchlaufene Potential-Differenz bleibt (Skizze!). Folglich begnügen wir uns mit der Bewegungsgleichung $\dot{x} = \ldots + O(\gamma^2)$ (γ = Gravitationskonstante), überlegen, ob wir auf der rechten Seite für x die „nullte Näherung" (:= $x(t)$ bei $\gamma = 0$) einsetzen dürfen, und erhalten schließlich – korrekt bis auf $O(\gamma^2)$ – die Lösung $x(t)$. Dimensionsprobe! [4]

2) Um die folgenden fünf Integrale auszuwerten, genügen elementare Umformungen und Symmetrie-Argumente.

$$J_1 = \int_{-5}^{5} dx \left(\arctan(5\,\text{sh}(x)) + 2\,e^{-\ln(4)} \right)$$

$$J_2 = \int_{0}^{4} dx \left(\frac{2}{1 + (x-3)^2} + \frac{x(x-2)}{x^2 - 2x + 2} \right)$$

$$J_3 = \int_{0}^{2} dx \left(3\cos(x\pi/2) + \sin^2(x\pi/2) + 1 \right)$$

$$J_4 = \lim_{\varepsilon \to +0} \int_{\varepsilon}^{3\varepsilon} dx \, \frac{1}{\varepsilon + x^5}$$

$$J_5 = \lim_{T \to +0} \frac{1}{2\ln(T)} \cdot \ln \left(\int_{0}^{\infty} d\varepsilon \, \frac{\varepsilon}{e^{\varepsilon/T} + 1} \right) . \qquad [4]$$

3) Welche Arbeit $A = \int_{0}^{x_0} dx \, K(x)$ haben die Männer zu verrichten, um das skizzierte Boot zu Wasser zu lassen?

Das Boot (Masse M) habe über seine gesamte Länge L den gleichen Querschnitt. Die Randkurve sei

$$f(y) = b \cdot \left(2ay + y^2 \right) / \left(a + y \right)^2 .$$

Bekannt sei auch die Dichte ϱ (= Masse pro Volumen) des Wassers. Ferner gelte $M = \varrho abL \cdot 8/3$. Als erstes erhalten wir $K(x)$, sodann die maximale Eintauchtiefe x_0 und schließlich A. [4]　　(*Keine* Integraltafel benutzen ?!!)

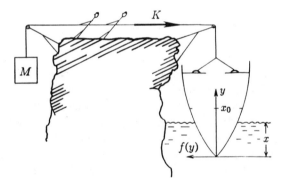

Übungs-Blatt 13

1) Vertikal über einer ideal reflektierenden Glasplatte springt eine Metallkugel verlustfrei zwischen $z = 0$ und Höhe h. Welche (zeitlich) mittlere Höhe $\bar{z}$ hat die Kugel, welche Höhen-Schwankung Δz und welche mittlere kinetische und potentielle Energie? [2]

2) Am 1.4.1990 wurde erstmals ein stabförmiger Himmelskörper entdeckt. Er erstreckt sich auf der z-Achse von 0 bis L, ist als ∞ dünn idealisierbar und hat konstante lineare Massendichte $\sigma(z) =: \sigma_0 = M/L$. Welches Potential $V(\vec{r})$ durchfliegt sein Trabant (m)?

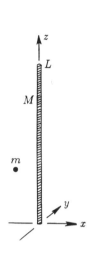

Nach expliziter Berechnung von $V(\vec{r})$ interessieren wir uns für den Grenzfall eines nach oben hin sehr langen Stabes ($L \to \infty$), während die m-Koordinaten z und $\sqrt{x^2 + y^2} =: \varrho$ im Endlichen bleiben. Da der führende V-Term ($:= V_0$) nicht von $\vec{r}$ abhängt, dürfen wir ihn subtrahieren. Wir erhalten ein nur noch von $\sqrt{\varrho^2 + z^2} - z$ aber nicht mehr von L abhängendes Potential. Längs welcher Kurven in der zx-Ebene hat es den gleichen Wert? Skizze! Wie nimmt es zu, wenn man sich ($\varrho \to 0$) bei fester Höhe z dem Stab nähert? Mit welcher ϱ-Potenz nimmt also der $\perp$-zum-Stab-Anteil der Anziehungskraft zu? „Aber dies kann doch unmöglich für negative z auch noch gelten!" – sondern dann ...? Schließlich entfernen wir uns genau auf der z-Achse nach unten vom Stabende: $V(z) \to$? Welche V-Asymptotik bei $\varrho = 0$, $z \to \infty$ hat hingegen plausiblerweise ein Stab endlicher Länge? [7]

3) Ein Kometenschwarm hat die Erde sehr rasch bis zum Stillstand abgebremst: $z(0) = a$, $\dot{z}(0) = 0$. Wieviele Tage bleiben uns noch bis zum Untergang in der Sonne? [3]
($a = 1,5 \cdot 10^{11}$ m , $M_{\text{Sonne}} = 2 \cdot 10^{30}$ kg , $\gamma = 6,7 \cdot 10^{-11}$ m^3/s^2 kg)

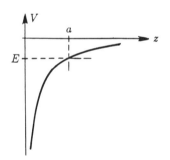

Übungs-Blatt 14

1) Mit billigem Nachtstrom wird eine Feder (κ, l) auf Länge a gedehnt. Am Morgen zieht sie dann einen Nahverkehrszug auf der skizzierten elliptischen Schiene $\mathcal{C}$ von Punkt 1 auf Punkt 2. Die dabei verrichtete Arbeit soll explizit als Kurvenintegral ausgewertet werden. (Natürlich hatten wir bereits vorher notiert, was dabei herauskommen muß.) Die Frage nach der vom

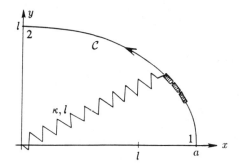

Zug zurückgelegten Wegstrecke führt auf ein übles Integral; aber wir können nachsehen, ob es zu $l = a$ und zu $l = 0$ den richtigen Weg liefert. [5]

2) Ein Gewässer konstanter Tiefe h mit homogener Dichte ϱ von Wasserflöhen pro Volumen ströme mit Geschwindigkeit $\vec{u}(\vec{r}) = b \cdot (y, x, 0)$. Im skizzierten Viertel-Kreisbogen $\mathcal{C}$ hat jemand ein Netz ausgelegt (das ansonsten vertikal im Wasser bis zum Boden hängt). Welche Bedeutung hat für ihn die Größe

$$J := \left| \int_{\mathcal{C}} d\vec{r} \times \vec{u}(\vec{r}) \right| ?$$

Nach Skizzieren einiger repräsentativer $\vec{u}$-Pfeile (Strömungsbild) berechne man J explizit aus obiger Definition. [3]

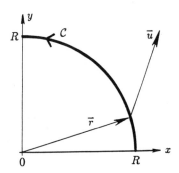

3) Um die Gravitationsanziehung einer Raumsonde (Masse m) durch den Saturn-Ring auszurechnen, idealisieren wir ihn als ebenen Kreisring (Radien R_1 und R_2) mit konstanter Massendichte σ und schreiben zunächst das Potential $V(\vec{r})$ als Flächenintegral sowohl in kartesischen als auch in Polarkoordinaten möglichst explizit auf. Da beide Integrale etwas bösartig aussehen, ziehen wir uns auf Betrachtung der z-Achse zurück: $V(0, 0, z) = ?$ $\vec{K}(0, 0, z) = ?$ Welche Asymptotik bei $z \to \infty$ muß V haben? Hat es sie? Wie verhält sich $V(0, 0, z)$ im Falle einer Scheibe ($R_1 = 0$) bei $z \to \pm 0$? (Ebenso – bis auf Faktoren – verhält sich übrigens das elektrische Potential an einer Kondensatorplatte.) [5]

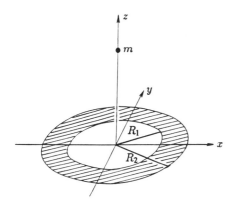

Übungs-Blatt 15

1) Eine kreisrunde Herdplatte (Radius R) werde inhomogen so geheizt, daß die pro Zeit und Fläche abgestrahlte Energie I (= Intensität = z-Komponente der Energiestromdichte auf der Platte) quadratisch mit dem Abstand d vom Punkt $\vec{r}_0 = (a, 0, 0)$ abnimmt:

$$I(\vec{r}) = I_0 \cdot \left(1 - \lambda \cdot d^2\right) \quad \left(\vec{r} := (x, y), \text{ 2D-Problem}\right).$$

Wieviel Energie pro Zeit (= Leistung P) verliert die Platte durch Strahlung? (Wir formulieren das Problem wieder zunächst sowohl in kartesischen als auch in Polarkoordinaten und entscheiden erst dann ...) [4]

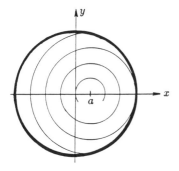

2) Wo liegt der Schwerpunkt ($\vec{R} = ?$) des skizzierten Viertels einer Halbkugel, wenn es aus einem Material besteht, dessen Massendichte gemäß

$$\varrho(\vec{r}) = \varrho_0 \cdot (1 - \alpha \cdot x/R) \qquad (0 < \alpha < 1)$$

in x-Richtung ein wenig abnimmt? [4]

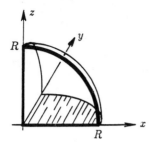

[Es ist hier rentabel, Masse M, MR_1, MR_2 und MR_3 formal als 4-komponentigen Spaltenvektor zu schreiben und ebenso den Integranden. Ausnahmsweise sei zur Kontrolle das Resultat angegeben:
$$\vec{R} = R \cdot (3/8) \cdot (1 - 8\alpha/15\, ,\ 1 - 16\alpha/15\pi\, ,\ 1 - 16\alpha/15\pi)/(1 - 3\alpha/8)\,]$$

3) Ein geladenes Teilchen (m, q) startet mit $\vec{v}(0) = (0, v_0, 0)$ in ein Medium, in dem es die Reibungskraft $-\gamma m \vec{v}$ erfährt und in dem das Magnetfeld $\vec{B} = (0, 0, B)$ herrscht $(qB/m =: \omega)$.

Wieviel kinetische Energie pro Zeit verliert es?

Aus dem Paar von Bewegungsgleichungen für v_1, v_2 gewinnen wir *eine* für $u := v_1 + iv_2$ mit $u(0) = ?$, lösen diese und erhalten aus der Lösung $v_1(t)$ und $v_2(t)$. Zu $x(0) = y(0) = 0$ entsteht eine Spiralbahn $\vec{r}(t)$. In welchem Zusammenhang steht deren Zentrum $\vec{r}(\infty)$ mit den Integralen

$$J_1 := \int_0^\infty dt\, e^{-\gamma t} \sin(\omega t)\ ,\quad J_2 := \int_0^\infty dt\, e^{-\gamma t} \cos(\omega t)\ ?$$

Man werte nun J_2 auf drei Weisen aus: (a) mittels partieller Integrationen, (b) per Kosinus-Reihe, $t^n \to (-\partial_\gamma)^n$ und Aufsummation, (c) über $J_2 + iJ_1$ und Euler-Formel. [7]

Die Skizze zu dieser Übungsaufgabe findet man auf der letzten Seite von Teil III.

Übungs-Blatt 16

1) Welche Funktion von ε gehört je an die gepunkteten Stellen?

$$\delta(x) = \lim_{\varepsilon \to +0} \ldots e^{-|x|/\varepsilon}$$

$$\delta(\vec{r}) = \lim_{\varepsilon \to +0} \ldots \delta(r - \varepsilon)$$

$$\delta(\vec{r}) = \lim_{\varepsilon \to +0} \ldots r^n \cdot e^{-r/\varepsilon}\quad (n = ?, ?, -1, 0, 1, 2, \ldots)$$

Die Massendichte $\varrho(\vec{r}) = \sigma \cdot \delta(y)\theta(x)$ eines dünnen ebenen Bleches, das die rechte xz-Halbebene ausfüllt, hat in Kugelkoordinaten die Gestalt $\varrho = f(r, \vartheta) \cdot \delta(\varphi)$, nämlich mit welcher Funktion $f(r, \vartheta)$? [3]

2) Eine aus Höhe h fallende Masse m ($z(0) = h$, $\dot z(0) = 0$) erfährt einen Kraftstoß nach oben:

$$K_3(t) = \gamma \cdot \delta(t - \sqrt{h/g}) \ , \quad 0 \leqslant \gamma \ .$$

Es soll $z(t)$ ermittelt und für einige typische γ-Werte als Funktion von t skizziert werden. [2]

3) Eine Streichholzschachtel (m) mit Anfangsgeschwindigkeit v_0 gleitet geradlinig (x-Achse) über eine Tischplatte. Jeder der Parameter α, β, γ (je $\geqslant 0$) in der Reibungskraft

$$R_1(v) = -m \cdot \left(\alpha + \beta v + \gamma v^2 \right)$$

möge durch geeignete Behandlung von Tisch und Luft zum Verschwinden gebracht werden können. Wir studieren der Reihe nach folgende Spezialfälle:

I) $\beta = \gamma = 0$, II) $\alpha = \gamma = 0$, III) $\alpha = \beta = 0$,

IV) nur $\gamma = 0$, V) nur $\alpha = 0$

ermitteln je die Geschwindigkeit als Funktion der Zeit ($v_I(t)$, $v_{II}(t)$, ...) und fragen je, ob v bereits zu einer endlichen Zeit Null wird. Wie erhält man aus v_{IV} (via $\beta \to 0$) wieder v_I und wie aus v_V wieder v_{III}?

(Manchmal hilft ein „reziproker Ansatz" weiter, d.h. man setzt $v(t) =: 1/u(t)$, gewinnt aus der Bewegungsgleichung eine Dgl für u, bestimmt sich $u(0)$ und löst ...) [6]

[Diese Übung diene zum „Aufwärmen". Sie steht noch vor dem Stoff von Kapitel 7. Übrigens haben wir per $v =: u + \text{const}$ auch den allgemeinen Fall „VI" alle drei Parameter $\neq 0$" im Griff. Und es bleibt fraglich, ob der Weg über Fall $< 6 >$ (Kap. 7) hier überhaupt Vorteile bietet.]

Übungs-Blatt 17

1) Der skizzierte 1D-harmonische Oszillator startet mit $x(0) = 0$, $\dot x(0) = v_0$. Seine Feder ist in chemischer Auflösung begriffen: $\kappa = \kappa_0/(1 + \alpha t)^2$.

Wir führen die dimensionslose Zeit $\tau = 1 + \alpha t$ als neue Variable ein, schreiben die allgemeine Lösung der Bewegungsgleichung auf und passen an die Anfangsbedingungen an. Dabei denken wir uns zunächst die Differenz $D := 1/4 - \kappa_0/m\alpha^2$ positiv (α groß, $\sqrt{D} =: w$). Welche Gestalt bekommt $x(t)$ zu $w \to 0$ und welche, wenn $D < 0$? [4]

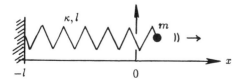

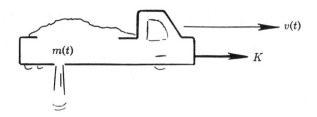

2) Ein LKW fährt mit konstanter Schubkraft K und erfährt die Reibungskraft $-R \cdot v$. Er hat Sand geladen, den er durch ein Loch mit konstanter Rate Γ verliert: $m = m_0 - \Gamma t$.
Wie läßt sich die Bewegungsgleichung für $v(t)$ (durch Übergang zu geeigneter dimensionsloser neuer Variabler x) auf die folgende Form bringen?

$$y' - n \cdot y/x = -\alpha/x \qquad (0 < n = ? \, , \, 0 < \alpha = ?)$$

Die allgemeine Lösung $y(x; C; \alpha, n)$ dieser Dgl soll nun auf mehrere Weisen erhalten werden:

a) durch Separation der Variablen
b) als Spezialfall der bekannten Lösung von $y' + Py = Q$
c) über neue Variable τ, $x =: \exp(\tau)$
d) mit Potenzansatz für die homogene Dgl und Raten einer speziellen Lösung der inhomogenen
e) über neue Funktion u, $y =: \alpha/n + \exp(u)$
f) über die durch $y =: x^n \cdot u$ definierte neue Funktion u und anschließend neue Variable $\tau = -1/x^n$.

Unterwegs hatten wir den Freien Fall auf dem Papier (nämlich wo? – notfalls Vorzeichen der Variablen umkehren) sowie die Dgl ($R\dot{Q} = \ldots$) für ein RC-Glied unter Gleichspannung (nämlich wo?). Auch der 1D-harmonische Oszillator läßt sich einbeziehen: irgendwo stand nämlich die Dgl $w'(\tau) - nw(\tau) = -\alpha$, aus der wir leicht eine lineare Dgl mit w'' und w (aber nicht w') erhalten können; zu welcher führt dann $\tau =: i\omega t$?

Erst jetzt interessiert uns wieder das LKW-Problem. Sei $v(0) = v_0$: $v(t) = ?$ Zu $K = 0$ und $\Gamma \to 0$ müßte doch das v-Resultat in die Lösung von $m_0\dot{v} = -Rv$ übergehen; ist dies der Fall? [9]

3) Selektion. Dereinst ($t = 0$) gab es ebenso viele weiße ($x(0) = x_0$) wie schwarze Schafe ($y(0) = x_0$). Sie vermehrten sich gemäß

$$\dot{x} = a \cdot x - c \cdot x \cdot (x + y)$$
$$\dot{y} = b \cdot y - c \cdot y \cdot (x + y) \, , \qquad a > b > 2cx_0 \, ,$$

im Einklang mit der Umwelt $[a - c \cdot (x + y)]$ ist die Differenz aus Geburtenrate und Sterberate; dieser Überschuß ist hier $\sim$ Futtervorrat angenommen, welcher wiederum linear mit der Tierezahl $x + y$ abnimmt] bei geringfügig höherer Sterberate der schwarzen Schafe (Hitzschlag-Anfälligkeit; darum $b < a$). Welche Zukunft ($x(t) = ? y(t) = ?$) hat dieses Ökosystem?

Welche Grenzwerte werden bei $t \to \infty$ erreicht, und wie stand es um das Verhältnis x/y zu Urzeiten ($t \to -\infty$)?

[Vorschlag: neue Funktionen u, v mittels $x =: \exp(at - cu)$ und $y =: \exp(bt - cv)$; $\partial_t(u - v) = ?$ ↝ erste Integrationskonstante A; Dgl erster Ordnung für u allein; Trennung der Variablen und zweite Integrationskonstante B; A, B aus den Anfangsbedingungen; ...] [5]

Übungs-Blatt 18

1) Ein pessimistisches Weltmodell. Die Anzahl $N(t)$ der Erdenbürger [derzeit $N(0) = N_0$] wird regiert durch die Dgl $\dot{N} = (G - S) \cdot N$, wobei Geburtenrate G und Sterberate S komplizierte Funktionen aller möglichen Umwelteinflüsse sind. Wir wollen annehmen, daß $G = G_0$ eine Konstante sei und daß die Sterberate $S(t)$ linear mit einer „Vorratsgröße" $V(t)$ (Rohstoffe, bebaubares Land, Luftsauerstoff) zusammenhänge: $S = S_0 - \alpha \cdot (V - V_0)$, $V_0 = V(0)$. Die Vorräte seien nicht regenerierbar: $\dot{V} = -\beta \cdot N$. Diese etwas drastische (?) Annahme dient dazu, das Modell hinreichend leicht analytisch lösbar zu halten (man kann jedoch zu $-\beta N$ auch noch eine Konstante addieren, d.h. eine Vorrats-Wachstums-Rate einbauen und analytisch durchhalten).

Mittels geeigneter Zeitskala $\tau = \gamma t$ und mit $u(\tau) := A \cdot N$, $v(\tau) := B \cdot (V_0 - V)$ gebe man ($A = ?$, $B = ?$, $\gamma = ?$) dem Modell die folgende angenehme Formulierung:

$$u' = u \cdot (\eta - v) , \quad v' = u ; \quad u(0) = 1 , \quad v(0) = 0 . \tag{$*$}$$

Um das Dgl-System ($*$) zu lösen, überführe man es in *eine* Dgl für $v(\tau)$ und schaue dann in die „Trickkiste" (Kap. 7). Man skizziere $V(t)$, $N(t)$ und interessiere sich für die fernere Zukunft. [8]

[Zur Kontrolle: man erhält $N = N_0 u(\gamma t)$, $u(\tau) = 4\omega^2 \exp(\omega\tau)/[\omega + \eta + (\omega - \eta) \cdot \exp(\omega\tau)]^2$ mit $\omega := \sqrt{2 + \eta^2}$, $\eta = (G_0 - S_0)/\gamma$, $\gamma = \sqrt{\alpha\beta N_0}$.]

Konrad Lorenz (und K.L. Mündl „Noah würde Segel setzen", Seewald 1984):

„Einer meiner Bekannten, er ist türkischer Herkunft und Professor für Nationalökonomie in San Francisco, hat einmal den lapidaren Ausspruch getan, es gebe unter den Gefahren, die die heutige Menschheit bedrohen, keine, die nicht letzten Endes aus der Übervölkerung entstehe, und auch keine, die anders als durch Erziehung zu lösen sei."

2) Ein Festkörper, der den rechten Halbraum ausfüllt ($0 < x$), habe die Temperatur

$$T(\overline{r}) = T_0 \cdot \left[\pi/2 - \arctan\left(r^2/2ax \right) \right] .$$

Welche Form und Lage haben die Flächen gleicher Temperatur? Man skizziere deren Schnittlinien mit der xy-Ebene (sowie den T-Verlauf entlang der positiven x-Achse) und bilde grad T. Wie verändern sich Richtung und Betrag des Temperaturgradienten entlang der y-Achse und entlang der Geraden $y = x$, $z = 0$? [4]

3) Wirbelfreie Strömungen:
   a) Zu welcher Wahl der Koeffizienten ist die Meeresströmung $\overline{v} = (\alpha x + [\beta + \gamma]y, [\beta - \gamma]x + \alpha y, 0)$ wirbelfrei? Wir schreiben $\overline{v}$ auch in der Form $S\overline{r} + A\overline{r}$ auf $(S = S^T = ? A = -A^T = ?; \alpha, \beta, \gamma$ beliebig) und hiervon den zweiten Term als $\overline{\omega} \times \overline{r}$, $\overline{\omega} = ?$. Zu S bilden wir die Spur und bestimmen und addieren die zwei Eigenwerte.
   b) Zu welchem Zahlenwert von α ist $(\alpha z \overline{r} - r^2 \overline{e}_3)/r^5$ wirbelfrei? (Ursprung ausgenommen)
   c) Kann die 3D-radiale Strömung $\overline{v} = g(\overline{r}) \cdot \overline{r}$ Wirbel haben? Sei nun speziell $g(\overline{r}) = \alpha \cdot x$ $(0 < \alpha)$. Kann man das Resultat *verstehen*? ($\overline{v}$-Pfeile, Argumente)
   d) Eine Strömung $\overline{v}(\overline{r})$ mit der Wirbelstärke $\alpha \cdot \delta(x) \overline{e}_3$ soll realisiert werden. Selbst wenn wir dazu zwei $\overline{v}$-Komponenten Null setzen, ist das Resultat nicht eindeutig: man skizziere zwei verschiedene solche Strömungen. [5]

Übungs-Blatt 19

1) Quellenfreie Strömungen (Magnetfelder):
   a) Zu welcher Wahl der Koeffizienten ist die Meeresströmung $\overline{v} = (\alpha x + [\beta + \gamma]y, [\beta - \gamma]x + \alpha y, 0)$ quellenfrei? Wie sieht die Strömung aus, wenn nur γ bzw. nur β von Null verschieden ist? (je Skizze mit typischen Pfeilen in der xy-Ebene)
   b) Zu welchem Zahlenwert von α ist $(\alpha z \overline{r} - r^2 \overline{e}_3)/r^5$ quellenfrei? (Es handelt sich übrigens um das Magnetfeld einer sehr kleinen, sehr stark stromdurchflossenen Spule am Ursprung. Es ist außerhalb derselben auch wirbelfrei: vgl. Übung 18/3.)
   c) Durch die poröse Oberfläche eines vertikalen Rohres (R) in der (ruhenden) Nordsee strömt pro Zeit überall gleich viel Wasser, so daß bei $\varrho = R$ ($\varrho := \sqrt{x^2 + y^2}$) die Geschwindigkeit $\overline{v}(R) = v_0 \overline{e}_\varrho$ vorliegt. $\overline{v}(\varrho) = ?$ $(R < \varrho)$
   d) Kann eine zirkulare Strömung $\overline{v} = f(\varrho, z) \cdot (-\sin(\varphi), \cos(\varphi), 0)$ Quellen haben? (ϱ, φ, z sind Zylinderkoordinaten) [5]

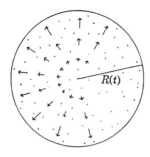

2) Zweimal Kontinuitätsgleichung:

    a) Ein Gas aus N Teilchen ist in einer Kugel (R_0) eingeschlossen. Deren Radius wird nun ab Zeit $t = 0$ mit konstanter Geschwindigkeit v vergrößert: $R(t) = R_0 + vt$. Dabei bleibe die Teilchendichte $\varrho(t)$ unabhängig vom Ort $\vec{r}$. Wie hängt folglich die Teilchen-Stromdichte $\vec{j}(r, t)$ von Ort und Zeit ab?

    b) Ein Kubikmeter ruhender Luft wird ständig von einem reinen Ton (ω) durchdrungen ($\vec{k}$), der in großer Entfernung erzeugt wird: Teilchendichte $\varrho(\vec{r}, t) = \varrho_0 + \varrho_1 \cdot \cos(\vec{k}\,\vec{r} - \omega t)$.
Welche Teilchen-Stromdichte $\vec{j}(\vec{r}, t)$ liegt vor? [6]

3) Ein gasförmiger Himmelskörper habe kugelsymmetrische Massendichte $\varrho(r)$. Das (ebenfalls kugelsymmetrische) Gravitationspotential $V(r)$ können wir als Volumenintegral soweit ausrechnen, daß es nur noch ein gewöhnliches Integral über r' (oder zwei solche) enthält. Für den Fall, daß $V(r)$ experimentell ermittelt wurde und $\varrho(r)$ gesucht wird, können wir übrigens unseren V-ϱ-Zusammenhang nach $\varrho(r)$ auflösen [zuerst $V'(r)$ bilden, dann ...]. Wir gehen nun dem Verdacht nach, das Quellenfeld von $\vec{K}$ könne etwas mit $\varrho(r)$ zu tun haben. Dazu schreiben wir zuerst auf, welche Kraft $\vec{K}$ sich allgemein aus einem Zentralpotential $V(r)$ ergibt, stellen den $\vec{K}$-ϱ-Zusammenhang her und errechnen schließlich das Quellenfeld von $\vec{K}$. (Kein Wunder übrigens, daß sich ein negatives Quellenfeld ergab, eine *Senke*, eine „Feldlinien-Endpunkt-Dichte", denn $\vec{K}$ zeigte ja nach innen). Sie haben soeben – unter Kugelsymmetrie – die erste Maxwell-Gleichung erhalten: Wodurch ersetzen Sie $-\gamma m$, wenn Sie von Gravitations- zu Coulomb-Kraft übergehen? $\curvearrowright$ div $\vec{E}$ = ? [6]

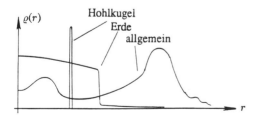

Übungs-Blatt 20

1) Eine positive Ladung q ist kugelsymmetrisch um den Ursprung verteilt. Das elektrostatische Potential der Anordnung sei

$$\phi(r) = \frac{q}{4\pi\varepsilon_0} \sqrt{\frac{\Omega}{\pi}}\, \frac{2}{r} \int_0^r dr'\, e^{-\Omega r'^2} .$$

   a) Man skizziere das Potential über der r-Halbachse, gebe zu $r \ll 1/\sqrt{\Omega}$ und zu $1/\sqrt{\Omega} \ll r$ Näherungsausdrücke für ϕ an, und berechne $\Delta\phi$. Nun soll $\Delta(1/r) = -4\pi\delta(\vec{r})$ dadurch hergeleitet werden, daß man einerseits ϕ und andererseits $\Delta\phi$ im limes großer Ω betrachtet.
   b) Durch welche Ladungsdichte $\varrho(r)$ wird also (Ω wieder endlich) das Potentialgebirge erzeugt? Man berechne zur Probe $\int d^3r\, \varrho(\vec{r})$. [5]

2) In einem Raumbereich inmitten des Gartenteiches wird eine seltsame Winkelgeschwindigkeit der Wasserflöhe beobachtet, $\vec{\omega} = \alpha \cdot (y, x, 0) =: \vec{w}/2$, während sie sich translatorisch nur aufwärts/abwärts bewegen: $\vec{v}(\vec{r}) \sim \vec{e}_3$, $\vec{v}(\vec{0}) = \vec{0}$.

   Welche Strömung $\vec{v}(\vec{r})$ liegt vor? Welches geometrische Objekt bilden die Punkte ruhenden Wassers?

   Ein Fisch durchschwimmt die skizzierte Rechteck-Kurve $\mathcal{C}$ in entgegengesetzter Richtung und hat (wegen Reibung $-R\vec{v}$) die Arbeit

$$A = R \cdot J_1 , \quad J_1 = \oint_{\mathcal{C}} d\vec{r} \cdot \vec{v} = ?$$

   zu verrichten. Ein anderer sieht sich die Wasserflöhe an und interessiert sich für $J_2 = \int_S d\vec{f} \cdot \vec{w} = ?$ (und denkt dann noch lange über den erhaltenen J_1-J_2-Zusammenhang nach). [4]

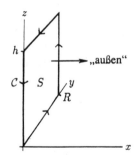

3) Auf dem Messegelände steht ein 100 km hohes Glasrohr. Die enthaltene Luft habe raumzeit-unabhängige Temperatur T und sei in halbwegs guter Näherung ein „ideales Gas". Wegen $100 \ll 6000$ sehen wir die Erdanzie-

hung als konstant an. Die Position $z_0(t)$ eines Kolbens am unteren Ende wird nun so langsam verändert, daß keine Schallwellen entstehen und sich jede Luftschicht jederzeit im Gleichgewicht befindet.

$$\text{Teilchendichte } \varrho(\vec{r}, t) = ?$$
$$\text{Teilchen-Stromdichte } \vec{j}(\vec{r}, t) = ?$$

In welchem Zusammenhang miteinander stehen also überall im Rohr (und zu jeder Zeit) die drei Felder $\varrho, \vec{j}, \vec{v}$? [3]

(Hier, anderswo und überhaupt: weshalb haben Sie einer – eventuell parametrisch wovon abhängenden – Integrationskonstanten welchen Wert gegeben?)

Übungs-Blatt 21

1) Gaußens Integralsatz soll nachgeprüft werden (durch explizite Berechnung beider Seiten) am Beispiel

$V = $ Würfelvolumen (Kantenlänge a, s. Skizze)

und $\vec{E} = \vec{e}_\varrho (\alpha/\varrho) \cdot \theta(\varrho - R), R < a.$

(Dies ist das Feld eines Zylinder-Kondensators, $\alpha = Q/2\pi\varepsilon_0 h$, dessen zweites, negativ geladenes Blech ∞ weit entfernt ist.) [3]

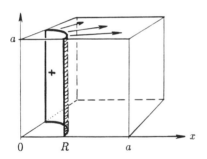

2) Elektrostatik zu gegebener Ladungsdichte. In einer Gasentladungsröhre habe sich eine zeitunabhängige, überall endliche, zylindersymmetrische Raumladungsdichte ϱ_L ausgebildet: $\varrho_L(\varrho) =: \varepsilon_0 f(\varrho)$ (f bekannt, $\varrho = $ Zylinderkoordinate).

   a) Wir lösen die erste Maxwell-Gleichung direkt mittels Ansatz für $\vec{E}$. Das Resultat enthält ein gewöhnliches Integral.

   b) Wenn man die erste Maxwell-Gleichung über ein Zylindervolumen (R, h) integriert und dann Gauß ausnutzt (sowie die Symmetrie des Problems), dann erhält man ebenfalls $|\vec{E}|$ in Abhängigkeit von ϱ.

c) Auch für das elektrostatische Potential $\phi(\varrho)$ stellen wir eine Formel bereit (zwei Integrale über f).

d) In Zylinderkoordinaten hat der Laplace-Operator den ϱ-Anteil $\Delta = \partial_\varrho^2 + (1/\varrho)\partial_\varrho$; kurze Herleitung?

e) $-\varepsilon_0 \Delta\phi = ?$

f) Der Zylinder-Kondensator (Ladung $-Q$ bei R_1, $+Q$ bei R_2, Höhe h) ist Spezialfall, nämlich zu $f(\varrho) = ?$

g) Wie sehen $\vec{E}(\varrho), \phi(\varrho)$ im Spezialfall (f) aus, welche Spannung U herrscht zwischen den Blechen, und welche Kapazität $C = Q/U$ hat der Kondensator?

h) Wie kommt zu $R_2 - R_1 \to 0$ die Kapazität des Plattenkondensators wieder heraus? [9]

3) a) $\displaystyle\int_V d^3r \, \vec{B} \cdot \mathrm{rot}\, \vec{A} = \int_V \ldots + \oint_S \ldots$

b) Wenn man die Diffusionsgleichung über ein Volumen V integriert und Gauß benutzt, inwiefern ist die dabei entstandene Gleichung plausibel? [2]

Übungs-Blatt 22

1) Ein gerader, ∞ langer Kupferdraht wurde in gleichen Abständen erhitzt. Zur Zeit $t = 0$ hat er nun die Temperatur

$$T(x,0) = T_1 + T_0 \cdot \sin(kx) \, .$$

Wenn man zunächst $T(x, dt)$ auswertet und ein wenig über „Zeitschritt für Zeitschritt" nachdenkt, dann wird klar, daß dieses Temperatur-Gebirge eine besonders einfache Zukunft hat. Ein entsprechender Ansatz führt auf $T(x,t)$.

In analoger Weise läßt sich auch ein kugelsymmetrisches Temperatur-profil $T(r,0)$ (in einem 3D ∞ ausgedehnten, homogenen und isotropen Medium) so vorgeben, daß sich im Laufe der Zeit lediglich die Amplitude ändert („Separation"). Man kann es erraten oder auch errechnen. $T(r,t) = ?$ [5]

2) Um die Wärmeleitung eines homogenen Materials (Länge a) zu untersuchen, wird es zwischen zwei Eisenblöcke gebracht, die ständig auf Temperatur T_1 gehalten werden. Die Start-Temperatur-Verteilung in $0 < x < a$ sei

$$T(x,0) = T_1 + 2T_0 \sin(kx) \cdot [1 - \cos(kx)] \, , \quad k := \pi/a \, .$$

Falls es gelingt, $T(x,0) - T_1$ als LK von trigonometrischen Funktionen zu

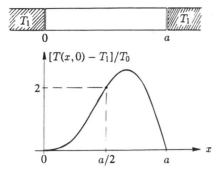

schreiben, dann hat jeder Anteil seine eigene Zukunft (so als wäre der jeweils andere gar nicht da): $T(x,t) = ?$

Zu welcher Zeit t_1 wird der Temperaturgradient am linken Ende [d.h. $T'^x(0,t)$] maximal? [3]

3) Schall
   a) 1D Blitz und Donner: $n(x,0) = h(x)$, $\dot{n}(x,0) = v_0 h'(x)$. $h(x)$ sei eine bekannte Funktion, nämlich der vom „Blitz" verursachte lokale Doppelhöcker; $v_0/c_s =: \beta$. $n(x,t) = ?$
   b) Wind. Wenn irgendein Schall $n(x,t)$ in ruhender Luft die 1D Wellengleichung löst, welche Gleichung erfüllt dann die in bewegter Luft (v_L) zu beobachtende Dichteabweichung $m(x,t) = n(x - v_L t, t)$? Wie sieht deren allgemeine Lösung aus? Zu $v_L = c_s$ werden sowohl Gleichung als auch allgemeine Lösung besonders einfach.
   c) Schall-Reflexion an einer Wand bei $x = 0$. Welcher Zusammenhang (Herleitung!) zwischen den Funktionen f, g in der allgemeinen Lösung der Wellengleichung ist zu fordern?

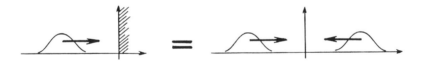

   d) Kugelwellen: Welche allgemeine Lösung der Form $n(r,t)$ hat die Wellengleichung? [7]

Übungs-Blatt 23

1) Zirkular um die z-Achse strömt Ladung, und zwar mit bekannter Abhängigkeit vom Achsenabstand ϱ:

$$\vec{j}(\vec{r}) = \vec{e}_\varphi \cdot \varepsilon_0 c^2 \cdot w(\varrho) .$$

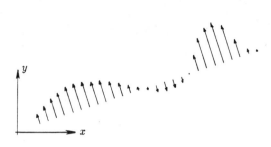

Das Magnetfeld $\vec{B}$ dieser „unregelmäßig gewickelten dicken Spule" können wir mittels Ansatz erhalten und durch ein gewöhnliches Integral über w ausdrücken. (Ansatz?!: wie müßte wohl eine Wasserströmung aussehen, damit die skizzierten Pfeile die Winkelgeschwindigkeiten von Korkstückchen sind?). Auch ein (quellenfreies) Vektorpotential $\vec{A}$ erhalten wir in ähnlicher Weise, und zwar ebenfalls als Integral.

Erst jetzt interessiert uns der Spezialfall einer sehr dünnen Spule: $w(\varrho) = \alpha \cdot \delta(\varrho - R)$. Schließlich drücken wir $|\vec{B}|_{\text{innen}}$ durch den Strom I aus, der den Draht (10^4 Windungen pro Meter Höhe) durchfließt. [6]

(Wenn nun ein zeitlich anwachsender Strom $I = \alpha t$ durch den Draht geschickt wird, welches elektrische Feld $\vec{E}(\varrho)$ hängt dann innen bzw. außen im Raum? Und welche Spannung U läßt sich am Draht auf Höheunterschied h abgreifen?)

2) Der einfachste Sender. Im rechten Halbraum fliegt eine ebene elektromagnetische Welle (ω, E_0) nach rechts und im linken nach links. Beide sind in z-Richtung polarisiert und haben gleiche Frequenz und Amplitude (und an der Platte gleiche Phase). Es herrscht totales Vakuum, ausgenommen die yz-Ebene, die aus einem ∞ großen, ∞ dünnen Metallblech besteht. Zu welcher Ladungs- und Stromdichte sind alle vier Maxwell-Gleichungen erfüllt?

[Um ja keinen $\delta(x)$-Anteil in ϱ oder $\vec{\jmath}$ zu verpassen, schreiben wir $\vec{E}$ in der Form $\vec{e}_3 E_0 \cdot (\theta(x) \cdot \ldots + [1 - \theta(x)] \cdot \ldots)$ auf, $\vec{B}$ ebenfalls, und halten uns dann sehr am Papier fest.] [5]

3) Das elektrische Feld

$$\vec{E} = \vec{e}_3 \cdot E_0 \cdot \mathrm{e}^{-\alpha x} \cdot \cos(kx - \omega t)$$

soll hergestellt werden, und zwar im gesamten rechten Halbraum $0 < x$. Für welche Stromdichte $\vec{\jmath}(x, t)$ ist zu sorgen? (E_0, α, k, ω sind voneinander unabhängige, bekannte Konstante.)

Zur $\vec{\jmath}$-Realisierung wird vorgeschlagen, den rechten Halbraum mit einem Medium (Metall) zu erfüllen, welches $\vec{\jmath}$ automatisch als Antwort auf $\vec{E}$ ausbildet: $\vec{\jmath} = \sigma \cdot \vec{E}$. Allerdings geht das nur, wenn ω und k in einem bestimmten (welchem?) Zusammenhang stehen. Ferner: welche Leitfähigkeit

σ muß das Metall haben? Wie hängt die Phasengeschwindigkeit v_{ph} von der Frequenz ω ab? Welche Grenzwerte für σ und v_{ph} erwarten Sie bei $\alpha \to 0$ aus welchen anschaulichen Gründen? Haben Ihre Resultate diese Eigenschaft? [7]

Übungs-Blatt 24

1) Interferenz. Eine ebene Lichtwelle, polarisiert in y-Richtung, fliegt nach rechts. Eine zweite mit gleicher Amplitude, Frequenz, Phase und Polarisation fliegt nach unten.

An welchen Stellen auf der Geraden $z = x$ ($y = 0$) bleibt es dunkel? Kann man sogar geometrische Objekte ermitteln, bestehend aus Raumpunkten, an denen es stets dunkel bleibt? In Worten: welche Auswirkung auf der $z = x$-Geraden hat Verdrehung der Polarisationsrichtung der zweiten Welle? [2]

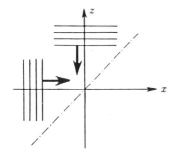

2) Welche Fourier-Koeffizienten c_n hat die Funktion

$$f(x) = \begin{cases} h \text{ für } a < x < L - a \\ 0 \text{ für } -a < x < a \\ L\text{-periodisch sonst} \end{cases}$$

und folglich welche reellen Koeffizienten f_0, a_n, b_n? Nun skizzieren wir über x den ersten und den zweiten Term (f_0- und a_1-Term) der reellen Fourier-Reihe, addieren grob-qualitativ die beiden Kurven graphisch und erkennen die richtige Tendenz. [3]

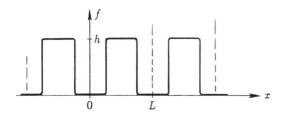

3) Ein Wechselstrom $I_W(t) = I_0 \cdot \sin(\omega t)$ wird gleichgerichtet (Graetz-Schaltung): $I(t) = ?$ [d.h. $I(t)$ skizzieren!]

Mit welcher Stärke ist in $I(t)$ ein harmonischer Wechselstrom der Kreisfrequenz 6ω enthalten? [3]

(Um diese Stärke zu messen, könnte man den 6ω-Strom durch eine Frequenzfilterschaltung ausblenden oder auch die Strahlung analysieren, die eine mit $I(t)$ gespeiste Antenne aussendet.)

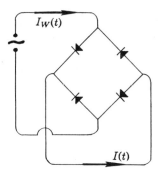

Übungs-Blatt 25

1) Für die Funktion von Übung 24/2 erhielten wir (Abkürzung $k := 2\pi/L$) die Fourier-Reihe

$$f(x) = h - 2ah/L - (2h/\pi) \sum_{n=1}^{\infty} (1/n) \sin(nka) \cdot \cos(nkx) \ . \qquad (*)$$

a) Wenn wir innerhalb des Periodizitäts-Intervalls für Fläche 1 sorgen ($\curvearrowright$ $a = ?$) und dann $h \to \infty$ betrachten, so vereinfacht sich die Reihe $(*)$ ein wenig (nämlich wie?) und beschreibt offenbar die periodisch wiederholte Deltafunktion $\sum_\nu \delta(x - L/2 - \nu L)$. Für letztere können wir leicht erneut die Fourier-Koeffizienten (c_0, c_n, a_n) ausrechnen. Kommt so die gleiche Reihe heraus?

b) Wir haben die zu $(*)$ führende Funktion „vergessen" und wollen nun aus $(*)$ ihren Wert bei $x = 0$ ermitteln. [Vorschlag: $\sum_{n=1}^{\infty} (1/n) \sin(nka)$ $=: S(a)$, $S'(a) = \ldots = ?$, $S(a \to +0) = ?$ $\curvearrowright$ $S(a)$]

c) Die Temperatur eines homogenen Mediums sei zu $t = 0$ gemäß $T(x,0) = T_1 + f(x)$ verteilt („$h = T_0$"). Können Sie $T(x,t)$ gleich hinschreiben?

d) Wie mag wohl der Temperaturgradient an der Stelle $x = a$ im Laufe der Zeit abnehmen: $T'(a,t) = ?$ Zur Auswertung der Summe setzen wir $a = L/4$ und betrachten den Start (t klein $\curvearrowright$ $\sum \to \int$). [6]

2) Man berechne die Fourier-Transformierten $\tilde{f}$ der folgenden vier Funktionen (je $0 < a$) und versuche jeweils, aus $\tilde{f}$ auch rückwärts wieder f zu erhalten:

    I. $f(x) = A \cdot \exp(-a|x|)$ II. $x \cdot \theta(x + a)\theta(a - x)$

    III. $f(x) = \sqrt{a/|x|}$ IV. räumlich: $f(\vec{r}) = (1/r) \cdot \exp(-ar)$ [6]

[challenge: V. $f(x) = \ln(1 + a^2/x^2)$, VI. $f(x) = 1/\mathrm{ch}(ax)$]

3) Einen 1D gedämpften harmonischen Oszillator mit zeitlich periodischer Kraft konnten wir bekanntlich mittels Fourier-Reihe bequem behandeln. Wie sehen nun Ansatz, Weg und (schließlich reell geschriebene) Lösung im Falle nicht-periodischer Kraft $K(t)$ aus?

Um Vertrauen in diese recht allgemeine Lösung zu gewinnen, lassen wir die Feder schlapp werden ($\kappa \to 0$), betrachten den Kraftstoß $K(t) = m \cdot \lambda \cdot \delta(t)$, rechnen $x(t)$ [oder besser gleich $\dot{x}(t)$] explizit aus und machen klar, daß dies das erwartete Resultat ist. [4]

Übungs-Blatt 26

1) Ein homogenes Medium wurde an einer Kugeloberfläche (R) kurzzeitig sehr stark aufgeheizt:

$$T(\vec{r}, 0) = T_1 + A \cdot \delta(r - R).$$

Mittels Fourier-Transformation von $T(\vec{r}, t) - T_1 =: A \cdot f(\vec{r}, t)$ bezüglich $\vec{r}$ läßt sich die Wärmeleitungsgleichung leicht lösen ($\tilde{f}(\vec{k}, t) = ?$) und $T(\vec{r}, t)$ als Integral angeben. Mit welcher Potenz in der Zeit t klingt $T(\vec{0}, t) - T_1$ in ferner Zukunft wieder ab? [4]

2) Die partielle Dgl $\ddot{\varrho} + \lambda\dot{\varrho} - v^2\Delta\varrho = 0$ enthält die Wellengleichung ($\lambda \to 0$) und die Diffusionsgleichung ($\lambda \to \infty$) als Spezialfälle. Man gebe eine Herleitung dieser Gleichung („Luft in Watte", $\lambda = ?$) und versuche, ihr Anfangswertproblem zu lösen – gerade so weit, daß eine qualitative Aussage über das weitere zeitliche Verhalten langwelliger bzw. kurzwelliger Anteile in $\varrho(\vec{r}, 0)$ möglich wird. [4]

3) Wie folgt aus den Fourier-transformierten Maxwell-Gleichungen die Fourier-transformierte Kontinuitätsgleichung? Wie sehen die „Unterwelt-Maxwell-Gleichungen" im Magnetostatik-Spezialfall aus? Wenn wir sie in diesem Spezialfall lösen und sodann „in die Oberwelt auftauchen", dann ergibt sich die bekannte Darstellung des Magnetfeldes $\vec{B}(\vec{r})$ als Integral über $\vec{j}(\vec{r}\,')$. [4]

Darstellende Geometrie. Das perspektivische Bild einer Landschaft erhält man dadurch, daß man jeden ihrer Punkte $\vec{r}$ geradlinig mit einem „Auge" bei $(a, -b, c) = : \vec{a}$ $(a, b, c > 0)$ verbindet[1] und die dabei[2] mit der xz-Ebene $(= :$ „Bildschirm") entstehenden Schnittpunkte markiert. Welche Bildschirm-Koordinaten ξ und η bekommt der Punkt $\vec{r} = (x, y, z)$?

[1] Parameterdarstellung der Verbindungsgeraden? Es fliegt übrigens etwas von $\vec{r}$ aus *zum Auge hin*: Photonen (bitte nicht umgekehrt denken!).

[2] bei welchem Parameterwert?

Zugvögel ziehen mit v nach Norden (y-Richtung). Der n-te Vogel passiert die xz-Ebene bei x_n, z_n zur Zeit t_n. $\vec{r}_n(t) = ?$ Alle Vögel entschwinden am Bildschirm in einem Punkt (*Fluchtpunkt*), nämlich bei $\xi_n(t \to \infty) \to ?$, $\eta_n(t \to \infty) \to ?$ (Zur Kontrolle: $\xi_n \to a$ und $\eta_n \to c$)

Wenn in der Landschaft ein von positiver x- und y-Achse begrenzter quadratischer Acker (Kante L) liegt und sich das Auge bei $(2, -3, 2)L$ befindet, dann können wir ξ und η zu jedem Eckpunkt leicht ausrechnen und das perspektivische Bild des Ackers skizzieren. [4]

– – –

Diese letzte Übungsaufgabe, ein Vierzeiler, führt auf unsere Anfangsgründe zurück (Kapitel 2). Sie wurde im Winter 1991/92 als Übung 10 gestellt. Das Resultat läßt sich leicht einem Computer anvertrauen: $\xi = x + y(a - x)/(b + y)$, $\eta = z + y(c - z)/(b + y)$. Darstellende Geometrie ist also ganz einfach und eignet sich im übrigen bestens für die Schule. Ein perfekt perspektivisches Bild war u.a. auf dem Umschlag der ersten Auflage zu sehen (und zwar zu $a = 14\,L$, $b = 11\,L$, $c = 6\,L$, Papierbreite $= 8,8\,L$). Es zeigte (und vielleicht zeigt es der Verlag hier noch einmal) die in der xy-Ebene liegende Bahn eines geladenen Teilchens im homogenen Magnetfeld (z-Richtung) in einer Wilsonschen Nebenkammer, wobei die Reibungskraft als $-Rv$ angenommen wurde (siehe Übung 15/3). Wenn man diesen kleinen Ausschnitt Physik vorbereitet, ausarbeitet, auf den Punkt bringt und auch noch tief über den Nebel nachdenkt, dann ergeben sich alle Kapitel dieses Buches – und mehr. Die Welt ist einfach.

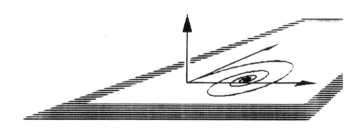

Literatur

Im Text ist Literatur sehr sparsam und zumeist nur schlagwortartig zitiert. Nachfolgend steht links das Schlagwort, in der Mitte das ausführliche Zitat und rechts die Seite, auf der es erfolgt.

Abramovitz/Stegun	Abramovitz, M., Stegun, I.A.: Pocketbook of Mathematical Functions (H. Deutsch, Thun, Frankfurt/M 1984)	81

Berkeley	Berkeley Physik Kurs (Vieweg, Wiesbaden)
	Bd. 1: Kittel et al.
	       Mechanik. 5. Aufl. (1991)
	Bd. 2: Purcell, E.M., Elektrizität
	       und Magnetismus. 4. Aufl. (1989)
	Bd. 3: Crawford, Fr.S.jr., Schwingungen
	       und Wellen. 3. Aufl. (1989)
	Bd. 4: Wichmann, E.H., Quantenphysik.
	       3. Aufl. (1989)
	Bd. 5: Reif, F., Statistische Physik
	       3. Aufl. (1990)
	Bd. 6: Portis/Young, Physik und Experiment.
	       2. Aufl. (1980)
	berkeley physics course (McGraw-Hill, New York 1973)
		7, 247, 252

Bourne/Kendall	Bourne, D.E., Kendall, P.C.: Vektoranalysis, 2. Auflage (Teubner, Stuttgart 1988)	169
Brenig	Brenig, W.: Statistische Theorie der Wärme (Springer, Berlin, Heidelberg) Gleichgewichtsphänomene, 3. Aufl. (1992)	253
Bronstein	Bronstein, I.N., Semendjajew, K.A.: Taschenbuch der Mathematik. 25. Auflage (H. Deutsch, Frankfurt/M 1991)	105, 113, 142 181, 240, 245
Erwe	Erwe, F.: Gewöhnliche Differentialgleichungen 2. Aufl. (Bibliographisches Institut, Mannheim 1964)	145
Feynman	Feynman, R.P., Leighton, R.B., Sands, M.: The Feynman Lectures on Physics (Addison-Wesley, Redwood City) Vol. I (1963, 1989) Vol. II (1964, 1989) Vol. III (1965, 1989) Zweisprachige deutsch-englische Ausgabe:	176

Feynman Vorlesungen über Physik (Oldenbourg, München)
Bd. 1: Hauptsächlich Mechanik, Strahlung, Wärme.
2. Aufl. (1991)
Bd. 2: Hauptsächlich Elektromagnetismus und
Struktur der Materie
2. Aufl. (1991)
Bd. 3: Quantenmechanik
2. Aufl. (1992)

Großmann   Großmann, S.: Mathematischer   19, 169
Einführungskurs für die Physik.
6. Auflage (Teubner, Stuttgart 1991)

Jackson   Jackson, J.D.:   204
Klassische Elektrodynamik.
2. Auflage (de Gruyter, Berlin 1983)

Jänich   Jänich, K.:   116
Analysis für Physiker und Ingenieure
2. Auflage (Springer, Berlin, Heidelberg 1988)

Kamke   Kamke, E.:   147
Differentialgleichungen, Lösungsmethoden und Lösungen
Bd. 1: Gewöhnliche Differentialgleichungen
10. Auflage (Teubner, Stuttgart 1983)

Kittel   Kittel, Ch., Krömer, H.:   257
Physik der Wärme.
3. Auflage (Oldenbourg, München 1989)

Landau/Lifschitz Landau, L.D., Lifschitz, J.M.:   158, 204, 240
Lehrbuch der theoretischen Physik
(Akademie-Verlag, Berlin)
Bd. I: Mechanik. 13. Aufl. (1990)
Bd. II: Klassische Feldtheorie. 12. Aufl. (1991)
Bd. III: Quantenmechanik. 8. Aufl. (1988)
Bd. IV: Quantenelektrodynamik. 7. Aufl. (1991)
Bd. V: Statistische Physik. Teil 1: 8. Aufl. (1991)
Bd. VI: Hydrodynamik. 5. Aufl. (1991)
Bd. VII: Elastizitätstheorie. 6. Aufl. (1991)
Bd. VIII: Elektrodynamik der Kontinua. 4. Aufl. (1985)
Bd. IX: Statistische Physik. Teil 2: Theorie des
kondensierten Zustandes. 4. Aufl. (1992)
Bd. X: Physikalische Kinetik (1986)

Lighthill   Lighthill, M.J.:   129
Einführung in die Theorie der Fourier-Analysis
und der Verallgemeinerten Funktionen
(Bibliographisches Institut, Mannheim 1966)

Margenau/Murphy   Margenau, H., Murphy, G.M.:   125, 136
Die Mathematik für Physik und Chemie
Bd. 1 (H. Deutsch, Frankfurt/M 1965)

Mathews/Walker   Mathews, J., Walker, R.L.:   116, 214
Mathematical Methods of Physics.
2. Auflage (Addison-Wesley, Redwood City 1970)

Mitter, H.:
Elektrodynamik.
2. Aufl. (Bibliographisches Institut, Mannheim 1990)

Sachwortverzeichnis

Verzeichnis einiger Textstellen,
in welchen weithin übliche Denkweisen kritisiert werden:

„Die Bosheiten"

Was auf den vergangenen dreihundert Seiten zu lesen steht, ist mitunter recht delikat. An einigen Stellen wird nämlich von weitverbreiteten Ansichten und Bezeichnungen abgewichen, absichtsvoll natürlich und teils mit ironischem oder gar grollendem Unterton. Es versteht sich, daß durch diesen Umstand bitte keine Peinlichkeiten entstehen möchten (mit etwas Phantasie kann man sich exotische Situationen ausmalen, etwa während jemand gerade das dx nicht bzw. gerade doch an das Integralzeichen schreibt oder das Huygenssche Prinzip aus dem Hut zaubert). Also ist es wohl (unter anderem) ein Gebot der Fairness, diese „bösen" Passagen artig aufzulisten.

Springer-Verlag und Umwelt

Als internationaler wissenschaftlicher Verlag sind wir uns unserer besonderen Verpflichtung der Umwelt gegenüber bewußt und beziehen umweltorientierte Grundsätze in Unternehmensentscheidungen mit ein.

Von unseren Geschäftspartnern (Druckereien, Papierfabriken, Verpackungsherstellern usw.) verlangen wir, daß sie sowohl beim Herstellungsprozeß selbst als auch beim Einsatz der zur Verwendung kommenden Materialien ökologische Gesichtspunkte berücksichtigen.

Das für dieses Buch verwendete Papier ist aus chlorfrei bzw. chlorarm hergestelltem Zellstoff gefertigt und im ph-Wert neutral.